Abkürzungsverzeichnis

Å	0,1 nm (SI-Einheit)
AAS	Atomabsorptionsspektralphotometrie
AOT	Aerosol T, Tensid Nr. **10**, Tab. 2
a	atto- (10^{-18})
BLM	Doppelschichtmembran, bilayer membrane
CMC, KMK	kritische Mizellbildungskonzentration
CPB	Cetylpyridiniumbromid
CPC	Cetylpyridiniumchlorid
CT	Computertomographie
CTAB	Cetyltrimethylammoniumbromid
CTAC	Cetyltrimethylammoniumchlorid
DC	Dünnschichtchromatographie
DMSO	Dimethylsulfoxid
E	Extraktionsphotometrie
EDTA	Ethylendiamintetraessigsäure, Di-Natriumsalz
EO	Ethoxylierungs-, Ethoxylgruppe
ESR	Elektronenspinresonanz-Spektroskopie
ETA-AAS	AAS mit elektrothermaler Atomisierung
FK	perfluorierter Kohlenwasserstoff
f	femto (10^{-15})
HLB	hydrophilic-lipophilic-balance
HPLC	Hochleistungsflüssigchromatographie
IEP	isoelektrischer Punkt
IF	isoelektrische Fokussierung
IgG	Gamma-Immunoglobulin
ISE	ionensensitive (-selektive) Elektrode
k	Boltzmannkonstante
KW	Kohlenwasserstoff
LDS	Lithiumdodecylsulfat
LSC	liquid scintillation counting, Szintillationsmeßtechnik
LUV	große unilamellare Vesikel
M, mM	Molarität (Konzentrationsangabe in mol bzw. $\text{mmol} \cdot \text{l}^{-1}$)

MDC	mizellare Dünnschichtchromatographie
MLV	multilamellare Vesikel
MM	Molekülmasse
mol, mmol	Einheitensymbol für die Stoffmenge

N	Normalität (Konzentrationsangabe in Äquivalent $\cdot$ l^{-1})
N_a	Aggregationszahl
ng	Nanogramm (10^{-9} g)
NMR	kernmagnetische Resonanzspektroskopie
ns	Nanosekunde (10^{-9} s)

| o/w | Öl-in-Wasser-(Emulsion) |

PAGE	Polyacrylamidgelelektrophorese
PEG	Polyethylenglycol
PEI	Polyethylenimin
PEO	Polyethylenoxid
pg	Pikogramm (10^{-12} g)
pK_s	negativer dekadischer Logarithmus der Säuredissoziationskonstante
pl	Pikoliter (10^{-12} l)
PO	Propyloxy-, Propylenoxidgruppe
PPG	Polypropylenglycol
PPO	Polypropylenoxid
PTK	Phasentransferkatalyse
PVP	Polyvinylpyridin

R_f	Retentionsfaktor
R_F	perfluorierter organischer Rest
RTP	Raumtemperaturphosphorimetrie

SDS	Natriumdodecylsulfat
SHS	Natriumhexadecylsulfat
STS	Natriumtetradecylsulfat

| T-PTK | Triphasentransferkatalyse |
| TTAB | Tetradecyl-trimethylammoniumbromid |

| UV/VIS | Absorptionsspektralphotometrie im ultravioletten und sichtbaren Bereich |
| VV | vernetzte Vesikel |

| w_0 | Verhältnis der Wassermoleküle zu Tensidmolekülen in invers-mizellaren Lösungen |
| w/o | Wasser-in-Öl-(Emulsion) |

Anleitungen
für die chemische Laboratoriumspraxis
Band XXII

Herausgegeben von

W. Fresenius, J. F. K. Huber, E. Pungor,
G. A. Rechnitz, W. Simon, G. Tölg und Th. S. West

Uwe Pfüller

Mizellen – Vesikel – Mikroemulsionen

Tensidassoziate und ihre Anwendung
in Analytik und Biochemie

Mit 45 z. Teil farbigen Abbildungen und 31 Tabellen

Springer-Verlag
Berlin Heidelberg New York
London Paris Tokyo

Dr. rer. nat. Uwe Pfüller
Staatliches Institut für Immunpräparate und Nährmedien
Klement-Gottwald-Allee 317–321
DDR-1120 Berlin-Weißensee

In Dankbarkeit für Ralf

Lizenzausgabe für den
Springer-Verlag Berlin Heidelberg NewYork London Paris Tokyo

Vertriebsrechte für die nichtsozialistischen Länder:
Springer-Verlag Berlin Heidelberg NewYork London Paris Tokyo

Vertriebsrechte für die sozialistischen Länder:
VEB Verlag Volk und Gesundheit, Berlin

ISBN-13:978-3-642-71585-3   e-ISBN-13:978-3-642-71584-6
DOI: 10.1007/978-3-642-71584-6

CIP-Kurztitelaufnahme der Deutschen Bibliothek
Pfüller, Uwe: Mizellen – Vesikel – Mikroemulsionen: Tensidassoziate u. ihre Anwendung in Analytik u. Biochemie/Uwe Pfüller. –
Berlin; Heidelberg; NewYork; London; Paris; Tokyo: Springer, 1986.
(Anleitung für die chemische Laboratoriumspraxis; Bd. 22)
ISBN-13:978-3-642-71585-3

NE: GT

2154/3020-543210

Vorwort

Tenside bestimmen als oberflächenaktive Stoffe wichtige technologische und natürliche Vorgänge. Aufgrund ihrer hervorragenden Eigenschaften sind Tenside für die technische Praxis, die Forschung und das tägliche Leben gleichermaßen unentbehrlich geworden. Die expansive Vielfalt in der Tensidanwendung ist kaum zu überschauen. Es war zu erwarten, daß die innovationsfreudige analytische Chemie diese vielseitige Substanzklasse für die Verbesserung konventioneller und die Entwicklung neuartiger Methoden heranziehen wird. Das führte anfangs zu einer Vielzahl von Einzelanwendungen der Tenside als Hilfsstoff bei Extraktionsverfahren, photometrischen und titrimetrischen Analysen. Erst im letzten Jahrzehnt wandelte sich die Rolle der Tenside vom Hilfsmittel zum bestimmenden Faktor neuartiger Analysenverfahren. Das Interesse des Analytikers gilt dabei weniger dem monomeren Tensidmolekül als vielmehr seinen verschiedenen Assoziaten, die aus 10–10000 Einzelmolekülen bestehen können. In Abhängigkeit vom Tensid-System entstehen *Mizellen*, *Vesikel (Liposomen)*, *flüssig-kristalline Phasen*, *Mikroemulsionen* oder andere Assoziate. Die Tensidassoziate sind als *analytische Mikroreaktoren* aufzufassen, die auf mannigfache Weise den Ablauf analytischer Reaktionen ermöglichen, steuern oder unterbinden können.

Von *grundlegender Bedeutung* für die Anwendung der Tenside in der Analytik ist deren Fähigkeit, unlösliche Verbindungen in einem Lösungsmittel zu solubilisieren. Diese Eigenschaft wird im ersten Teil der Monographie (Kap. 2) aus dem physikalisch-chemischen Charakter der Tensidassoziate abgeleitet und in ihrer Bedeutung für die analytische Chemie herausgestellt. Dabei unterscheidet man zwischen *tensidvermittelter (mizellarer)* und *nichtmizellarer Solubilisation*. Als nichtmizellare Solubilisation wird die Löslichkeitsverbesserung durch *chaotrope Ionen*, Cyclodextrine, Kronenether und Cyclophane verstanden. Erstmals werden die potentiellen Möglichkeiten von *Hybridsolubilisationsmitteln*, einer Kombination von Tensid und Cyclodextrin, Kronenether bzw. Cyclophan, zusammenfassend beschrieben.

Neben den gebräuchlichen anionischen, kationischen, zwitterionischen und nichtionischen Tensiden gilt das besondere Augenmerk der Beschreibung weniger bekannter oder neuartiger Tensidgruppen in ihrer Bedeutung für die analytische Chemie. Es sind dies polymere, perfluorierte, spaltbare, reaktive, metallorganische und andere *funktionalisierte oberflächenaktive Verbindungen* mit speziellen Eigenschaften.

·Im Hauptteil (Kap. 3) wird versucht, das *Gesamtgebiet* der analytischen Anwendung von Tensiden sowie ihren Assoziaten darzustellen und bisher wenig beachtete und in Übersichten kaum berücksichtigte Möglichkeiten abzuhandeln. Das gilt z. B. für den Einsatz von *Solubilisationsmethoden* in der Probenchemie, für tensidvermittelte *Bioassays* und die mizellare Chromatographie. Es wird angestrebt, eine Aufzählung von Einzeldaten zu vermeiden, um wesentliche Zusammenhänge zwischen Tensidstruktur, Assoziationscharakteristik und analytischem Verhalten aufzuzeigen. An einigen Beispielen soll verdeutlicht werden, daß oft kleine Tensidzusätze gewisse analytische Nachweisverfahren, z. B. bestimmte Immunoassays, erst ermöglicht haben.

In einem speziellen Teil (Kap. 4) sollen — über analytische Anwendungen hinausgehend — Möglichkeiten aufgezeigt werden, die Tenside und ihre Assoziate der *interdisziplinären Forschung* in der bioanorganischen, bioorganischen und mizellaren Chemie sowie Pharmazie und experimentellen Medizin eröffnen. Die Anwendung von Tensidassoziaten als *biomimetische Modelle* für biologische und technische Prozesse kann Anregungen für neue tensidvermittelte analytische Methoden geben und über die Grenzen von Einzeldisziplinen hinweg die Entwicklung neuer Ideen fördern.

Da oftmals eine erfolgreiche Tensidanwendung in der Analytik den Einsatz sehr reiner Tenside und deren analytische Kontrolle verlangen, werden im praktischen Teil (Kap. 6) einige *Vorschriften* für die Reinigung, Analytik und Charakterisierung häufig verwendeter Tenside angegeben.

Aufgrund der vorliegenden umfangreichen Literatur war es nicht immer möglich, Originalarbeiten zu zitieren. In vielen Fällen wird auf aktuelle weiterführende Publikationen oder Übersichtsarbeiten verwiesen.

In diesem Buch werden viele Grenzdisziplinen zusammengeführt oder erwähnt. Wichtige Fachtermini sind daher am Schluß in einem Glossar kurz erklärt.

Berlin   *U. Pfüller*

Inhaltsverzeichnis

8

1. Einleitung

In den letzten Jahren haben die Tenside mit ihren besonderen Eigenschaften der chemischen, biochemischen und biologischen Forschung neue überraschende Möglichkeiten des Studiums chemischer Reaktionen, physikalisch-chemischer Phänomene und elementarer Lebensvorgänge erschlossen.

Tenside sind *amphiphile*[1]) *Verbindungen* mit einem polaren Kopfteil und einem unpolaren Molekülrest, die in Lösungen zu hochmolekularen, geordneten Strukturen assoziieren. In Abhängigkeit von der Tensidstruktur und der Natur des Lösungsmittels bilden sich *Mizellen, Monoschichten, Doppelschichten, Vesikel (Liposomen), flüssig-kristalline Phasen, Mikroemulsionen* oder andere Assoziate. Diese Assoziate verfügen über eine Reihe bemerkenswerter Eigenschaften. Von besonderer Bedeutung ist ihre *Fähigkeit*, in Lösung unterschiedlichste Stoffe anlagern oder aufnehmen zu können. Auf diese Weise lassen sich unlösliche Stoffe in Lösung bringen. Nach *McBain* wird dieser Vorgang als *Solubilisation* bezeichnet.

Die Solubilisation von Ionen, Molekülen und Partikeln in Mizellen, Vesikeln oder Mikroemulsionen eröffnet der Forschung und Praxis vielfältige, zum Teil unerwartete Möglichkeiten für das Studium und die Simulation komplexer Vorgänge, wie Stoffaustausch, Transporterscheinungen, Signalentstehung und -weiterleitung und zwischenmolekularer Wechselwirkungen in biologischen und anderen Systemen.

Mizellen und *Vesikel*, deren molekulares Design in weiten Grenzen variiert werden kann, sind als *Enzymmodelle* [1—8], „*chemische Maschinen*" für die mizellare chemische Katalyse und Reaktionslenkung [1, 9—11], *biomimetische*[2]) *Membranmodelle* [2, 12—16] und *Mikroreaktoren* für die Umwandlung solarer Energie [17] Gegenstand intensiver Forschung. In der bioanorganischen [18] und bioorganischen Chemie [19] finden Tensid-Systeme größte Beachtung.

Die experimentelle Medizin und die Pharmazie sehen in den *Liposomen* bzw. *Vesikeln* neuartige Vehikel für den gezielten und abgeschirmten *Transport von Arzneimitteln* an bestimmte Zielorgane [13, 20—21]. Vesikel dienen dabei als „Mikrocontainer", die sich nach einem spezifischen Erkennungsmechanismus an bestimmte Zielorgane binden und dort ihren Inhalt freigeben. In der

---

[1]) amphi (grch.) = beidseitig
[1]) mimetisch (grch.) = nachgeahmt

Tumortherapie erhofft man sich vom liposomvermittelten gezielten Transport eines Cytostaticums eine verbesserte Wirksamkeit am Zielorgan bei verringerten Nebenwirkungen [22]. Bereits seit längerer Zeit werden Tenside in der Pharmazie als *Sorptionsvermittler* eingesetzt [23—28]. Für die Herstellung selbstquellender Systeme zur Fluorid-Zahnbehandlung [29] sind Tenside ebenfalls unentbehrlich. Mischmizellen aus natürlichen und synthetischen Tensiden ermöglichen die parenterale Verabreichung von in Wasser schlecht löslichen Wirkstoffen [30]. Flüssig-kristalline Tensidaggregate sind potentiell für die Auflösung von Cholesterol-Gallensteinen in vivo geeignet [31]. In Vesikel incorporierte Kontrastmittel und Radiotracer können die Möglichkeiten der Computertomographie, Szintigraphie und anderer Methoden der *medizinischen Diagnostik* erweitern [32, 33].

Biologische Systeme und ihre einfachen, auf Tensidvesikeln und -mizellen basierenden Modelle führten zum Konzept einer „*Molekularen Elektronik*". Dieses neue interdisziplinäre Forschungsgebiet [34] befaßt sich mit der Entwicklung elektronischer Bauelemente im nm-Bereich auf biomimetischer Grundlage. Gegenwärtig werden Bauelemente im μm-Bereich in höchstintegrierten Schaltkreisen (10^6/Chip) verwirklicht. Eine solche Integrationsdichte setzt die Beherrschung diffiziler lithographischer Techniken voraus. Für diese Fertigungsstufe wurden in jüngster Zeit Masken aus vernetzten Tensiddoppelschichten vorgeschlagen [35].

Die genannten Beispiele machen einen *neuen Trend* in der Tensidanwendung deutlich: die Wandlung vom wenig beachteten Hilfsmittel zum integralen Bestandteil, der Art und Ablauf vieler chemischer, biochemischer und biologischer Prozesse prägt.

Die vielfältige Anwendung der Tenside auf nahezu allen Gebieten des täglichen Lebens, der Technik und der Forschung war nur möglich, weil die Tenside und ihre Assoziate selbst Gegenstand intensiver Untersuchungen waren und sind. Gegenwärtig erscheinen auf dem Tensidgebiet jährlich mehr als 2000 Publikationen [36]. Das gesamte Instrumentarium moderner analytischer Methoden — von den vielfältigen spektroskopischen Verfahren bis zur Elektronenmikroskopie — wurde eingesetzt, um das Phänomen „Mizelle" und „Vesikel" besser zu verstehen. Es ist bezeichnend für die komplexe Problematik, daß die Diskussion über den Bau des „einfachsten" Tensidassoziates, der Mizelle, noch in vollem Gange ist [37—40].

Tenside und ihre Assoziate, vor allem die Mizellen, Vesikel und Mikroemulsionen, finden zunehmende Beachtung in der analytischen Chemie. Im letzten Jahrzehnt vollzog sich eine Wende von der empirischen Nutzung der Tenside als *analytische Hilfsmittel* zur gezielten Anwendung der Mizellen und Vesikel als „*analytische Mikroreaktoren*". Mizellen, Vesikel und Mikroemulsionen sind als ein *neuartiges Aktionsfeld* für analytische Reaktionen und Reagentien anzusehen (analytical chemistry interface [41]).

In der folgenden Übersicht werden die wichtigsten *mizellaren Tensideigenschaften* und deren mögliche *analytische* Nutzung — ergänzt durch Anwendungsbeispiele — zusammenfassend dargestellt:

— Mizellen sind optisch transparente, relativ stabile und photochemisch inaktive Molekülassoziate, die durch hydrophobe und polare Wechselwirkungen zusammengehalten werden (spektroskopische und photochemische Untersuchungen solubilisierter Verbindungen).

- Mizellen (Tenside) solubilisieren unlösliche Verbindungen in wäßriger Phase (Photometrie, Titrimetrie und Fluorimetrie in homogener wäßriger Phase).
- Mizellen solubilisieren wasserlösliche nieder- und hochmolekulare Verbindungen einschließlich Biopolymere in unpolaren Lösungsmitteln (Probenchemie für die Szintillationsmeßtechnik, Fluorimetrie, Enzymchemie).
- Mizellen vermögen gleichzeitig mehrere Verbindungen geordnet anzulagern und lokal zu konzentrieren oder von einer Bindung auszuschließen (Bildung von Gemischtligandkomplexen, Raumtemperaturphosphorimetrie, mizellare Chromatographie; vgl. Titelbild: A = Analyt, R = Reagenz, L = hydrophobe Verbindung, E = ausgeschlossene Verbindung).
- Die mizellare Mikroumgebung kann durch Elektrolyte, Nichtelektrolyte und organische Lösungsmittel gezielt in ihren Eigenschaften beeinflußt werden. Es sind dies z. B.: Viskosität, Dielektrizitätskonstante, Wasserstruktur, pH-Werte (Dissoziationskonstanten) und der Polaritätsgradient zwischen Lösungsphase und innerer Mizellregion (Verschiebung der Umschlagsbereiche von Indikatoren sowie des pH-Intervalls der Komplexbildung bestimmter Kationen.
- Mizellen stabilisieren kurzlebige chemische Reaktionsprodukte unter destabilisierenden Bedingungen (z. B. bei Raumtemperatur oder extremen pH-Werten), erhöhen Quantenausbeuten und beeinflussen photophysikalische Reaktionsfolgen [Raumtemperaturphosphorimetrie, Fluorimetrie, Radikaleinfang (spin trapping)].
- Mizellen besitzen einen steuerbaren Polaritätsgradienten Lösungsmittelphase — Grenzschicht — Mizellinneres. Der Gradient ist von der Tensidstruktur und der mizellaren Mikroumgebung abhängig (mizellare Chromatographie, Studium zwischenmolekularer Wechselwirkungen).
- Im mizellaren Milieu sind gelenkte, sterisch kontrollierte und mizellarkatalysierte Reaktionen möglich (Trennung optisch aktiver Verbindungen, Beschleunigung analytisch wichtiger Reaktionen durch Tenside).
- Mizellen mit speziellen Eigenschaften bilden sich aus funktionalisierten Tensiden. Durch gezielte Synthese oder chemische Modifizierung gelingt es, nahezu jede funktionelle Gruppe in die Kopf- oder Schwanzregion eines Tensids einzuführen und somit Mizellen „nach Maß" zu schaffen (spaltbare und damit leicht abtrennbare Tenside für die mizellare Chemie und die Membransolubilisierung).
- Stabile Tensidassoziate lassen sich durch kovalente Vernetzung der sie aufbauenden Tensidmonomeren herstellen. Fixierte mizellare Bereiche liegen auch in polymeren Tensiden vor (ionenselektive Elektroden, Solubilisationsmittel).

Die im wesentlichen für Mizellen angegebenen Eigenschaften können sinngemäß auf weitere Tensidassoziate, wie Vesikel, Mikroemulsionen und flüssig-kristalline Phasen, übertragen werden. Auch diese zuletzt genannten Assoziate gewinnen zunehmend für die Analytik an Bedeutung.
Angesichts dieser Vielfalt an analytischen Möglichkeiten und der Tatsache,

12

daß Tenside seit mehr als 30 Jahren in der analytischen Chemie genutzt werden, überrascht die geringe Zahl zusammenfassender Darstellungen dieses Gebietes.

Es ist das Verdienst von *Hinze*, 1979 eine ausführliche Übersicht gegeben zu haben. Erstmals wurde von ihm ein Gesamtrahmen über realisierte und mögliche Tensidanwendungen in der Analytik abgesteckt [42]. 1982 beschrieben mehrere Autoren weitere Anwendungen von Tensiden in der analytischen Chemie [43]. Eine Übersicht, vor allem über die Anwendung von Tensiden und Solubilisationsmethoden für die Probenaufbereitung in der instrumentellen Analytik, wurde 1983 von *Pfüller* [44] veröffentlicht. In einer hervorragenden Arbeit stellen *Cline Love*, *Habarta* und *Dorsey* [41] die Tensidassoziate, die Mizellen, in den Mittelpunkt der Betrachtung und diskutieren analytisch relevante Mizelleigenschaften anhand von Beispielen ihrer Nutzung in der modernen Analytik[1]). In der vorliegenden Monographie wird der Versuch unternommen, nach Diskussion physikalisch-chemischer Grundlagen der Tensidassoziation, der Solubilisation und Abgrenzung zur nichtmizellaren Löslichkeitsbeeinflussung, das gesamte Spektrum analytischer Methoden unter Verwendung von Tensiden zu beschreiben. *Chemisch modifizierte* und *funktionalisierte Tenside* sowie neue Tensidklassen werden vorgestellt und in ihrer Bedeutung für die gegenwärtige und zukünftige Entwicklung der analytischen Chemie diskutiert. Weiterhin wird die komplexe Nutzung der interessanten Tensideigenschaften in der bioanorganischen und bioorganischen Chemie, Pharmazie und experimentellen Medizin beschrieben, um Anregungen für die weitere Tensidanwendung in der Analytik zu geben.

[1]) s. Ref. [1046]

2. Grundlagen der Tensidanwendung

2.1. Begriffe und Definitionen

Zum Tensidbegriff: Für oberflächen- bzw. grenzflächenaktive Verbindungen werden entsprechend der historischen Entwicklung und den vielfältigen Einsatzgebieten mehrere Begriffe verwendet. Verbindlich ist die Bezeichnung Tensid[1]), die von *Götte* [45] vorgeschlagen wurde. In der Literatur finden sich folgende synonym gebrauchte Begriffe: amphiphile, amphipathische oder diphile Verbindungen, *Amphiphile* und *Detergentien*[2]). Die Bezeichnungen Detergens bzw. Detergentien werden in der Biochemie hauptsächlich im Zusammenhang mit der Solubilisation und Charakterisierung von Membranbestandteilen benutzt. Für spezielle Tenside sind ihrem Anwendungszweck entsprechende Bezeichnungen im Gebrauch: Waschmittel (Detergentien), Emulgatoren, Dispergiermittel, Netzmittel, Phobiermittel, Schaummittel und viele andere.

Solubilisation: Die Auflösung eines Stoffes in einem Lösungsmittel, in dem er normalerweise wenig oder nicht löslich ist, wird allgemein als Solubilisation bezeichnet. Gelöster Stoff (Solubilisat) und Lösungsmittel bleiben dabei unverändert. Die Solubilisation einer wenig löslichen Verbindung in einem Lösungsmittel wird durch Zusatz geeigneter Stoffe, den Solubilisationsmitteln (Solubilizer, Lösungsvermittler) erreicht [46]. Nach der Art des verwendeten Solubilisationsmittels wird in diesem Buch zwischen *mizellarer* und *nichtmizellarer Solubilisation* unterschieden.

Mizellare Solubilisation: Wird ein Stoff (Solubilisat) in Lösungen von Tensidassoziaten solubilisiert, so handelt es sich um mizellare Solubilisation. Dieser Begriff bezieht sich auf alle Tensidassoziate (Mizellen, Vesikel, flüssigkristalline Phasen, Mikroemulsionen, Gele, Schäume) und damit verbundene Solubilisationsvorgänge [14, 47—54]. In der Regel sind Tenside nur in assoziierter Form als Solubilisationsmittel wirksam (Ausnahmen s. S. 31).

Nichtmizellare Solubilisation: Jede weitere Möglichkeit der Löslichkeits-

[1]) tensio (lat.) = Spannung; Commission Internationale de Terminologie, 1960
[2]) detergent (engl.) = Reinigungsmittel

14

erhöhung in einem gegebenen Lösungsmittel durch geeignete Zusätze wird im folgenden als nichtmizellare Solubilisation bezeichnet. Wird die Löslichkeit einer Substanz durch bestimmte Salze oder Nichtelektrolyte in Wasser bzw. einem organischen Lösungsmittel erhöht, so spricht man von **Hydrotropie** bzw. **Lyotropie** [46, 55—57]. Hydrotrope Verbindungen destabilisieren die quasikristalline *Wasserstruktur* [58—61] und bewirken auf diese Weise die Solubilisation vieler nieder- und hochmolekularer Stoffe in Wasser. Allgemein werden Verbindungen, die die Struktur des Wassers „aufbrechen", als *chaotrope* Substanzen bezeichnet [57, 60, 61].

Eine weitere Möglichkeit der Solubilisation einer Substanz beruht auf der Bildung sogenannter *Wirt-Gast-Komplexe*[1]) des Solubilisats mit einem Wirtsmolekül. Das nichtassoziierte Wirtsmolekül (Cyclodextrin, Kronenether, Cyclophan) verfügt über einen Hohlraum definierter Größe, in den ein passendes Gastmolekül eingelagert werden kann [62—67].

2.2. Nichtmizellare Solubilisation

2.2.1. Hydrotropie und Lyotropie

Vor mehr als 100 Jahren wurde von *Hofmeister* [68] nachgewiesen, daß einfache Salze oft drastisch die Löslichkeit und andere Eigenschaften von Biopolymeren beeinflussen können. Nach ihrer Fähigkeit, die Löslichkeit zahlreicher Verbindungen in Wasser zu erhöhen, lassen sich Anionen und Kationen in einer bestimmten Folge anordnen (*lyotrope Reihe nach Hofmeister* [57]):

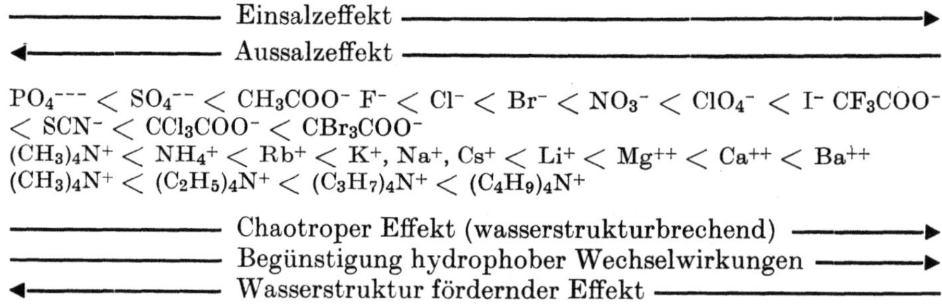

$$PO_4^{---} < SO_4^{--} < CH_3COO^- \ F^- < Cl^- < Br^- < NO_3^- < ClO_4^- < I^- \ CF_3COO^-$$
$$< SCN^- < CCl_3COO^- < CBr_3COO^-$$
$$(CH_3)_4N^+ < NH_4^+ < Rb^+ < K^+, Na^+, Cs^+ < Li^+ < Mg^{++} < Ca^{++} < Ba^{++}$$
$$(CH_3)_4N^+ < (C_2H_5)_4N^+ < (C_3H_7)_4N^+ < (C_4H_9)_4N^+$$

Der Platz bestimmter Ionen in dieser Anordnung kann sich je nach untersuchtem System und den möglichen nichtkovalenten zwischenmolekularen Wechselwirkungen verschieben [55].

In der lyotropen Reihe sind rechts Ionen mit besonders stark ausgeprägtem chaotropen Effekt — Iodid, Thiocyanat und die Halogenacetate sowie die Erdalkaliionen — angeordnet. Diese Ionen sind großvolumig (geringe Ladungsdichte) und leicht polarisierbar. Das begünstigt ihre Anlagerung an geladene oder elektrisch neutrale Solubilisate. Generell sind Kationen im

---

[1]) engl.: host-guest-complexes

Vergleich zu Anionen als chaotrope Ionen weniger wirksam [57]. Die Kombination von weit rechts stehenden Anionen und Kationen der Hofmeister-Reihe ergibt Salze mit starker hydrotroper (chaotroper) Wirkung: Bariumthiocyanat, Calciumnitrat, Natriumtribromacetat u. a.

Chaotrope Verbindungen *zerstören* die unter normalen Bedingungen vorliegende eisähnliche, hochgeordnete *Wasserstruktur* (Reduzierung der Selbstassoziation der Wassermoleküle, Abbau der Molekülcluster, Erniedrigung der Viskosität) [57, 69, 70]. Damit wird das Eindringen von Fremdmolekülen in den Verband der Wassermoleküle unter Entropiegewinn erleichtert. Im Gegensatz dazu *begünstigen* Ionen, die in der Hofmeister-Reihe linke Plätze belegen, z. B. das Fluorid- und das Ammoniumion, die Ausbildung der Wasserstruktur. Sie vermindern die Anzahl der nichtassoziierten Wassermoleküle, die dann nicht mehr für die Hydratisierung von Fremdmolekülen zur Verfügung stehen *(Aussalzeffekt)*. Chaotrope Verbindungen erhöhen dagegen die Anzahl „monomerer" Wassermoleküle und begünstigen somit die Hydratisierung bzw. Solubilisation von wenig löslichen Stoffen *(Einsalzeffekt)*.

Chaotrope Ionen verbessern in der Regel erst bei hohen Konzentrationen (1—4 mol · l⁻¹ oder höher) deutlich die Löslichkeit vor allem von hochpolymeren Verbindungen. Die Löslichkeitsverbesserung für zahlreiche Verbindungen in organischen Lösungsmitteln (Lyotropie) beruht im wesentlichen auf der starken Polarisierbarkeit der chaotropen Ionen und auf Dipol-Dipol-Wechselwirkungen. Tabelle 1 bringt einige Beispiele für hydrotrope und lyotrope Solubilisation.

Aus Lösungen hydrotroper Verbindungen können die Solubilisate meist durch Verdünnen mit dem Lösungsmittel wieder abgeschieden werden.

In der analytischen Chemie spielen die chaotropen Salze eine gewisse Rolle als Lösungsmittel bei der Charakterisierung von Hochpolymeren, der Abtrennung und Reinigung membrangebundener Phospholipide [55], der Charakterisierung von Polysacchariden [79] und vesikelgebundenen Proteinen [80]. In der Affinitätschromatographie ist die Elution mit Lösungen chaotroper Salze oft die einzige Möglichkeit, um biospezifisch gebundene Biopolymere (Antikörper, Enzyme, Lectine) vom Träger zu lösen [81]. Die Mehrzahl der Biopolymere wird in Gegenwart chaotroper Salze reversibel, in einigen Fällen irreversibel denaturiert. In der Biochemie werden anstelle von chaotropen Ionen auch Nichtelektrolyte als Solubilisationsmittel für Biopolymere eingesetzt. Auch Nichtelektrolyte können die Struktur des Wassers und damit die Löslichkeit von Fremdmolekülen deutlich beeinflussen. Von *Hüttenrauch* und *Fricke* [82] wird eine *lyotrope Reihe von Nichtelektrolyten* angegeben:

Nicotinamid > Methylacetamid > Harnstoff | Sorbit < Fructose < Saccharose
◄——————— Strukturbrecher ——————————— Strukturbildner ——►

Chaotrope Ionen und Nichtelektrolyte können Art und Ausmaß der Assoziation von Tensidmolekülen in wäßriger und nichtwäßriger Lösung wesentlich beeinflussen. So werden Tenside, die in wäßriger Lösung normalerweise Doppelschichtstrukturen ausbilden, durch chaotrope Verbindungen zur

Tabelle 1
Nichtmizellare Löslichkeitsvermittlung (Solubilisation) durch chaotrope Salze
(Hydrotropie, Lyotropie), Wirt-Gast-Komplexbildner (Cyclodextrine, Kronen-
ether, Cyclophane) und sonstige Verbindungen

Löslichkeitsvermittler	Lösungsmittel	Solubilisat	Lit.
Hydrotropie/Lyotropie			
Calciumthiocyanat	Wasser; Methanol	Cellulose, Polymere	46
Lithiumthiocyanat + 2– Berylliumperchlorat + 3– Berylliumhydroxid	Wasser	Cellulose	71
Natriumxylensulfonate, Natriumtoluensulfonat	Wasser	Aromaten	72
Calciumnitrat	Butyrolacton	Proteine (Zein)	46
Magnesiumnitrat	Butanol	Zein	46
Calciumchlorid	Methanol	Nylon	46
Zinn-II-chlorid	Propylencarbonat	Lignin	46
Wirt-Gast-Komplexbildung			
Cyclodextrine (**1**)	Wasser	dansylierte Amino- säuren, Steroide, Nitroglycerol	73
Kronenether (**2–5**)	organische Lösungsmittel	Kaliumpermanganat, Kaliumperoxid, Kaliumhydroxid, Kaliumfluorid u. a.	74
Kronenether	Methanol	Proteine	75
Cyclophane (**6**)	Wasser	Pyren	76
Cyclophane	Wasser	Ethanol, Alkohol[1])	77
Sonstiges			
Kupfer-II-tetrammin- dihydroxid	Wasser	Cellulose	78
Aminoxide	Wasser	Cellulose	78
Dimethylsulfoxid/Form- aldehyd	Wasser	Cellulose	78

[1]) Bindung und Abtrennung von Alkoholen aus wäßriger Lösung

Mizellbildung „gezwungen" [55]. Vorstellungen über die Struktur des Wassers und die Wirksamkeit von Elektrolyt- bzw. Nichtelektrolytzusätzen
können das Verständnis tensidvermittelter analytischer Reaktionen wesentlich fördern.

2.2.2. Wirt-Gast-Komplexe

Die Bildung ungewöhnlicher Komplexe durch Einbau von „*Gastmolekülen*"
in das Kristallgitter eines Wirtes oder durch eine feste Bindung an das
Wirtsmolekül in Lösung, ist bereits seit dem vergangenen Jahrhundert
bekannt. Mit der Entdeckung der Alkaliionenkomplexe von *cyclischen Poly-
ethern* durch *Pedersen* [83] und der intensiven Erforschung *natürlicher
Ionophore* [84] wurde das Konzept der Wirt-Gast-Beziehung theoretisch und

experimentell innerhalb weniger Jahre zu einem eigenen Gebiet der Chemie und Biochemie ausgebaut. Die stabile nichtkovalente Bindung eines Gastmoleküls an die Wirtkomponente beruht auf einer optimalen sterischen Anpassung der Reaktionspartner, die nicht von vornherein gegeben sein muß, sondern auch im Verlauf der Komplexbildung induziert werden kann (Verwirklichung des Schlüssel-Schloß-Prinzips). Die Komplexbildungskonstanten sind in vielen Fällen so groß, daß das Wirtsmolekül auch in Lösung geeignete Gastmoleküle aufnehmen, d. h. solubilisieren kann. Ein *fundamentaler Unterschied* zwischen dieser Variante der nichtmizellaren und der mizellaren Solubilisation besteht darin, daß die Wirt-Gast-Komplexbildung von der Wirtskonzentration in Lösung nahezu unabhängig ist. Tenside sind dagegen unterhalb einer kritischen Konzentration, die den Beginn der Mizellbildung markiert, als Solubilizer praktisch wirkungslos. Die komplexe Bindung bestimmter Ionen oder Neutralmoleküle an Wirtsverbindungen erfolgt in molekulardisperser Lösung. Das Konzept der Wirt-Gast-Komplexbildung wird besonders deutlich von Cyclodextrinen, Kronenethern und Cyclophanen verwirklicht [64].

2.2.2.1. Cyclodextrin-Komplexe

Cyclodextrine sind makrocyclische oligomere Kohlenhydrate, die durch enzymatischen Abbau von Stärke relativ leicht zugängig sind [62, 63, 73]. Nach der Zahl der torusförmig[1]) gebundenen Glucoseeinheiten werden α-, β- und γ-Cyclodextrine mit 6, 7 und 8 Ringgliedern unterschieden (Formel **1a–c**). Die 1,4-glycosidische Verknüpfung der Glucosemoleküle führt zu starren, konischen Molekülstrukturen mit einem von der Ringgröße abhängigen Hohlraum. Der Innenraum ist als eine *hydrophobe Kaverne* zu betrachten, in der die etherartigen glycosidischen Sauerstoffatome durch die C_3-H- und C_5-H-Bindungen abgeschirmt werden (**1a**). Alle Hydroxylgruppen prägen den nach außen hin wirksamen hydrophilen Charakter. Auf einen *bemerkenswerten Unterschied* zwischen Cyclodextrinen und Kronenethern sei schon an dieser Stelle hingewiesen. In den Kronenethern und ionophoren Antibiotica [84] ist die Anordnung der hydrophilen und hydrophoben Bereiche genau umgekehrt, d. h., deren Innenraum ist durch Ethersauerstoffatome hydrophil bzw. kationophil, während der hydrophobe Ringanteil nach außen gerichtet ist und die gute Löslichkeit in organischen Lösungsmitteln bedingt. Der unpolare Cyclodextrin-Innenraum enthält bis zu drei Moleküle Kristallwasser. Diese thermodynamisch ungünstige Situation erklärt die leichte Austauschbarkeit der Wassermoleküle gegen weniger polare, sterisch in den Hohlraum ganz oder zu einem wesentlichen Teil passende Gastmoleküle. Aus diesem Grunde vermögen Cyclodextrine aus wäßriger Lösung zahlreiche pharmazeutisch und biochemisch interessante Stoffe aufzunehmen und viele chemische Reaktionen katalytisch zu beeinflussen. Da außerdem durch die Komplexbildung die spektroskopischen Eigenschaften der Gastmoleküle oft drastisch verändert werden, können auch viele analytisch wichtige Reaktionen beeinflußt werden. Mit der Synthese hydrophober Cyclodextrinderivate

---

[1]) torus (lat.) = Wulst

18

n = 1　　2　　3
　α-　β-　γ-Cyclodextrin
—• = 3-OH, -O = 2-OH, -⊙ = 6-OH

1a

a : α, β, γ -Cyclodextrine
　　R = R' = R" = OH
b : R = R" = OCH_3 , R' = OC_4H_9 , n = 7
c : R' = R" = OH, $R_{(2)}$ - $R_{(6)}$ = OH, n = 7

1(a), b, c

Erläuterungen zu Formel 1a—c:

Glucoseeinheiten (n)	6 (α)	7 (β)	8 (γ)
MM	972	1135	1297
h (Å)	4,7	6,0	7,5
d (Hohlraum Å)	4,5	7,0	8,5
d (außen, Å)	14,6	15,4	17,5
R (Anzahl)	6	7	8
R (Anzahl)	6	7	8
R" (Anzahl)	6	7	8
Löslichkeit (g·l^{-1} H_2O)	145	18,5	232

R : primäre C_6-OH-Gruppe
R' : sekundäre C_3-OH-Gruppe
R" : sekundäre C_2-OH-Gruppe

ist inzwischen die Cyclodextrin-Komplexchemie auf nichtwäßrige Systeme übertragen worden.

Das 3-0-Butyl-2,6-di-0-methyl-β-cyclodextrin (**1b**) bindet in Heptan gelöst aromatische Gastmoleküle wie p-Nitrophenol [85]. Das amphiphile Cyclodextrinderivat (**1c**) dient als Modellverbindung für natürliche Sehpigmente bei spektroskopischen Untersuchungen [loc. cit. 73]. In Zukunft wird eine ausgedehnte Anwendung von Cyclodextrinen in der Arzneimittel-, Lebensmittel- und chemischen Industrie erwartet.

Einige analytisch interessante Anwendungen, so als stationäre und mobile Phasen in der *(Gelinclusions-)Chromatographie*, werden beschrieben [86—89]. Es wird über die Trennung von Aminosäuren, aromatischen Verbindungen, Prostaglandinen und Proteinen berichtet. Die optisch aktiven Cyclodextrine eignen sich auch für die Trennung entsprechender Verbindungen in die Enantiomeren. Chemilumineszenzreaktionen mit Lucigenin können durch

Cyclodextrine in ihrer Empfindlichkeit verbessert werden [90]. Als Reagens
für die fluorimetrische Bestimmung von Proteinen auf Membranfiltern wurde
eine Lösung von Fluoreszeinisothiocyanat in 8 M Harnstoff und Cyclodextrin
vorgeschlagen. Störende niedermolekulare Aminoverbindungen werden durch
Ultrafiltration vorher entfernt [91].
Die interessante Chemie der Cyclodextrine, ihre Komplexbildung und vielseitige Anwendung sind umfassend in zahlreichen Übersichtsarbeiten beschrieben [62—64, 73, 92—95]. Diese Verbindungen werden auch weiterhin in
der Analytik große Beachtung finden, da sie viele Moleküle mit einem Durchmesser von 5—8 Å in wäßrigen und bei Verwendung modifizierter Cyclodextrine auch in nichtwäßrigen Lösungsmitteln zu komplexieren vermögen.

2.2.2.2. Kronenether-Komplexe

Kronenether und ihre natürlichen Analoga [84] binden als Neutralliganden
Alkalimetall- und andere Ionen sowie gewisse Nichtelektrolyte. Mit der Syn-
these von mehreren Tausend Kronenetherverbindungen seit 1967 ist ein neues
Teilgebiet der organischen Chemie entstanden, das weit in andere Disziplinen
übergreift. Die umfangreiche Synthese- und Komplexchemie der Kronenether wird in zahlreichen Monographien und Übersichten beschrieben
[74, 94, 96—100].
Kronenether (2) können je nach Ringgröße und Art des Substituenten R
Alkali- und Erdalkaliionen, aber auch Ag^+, Tl^+ und andere selektiv in der
Mitte des Molekülringes komplex binden, wobei sich gleichzeitig die Methylengruppen zu einem hydrophoben „Schutzring" um das Kation anordnen. Auf
diese Weise wird das Kation in unpolaren Lösungsmitteln (Benzen, Chloroform) löslich, während die „nackten" Anionen nicht komplexiert werden,
sondern als nichtsolvatisierte, hochreaktive Teilchen frei in der Lösung vorhanden sind.
Polycyclische Kronenether mit Stickstoff oder anderen mehrwertigen
Heteroatomen im Ring (3) werden als *Kryptanden*[1]) bezeichnet [64, 101]. Sie
bilden mit Kationen oft stabilere Komplexe als die Kronenether. In einer
0,1molaren Lösung der Verbindung 3 lösen sich z. B. 23,3 g · l⁻¹ Barium-
sulfat. (Die Werte für den Kronenether 2, EDTA und Wasser betragen 0,16;
6,3 bzw. 0,002 g · l⁻¹ [102].)
Eine Reihe von Kronenethern und Kryptanden mit primären Aminogruppen
oder Guanidinofunktionen im Ring bilden in Umkehrung der gewohnten
Komplexierung mit *Anionen* stabile Einschlußverbindungen [98, 103].
Offenkettige „Kronenether" (5), sogenannte *Podanden*[2]), erinnern in ihrer
Struktur an bestimmte nichtionische Tenside (s. Kap. 2.3.1.4.) und bilden
wie diese ebenfalls zahlreiche Kationen.
Für die Analytik interessant sind *makrocyclische Liganden*, deren Komplex-
bildungstendenz durch Lichteinwirkung oder über Redoxreaktionen gesteuert
werden kann. Der Kronenether 5 kann oxidativ in einen Kryptanden mit
modifizierten Ligandeigenschaften überführt werden [104]. *Optisch steuerbare*

[1]) krypta (grch.) = Höhle
[2]) podus (lat.) = Arm

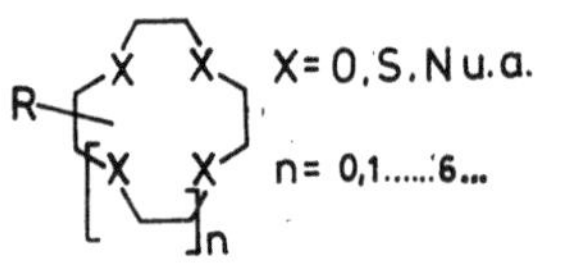

Kronenether bieten die Möglichkeit, durch photochemische cis/trans-Isomerisierung einer ringständigen Azogruppe als Ligand ein- oder ausgeschaltet [105] oder auf eine andere Kationenselektivität bzw. Komplexstabilität umgeschaltet zu werden [106]. Auch von den Podanden werden zahlreiche funktionalisierte Derivate beschrieben [107]. Die Bindung von *Nichtelektrolyten* (Nitrile, Ester u. v. a.) durch Kronenether, Kryptanden und Podanden findet zunehmende Beachtung auch für analytische Anwendungen [108].

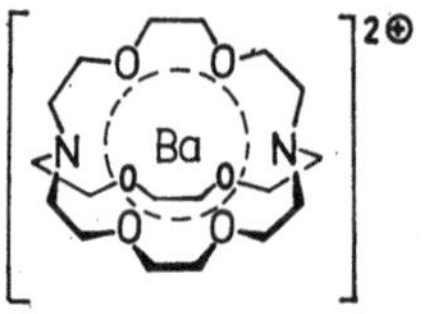

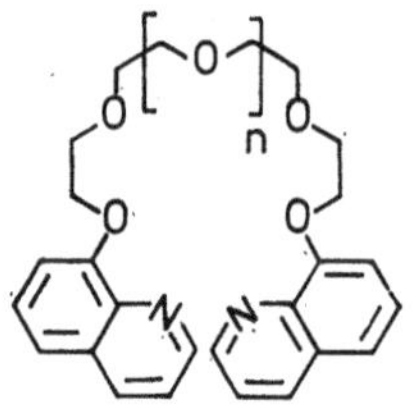

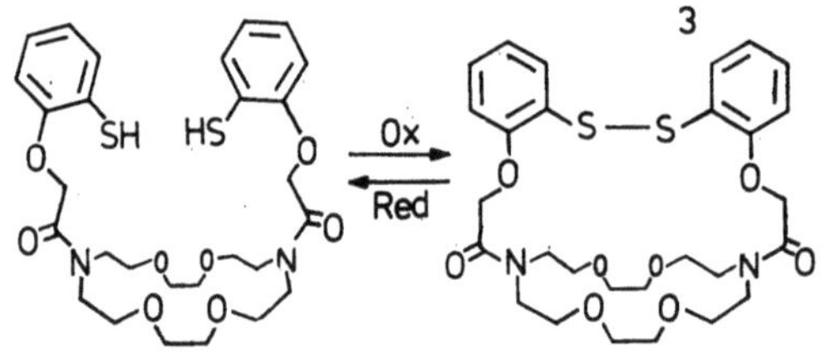

Trotz vieler Einzelbeispiele steht insgesamt die *analytische Nutzung* der makrocyclischen Liganden erst am Anfang einer vielversprechenden Entwicklung. Sie werden in der Chromatographie als stationäre und mobile Phasen eingesetzt [86]. In der Flüssig-Flüssig-Extraktion spielen diese Makrocyclen als *Extraktionsmittel* für Alkali- und Erdalkaliionen eine bedeutende Rolle [109], und sie sind am Aufbau von ionenselektiven Membranelektroden als *Ionencarrier* beteiligt [111]. Die genannten Wirtsmoleküle eignen sich wie ihre natürlichen Analoga [103] ausgezeichnet für den Membrantransport verschiedener Ionen [110]. Weitere analytische Anwendungen dieser makrocyclischen Neutralliganden sind einigen Übersichtsarbeiten zu entnehmen [113–115]. Besondere Beachtung verdient die Entwicklung neuartiger Farbreagentien für Alkali- und Erdalkaliionen durch Funktionalisierung von Kronenethern und Kryptanden [112].

2.2.2.3. Cyclophan-Komplexe

Cyclophane sind makrocyclische Verbindungen, die aus o-, m- oder p-verknüpften aromatischen oder heteroaromatischen Ringen aufgebaut sind. Auch Verbindungen mit aliphatischen Ringgliedern werden zu dieser Substanzklasse gezählt [65, 66]. Typisch für Cyclophane ist ebenfalls die Fähigkeit zur Einlagerung von Gastmolekülen in Molekülhohlräume und deren Bindung vorwiegend durch sterisch begünstigte hydrophobe Wechselwirkungen. Die Cyclophane ähneln hinsichtlich der Wirt-Gast-Komplexbildung mehr den Cyclodextrinen als den Kronenethern. Besondere Beachtung finden gegenwärtig *wasserlösliche Cyclophane* oder cyclophanähnliche Verbindungen, die aus wäßriger Phase in ihre hydrophoben Kavernen hydrophobe „Gäste" aufnehmen können [76]. Die Wasserlöslichkeit des Cyclophans **6** wird durch die hydrophilen quartären Aminogruppen in der Peripherie der makrocyclischen Verbindung bedingt. In wäßrigen Lösungen von **6** können durch 1 : 1-Komplexbildung aromatische Verbindungen (Pyren u. a.) solubilisiert werden. Oberhalb einer bestimmten Konzentration assoziieren die Wirtsmoleküle (**6**) zu Mizellen, die nach einem anderen Mechanismus (s. Kap. 2.3.3.) unspezifisch wasserunlösliche Verbindungen solubilisieren können.

6

Da *hydrophobe Wechselwirkungen* bei nahezu allen biologischen Prozessen eine wesentliche Rolle spielen, ist die Eignung wasserlöslicher hydrophober Wirt-Gast-Komplexe als Modelle, z. B. für Transportvorgänge an Membranen, offensichtlich.

Cyclophane sind als Solubilisatoren, Komplexbildner und als außergewöhnliches Reaktionsmedium für die analytische Chemie von potentiellem Interesse.

2.2.3. Sonstige Löslichkeitsbeeinflussung

In der Literatur sind zahlreiche Möglichkeiten beschrieben worden, die Löslichkeit vieler Verbindungen mit zum Teil ungewöhnlichen Zusätzen zu verbessern. Einige Beispiele finden sich in Tabelle 1. In vielen Fällen ist diese Art der „Solubilisation" entweder mit einer reversiblen oder irreversiblen chemischen Veränderung des gelösten Stoffes verbunden. Diese Möglichkeiten spielen auch in der mizellaren Solubilisation eine begrenzte Rolle, z. B. bei der Solubilisation von Gewebeproben für die instrumentelle Analytik (s. Kap. 3.1.).

2.3. Mizellare Solubilisation

2.3.1. Einteilung und Struktur der Tenside

Tenside stehen nach den Hochpolymeren mengenmäßig an zweiter Stelle unter den Finalprodukten der organischen Chemie. Ihre Weltjahresproduktion liegt gegenwärtig bei etwa 5 Mio. Tonnen [120]. Einen Eindruck von den interessanten Eigenschaften und vielfältigen technischen Anwendungen der Tenside vermittelt Abbildung 1 [116–119]. Charakteristisch für alle Tenside ist ihr *amphiphiles Verhalten*, das durch die Kombination *hydrophiler (polarer)* und *hydrophober (unpolarer)* Bereiche im Molekül bestimmt wird. Die sogenannte Kopfregion (Kopfgruppe) wird von geladenen oder neutralen polaren Gruppen gebildet, während der unpolare Molekülbereich aus — meist unverzweigten — langkettigen Alkyl- bzw. Arylalkylketten besteht. Das amphiphile Verhalten der Tenside wird wesentlich durch Länge und Flexibilität der Kohlenwasserstoffkette (C_8–C_{18} für normale Tenside, C_6–C_{12} für perfluorierte Analoga) geprägt. Sehr starre polycycloaliphatische hydrophobe Gruppen liegen in den Gallensäuren und Saponinen — zwei wichtige Gruppen *natürlicher Tenside* — vor. In der Regel besteht ein Tensid aus einer *Kopfgruppe* und einem Kohlenwasserstoffrest *(Schwanzregion)*. In Abbildung 2 sind gebräuchliche symbolische Darstellungen für Tensidgruppen- und -klassen wiedergegeben. Es sind jedoch auch Vertreter mit mehreren Kopfgruppen und bis zu vier hydrophoben Ketten bekannt. Sind beide Regionen Bestandteil einer polymeren Matrix, so handelt es sich um *polymere Tenside*. Polare und unpolare Bereiche des Tensidmoleküls können zusätzlich noch beliebige funktionelle Gruppen tragen. In der vorliegenden Arbeit werden diese amphiphilen Verbindungen als *funktionalisierte Tenside* bezeichnet.

Art, Anzahl und *Größenverhältnisse* der gegensätzlichen Molekülbereiche innerhalb eines Tensidmoleküls sind entscheidend für die Löslichkeit und das Aggregationsverhalten in einem bestimmten Solvenssystem. Eine vergleichende Betrachtung der räumlichen Struktur wichtiger Tenside und Tensidgruppen ermöglichen Stereofarbabbildungen im Anhang. Tenside reichern sich an *Phasengrenzen* (flüssig–gasförmig, flüssig–flüssig, fest–flüssig) an und werden durch die dabei erfolgende Orientierung der Moleküle wirksam. Die Tensidmoleküle bilden an Phasengrenzen eng gepackte monomolekulare Filme aus. Dabei ist die hydrophile Region oder Gruppe zur polaren (wäßrigen) Phase und der hydrophobe Rest zur anderen Phase hin gerichtet (s. Abb. 3a). Auf diese Weise kommt es zu den in Abbildung 1 genannten Erscheinungen und Eigenschaften, die für die emulgierende, dispergierende und benetzende Wirkung der Tenside verantwortlich sind. In Lösungsmitteln mit sehr hoher Oberflächenspannung, z. B. Wasser mit 75 dyn $\cdot$ cm^{-1}, setzen Tenside diesen Wert auf 25 dyn $\cdot$ cm^{-1} und weniger herab. Die genannten, technisch außerordentlich wichtigen Tensideigenschaften sind auch für analytische Anwendungen von Bedeutung. Das Hauptaugenmerk des Analytikers gilt jedoch dem Verhalten der Tensidmoleküle innerhalb einer Lösungsmittelphase. Wie in Abbildung 3 angedeutet, bilden die Tensidmoleküle unter Energiegewinn definierte Assoziate, wie Mizellen (s. Abb. 3f), Vesikel, Mikroemulsionen und andere Gebilde (s. Kap. 2.3.2.1.).

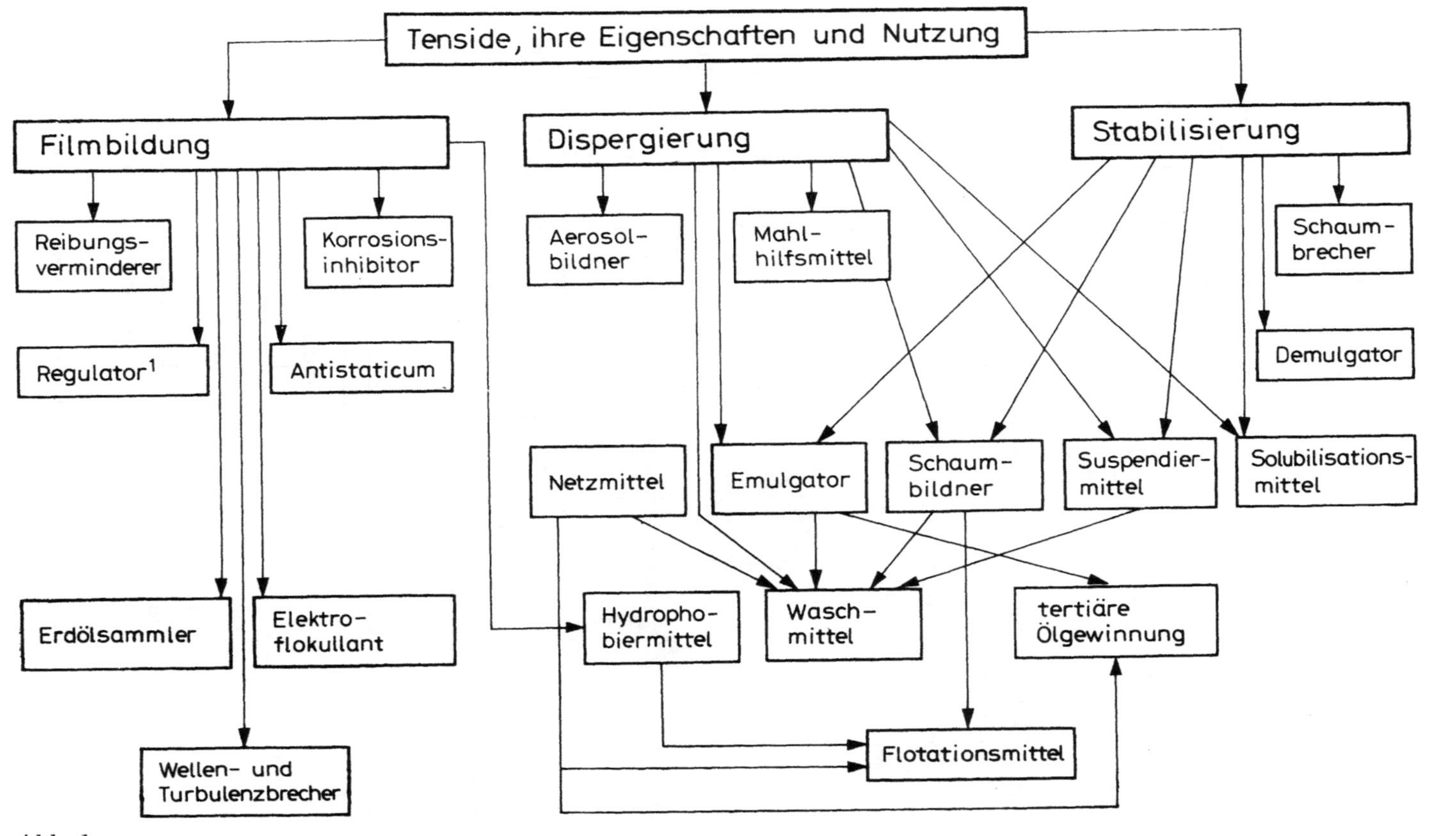

Abb. 1
Tenside, ihre Eigenschaften und technischen Anwendungen

¹) für Kristallwachstum

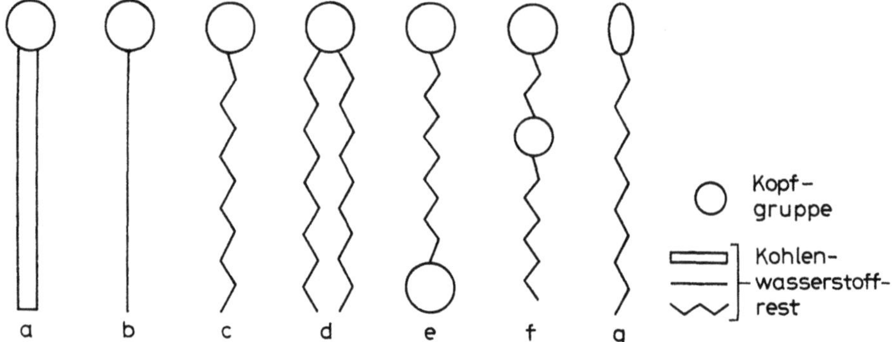

Abb. 2
Bauprinzip der Tenside und übliche symbolische Darstellungen

a, b, c) ionisches oder nichtionisches Tensid (1–3 KW-Ketten)
d) ionisches Tensid mit 2 KW-Ketten
e) ionisches Tensid mit 2 Kopfgruppen (Bola-Tensid)
f) zwitterionisches Tensid
g) nichtionisches Tensid (PEG-Typ)

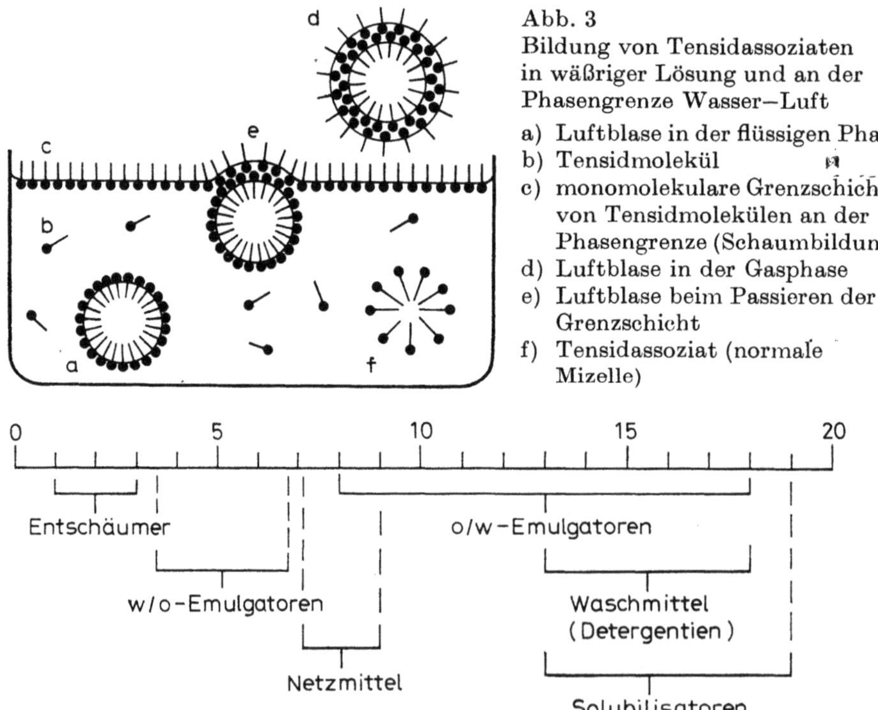

Abb. 3
Bildung von Tensidassoziaten in wäßriger Lösung und an der Phasengrenze Wasser–Luft

a) Luftblase in der flüssigen Phase
b) Tensidmolekül
c) monomolekulare Grenzschicht von Tensidmolekülen an der Phasengrenze (Schaumbildung)
d) Luftblase in der Gasphase
e) Luftblase beim Passieren der Grenzschicht
f) Tensidassoziat (normale Mizelle)

Abb. 4
HLB-Skala und Einstufung der Tenside nach technischen Anwendungsgebieten

Tabelle 2

Tenside, Tensidklassen und Tensideigenschaften. Die kritische Mizellbildungskonzentration (CMC), die Anzahl der Tensid-moleküle pro Mizelle in Wasser (Aggregationszahl N_a) und der Kraftpunkt werden für eine Temperatur von 25 °C angegeben, die HLB-Werte (hydrophilic-lipophilic balance) beziehen sich bei den nichtionischen Tensiden auf technische Homologen-gemische. Gebräuchliche Kurzbezeichnungen für die Tenside werden in Klammern angegeben.

Tensid	Formel-Nr.	CMC $(\text{mol} \cdot \text{l}^{-1})$	N_a	Kraft-punkt (°C)	HLB-Wert	Lit.
Anionische Tenside (a-Tenside)						
Dodecylschwefelsäure	7a	$5{,}1 \cdot 10^{-3}$	—	—	—	137
Lithiumdodecylsulfat (LDS)	7b	$8{,}77 \cdot 10^{-3}$	—	—	—	116
Natriumdodecylsulfat (SDS)	7c	$8{,}1 \cdot 10^{-3}$	62	9	40	41, 134
Tetrabutyl-ammonium-dodecylsulfat	7d					
Natriumtetradecylsulfat (STS)	8	$2{,}2 \cdot 10^{-3}$	138	—		134
Natriumdodecyloxy-(polyethylenglycol [12])-sulfat (SDS 12 EO)	9	$2 \cdot 10^{-4}$	81	< 0		41
Natrium-di-(2-ethylhexyl)-sulfosuccinat (Aerosol OT, AOT)	10	$6 \cdot 10^{-4}$				41
Natrium-di-(octadecyl)-phosphat	11	$1{,}5 \cdot 10^{-3}$				
Kaliumperfluoroctanoat	12	$3 \cdot 10^{-4}$				41
Natriumdodecanat	13	$2{,}4 \cdot 10^{-2}$	56			135
Natriumoleat	14a	$1{,}09 \cdot 10^{-3}$				116
Triethanolammoniumoleat	14b					
Natriumcholat	15a	$1{,}4 \cdot 10^{-2}$	3		18	136
Natriumdesoxycholat	15b	$5 \cdot 10^{-3}$	4—10		16	136
Natriumtaurodesoxycholat	15c	$3 \cdot 10^{-3}$	8			132
Kationische Tenside (k-Tenside)						
Hexadecyltrimethylammoniumchlorid (CTAC)[1]	16a	$1{,}3 \cdot 10^{-3}$		78		134
Hexadecyltrimethylammoniumbromid (CTAB)	16b	$9{,}2 \cdot 10^{-4}$	23	61		135, 41
Hexadecyltrimethylammoniumhydroxid[2]	16c	$1{,}5 \cdot 10^{-3}$				141
Hexadecyltrimethylammoniummethoxid[3]	16d	$2—4 \cdot 10^{-2}$				141
Tetradecyl-dimethyl-benzyl-ammoniumchlorid (Zephiramin)	17	$3{,}7 \cdot 10^{-4}$				134

Tabelle 2 Fortsetzung

Tensid	Formel-Nr.	CMC (mol · l⁻¹)	N_a	Kraft-punkt (°C)	HLB-Wert	Lit.
Hexadecylpyridiniumchlorid (CPC)	18a	$1,2 \cdot 10^{-4}$	95	< 0		41
Hexadecylpyridiniumbromid (CPB)	18b	$5,81 \cdot 10^{-4}$				116
4-tert.-Octylcresoxyethoxyethyl-dimethyl-benzyl-ammoniumchlorid (Hyamin 10-X)	19a	$1,2 \cdot 10^{-4}$				141, 116
Hydroxid von 19a²)	19b	$1,2 \cdot 10^{-2}$				141
Di-(octadecyl)-dimethylammoniumchlorid	20a					
-dimethylammoniumbromid	20b					
-dimethylammoniumhydroxid²)	20c	$6 \cdot 10^{-2}$				141
Dodecylammoniumchlorid	21a	$1,5 \cdot 10^{-2}$	55			135
Dodecylammoniumpropionat⁴)	21b	$1,56 \cdot 10^{-3}$				144
Zwitterionische Tenside (z-Tenside)						
N-Dodecyl-N,N-dimethylammonio-3-propansulfonat (Sulfobetain SB 12)	22	$3,3 \cdot 10^{-3}$	55	< 0		41, 134
N,N-Dimethyl-N-(carboxymethyl)-octylammonium-betain	23a	$2,5 \cdot 10^{-1}$	24	> 0		41
3-(3-Cholamidopropyl)dimethylammonio-3-propan-sulfonat (CHAPS)	24	$4,2-6,3 \cdot 10^{-3}$	9—10			136
Lecithin (Phospholipid)	25					
Lysophosphatidylcholin	26	$0,2-2 \cdot 10^{-4}$	181			135, 132
Nichtionische Tenside (n-Tenside)						
4-tert.-Octylphenyl-(polyethylenglycol-[9/10])-ether Triton X-100, T X-100, Nonidet P-40, Igepal CO-710, Emulgen 810	27	$3,1 \cdot 10^{-4}$	143		13,5	134, 140
4-tert.-Octylcyclohexyl-(polyethylenglycol [9/10])-ether⁵)	28	$1,5 \cdot 10^{-5}$				140
Dodecyl-(polyethylenglycol[42])-ether (Triton N-100)	29	$2,5 \cdot 10^{-5}$	96		13,4	136
Dodecyl-(polyethylenglycol[23])-ether (Brij 35)	30	$9 \cdot 10^{-5}$	40		16,9	132, 41
Polyoxyethylen[20]-sorbitan-monooleat (Tween 80)	31	$1 \cdot 10^{-5}$			15,0	132, 136
Polyoxyethylen[20]-sorbitan-monolaurat (Tween 20)	32	$5,9 \cdot 10^{-5}$			16,7	135

Tabelle 2 Fortsetzung

Tensid	Formel-Nr.	CMC (mol $\cdot$ l^{-1})	N_a	Kraft-punkt (°C)	HLB-Wert	Lit.
Polyoxyethylen-polyoxypropylen-Blockcopolymere (Pluronic F-68, MM = 8750, PPO-Gehalt ca. 19%)	**33**	$4 \cdot 10^{-5}$			29	116
Digitonin	**34**	$6,7 - 7,3 \cdot 10^{-4}$	60		0,4	136
Octylglucosid	**35a**	$2,5 \cdot 10^{-2}$				138
Octyl-thioglucosid	**35b**	$9 \cdot 10^{-3}$				139
Dodecylmethylsulfoxid	**36**	$1,6 \cdot 10^{-4}$				143

[1]) Hexadecyl- entspricht Cetyl-,   [2]) CMC in 0,1 n NaOH bestimmt,   [3]) CMC in Benzol bestimmt,   [4]) CMC in Cyclohexan bestimmt,
[5]) Es handelt sich um hydriertes Triton X-100 (**27**).

Die Struktur des Tensids und das gewählte Lösungsmittel bestimmen *Typ*, *Stabilität* und *Eigenschaften* der gebildeten Assoziate.

Es wurde häufig versucht, Eigenschaften und Aggregationsverhalten der Tenside durch einfache Kennziffern zu beschreiben. Für viele Tenside wird von den Herstellern ein sogenannter *HLB-Wert*[1] [121—123] angegeben. Diese Maßzahl für das amphiphile Verhalten eines Tensids, besonders seine Eignung als Emulgator, ist bedingt auch als Auswahlkriterium für die analytische Nutzung dieser Stoffe geeignet. Werden Tenside auf einer HLB-Skala (Abb. 4) nach steigenden HLB-Werten angeordnet, so ergibt sich eine praxisrelevante Einstufung der Tenside nach Anwendungsgebieten [124].

Auf analytisch interessante Zusammenhänge zwischen dem hydrophoben Charakter von Proteinen, dem HLB-Wert von Tensiden und der Polarität von Lösungsmitteln wird von *Nakai* hingewiesen [125].

Nach der Struktur der polaren Kopfgruppe werden amphiphile Verbindungen allgemein in *anionische, kationische, zwitterionische* und *nichtionische* Tenside eingeteilt. Jeder Tensidklasse können außerdem *polymere, perfluorierte* und *funktionalisierte* Tenside sowie *natürliche amphiphile* Stoffe zugeordnet werden. Struktur, Chemie und Anwendung der Tenside wurden umfassend in zahlreichen Monographien und Übersichtsarbeiten beschrieben [48—50, 52, 53, 116—119, 126—131, 133]. In den folgenden Kapiteln werden Vertreter der einzelnen Tensidklassen aus analytischer Sicht näher erläutert. Tabelle 2 faßt einige für die analytische Anwendung besonders wichtige Tenside zusammen. Neben der chemischen Bezeichnung werden international übliche Abkürzungen bzw. Trivialnamen sowie einige charakteristische Daten (s. Kap. 2.3.2.8.) angeführt. Strukturformeln sind im Abschnitt über die jeweilige Tensidklasse zu finden.

2.3.1.1. Anionische Tenside

Das Gesamtverhalten der anionischen Tenside (a-Tenside) wird im wesentlichen durch ihren *starken* (**7—12, 15c**) oder *schwachen* (**13, 14, 15a, b**) *Elektrolytcharakter* bestimmt. Die Alkalisalze der Fettsäuren (**13, 14**) sind als Seifen schon seit 2500 Jahren v. u. Z. bekannt. Für die Analytik sind sie gegenwärtig nur von untergeordneter Bedeutung. Einige natürliche a-Tenside, die Gallensäuren (**15a, b**) und davon abgeleitete Derivate (**15c**), eignen sich dagegen sehr gut für die Solubilisation von Membranbestandteilen [132, 135]. Schwach dissoziierte a-Tenside scheiden sich aus wäßriger Lösung bei pH-Werten, die um etwa eine Einheit den pK_S-Wert der dem Tensid zugrunde liegenden Säure unterschreiten, als freie Säuren ab. Ihre Calcium-, Magnesium- und Schwermetallsalze sind in Wasser kaum, in organischen Lösungsmitteln im allgemeinen gut löslich.

a-Tenside mit ausgeprägtem Elektrolytcharakter (**7—12, 15c**) liegen im pH-Bereich von 1—12 als stabile, stark dissoziierte Salze vor. Bei extrem niedrigen pH-Werten (< 1) bilden sich aus **7b—12** die freien Säuren, die sich leicht autoprotolytisch in den entsprechenden Alkohol und Schwefelsäure (**7b—9, 11**) bzw. Sulfobernsteinsäure (**10**) spalten. Die perfluorierten Verbin-

---

[1] engl.: hydrophilic-lipophilic balance

$$Y = H \quad Li \quad Na \quad (C_4H_9)_4N$$

¹) Im folgenden wird die verkürzte Formeldarstellung gewählt.

8

9

SO₃Na

10

11

12   45
R = COOK   SO₃K

13

14

	R_1	R_2
15 a =	OH	COOH
b =	H	COOH
c =	H	$-CO-NH\!\!-\!\!SO_3^{\ominus}{}^{\oplus}Na$
24	OH	$-CO-NH\!\!-\!\!N^{\oplus}\!\!-\!\!SO_3^{\ominus}$

dungen (**12**) sind unter diesen Bedingungen stabil. Mit Erdalkali- und Schwermetallionen bilden a-Tenside vom Sulfat- und Sulfonattyp (**7—10** bzw. **15c**) keine unlöslichen Salze.

Die Eigenschaften der a-Tenside, vor allem ihre Löslichkeit, können durch die Wahl des *Gegenions* deutlich beeinflußt werden. Während sich SDS (**7c**) bei 0 °C nur zu 1,5% in Wasser löst, sind mit dem Lithiumsalz (**7b**) noch bei −5 °C 25%ige Lösungen erhältlich. Das Kaliumdodecylsulfat ist in Wasser und bestimmten Pufferlösungen schwer löslich, so daß SDS als Kaliumsalz abgetrennt werden kann. Salze mit geeigneten organischen Gegenionen, z. B. das N-Tetrabutyl-ammonium-dodecyl-sulfat (**7d**), sind in organischen Lösungsmitteln meist besonders gut löslich. Die Mehrzahl der a-Tenside ist in Chloroform, Methanol und Butanol löslich, nicht dagegen in Ether, Dioxan,

Benzol und anderen Kohlenwasserstoffen. Eine Ausnahme bilden die Verbindungen 10—12 und 7d, die sich auch in vielen, wenig polaren Lösungsmitteln und Kohlenwasserstoffen gut lösen. In polaren organischen Lösungsmitteln werden meist keine Mizellen gebildet, so daß damit verbundene Tensideigenschaften nicht beobachtet werden. Derartige Lösungen können für die nichtmizellare Solubilisation (Lyotropie) unlöslicher Verbindungen eingesetzt werden.

Verbindungen vom AOT-Typ (z. B. 10) sind besonders für die Solubilisation wasserlöslicher, auch hochpolymerer Stoffe in unpolaren Lösungsmitteln geeignet [147—149].

Nahezu alle a-Tenside bilden mit kationischen Tensiden und kationischen Polyelektrolyten unlösliche Verbindungen, die in organischen Lösungsmitteln meist sehr gut löslich sind.

Starke Elektrolyte, wie z. B. die Verbindungen 7—9, *denaturieren* in wäßriger Lösung *Proteine* und andere *Biopolymere* in vielen Fällen irreversibel. Nur wenige Verbindungen werden in ihrer *biologischen Aktivität* nicht beeinflußt [132]. Besonders stark vermag sich das SDS (7c) durch polare und hydrophobe Wechselwirkungen an Proteine zu binden (s. Kap. 3.10.). Wasserunlösliche (Membran-)Proteine werden dabei solubilisiert.

2.3.1.2. Kationische Tenside

In der Analytik haben bisher vor allem kationische Tenside (k-Tenside) vom Typ der *quartären Ammoniumverbindungen* sowie einige langkettige primäre und tertiäre Amine Bedeutung als Solubilisationsmittel, Extraktionsmittel und für die photometrische bzw. titrimetrische Bestimmung von Kationen und Anionen erlangt.

Die langkettigen, auch als *Invertseifen*[1]) bezeichneten quartären Ammoniumhalogenide zählen zu den physiologisch aktiven Verbindungen (16—19, 20a, b). Viele Invertseifen sind unentbehrliche Desinfektionsmittel [150—152] oder Arzneimittel [153], (s. Kap. 4.4.1., 4.4.3.). Die k-Tenside, z. B. die Verbindungen 16—18, binden sich ähnlich dem SDS ebenfalls an viele Biopolymere. Für die Reaktion mit a-Tensiden und anionischen Polymeren, einschließlich anionischen Proteinen, gilt sinngemäß das unter 2.3.1.1. Gesagte.

Die Mehrzahl der k-Tenside ist über den gesamten pH-Bereich stabil. Invertseifen beginnen sich erst ab pH 12 und bei höheren Temperaturen in tertiäres Amin, Olefin und Wasser zu zersetzen. Weniger stabil sind unter diesen Bedingungen die Hydroxide oder Alkoxide der Invertseifen (16c, d). Während den freien Säuren der a-Tenside bisher keine praktische Bedeutung zukommt, sind die analogen *freien Basen der k-Tenside* (16c, d, 19a, b) außerordentlich wirksame *Solubilisationsmittel* für die analytische Probenchemie (s. Kap. 3.1.). Die hohe Basizität dieser Verbindungen kann nur mit der von Alkalihydroxiden verglichen werden [154, 155]. Von den quartären Ammoniumverbindungen 16—19 lassen sich zahlreiche Salze mit interessanten Gegenionen darstellen. So sind z. B. das Permanganat [156], das Tetra-

---

[1]) „Umgekehrte" Seifen; im Unterschied zu den Seifen ist nicht das Gegenion, sondern das Tensidion positiv geladen.

hydridoborat [157] und das Fluorid [158] des Cetylpyridiniumkations wertvolle Reagentien für die Synthesechemie in polaren organischen Lösungsmitteln.

Langkettige Amine und ihre Salze, wie **21a**, **b**, zeigen vor allem in unpolaren nichtwäßrigen Lösungsmitteln typische Tensideigenschaften. Die Verbindungen **20a**, **b** liegen nur unterhalb von pH 7 als Salz vor, während sich im alkalischen Milieu die freien, wasserunlöslichen langkettigen Amine abscheiden.

Langkettige zweiarmige Tenside, wie z. B. **20a**, **b**, sind ähnlich den Phospholipiden in Wasser schwer löslich und bilden spontan oder nach Energiezufuhr *Vesikel* (s. Kap. 2.3.2.4.). Als Elektrolyte sind die k- und a-Tenside in ihren Eigenschaften wie erwartet sehr von der Ionenstärke des Milieus abhängig. Chaotrope und andere Ionen, aber auch organische Stoffe, die unter Umständen als Verunreinigungen im Tensid enthalten sind, beeinflussen vor allem das Assoziationsverhalten und damit verbundene Eigenschaften.

32

2.3.1.3. Zwitterionische Tenside

Zwitterionische Tenside (z-Tenside) sind *starke Elektrolyte* mit vollständiger *intramolekularer Ladungskompensation* über einen pH-Bereich von etwa 1—12. Typische z-Tenside sind die *Sulfobetaine* (**22, 24**, s. S. 30, 32), die in Lösung von anderen Elektrolyten kaum beeinflußt werden, im elektrischen Feld nicht wandern und sich in der Regel nicht an Ionenaustauscher binden [127, 159—161]. Im Unterschied dazu liegen z-Tenside vom *Betaintyp* (**23**) nur in einem engen pH-Bereich „neutral" als Zwitterionen vor. Die Betaine verhalten sich als *Ampholyte.* So reagieren die Verbindungen **23 a** und **b** bei pH-Werten <5 als k-, bei Werten >8 als a-Tenside (**23 b**).
Einige natürliche amphiphile Verbindungen, das Phospholipid (**25**) und das auf enzymatischem Wege aus entsprechenden Lipiden erhältliche Lysophosphatidylcholin (**26**), zählen zu den z-Tensiden. Beide Verbindungen liegen über einen größeren pH-Bereich als Zwitterionen vor und sind in dieser Hinsicht mit den Sulfobetainen vergleichbar, obwohl sie bei extremen pH-Werten hydrolytisch gespalten werden.

25

26

Die denaturierende Wirkung der z-Tenside auf Biopolymere ist wesentlich geringer als die der ionischen Tenside, da in den Zwitterionen der Elektrolytcharakter „maskiert" vorliegt. Aufgrund von Dipol-Dipol-Wechselwirkungen können sich k-Tenside an natürliche oder synthetische Polyelektrolyte unter Umständen sehr fest binden. Einige z-Tenside, vor allem CHAPS (**24**, s. S. 30), haben sich als Solubilisationsmittel für Membranproteine und andere Biopolymere bewährt.

2.3.1.4. Nichtionische Tenside

Nichtionische Tenside (n-Tenside) besitzen keine geladenen polaren Kopfgruppen. Ihre *hydrophile Molekülregion* enthält in der Regel Ether-, Hydroxyl-, Thioether- oder Sulfoxidgruppen [126, 130, 132, 162]. Aufgrund ihres *elektroneutralen* Charakters sind sie gegenüber Erdalkali- und Schwermetallionen, Säuren und Laugen relativ unempfindlich. Sie wirken nicht oder kaum denaturierend auf Biopolymere. Diese Kompatibilität mit fast allen analytisch oder biochemisch bedeutsamen Verbindungen erklärt auch die bemerkenswerte *Anwendungsbreite* der n-Tenside in der analytischen Chemie, Biochemie, Biotechnologie, Pharmazie und experimentellen Medizin. Von größter praktischer Bedeutung sind *polyethoxylierte Derivate* einer Vielzahl aromatischer, aliphatischer und cycloaliphatischer Verbindungen (**27—33**). Bei der

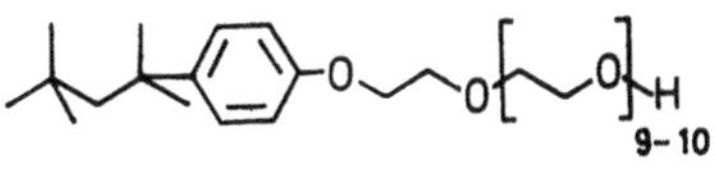

Anwendung ist zu berücksichtigen, daß diese technischen Produkte *Isomeren-* und/oder *Homologengemische* einander sehr ähnlicher Verbindungen darstellen, die sich in der Verteilung und Anzahl der enthaltenen Ethylenoxidgruppen unterscheiden. Besonders häufig wird das *Triton X-100* (**27**) als Solubilisationsmittel und Emulgator eingesetzt. Das hydrierte Analogon (**28**) zeigt bei vergleichbaren Tensideigenschaften keine UV-Absorption.

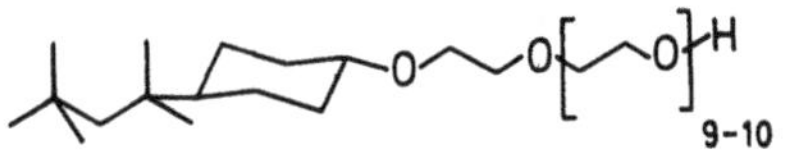

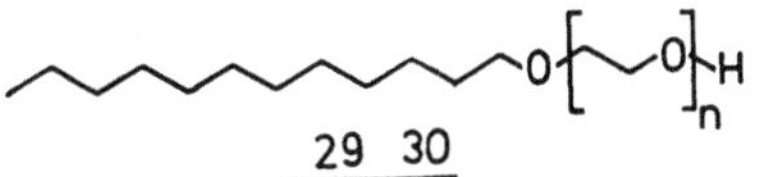

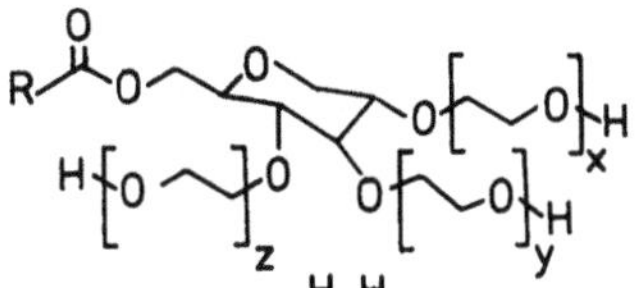

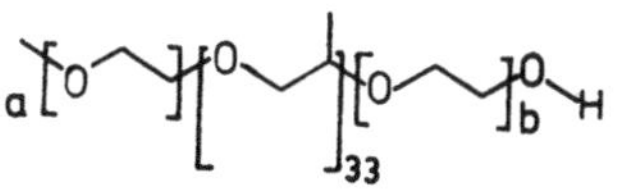

Von den ionischen Tensiden unterscheiden sich die nichtionischen durch ein besonderes *temperaturabhängiges Löslichkeitsverhalten* in wäßriger Phase. Oberhalb einer definierten Temperatur trennt sich eine n-Tensidlösung infolge reversibler Dehydratation der Polyethylenoxid-Seitenketten in eine schwere, tensidreiche und eine leichte, tensidarme Phase [163]. Diese Temperatur markiert den sogenannten *Trübungspunkt*. Er ist typisch für n-Tenside vom Polyethertyp. Die Dehydratation der Ethergruppen kann auch durch wasserbindende Stoffe (bestimmte Salze und Nichtelektrolyte) bewirkt werden. Diese Möglichkeit der Phasentrennung ist die Grundlage für ein Trennverfahren in der präparativen und analytischen Biochemie (s. Kap. 3.2.3.).

Bemerkenswert ist auch das Assoziationsverhalten der n-Tenside in wäßriger Lösung, das sich quantitativ von dem der ionischen Tenside unterscheidet [164], (s. Kap. 2.3.2.2.).

In ihrer Struktur erinnern diese n-Tenside an offenkettige Kronenether (Podanden). Einige *Tenside vom Polyethertyp*, z. B. Verbindungen **29, 33**, binden als *Neutralliganden* anorganische Salze wie Bariumiodid oder -thiocyanat [165]. Auch mit Fettsäuren wurde eine Assoziatbildung beobachtet [166].

n-Tenside mit Polyethergruppen reagieren in Lösung relativ leicht mit Sauerstoff unter Bildung von Peroxiden, die sich weiter zersetzen. Als Endprodukte können neben Peroxiden auch Aldehyde und Carbonsäuren auftreten [167, 168]. Für bestimmte analytische Anwendungen sind diese Verunreinigungen abzutrennen (s. Kap. 2.4.).

Vorwiegend in der Membranbiochemie und der damit verbundenen Analytik werden natürliche und synthetische n-Tenside eingesetzt, die sich strukturell

34

und in ihren Eigenschaften, besonders im chemischen Verhalten, deutlich von
den o. g. Vertretern dieser Tensidklasse unterscheiden. Es sind dies das zu
den Steroidsaponinen zählende natürliche Tensid Digitonin (**34**) und die
langkettigen O- und S-Glucoside (**35a, b**). Die von Zuckern abgeleiteten
n-Tenside verbinden ausreichende Solubilisationswirkung und chemische
Beständigkeit mit ihrer leichten Abtrennbarkeit durch Dialyse und Chromatographie aus Solubilisaten. Gegenüber den O-Glucosiden [169, 170] sind
die kürzlich beschriebenen S-Verbindungen [171, 172] kostengünstiger und in
einem größeren pH-Bereich sowie gegenüber β-Glucosidasen stabil.

Bisher wenig untersucht sind die für analytische Anwendungen interessanten
Phosphinoxide, Sulfone und Sulfoxide (**36**), [173], [119], [126].

Das *Solubilisationsvermögen* der Tenside gegenüber komplex zusammenge-
setzten synthetischen und natürlichen Substanzen sinkt in der *Reihenfolge*
a-Tensid, k-Tensid > z-Tensid > n-Tensid.

n-Tenside sind universell als Hilfsstoffe (Solubilisationsmittel) bei vielen analytischen und biochemischen Untersuchungen einsetzbar; sie werden aber
auch gezielt als Reagens und zur Verschiebung von Komplexbildungsgleich-
gewichten sowie Dissoziationsvorgängen verwendet.

2.3.1.5. Polymere Tenside

Die Mehrzahl der *natürlichen* und *synthetischen Hochpolymeren* besitzt amphiphile Eigenschaften. Einige von ihnen zeigen typisches *Tensidverhalten*
[174, 175]. Bekannte oberflächenaktive Proteine sind das „Lungentensid"[1]),
das den Gasaustausch in der Lunge ermöglicht [176, 177], viele membranständige Proteine, die die Grenzflächen- und Transportvorgänge in Membra-

---

[1]) engl.: lung surfactant

nen steuern [178, 179], sowie die Caseine der Milch, die an der Solubilisation
der Lipide beteiligt sind [180]. Einige nichtionische Tenside, wie die Saponine
(**34**), das Triton N-100 (**29**) und Pluronic F-68 (**33**) mit Molmassen bis zu
8000, sind ebenfalls als polymere Tenside (p-Tenside) aufzufassen bzw. leiten
zu diesen über.
Synthetische p-Tenside können durch Polymerisation geeigneter monomerer
Tenside oder durch Hydrophobisierung einer hydrophilen natürlichen bzw.
synthetischen Matrix aufgebaut werden. Gegenüber den üblichen mono-
molekularen bzw. niedermolekularen Tensiden zeichnen sich die hochmolekularen durch einige Besonderheiten aus. Eine große Anzahl hydrophober
und hydrophiler Molekülregionen ist kovalent innerhalb eines Moleküles
miteinander verbunden. Während niedermolekulare Tenside in Lösung durch
Assoziation vieler Einzelmoleküle hochmolekulare Assoziate, wie z. B.
Mizellen, aufbauen, geschieht dies bei *hochmolekularen Amphiphilen* durch
intramolekulare Assoziation der hydrophoben und hydrophilen Bereiche eines
Moleküls [181—188]. Neben dieser nicht von der Konzentration abhängigen
intramolekularen Assoziation wird bei einigen p-Tensiden auch die übliche
intermolekulare Assoziation zu mizellartigen Molekülverbänden beobachtet.
Einige praktisch wichtige p-Tenside werden im folgenden beschrieben:

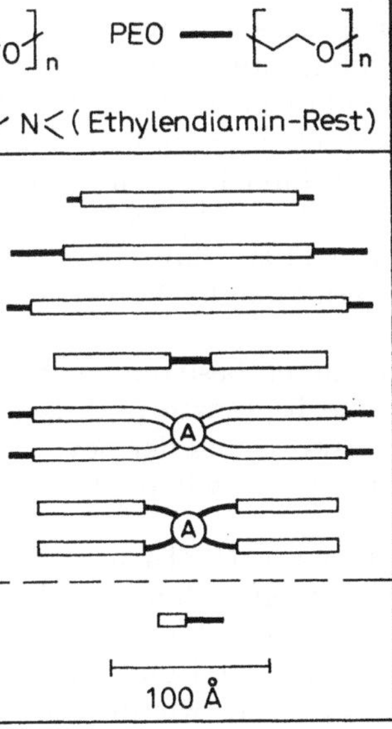

		MM	PEO (%)	HLB	Löslichkeit (g·l⁻¹) Wasser	Löslichkeit (g·l⁻¹) Mineralöl
L 81		2250	10	2	unl.	< 10
L 92		2750	22	5,5	< 10	unl.
L 101		3250	14	1,0	unl.	unl.
25 R 1		2500	13,5	2,3	< 10	< 10
T 1501		6750	15	1,0	unl.	< 10
T 130 R 2		5750	20	29	100	< 10
T X-100		≈630	70	13,5	misch-bar	unl.

Abb. 5
Struktur und Eigenschaften nichtionischer p-Tenside am Beispiel der
PPO/PEO-Blockcopolymere (Pluronic- und Tetronic-Polyole), [192]

L 81, L 92, L 101: Triblockcopolymere
25 R 1:   inverses Triblockcopolymer
T 1501:   Octablockcopolymer
T 130 R 2:   inverses Octablockcopolymer
T X-100:   *Zum Vergleich* Triton X-100 (s. **27**)

Hochmolekulare Tenside „nach Maß" lassen sich durch *Blockcopolymerisation des Propylenoxids mit Ethylenoxid* in vielen Varianten darstellen [189 bis 192]. Beispiele für diese Gruppe von nichtionischen p-Tensiden sind schematisch in der Abbildung 5 dargestellt. Die Größe der Polyethylenoxid- (PEO-) bzw. Polypropylenoxid- (PPO-)Blöcke bestimmt die Löslichkeit der Verbindungen in Wasser oder organischen Lösungsmitteln. Triblockcopolymere mit Molekülmassen von 3000—4000 und einem PEO-Anteil $< 20\%$ sind unlöslich in Wasser, aber sehr gut löslich in Toluol. Bereits ab einem PEO-Anteil von 10% sind vergleichbare inverse Triblockcopolymere auch in Wasser löslich. Weitere Angaben zur Löslichkeit siehe Abbildung 5. Die PEO-PPO-Copolymere sind ausgezeichnete Emulgatoren, vor allem für w/o-Emulsionen. Einige von ihnen werden als stationäre Phasen in der Gaschromatographie (Ucon LB- und HB-Typen) verwendet. Die Mehrzahl der genannten Tenside bildet Mizellen durch intermolekulare Assoziation, wobei für die Triblockcopolymere ein linearer Zusammenhang zwischen der CMC und dem PPO-Anteil beobachtet wird [193].

Interessante Eigenschaften zeigen auch die *Ethylenoxid-Styren-Blockcopolymere*, die je nach Größe der einzelnen Blöcke in Wasser und/oder Tetrahydrofuran löslich sind und die Bildung von o/w- oder w/o-Emulsionen stabilisieren [194]. Im intramolekularen Assoziat sind die polaren PEO-Gruppen um den hydrophoben Polystyrenkern angeordnet.

Die *Kombination* unterschiedlicher Baugruppen führt oft zu Tensiden mit ungewöhnlichen Eigenschaften. PEO-Polyisopren-Blockcopolymere verfügen im Polytensidmolekül über kristalline und amorphe Bereiche. Damit ergeben sich interessante Möglichkeiten für sterisch beeinflußbare, nicht kovalente Wechselwirkungen zu Biopolymeren. Zahlreiche weitere *Copolymere des Ethylenoxids* mit Polypeptiden, Maleinsäureanhydrid, Polyvinylpyridin, Acrylnitril u. a. besitzen Tensidcharakter [195, 196]. Die Molekülmasse der Blockcopolymeren erreicht nicht annähernd die der Polyethylen- bzw. Polypropylenoxide.

Neben den PEO- und PPO-Blockcopolymeren besitzen einige in den letzten Jahren synthetisierte Polyseifen nur eine begrenzte praktische Bedeutung. Aufgrund ihres ausgeprägten Tensidcharakters und der bevorzugten Bildung intramolekularer Assoziate sind sie für die mizellare und die analytische Chemie von besonderem Interesse.

Durch *Quarternisierung* von *Polyvinylpyridin* (PVP) bzw. *Polyethylenimin* (PEI) mit langkettigen Alkylhalogeniden lassen sich hochmolekulare Tenside mit interessanten katalytischen Eigenschaften und in großer Vielfalt darstellen (**37** bzw. **38**). Die Verbindungen **37** [197—201] und **38** [198] assoziieren nicht oberhalb einer bestimmten Konzentration (wie die niedermolekularen Tenside), sondern ab einer *kritischen Kettenlänge* und Anzahl dieser Ketten intramolekular zu Mizellen. Beide Tenside bilden mit Schwermetallionen lösliche Komplexe, die ebenfalls Tensideigenschaften besitzen. Polymere Kationen vom Typ der *Ionene* (**39**), [202, 203] und *Ionomere* (**40**), [204] finden vielfältige Anwendung in der Technik als polymere Titranten und als Arzneimittel sowie zur Wasseraufbereitung [205, 206].

Wasserlösliche Polykronenether, wie das Poly(vinylbenzo-18-crown-6), (**41**, MM = 110000, Löslichkeit in Wasser 80 g · l^{-1}) sind reversibel durch kom-

R = C_6-C_16
n = 100-2000

37a

37b

n = 0 - 16
m = 6,16,50,190
X = SO_4, WO_4 u.a.

R = H, C_1-C_16, C_6H_5CH_2,
HC≡C-CH_2, CH_2=CH-CH_2
n = 5 - 500

38a

38b

n, m = 0,1 12

39

40

41

42

plexe Bindung von Alkaliionen in p-Tenside umschaltbar. Diese Verbindungen sind effiziente Solubilisationsmittel für polycyclische Aromaten und andere Verbindungen [207–209].

Durch Einführung langkettiger Alkylreste in Naturstoffe oder davon abgeleitete Verbindungen lassen sich wirksame, hochmolekulare Tenside darstellen. Ein Beispiel dafür ist die Poly-(n-dodecyl-L-leucyl)-gelatine (**42**), die als Emulgator für o/w-Emulsionen vorgeschlagen wurde [210].

38

Im folgenden wird näher auf einige wasserlösliche Polymere eingegangen,
deren Tensidcharakter weniger ausgeprägt ist oder maskiert vorliegt, die
aber für die Analytik und Biochemie von beträchtlichem Interesse sind.

Homopolymere des *Ethylenoxids* (**43**) verdienen besondere Beachtung. Mit
einem Molekülmassenbereich von 200 bis zu etwa 7 Millionen ist das *Poly-
ethylenoxid* (PEO) das häufigste technisch eingesetzte, wasserlösliche Polymere. Das homologe *Polypropylenoxid* (PPO, **44**) findet begrenzte technische
Anwendung. Bestimmte *Polypropylenglycole* werden als stationäre Phasen in
der Gaschromatographie genutzt. Polypropylenglycole lösen sich nur bis zu
einer Molekülmasse von 900 (n $\approx$ 15), Polyethylenoxide aber unabhängig
vom Polymerisationsgrad in Wasser [211].

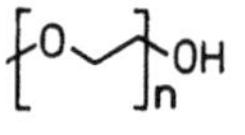

$$n = 1-23 \text{ (flüssig)}$$
$$1-900 \text{ (feste PEG)}$$
$$900-230\,000 \text{ (PEO)}$$

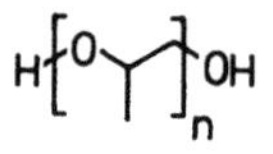

43   **44**

In Analytik, Biochemie und Pharmazie werden im wesentlichen PEO-Poly-
mere mit Molekülmassen von 1500–40000 in größerem Umfang eingesetzt.
Diese Verbindungen werden noch als Polyethylenglycole (PEG) bezeichnet.
Ab einem Polymerisationsgrad von n = 900 (MM = 36000) spricht man von
Polyethylenoxiden, da dann der Hydroxylgruppen-Anteil ($<$ 0,1 %) in der
Regel vernachlässigt werden kann.
Der tensidähnliche Charakter der PEO-Polymere [212] ist — verglichen mit
den o. g. Copolymeren — weniger deutlich ausgeprägt und stark vom *Hydrati-
sierungsgrad* der Ethergruppierungen abhängig.
Die Polymere des Ethylenoxids verfügen über einige bemerkenswerte Eigenschaften. An erster Stelle ist die *sehr gute Löslichkeit in Wasser und in organischen Lösungsmitteln* zu nennen (Methylenchlorid, Chloroform, Tetrachlorkohlenstoff, Dichlorethan, Benzen, Dioxan, Acetonitril, Dimethylformamid,
niedere Alkohole u. a.). Nicht löslich ist das PEO — auch nicht beim Erwärmen — in Ethylen- und Diethylenglycol oder Glycerol. Zusätze von Methanol
vermitteln jedoch auch die Löslichkeit in diesen Solventien. Ausgesprochene
Fällungsmittel für PEO und PEG sind Diethylether und Petrolether. Jedoch
können PEO-Lösungen in Dichlorethan mit bis zu 70 % (v/v) Ethylenglycol
oder eines anderen Nichtlösers versetzt werden, ohne daß Fällung eintritt
[213].
Geringe Wassermengen erhöhen die Löslichkeit des PEO in organischen
Lösungsmitteln oft um ein Vielfaches. Die Wasseraufnahmefähigkeit des
PEO ist stark von der relativen Luftfeuchtigkeit abhängig und liegt für 80 %
rel. Feuchte unter 5 %, steigt jedoch bei Luftfeuchten $>$ 90 % drastisch an.
In einer wäßrigen PEO-Lösung von $\geq$ 38 % liegt kein freies Wasser mehr
vor [215]. Lösungen von PEO in Wasser gehören zu den Systemen mit
niedriger kritischer Mischungstemperatur. Mit steigender Temperatur sinkt
die Wasserlöslichkeit des PEO und in Abhängigkeit von der Molekülmasse
fällt es bei einer bestimmten Temperatur und Konzentration aus. Es bilden
sich eine PEO-reiche und eine PEO-arme (leichte), wäßrige Phase [216, 217].
Ein PEO der Molekülmasse $7 \cdot 10^6$ zeigt in wäßriger Lösung bereits bei einer

Konzentration von $10 \, g \cdot l^{-1}$ *Phasentrennung*. Untersuchungen von *Tager* et al. [214] haben gezeigt, daß die Phasentrennung bereits in homogener Lösung durch Assoziation der PEO-Moleküle eingeleitet wird.

Ursache für die bemerkenswerte Wasserlöslichkeit des PEO ist die Ausbildung stabiler *Wasserstoffbrücken-Bindungen* zwischen den EO-Einheiten und jeweils 2—3 Wassermolekülen. Eine Bestätigung findet diese Annahme in der deutlichen Beeinflussung der maximalen Dichte des Wassers, die durch PEO $(MM = 4 \cdot 10^6, c = 0,005\%)$ von 4 °C auf 1,7 °C herabgesetzt wird [218].

Bestimmte Salze (KCl, KBr, K_2SO_4 u. a.) verringern die Größe der mizellartigen Molekülcluster des PEO, und bei einer bestimmten Konzentration tritt Aussalzung ein. Sowohl durch Salzzusatz als auch Temperaturerhöhung wird die Hydratation der EO-Gruppen im Polymer herabgesetzt, d. h., sein hydrophober Charakter wird verstärkt. Ein analoger Effekt wird beobachtet, wenn in PEO/PPO-Copolymeren der Anteil des (hydrophoben) PPO erhöht wird [219, 220]. In Methanol oder Dioxan liegt das PEO moleculardispers gelöst vor, während in vielen anderen Systemen Assoziatbildung beobachtet wird. Allgemein haben Temperatur, Lösungsmittel und Elektrolytzusätze großen Einfluß auf die Konformation des PEO-Moleküls und seine Assoziationsneigung.

In wäßriger Lösung setzt das PEO deutlich die „Polarität" des Wassers herab [221]. Das eröffnet interessante Möglichkeiten für die Beeinflussung analytischer und biochemischer Reaktionen in PEO-Wasser-Systemen. Viele zwischenmolekulare Wechselwirkungen, besonders in biologischen Systemen, sind direkt von der Polarität der vorhandenen Wassermoleküle abhängig.

Das PEO ist über den gesamten pH-Bereich stabil, auch bei höheren Temperaturen. Es muß jedoch beachtet werden, daß PEO in Gegenwart von Sauerstoff zur *Peroxidbildung* neigt und weitere funktionelle Veränderungen erfahren kann. Rasch kann ein damit verbundener Abbau bei höheren Temperaturen durch UV-Strahlung und bei pH-Werten < 5 eintreten [195, 222]. Für technische Anwendungen wird das PEO durch Antioxidantien (Isopropanol, 8-Hydroxychinolin, Mangansulfat, Thioharnstoff, Kaliumthiocyanat, Kaliumiodid u. a.) stabilisiert (s. Kap. 2.4.).

Neben Wasser vermag das PEG eine Vielzahl von Stoffen unterschiedlich fest zu binden. Mit Polysäuren, Celluloseethern u. a. synthetischen bzw. einigen natürlichen Polymeren entstehen typische *Polymer-Polymer-Komplexe* [223]. Zahlreiche weitere Komplexe werden in der Literatur beschrieben, z. B. mit Quecksilberhalogeniden, Harnstoff, Thioharnstoff, metallorganischen und vielen anderen Verbindungen [224]. Im sauren pH-Bereich (pH < 2) können die EO-Gruppen von PEG und PEO unter Bildung von Oxoniumsalzen protonisiert werden. Diese kationischen Verbindungen bilden vor allem mit komplexen anorganischen Anionen stabile salzartige Addukte, die zum Nachweis dieser Ionen, aber auch des PEO selbst, dienen können (s. Kap. 2.4.). Als polymerer *Neutralligand* vermag das PEO auch Alkaliionen zu binden [225]. Das Solubilisationsvermögen vieler Tenside (SDS, Alkylbenzolsulfonate u. a.) kann durch PEG und PEO deutlich verbessert werden.

Angaben bezüglich Nomenklatur und Eigenschaften handelsüblicher PEG-, PEO- und davon abgeleiteter Copolymere sind einer neueren Übersicht zu entnehmen [226].

Die aufgeführten, zum Teil ungewöhnlichen Eigenschaften von PEO und PEG ermöglichen zahlreiche *analytisch relevante* und *biochemische Anwendungen:*

— *Wasseradsorbans* (vernetztes PEO bindet das 25- bis 1000fache seiner Masse an Wasser; Einengen wäßriger Lösungen von Biopolymeren) [227]
— *Mehrphasentrennsysteme* (PEG kann zusammen mit anderen hydrophilen Polymeren für die Trennung und Reinigung empfindlicher Verbindungen durch Verteilung zwischen wäßrigen Phasen eingesetzt werden) [228]
— *Flockungsmittel* (Sedimentation von Kolloiden durch Adsorption von PEO und Unterbindung der chaotischen Teilchenbewegung) [229]
— *Schutzkolloid* (Stabilisierung von Goldkolloiden für die ultrahistochemische Anwendung in der Elektronenmikroskopie) [230]
— *Gaschromatographie* (Ausbildung der stationären Phasen durch Adsorption von PEG oder PEO an anorganische oder organische Träger) [226]
— *Beeinflussung biologischer Membranen* („Verschmelzen“, d. h. *Fusion* lebender Zellen) [231]
— *Biologie und Medizin* (vielseitige Anwendung, u. a. Konservierung von Transplantaten, als Sorptionsvermittler und hämostatisches Mittel, PEG und PEO sind biologisch inert und nicht toxisch) [232].

Von den polymeren Tensiden und den ihnen verwandten Polyethylen- sowie Polypropylenoxiden sind in Zukunft weitere interessante Anwendungen auf vielen Gebieten der Analytik, Biochemie und Pharmazie zu erwarten.

2.3.1.6. Perfluorierte Tenside

Der Ersatz der Wasserstoff- durch Fluoratome in den Kohlenwasserstoffketten der Tenside führt zu amphiphilen Verbindungen mit *ungewöhnlichen* Eigenschaften [233—237]. Trotz ihres hohen Preises sind diese speziellen Tenside unentbehrlich für einige technische Anwendungsgebiete. Ein Vergleich bestimmter Eigenschaften von Kohlenwasserstoffen (KW) und ihren perfluorierten Analoga (FK) unterstreicht die Ausnahmestellung der fluororganischen Verbindungen.
FK zählen zu den thermisch und gegenüber chemischen Einflüssen *stabilsten Verbindungen.* Abbildung 6 verdeutlicht, daß im Unterschied zu KW-Ketten in analogen perfluorierten Verbindungen die C-Atome weitgehend gegen äußere Angriffe abgeschirmt sind. Perfluorierte Verbindungen sind aufgrund der geringen Polarität bzw. Polarisierbarkeit der C-F-Bindung kaum zu intermolekularen Wechselwirkungen fähig. Auch die gegenseitige Mischbarkeit von FK und KW ist begrenzt und stark temperaturabhängig. Eine Ausnahme bilden Perfluoraromaten, die sich gut mit aromatischen KW mischen und sogar isolierbare 1:1-Komplexe bilden. FK sind *hydrophobe und lyophobe Verbindungen,* die meist nur untereinander mischbar sind. Die Differenz der freien Energie für die Überführung einer Methylengruppe ($-CH_2-$) aus der wäßrigen in eine KW-Phase beträgt 1,1 kT[1]), für eine Difluormethylengruppe ($-CF_2-$) aber 1,6 kT [238]. Diese Werte erklären die hohe Assoziations-

---

[1]) k = Boltzmannkonstante, T = absolute Temperatur

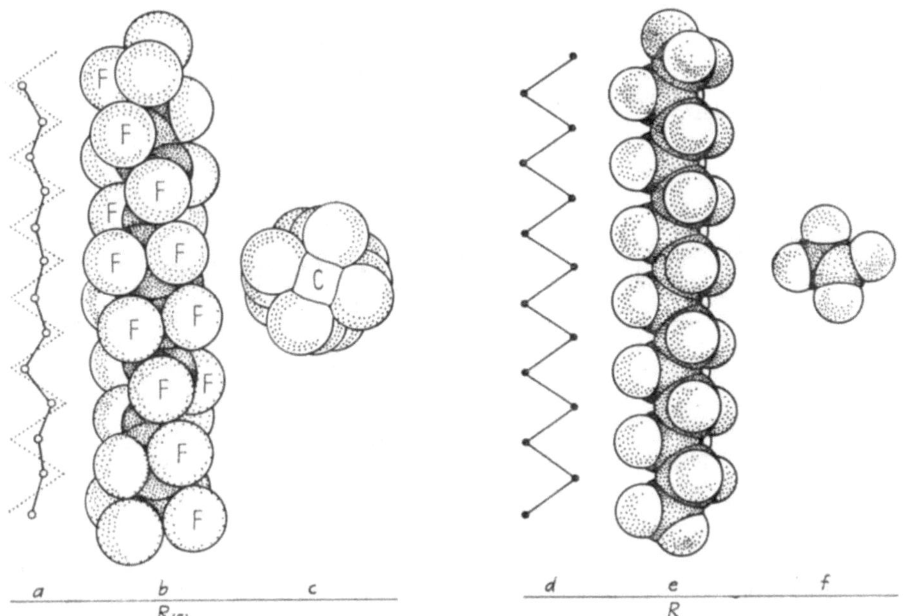

Abb. 6
Aufbau und Größenvergleich von Perfluoralkyl- und Alkylgruppen (R_F bzw. R)

a) spiralförmige Anordnung der C-Atome (Atomzentren) in einer R_F-Kette
b) Seitenansicht der spiralförmigen R_F-Kette
c, f) Molekülquerschnitte von R_F bzw. R
d) zickzackförmige all-trans-Anordnung der C-Atome in einer R-Kette
e) Seitenansicht der zickzackförmigen R-Kette

neigung vieler Perfluorverbindungen und die beobachtete sehr niedrige Oberflächenspannung der flüssigen FK, die dadurch Feststoffe sehr gut benetzen. Bemerkenswert ist die sehr hohe Löslichkeit der FK für viele Gase einschließlich Sauerstoff. Diese Verbindungen sind nicht nur thermisch und chemisch aufgrund der hohen C-F-Bindungsenergie außerordentlich stabil, sondern auch biologisch indifferent.
Die genannten globalen Eigenschaften von Perfluorkohlenwasserstoffen prägen grundlegend den Charakter *perfluorierter Tenside* (R_F-Tenside). Wichtige R_F-Tenside aller Klassen sind: als a-Tenside K- u. Li-perfluoroctansulfonat (**45**, s. S. 43), [239, 240], Kaliumperfluoroctanoat (s. **12**) und Natrium-(4-perfluornonyloxy)-benzensulfonat (**46**), [173], als k-Tensid der Di-Perfluoroctylessigsäure-ester des Di-(2-Hydroxyethyl)-methyl-allyl-ammoniumiodids (**47**), (116), als z-Tensid ein fluoriertes Zwitterion (**48**), [116] und als n-Tenside 1,1-Diperfluorisopropyl-2-trifluormethyl-ethenyl-polyethylenglycol (**49**), [7, 242] sowie das Perfluorhexyl-methoxy-polyethylen[6]-glycol (**50**), [243]. Perfluorierte zweiarmige k- und z-Tenside bilden leicht Vesikel [241].
Herausragende Eigenschaften aller Fluortenside sind neben der chemischen

42

46

47 48

49 50

Beständigkeit die *niedrigen kritischen Konzentrationswerte* für die Mizellbildung (CMC-Werte), auf die im Kapitel 2.3.2.8. näher eingegangen wird.
Die CMC-Werte der R_F-Tenside entsprechen den Werten für KW-Tenside
mit einer 1,5mal längeren Kohlenwasserstoffkette. FK-Gruppen sind demnach 1,5fach „hydrophober" als KW-Ketten gleicher Länge. Während für
KW-Tenside Alkylreste mit 8 Kohlenstoffatomen als Minimum für das Auftreten typischer Tensideigenschaften angesehen werden, sind für die perfluorierten Analoga FK-Ketten von 5—6 C-Atomen schon ausreichend. Die
folgende Übersicht illustriert diesen Sachverhalt. Für homologe Carbon- und
Perfluorcarbonsäuren sowie der Perfluoroctansulfonsäure werden die CMC-
Werte entsprechender Salze gegenübergestellt [116, 233]:

	$C_nH_{2n-1}-$	$C_nF_{2n-1}-$
C_5COONa	$2{,}35 \cdot 10^0$	$5{,}6 \cdot 10^{-1}$
C_7COONa	$9{,}5 \ \cdot 10^{-1}$	$7{,}6 \cdot 10^{-2}$
$C_{10}COOK$	$1 \quad \cdot 10^{-1}$	$4{,}9 \cdot 10^{-4}$
$C_8SO_3NH_4$	$1{,}55 \cdot 10^{-1}$	$5{,}5 \cdot 10^{-3}$

Das Solubilisationsvermögen der R_F-Tenside für Kohlenwasserstoffe liegt
niedriger als das der normalen Tenside und ist stark von Elektrolytzusätzen
und vom Gegenion im Falle der ionischen Tenside abhängig.
Perfluorierte Tenside verlieren auch unter *extremen thermischen* und *chemischen Bedingungen* ihre Tensidwirkung nicht. Das Perfluoroctansulfonat zersetzt sich erst oberhalb 400 °C und das Tetraethylammoniumsalz bei 320 °C.
Starke Oxidationsmittel (Chlor, Chromsäure) werden ebenso toleriert wie
pH-Werte < 1 und > 14 [244]. Das trifft allerdings nur zu, wenn alle
H-Atome im Tensid durch F-Atome ersetzt sind.
Die perfluorierten Tenside sind für die analytische Chemie hinsichtlich mehrerer Aspekte interessant. Sie ermöglichen eine mizellare Analytik unter

extremen thermischen und chemischen Bedingungen. Aufgrund ihrer niedrigen CMC-Werte sind R_F-Tenside bereits bei sehr niedrigen Konzentrationen wirksam. Diese Tenside vermögen auch in Systemen mit bereits sehr niedriger Oberflächenspannung diese noch weiter herabzusetzen — auf Werte um 15 mN $\cdot$ m^{-1}. Normale Tenside setzen in wäßriger Lösung die Oberflächenspannung von 75 auf minimal 30–35 mN $\cdot$ m^{-1} herab.

Liegen in Lösung gleichzeitig perfluorierte und normale Tenside vor, so assoziieren beide weitgehend unabhängig voneinander zu zwei Typen von Mizellen, die entsprechend ihren unterschiedlichen lyophoben bzw. lyophilen Eigenschaften selektiv bestimmte Substanzen solubilisieren. Mizellen, der R_F-Tenside werden beispielsweise bevorzugt fluorierte Verbindungen bzw. Aromaten solubilisieren. Mizellare Lösungen von perfluorierten Tensiden sind interessante Medien für Umsetzungen mit Sauerstoff, Ozon oder anderen Gasen.

2.3.1.7. Funktionalisierte Tenside

Werden in die polare Kopfgruppe oder den hydrophoben Bereich eines Tensids beliebige chemische Gruppen eingeführt, die das Assoziationsverhalten beeinflussen, es aber nicht bedingen, so erhält man funktionalisierte Tenside (f-Tenside). Auf diesem Wege kann der amphiphile Grundcharakter der Tenside mit neuen Eigenschaften kombiniert werden. Häufig wurden in Tenside sogenannte Reportergruppen eingebaut, z. B. fluoreszierende, selektiv UV- oder IR-Strahlung absorbierende und andere spektroskopisch sensitive Gruppen. Derartige f-Tenside verfügen über zusätzliche physikalisch-chemische Eigenschaften, die sich mit der chemischen Umgebung ändern können. Solche Verbindungen sind als *molekulare Sonden* für die Erkundung von Makromolekülen sowie für das Studium der Tenside und damit verbundener Assoziationsvorgänge geeignet. Andere Tenside sind gleichzeitig *Komplexliganden* und bilden normale, charge-transfer oder Wirt-Gast-Komplexe. Interessant sind auch Amphiphile, die sich unter milden Bedingungen an einer „Sollbruchstelle" unter Verlust des Tensidcharakters *spalten* und somit aus vielen Systemen leichter abtrennen lassen. Tenside mit *reaktiven Gruppen* ermöglichen es, auf einfache Weise polymere Träger und andere Stoffe mit amphiphilen Eigenschaften zu versehen. Verbindungen mit maskierten reaktiven Gruppen können auf ein Signal von außen (z. B. UV-Strahlung) aktiviert werden, um sich in situ an Stoffe in der unmittelbaren Umgebung kovalent zu binden. Es lassen sich auf diese Weise Wirk- und Bindungsorte von Tensiden in biologischen Systemen ermitteln. Tenside mit *metallorganischen* oder *metallbindenden Gruppen* absorbieren bzw. streuen Elektronenstrahlen. Sie sind deshalb als Kontrastgeber für die Elektronenmikroskopie geeignet. Die Möglichkeiten, eine analytisch oder in anderer Hinsicht wichtige Gruppe in Tenside einzuführen, sind fast unbegrenzt. In jedem Fall muß berücksichtigt werden, daß zusätzliche funktionelle Gruppen die mizellaren Eigenschaften des Ausgangstensids beeinflussen können.

Die technische Tensidchemie hat im Verlauf ihrer stürmischen Entwicklung eine breite Palette funktionalisierter Tenside hervorgebracht, die aus Kosten-

gründen oder zu geringer Nachfrage kommerziell keine Rolle spielen [2, 48–50, 52, 116–119, 128–131]. Für die Auswahl und Anwendung spezieller Tenside in der Analytik könnten diese vielfältigen Erfahrungen der Industrie und Praxis stärker als bisher genutzt werden.
Der folgende, nicht vollständige Überblick soll Anregungen für die *gezielte analytische Nutzung* der f-Tenside vermitteln und erstmals Anwendungsbeispiele zusammenfassen.

Spaltbare Tenside

Die amphiphile Natur der Tenside erschwert oft ihre vollständige Abtrennung aus Reaktionslösungen, Solubilisaten und Emulsionen unter milden Bedingungen. Dieser Umstand begrenzt gegenwärtig die Möglichkeiten der mizellaren Chemie und bis zu einem gewissen Grade auch die der Solubilisation und Charakterisierung von Membranbestandteilen. Vor allem aus Proteinsolubilisaten gelingt es oft trotz langwieriger Reinigungsoperationen nicht, Tensidreste zu entfernen, ohne daß eine vollständige Denaturierung erfolgt [245].
Aus Reaktionslösungen und Solubilisaten läßt sich die Hauptmenge an ionischen Tensiden als unlösliches Salz mit geeigneten Gegenionen ausfällen. Das SDS kann z. B. als Kalium- oder Calciumsalz [246] und CTAB(C) als Perchlorat gefällt werden [247]. Geringe Restgehalte an Tensiden lassen sich auf diese Weise nicht entfernen. Für nichtionische und zwitterionische Tenside entfallen diese Möglichkeiten.
Eine elegante Alternative für die Beseitigung von Tensiden aus beliebigen Lösungen ermöglicht der Einsatz *spaltbarer amphiphiler Verbindungen* mit vorgeprägten Bruchstellen. Werden in einem System die Tensideigenschaften nicht mehr benötigt, so kann durch pH-Verschiebung, Lichteinwirkung, Reduktion oder Oxidation sowie auf enzymatischem Wege das Tensid unter Bildung oberflächeninaktiver Produkte, die sich leichter abtrennen lassen, gespalten werden. Dieses Konzept wurde auf unterschiedliche Weise von mehreren Autoren verwirklicht.. *Coumo* et al. [248] schlugen ein nichtionisches amphiphiles *Glycosid* (**51**) mit einer leicht reduzierbaren Disulfidbrücke zwischen hydrophilen und hydrophoben Molekülbereichen als eines der ersten spaltbaren Tenside vor.
Nachteile dieser Methode sind die leichte Oxidierbarkeit der Spaltprodukte zu Disulfidgemischen, die Instabilität mancher Disulfidbindungen in Solubilisaten (Proteinen) unter reduzierenden Bedingungen und SH/SS-Austauschreaktionen zwischen Biopolymeren, dem Tensid und seinen Bruchstücken.
Gewisse *Invertseifen* mit einem *Ferrocenylmethyl-Substituenten* (**52**), [249] werden bei pH-Werten von 8,5–9,5 bzw. <3 mit Halbwertszeiten zwischen 50 und 600 min oder photolytisch ($t^{1}/_{2}$ = 70 min) in Ferrocenylmethanol und Trialkylamin gespalten. Elektronenziehende Substituenten am quartären Stickstoffatom erleichtern die Spaltung.
Die amphiphilen Eigenschaften der Ferrocenylinvertseifen werden nach Oxidation zu den Ferrociniumverbindungen und der damit verbundenen Einführung einer zweiten hydrophilen Gruppe weitgehend aufgehoben. Es überwiegt der polare Charakter im Molekül, das praktisch nicht mehr unter

Mizellbildung mit sich selbst assoziiert. Deshalb lassen sich oxidierte Ferrocenylinvertseifen relativ leicht durch Dialyse abtrennen.

Ferroceniumsalze mit langkettigen Alkylsubstituenten (**53**) werden unter milden Bedingungen reduktiv in die wasserunlöslichen, leicht mit Ether extrahierbaren Alkylferrocene überführt [249]. Für viele Anwendungen sind jedoch die Verbindungen (**53**) entweder zu instabil (Chlorid oder Nitrat als Gegenion) oder nicht ausreichend wasserlöslich (Tetrafluoborate, Hexafluophosphate u. ä.). Die photolytische Zersetzung von **52** und **53** ergibt Ferrocen-Spaltprodukte, die sich von Proteinen nur schwer abtrennen lassen.

Von *Bodor* [250] wurden ebenfalls k-Tenside, sogenannte „*weiche" Invertseifen*, synthetisiert, die sehr leicht abgebaut werden und dabei ihre Tensideigenschaften und antimikrobielle Aktivität verlieren. Die Brauchbarkeit dieser Reaktion für die Abtrennung entsprechender Tenside aus Proteinsolubilisaten wurde nicht untersucht. Pferdeserum vermag das Tensid (**54**) innerhalb weniger Minuten vollständig zu desaktivieren — wahrscheinlich durch Adsorption an Serumproteine und esterolytische Spaltung.

Ähnlich leicht hydrolysierbar sind die *Alkoxymethylglycoside*. Als spaltbares n-Tensid wurde der Tetradecyloxymethyl-ether der Saccharose vorgeschlagen [251].

Die Hydrolyseanfälligkeit der *Siloxanbindung* in Nachbarschaft zu aktivierenden Gruppen nutzten *Jaeger* et al. [252] für die Darstellung kationischer spaltbarer Tenside (**55**). In Gegenwart polarer Fluorverbindungen wie Acetylfluorid sollte die Spaltung von **55** begünstigt sein.

Ein *photolytisch spaltbares a-Tensid* beschreiben *Epstein* et al. [253]. Das als SDS-Analogon synthetisierte Tensid (**56**) ist aufgrund der notwendigen langen Bestrahlungszeiten in der mizellaren Chemie oder Proteinchemie sicher nicht allgmein anwendbar.

Die *säurelabile Ketalgruppierung* wurde ebenfalls für den Aufbau spaltbarer k-Tenside herangezogen [247, 254]. Verbindungen dieses Typs (**57**) wurden speziell für die rasche Aufarbeitung von *Mikroemulsionen* in der organischen

Synthesechemie [254] und für die mizellare Katalyse bestimmter Reaktionen
[247] entwickelt.

Ein prinzipiell anderes Konzept zur Entfernung von Tensiden aus Proteinlösungen wird von *Keana* et al. [255] vorgeschlagen. Sie arbeiten nicht mit
spaltbaren Tensiden, sondern erhöhen nachträglich durch Addition hydrophiler Gruppen an das Tensid dessen Wasserlöslichkeit. Damit wird der
amphiphile Charakter, der auf einem ausgewogenen Verhältnis zwischen
hydrophilen und hydrophoben Molekülregionen beruht, *aufgehoben*. Es wurden drei Tenside (**58—60**) mit einer Diengruppierung synthetisiert, deren
Strukturen den kommerziell erhältlichen Verbindungen Triton X-100, SDS
und Dodecylmaltosid nachempfunden sind.

An die Dieneinheit von **58—60** lassen sich unter milden Bedingungen im
Sinne einer *Diels-Alder-Reaktion* hydrophile Olefine (**61**) addieren, wie es für
das SDS-Analogon (**59**) formuliert ist. Auf diesem Wege gelingt in wäßriger
Lösung eine weitgehende Maskierung der genannten Tenside. Die Diels-
Alder-Addukte, z. B. **62**, haben zwar weitgehend ihre Tensideigenschaften
verloren, ihre nichtkovalente Bindung an Proteine und andere Verbindungen
ist jedoch nicht auszuschließen. Außerdem sind Verbindungen wie **61**
bekannte Reagentien für die Modifizierung von SH-Gruppen in Proteinen.
Eine aussichtsreiche Möglichkeit der Abtrennung von Dien-Tensiden (**58—60**)
aus wäßrigen Lösungen könnte ihre chemische Bindung an matrixgebundene,
aktivierte Olefine sein [256].

Spaltbare Tenside empfehlen sich als nützliche Reagentien für die Lösung
schwieriger Trennprobleme in Analytik, Biochemie und mizellarer Chemie.
Entsprechende Invertseifen sind als Desinfektionsmittel mit zeitlich begrenzter antimikrobieller Wirksamkeit von praktischem Interesse.

47

Kronenether-Tenside

Die ersten Kronenether mit Tensidcharakter wurden 1977 von *LeMoigne*
[257] beschrieben. Inzwischen ist eine ganze Reihe interessanter *amphiphiler
Neutralliganden* synthetisiert worden (**63–67**), die mehrere Möglichkeiten für
die Bindung löslicher oder die Solubilisation unlöslicher Stoffe bieten. In
Abhängigkeit von der Konzentration wirken diese Verbindungen entweder
gleichzeitig als *mizellare und nichtmizellare Solubilisationsmittel* oder — unterhalb der kritischen Mizellbildungskonzentration — nur als Wirt-Gast-
Komplexbildner (s. Kap. 2.2.2.2.).
Kronenether-Tenside eignen sich als Reagentien für die ionenselektive Katalyse (**63**), [257, 258], die biomimetische Katalyse (**65**), [260], die Phasen-
transfer-Katalyse (**63, 67**), den Ionentransport durch Membranen (**67**), [263],
die Extraktion von Alkali- und Erdalkaliionen (**64**), [259] sowie als stationäre
Phasen in der Flüssigchromatographie (**66**), [88, 261, 262]. Die Tensideigenschaften wurden für die wasserlöslichen Verbindungen **63, 64** und **66** näher
beschrieben. Auch von Podanden können Tenside abgeleitet werden, z. B.
68, [258]. Die Kronenether-Tenside zeigen ein interessantes *salzabhängiges
amphiphiles Verhalten*, das ausführlich von *Kuo* et al. [264], *LeMoigne* [257]
und anderen Autoren [loc. cit. 264] untersucht wurde.
Im Unterschied zu üblichen n-Tensiden werden die Kronenetherverbindungen, z. B. **63**, durch Salze nicht ausgesalzen. Die CMC-Werte werden erhöht
und Schaumvermögen sowie Schaumstabilität herabgesetzt. Alkaliionen, die
sterisch zum entsprechenden Kronenetherring passen, zeigen dabei den deutlichsten Effekt. Die Hydrophilie und damit das amphiphile Verhalten der
Kronenether-Tenside kann durch Salzzusätze in bestimmten Grenzen
gesteuert werden.
Amphiphile Kronenether ermöglichen die Durchführung ungewöhnlicher
photochemischer und anderer Reaktionen. Im folgenden Beispiel erfüllt der
makrocyclische Tensidligand (**69**) mindestens drei Funktionen:

— Sicherung einer *hohen* lokalen *Ligandkonzentration* durch Assoziation
  (Mizellbildung),

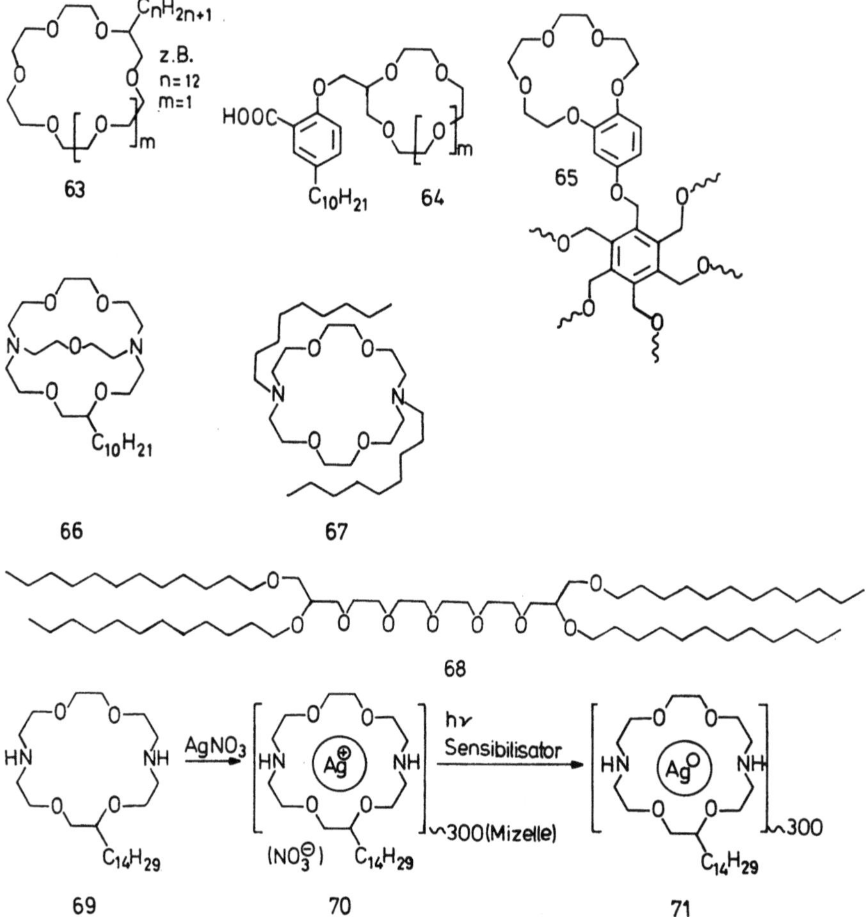

— *Stabilisierung* labiler Reaktionsprodukte durch Wirt-Gast-Komplexbildung und

— *Verhinderung* der Rückreaktion durch mizellare und nichtmizellare Solubilisation reaktiver Endprodukte.

Das 17-Tetradecyl-1,7,10,16-tetraoxa-4,13-diazacyclooctadecan (**69**) komplexiert als Neutralligand in wäßriger mizellarer Lösung Silberionen unter Bildung von **70**. Durch sensibilisierte Photoreduktion entsteht daraus der Komplex **71** mit atomarem Silber als Gastkomponente. Das atomare Silber (Ag°) ist im Wirt-Gast-Komplex in mizellarer Umgebung stabil und aggregiert nicht wie sonst üblich zu Silberclustern oder -kristallen [262, 265]. Viele interessante Beispiele können der umfassenden Übersicht von *Vögtle* und *Weber* [265, 266] entnommen werden.

Einige Eigenschaften der Kronenether-Tenside sind im Verhalten der höhermolekularen n-Tenside und von PEG bzw. PEO angedeutet (s. Kap. 2.3.1.5.). Eine Zwischenstellung nehmen die offenkettigen Kronenether und davon abgeleitete Tenside ein (s. **68**), [258, 266].

Zusammenfassend kann festgestellt werden, daß makrocyclische Tenside typische Tensideigenschaften, wie Trübungserscheinungen bei Temperaturerhöhung, Grenzflächenaktivität und Assoziation zu Mizellen (Aggregationszahlen um 300) sowie die Möglichkeit der Wirt-Gast-Komplexbildung, miteinander verbinden. Die mizellaren Eigenschaften werden dabei durch anorganische Salze nicht nur über die Ionenstärke, sondern selektiv durch Einbau oder Ausschluß von Kationen gesteuert. Diese bemerkenswerte *Verknüpfung* von selektiver Komplexbildung mit mizellar gesteuerter Reaktionsführung, von mizellarer und nichtmizellarer Solubilisation sowie von ionischen und Neutralmolekülen eröffnet neue Anwendungsmöglichkeiten für Analytik und Biochemie.

Reaktive Tenside

In Analogie zu den bekannten Reaktivfarbstoffen können nach dem gleichen Konzept reaktive Tenside dargestellt werden, die sich unter milden Bedingungen an unterschiedliche Stoffe kuppeln lassen.

Nach diesem Prinzip wurden trägerfixierte Desinfektionsmittel durch kovalente Bindung reaktiver Invertseifen an Papier, Gewebe u. a. synthetisiert [267].

Auch die Benetzbarkeit vieler Stoffe kann durch chemische Fixierung von Tensiden wesentlich verbessert werden [268]. Tenside mit Dichlortriazinyl- oder Vinylsulfonylgruppen (**72, 73**) *kuppeln* leicht mit Substanzen, die über Amino- oder Hydroxylgruppen verfügen. Amphiphile Verbindungen mit Aminoarylgruppen (**74**) reagieren nach Diazotierung mit aktivierten aromatischen Gruppen von Polymeren und Biopolymeren [loc. cit. 5].

Phospholipide mit einer latenten Aldehydfunktion in der Kopfgruppe binden sich — auch in assoziierter Form (Vesikel) — an Enzyme und andere Proteine [269].

Für die *Affinitätsmarkierung* von Biopolymeren sind reaktive Tenside mit Nitren- oder Carbengruppen (**75, 76**), die photochemisch aus inaktiven Vorstufen zum gewünschten Zeitpunkt erzeugt werden können, besonders geeignet. Mit diesen „molekularen Sonden" lassen sich in komplizierten chemischen Systemen Bindungsorte von Tensiden erkunden [270, 271]. Durch Umsetzung mit reaktiven Tensiden kann eine Vielzahl organischer, anorganischer und biologisch aktiver Stoffe mit amphiphilen Eigenschaften versehen werden. Für pharmazeutische Anwendungen ist der reversible „mizellare

75   76

Schutz" von Wirksubstanzen nach Funktionalisierung mit reaktiven Tensiden von Interesse (s. Kap. 4.4.3.).

Reaktive Tenside sind auch für die Entwicklung polymerer Tenside, den Bau ionensensitiver Elektroden, für die Modifizierung von Biopolymeren und von chromatographischen Trägersubstanzen sowie als molekulare Sonden von wachsender Bedeutung.

Elektronendichte Tenside

Tenside mit elektronendichten Substituenten, wie z. B. metallorganische Gruppen, *absorbieren* und *streuen Elektronenstrahlen*. Sie eignen sich daher als *Kontrastgeber* in der Transmissionselektronenmikroskopie (s. Kap. 3.13.), vor allem bei der Untersuchung biologischer Objekte. Das gilt für die Ferrocenylinvertseifen (**52, 53**) und die Schwermetallkomplexe von polymeren Tensiden (**37b, 38b**), (s. „Spaltbare Tenside"). Zinnorganische Fettsäuren und Phospholipide wurden als molekulare Sonden für die elektronenmikroskopische und röntgenspektroskopische Untersuchung von Modellmembranen und Biomembranen vorgeschlagen [272]. Die k-Tenside mit stabil gebundenem Eisen und Germanium (**77**) sowie Mangan (**78**) wurden ebenfalls beschrieben. Die CMC-Werte betragen für Verbindung **77** in Hexanol/Wasser [273] $2{,}14 \cdot 10^{-4}$ mol $\cdot$ l^{-1} und für Verbindung **78** $2 \cdot 10^{-4}$ mol $\cdot$ l^{-1} in Wasser [274]. Über das stabil metallorganisch gebundene Schwermetall ist auch die Radiomarkierung dieser Tenside möglich.

77

78

Ungesättigte Tenside

Tenside mit Doppel- oder Dreifachbindungen in der Kopf- oder Schwanzregion können chemisch bzw. photochemisch zu oligomeren und hochmolekularen Tensiden polymerisiert werden (s. „Polymere Tenside"). Auf diese Weise gelingt es, den Zusammenhalt der Tensidmoleküle in ihren Assoziaten,

vor allem in Vesikeln, durch kovalente Bindungen zu verstärken und stabile
„Mikrokapseln“ zu erzeugen [275]. Auch die *kovalente Vernetzung* mizellar
assoziierter Tensidmoleküle (**79**) wird beschrieben [276].

Nahezu alle in der Polymerenchemie üblichen, polymerisierbaren Gruppen
wurden für die Synthese ungesättigter Tenside eingesetzt (Zusammenfassung
s. [275]). In diesem Zusammenhang können nur einige Beispiele genannt
werden: Vinylgruppen (**79–81**), [275], Methacrylreste (**82**), [277], Dien- und
Diacetylengruppierungen [278]. Mit diesen Gruppen modifizierte Tenside
werden vor allem für die Darstellung langzeitstabiler Vesikel (s. Kap. 4.4.4.)
eingesetzt.

Ionische Tenside mit endständigen Dreifachbindungen beschrieben *Menger*
und *Chow* [279]. Sie stellten u. a. 12-Tridecinyl-trimethylammoniumbromid
und Natrium-12-tridecinylsulfat dar und benutzten diese Verbindungen als
molekulare Sonden für die Untersuchung mizellarer Phänomene. Tenside mit
endständigen Dreifachbindungen lassen sich oxidativ nach *Glaser* oder
Chodkiewicz zu Homo- oder Heterodimeren kuppeln [280], wie am Beispiel
der Ferrocenylinvertseife (**83**) nachgewiesen wurde [141]. Die oxidative
Kupplung von **83** nach *Glaser* ergibt das Homodimere (**84**) und die Umsetzung mit 1-Brompentin-1 das Heterodimere (**85**). Diese Reaktionen sind für
den Aufbau von Tensiden mit starren Alkylketten geeignet.

Tenside, die nach Assoziation zu Vesikeln *reversibel* zu Polymeren *vernetzt*
werden können, wurden von *Regen* et al. [281] dargestellt. Das von ihnen

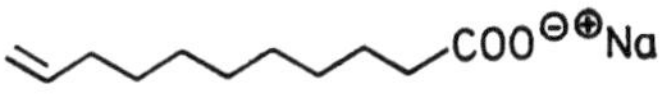

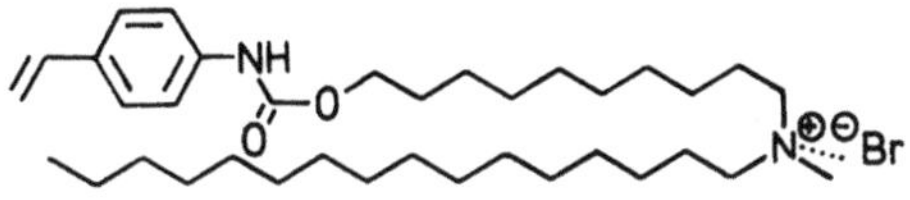

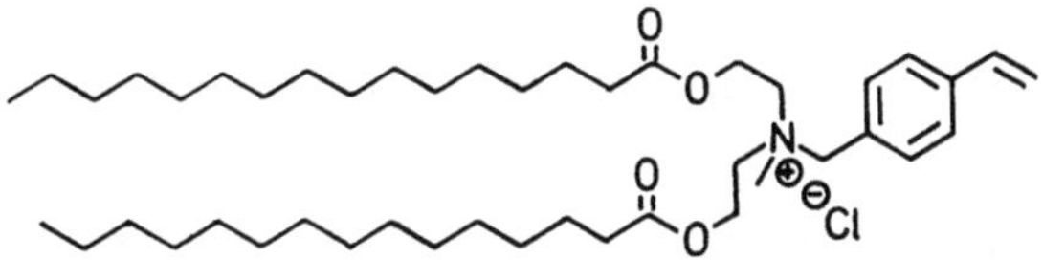

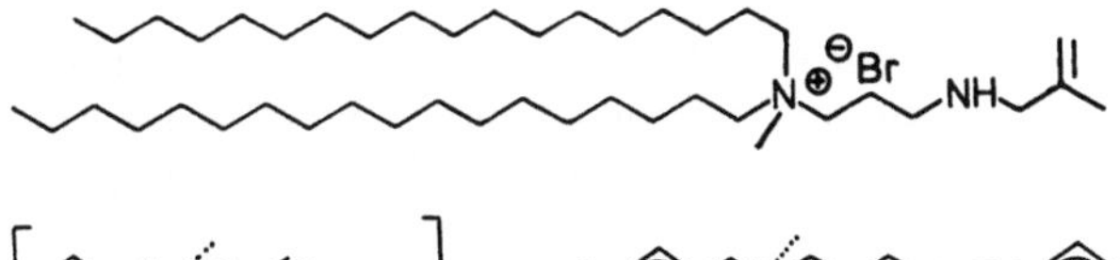

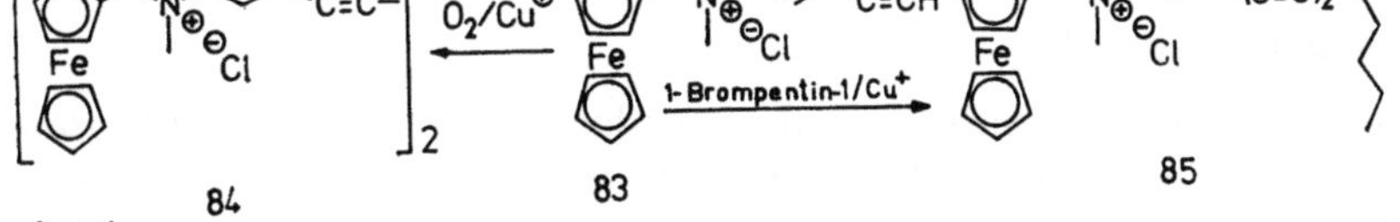

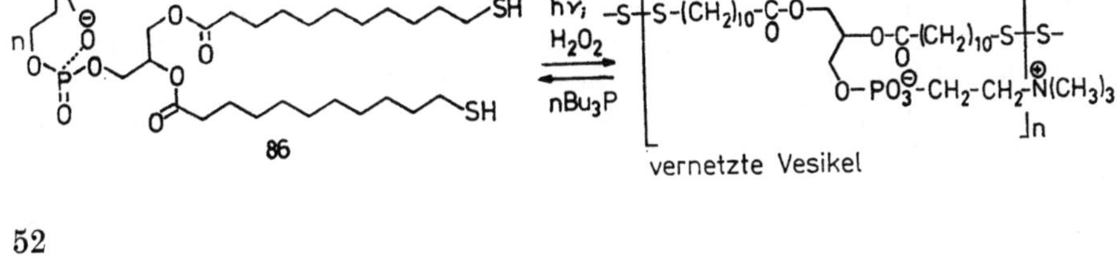

synthetisierte 1,2-Di(11-Mercaptoundecanoyl)-sn-glycero-3-phosphocholin (**86**) bildet Vesikel, die chemisch oder photochemisch über Disulfidbrücken vernetzt und somit stabilisiert werden können. Die reduktive Spaltung in das Phospholipid (**86**) gelingt mit 90%iger Ausbeute. Das Tensid (**86**), eine Verbindung mit Redoxeigenschaften, erweitert die Möglichkeiten der nur irreversibel polymerisierbaren Tenside (**79–82**) für die Synthese modifizierter und stabilisierter Tensidassoziate.

Tenside mit Redoxeigenschaften

In diesem Zusammenhang werden einige amphiphile Verbindungen vorgestellt, die zu reversiblen Redoxreaktionen fähig sind. Tenside mit Mercaptogruppen (**86**) und deren oxidative Vernetzung bzw. reduktive Spaltung wurden bereits erwähnt. Verbindungen mit nur einer SH-Gruppe ergeben dabei Dimere, die sehr leicht zum Ausgangstensid reduziert werden können [282]. Kationische Tenside mit einem 4,4′-Dipyridinium-System (**87**) geben folgende, unter Farbänderung ablaufende Redoxreaktion [283]:

$$2\,Br^{\ominus}\left[\ CH_3(CH_2)_{14}CH_2\!-\!\overset{\oplus}{N}\!\!-\!\!\langle\ \rangle\!-\!\langle\ \rangle\!-\!\overset{\oplus}{N}\!\!-\!\! \right]\ \underset{Ox}{\overset{Red}{\rightleftarrows}}\ C_{16}H_{33}\!-\!\overset{\oplus}{N}\!\!-\!\!\langle\ \rangle\!-\!\langle\ \rangle\!-\!N\!\!-\!\!\left]Br^{\ominus}\right.$$

87   88

89

Die reduzierte Verbindung (**88**) besitzt kaum noch Tensidcharakter, da durch das Verschwinden der positiven Ladungen am Stickstoff die hydrophilen Gruppen beseitigt wurden.

Das amphiphile Chinon (**89**) wurde als Farbreagens für Erdalkali- und einige andere Ionen vorgeschlagen. Angaben zum Tensidcharakter dieser Verbindung liegen nicht vor [284].

Amphiphile Redoxsysteme sind als spezielle Redoxindikatoren und Bestandteil ionenselektiver Elektroden für die analytische Chemie sowie für die Entwicklung von Systemen zur Solarenergieumwandlung und -speicherung von Interesse.

Komplexbildende Tenside

Tenside mit Ligandeigenschaften werden seit längerer Zeit für die *Flotation* von Erzen [285, 286] und die Entfernung toxischer Ionen aus Abwässern eingesetzt [286]. Es sind dies langkettige Phosphate, Xanthogenate, Thiophosphate u. a. (s. Kap. 3.2.4.). Als weitere Beispiele können genannt werden: Dodecylethylendiamin-tetraessigsäure (**90**), [287], 4-Palmitoylamidophenyl-EDTA (**91**), [288], Dodecylamino-diessigsäure (**92**), [286], ein Porphyrin-Tensid (**93**), [289], N-Methyl-heptadecylhydroxamsäure [290], Amidoxim-Tenside [291], Natrium-monooctylphosphat [292] u. v. a. Liganden.

90

92

91

93

Zu erwähnen sind auch polymere Tenside mit komplexbildenden Anker-
gruppen, deren Schwermetallkomplexe typische Tensideigenschaften zeigen.
Es handelt sich um Komplexe alkylierter Polyethylenimine (**37a, b**), [293]
und Polyvinylpyridine (**38a, b**), [294], (s. auch Kap. 3.13.).
Mizellare Komplexbildner und ihre Metallverbindungen sind interessante
Reagentien für neue Trennverfahren sowie für die Photometrie und Fluorimetrie. Sie empfehlen sich als Modellverbindungen für das Studium biochemisch relevanter amphiphiler Komplexbildner und ihrer Reaktionen. Die
Komplexchemie mit mizellaren Liganden steht noch am Anfang einer vielversprechenden Entwicklung.

Chirale Tenside

Tenside mit optisch aktiven Zentren werden als chiral bezeichnet. Optisch
aktive Tenside sind oft Naturstoffe oder leiten sich von diesen ab. Bekannte
Beispiele sind die Lecithine, z. B. **25**, [295], und das N-Hexadecyl-N-methyl-
ephedrinbromid **94**, [296].

94

Die Kombination von optischer Aktivität und amphiphilen Eigenschaften in einer Verbindung führt zu interessanten Modellsystemen, die eine *mizellare Kontrolle* der Stereochemie organischer und anorganischer Reaktionen ermöglichen. Von Interesse sind chirale Tenside auch für die chromatographische Trennung optisch aktiver Verbindungen.

2.3.2. Assoziatbildung der Tenside

2.3.2.1. Phasendiagramme und Tensidassoziate im Überblick

Mizellen und Vesikel sind die bekanntesten Tensidassoziate [6, 10, 38, 40, 41, 49, 50, 52, 53]. In binären oder tertiären Systemen, wie Tensid — Lösungsmittel bzw. Tensid — Lösungsmittel — Cotensiden[1]), bilden amphiphile Verbindungen in Abhängigkeit von der Konzentration der Einzelkomponenten und der Temperatur weitere Assoziate, die zunehmend für die Analytik an Bedeutung gewinnen. Phasendiagramme geben am besten Auskunft über die Zusammensetzung von Tensidsystemen. In Abbildung 7 wird die konzentrationsabhängige Assoziatbildung eines Tensids in Wasser gezeigt [297].

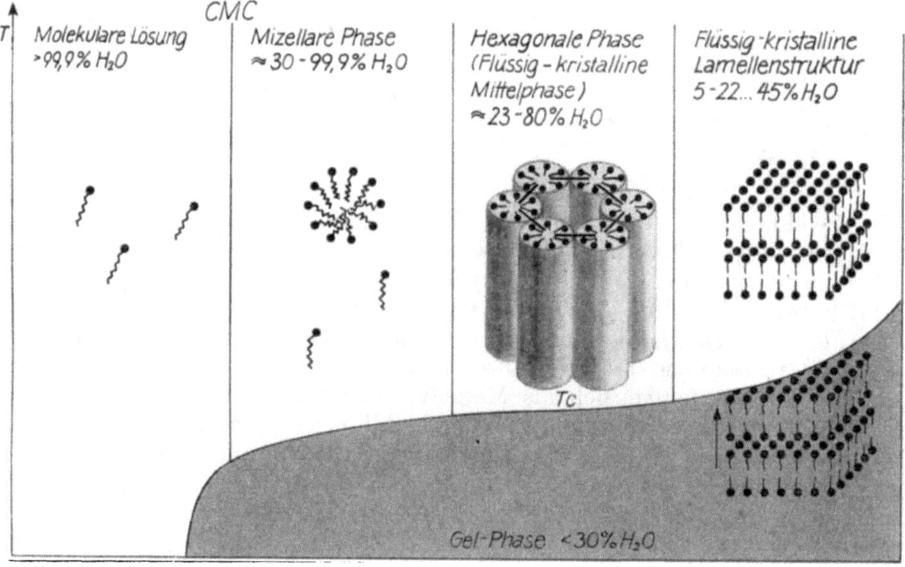

Abb. 7
Phasendiagramm eines ionischen Tensids mit starkem Elektrolytcharakter
T_c: Kraftpunkt-Temperatur

[1]) Cotenside sind kurzkettige (etwa 4—8 C-Atome) polare Verbindungen, wie Alkohole, Amine oder Oxime.

Phasendiagramm Tensid — Wasser

In sehr verdünnten wäßrigen Lösungen von Tensiden kommt es kaum zu
polaren und hydrophoben Wechselwirkungen zwischen den Tensidmolekülen.
Es liegt eine molekulardisperse Lösung vor, die je nach Tensidtyp bereits
dimere, trimere oder oligomere Tensidassoziate enthalten kann. Erreicht die
Tensidkonzentration einen bestimmten Wert, die sogenannte *kritische Konzentration der Mizellbildung* (CMC[1])), so assoziieren fast schlagartig etwa
50—160 monomere Tensidmoleküle zu in der Regel sphärischen Gebilden, den
Mizellen. Ursache dafür ist die mit steigender Tensidkonzentration begünstigte
hydrophobe Wechselwirkung zwischen den Tensidmolekülen, die durch polare
Beziehungen sowie Abstoßungskräften zwischen gleichnamig geladenen
ionischen Kopfgruppen (bei a- und k-Tensiden) verstärkt werden.
Mit weiter steigender Tensidkonzentration erhöht sich die Anzahl der Mizellen, deren Ausmaße und Gestalt sich verändern. Im Konzentrationsbereich
zwischen 25 und 80% entstehen *flüssigkristalline Mittelphasen*[2]) mit hexagonaler Anordnung der Tensidmoleküle. Bei einer Tensidkonzentration von 70%
und darüber kommt es zur *Gelbildung* und zum Übergang in den *kristallinen
Zustand* (s. Abb. 7).
Das *Erscheinungsbild* der Assoziate ändert sich also von flüssigklar (molekulardisperse und mizellare Lösung) über viskos-klar (flüssig-kristalline Phasen),
elastisch-klar oder opak (Gel) zu fest (Kristall), [298]. Von analytischer
Bedeutung ist jede der genannten Phasen.
In nichtwäßrigen Lösungsmitteln entstehen mit wachsender Tensidkonzentration *inverse Mizellen* [299—301] mit einer umgekehrten Anordnung der
Tensidmoleküle. So sind in einer inversen Mizelle nicht die polaren Kopfgruppen, sondern die hydrophoben Tensidbereiche zur Lösungsmittelphase
gerichtet. Inverse Tensidassoziate sind mit Ausnahme der Mizelle weniger
gut untersucht und charakterisiert.
Eine Gruppe natürlicher und synthetischer Tenside mit ausgeprägten hydrophoben Bereichen und begrenzter Löslichkeit in Wasser bildet spontan oder
nach Energiezufuhr geschlossene Doppelschichtstrukturen, die *Vesikel* oder
Liposomen[3]) (s. Kap. 2.3.2.4.), [5, 12, 14, 15].

Phasendiagramm — Wasser — unpolare Verbindung

Wird einem System Tensid — Lösungsmittel noch eine dritte Komponente,
ein Cotensid oder ein zweites, mit dem ersten nicht mischbares Lösungsmittel
zugesetzt, so bilden sich weitere, für die technische Praxis, aber auch für die
analytische Nutzung bedeutsame Assoziate bzw. Phasen. Das System
„Natrium-octanoat — Octanol (Cotensid) — Wasser" wird durch das Vorliegen von acht Phasen, die sich nach Art und Ausmaß der Tensidassoziation
unterscheiden, charakterisiert [302]. Abhängig von der Konzentration der

---

[1]) engl.: critical micellar concentration
[2]) engl.: middle soap
[3]) vesicula (lat.) = Bläschen; liposoma (grch.) = Fettkörperchen, Bezeichnung
für aus natürlichen Tensiden gebildete Vesikel

Tabelle 3
Tensidassoziation in wäßriger Lösung in Abhängigkeit
von der Tensid- bzw. Wasserkonzentration (%)

Wasser-konzentration	Eigenschaft	Tensidassoziat	Analytische Anwendung
99,9	klar, flüssig	nichtassoziiert	nichtmizellare Chromatographie
30–99,9	klar, flüssig	normale Mizelle, BLM, Vesikel	universelle Anwendung
23–80	klar, viskos-hochviskos	flüssig-kristalline Mittelphase	Spektroskopie
5–22···45	klar, flüssig	flüssig-kristalline Lamellenstruktur	Spektroskopie
30	klar oder opak, elastisch	Gel	homogene Verteilung, LSC
0	fest	„Kristall"	—

Einzelkomponenten dieses ternären Systems können zwei isotrope Phasen
(mizellare und invers mizellare Lösung) und fünf Mesophasen auftreten. Wird
schließlich dem ternären System eine vierte Komponente, z. B. Octan, hinzu-
gefügt, so bilden sich in bestimmten Konzentrationsbereichen sehr stabile
o/w- bzw. w/o-Emulsionen mit extrem kleinen Teilchendurchmessern in der
dispergierten Phase, sogenannte *Mikroemulsionen* [49, 54, 303–305], vergleiche Kapitel 2.3.2.5.
Tabelle 3 gibt einen Überblick über analytisch wichtige Tensidassoziate und
durch sie gebildete Phasen, ihre Zusammensetzung und Anwendung. Weitere
dispergierte Phasen bilden sich in Systemen: Tensid — Lösungsmittel, die
außerdem feste oder gasförmige Komponenten enthalten. Beispiele dafür
sind Schäume und Aerosole, auf deren analytische Anwendung noch hingewiesen wird.

2.3.2.2. Normale Mizellen

Mizellare Tensidlösungen ähneln makroskopisch den moleculardispersen
Lösungen eines Stoffes. Sie passieren normale Filter und zeigen keine störende
Lichtstreuung bei spektroskopischen Messungen. Der Mizelldurchmesser liegt
bei 30–70 Å für *sphärische Mizellen*. Mit steigender Tensidkonzentration
ändern sich Größe und Gestalt dieser Gebilde. Es entstehen *stabförmige Assoziate*. Die Abbildungen 8 und 9 geben schematisch den Bau von Mizellen ionischer bzw. nichtionischer Tenside wieder.
Eine gute Allgemeinbeschreibung des *Tensidverhaltens* und der *Mizelle* ist
anhand des „Öltröpfchenmodells" von *Hartley* [306] möglich. Nach diesem
Modell sind in wäßriger Lösung die hydrophoben Gruppen eines Tensids in
das Innere des Assoziates und die polaren Kopfgruppen zur wäßrigen Phase
gerichtet. In der Mizelle werden mindestens drei Regionen unterschieden: der
unpolare Innenraum, der mit den Verhältnissen in flüssigen Kohlenwasserstoffen verglichen werden kann, und die aus der *Sternschicht* und der *Goy-*

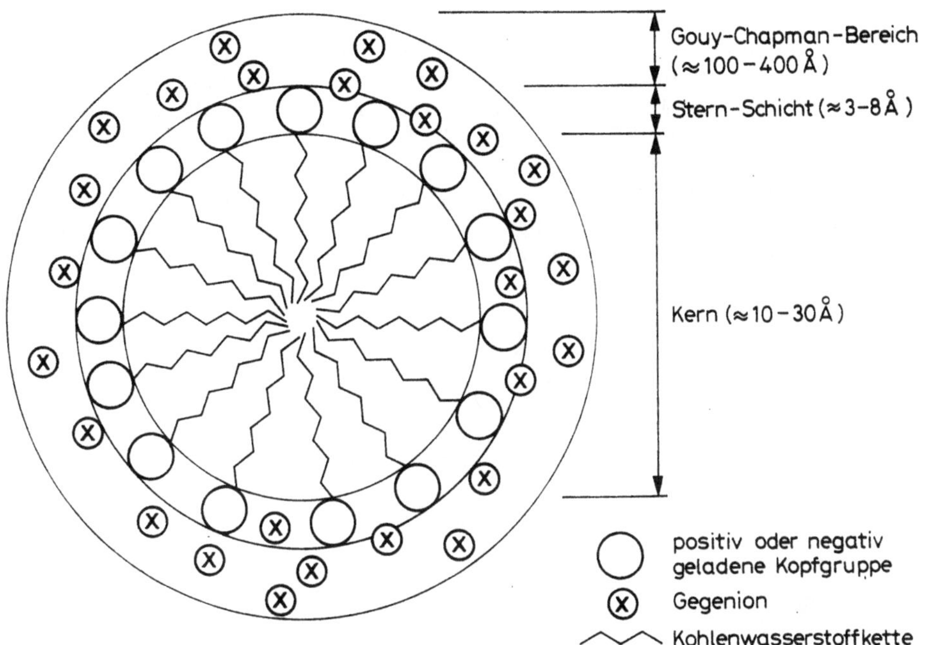

Abb. 8
Normale Mizelle eines ionischen Tensids und ihre Regionen (stark vereinfacht)

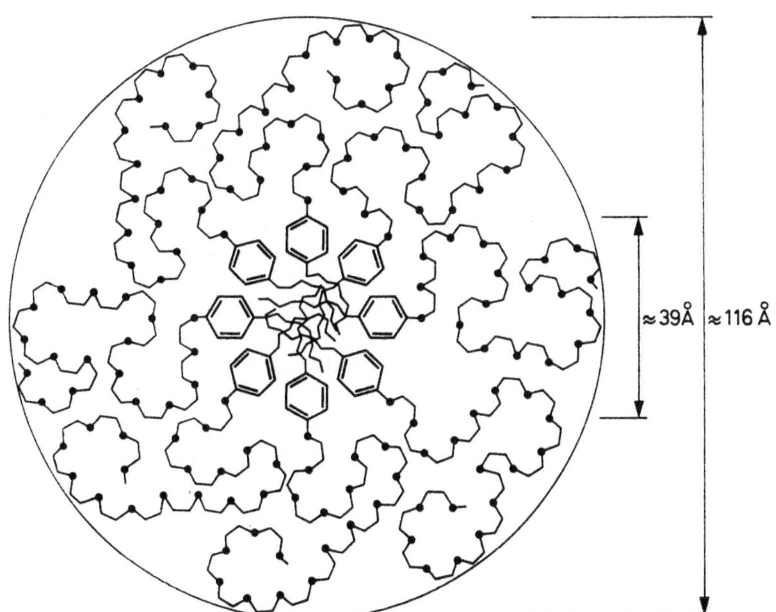

Abb. 9
Schematische Darstellung der Mizelle eines nichtionischen Tensids
(Polyethylenglycol[16–18]-4-nonylphenylether, z. B. Renex 682)

Chapmann-Schicht bestehende polare Grenzzone. Ausgehend von dieser Grundvorstellung wurden später verfeinerte Mizellmodelle entwickelt. Sie beschreiben umfassender die Struktur der polaren Grenzzone an der Mizelloberfläche sowie die Möglichkeiten des Stofftransportes von der Grenzschicht in den Innenraum und umgekehrt [6, 37—40]. Noch offen und viel diskutiert ist die Frage der Wasserpenetration in die hydrophoben Bereiche einer Mizelle. Nach *Dill* et al. [37, 38] und *Menger* et al. [39, 40] liegen in Mizellen die KW-Ketten nicht streng geordnet vor, und eine gewisse Wasserpenetration bis in das Mizellinnere wird nicht ausgeschlossen (Abb. 10).

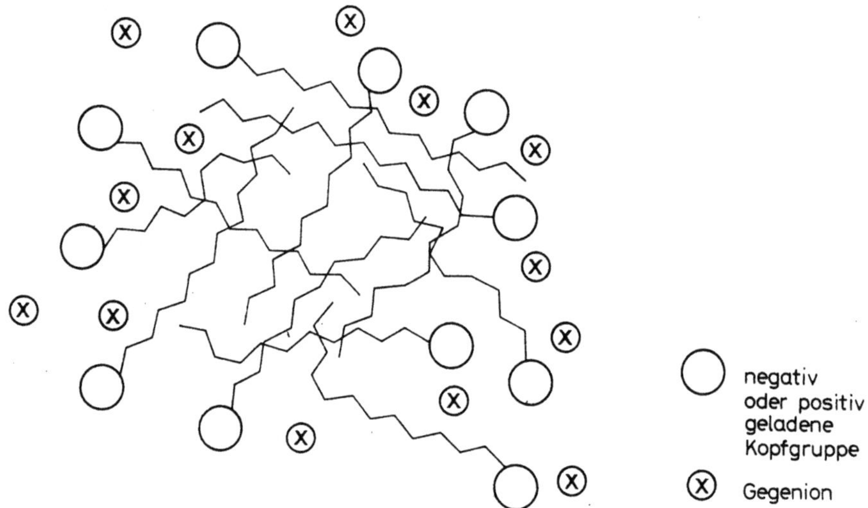

Abb. 10
Mizelle eines ionischen Tensids (nach *Menger* [37])

Die Mizelle ist ein *dynamisches Gebilde*, deren Lebensdauer im Millisekundenbereich liegt. Es kommt zu einem ständigen Austausch zwischen den Tensidmolekülen der Mizellen und dem molekulardispers gelösten Tensidanteil, der etwa dem CMC-Wert entspricht. Diese Dynamik und der damit verbundene Zeitrahmen müssen bei bestimmten analytischen Anwendungen (Raumtemperaturphosphorimetrie, mizellare Chromatographie) berücksichtigt werden.

Der gesamte Prozeß der *Mizellbildung* in wäßriger Lösung wird von physikalischen und chemischen Faktoren wesentlich beeinflußt. Neben der Temperatur ist vor allem die Gegenwart von Elektrolyten und Nichtelektrolyten mitbestimmend über Größe, Gestalt und Stabilität der Mizelle sowie der CMC-Werte. Wesentlich für den Zusammenhalt der Tensidmoleküle in einer Mizelle sind die hydrophoben Wechselwirkungen zwischen den KW-Ketten der amphiphilen Moleküle und van der Waals'sche Anziehungskräfte. Bei ionischen Tensiden kommen noch Abstoßungskräfte zwischen den gleichsinnig geladenen Kopfgruppen hinzu [307]. *Hydrophobe Wechselwirkungen* sind nicht als eine gegenseitige Anziehung hydrophober Gruppen zu verstehen. Vielmehr wird durch das Zusammenlagern unpolarer Gruppen der Kontakt zu Wassermolekülen in der Umgebung des Tensidmoleküls verringert und der Ordnungsgrad des Wassers herabgesetzt (Entropiezunahme). Stoffe, die auf die Struktur des Wassers Einfluß nehmen, z. B. chaotrope Ionen, werden die Mizellbildung stark beeinflussen (s. Kap. 2.2.1.). Durch die Wahl eines bestimmten Tensidtyps, der Festlegung von Art und Länge der Kohlenwasserstoffketten und der experimentellen Bedingungen ist eine flexible Anpassung mizellarer Systeme an die jeweilige analytische Aufgabe möglich.

Destabilisierend auf mizellare Systeme wirken polare Lösungsmittel (Alkohole, Aceton u. ä.) und natürlich die Verringerung der Tensidkonzentration unter den CMC-Wert durch Verdünnen mit Wasser.

Bei einer bestimmten Temperatur, dem sogenannten *Kraftpunkt*, ist die Löslichkeit des Tensids gleich der CMC. Dieser Punkt bezeichnet den Schmelzpunkt des festen hydratisierten Tensids. Er ist ein Tripelpunkt, in dem sich drei Kurven schneiden:

— Temperaturabhängigkeit der Löslichkeit (mol · l^{-1}) des Tensids,

— Phasenübergang Molekül — Mizelle und

— Phasenübergang Mizelle — molekulare Lösung [308].

Der Kraftpunkt (Beispiele s. Tab. 2) spielt eine Rolle bei der Auswahl von Tensiden, die bei niedrigen Temperaturen eingesetzt werden sollen.

Die *analytisch wichtigste Eigenschaft* der Mizelle ist ihr außerordentliches Solubilisationsvermögen für nicht oder wenig wasserlösliche Stoffe. Das Solubilisationsphänomen wird in zahlreichen Monographien ausführlich dargestellt [47–53]. Einige analytisch wichtige Gesichtspunkte werden im Kapitel 2.3.3. behandelt. Das Besondere der *Solubilisation* liegt darin, daß ungewöhnliche Verbindungen unter Vermeidung organischer Lösungsmittel und ohne chemische Veränderung in Wasser homogen gelöst werden können. Für die „Einlagerung" einer Substanz bietet die Mizelle räumlich und dem polaren Charakter nach unterschiedliche Regionen. Es sind dies die gegenüber ionischen und nichtionischen Einflüssen sensitiven Grenzschichten (s. Abb. 7) und der für polare Verbindungen kaum zugängliche unpolare Innenraum. Dieser auf engstem Raum verwirklichte *Polaritätsgradient* ermöglicht die gleichzeitige oder zeitlich gestaffelte, geordnete Anlagerung bzw. Aufnahme bestimmter Verbindungen. Andere können selektiv von der mizellaren Solubilisation ausgeschlossen sein. Außerdem ist zu berücksichtigen, daß sich die unmittelbare Umgebung einer Mizelle (mizellare Mikroumgebung) in der Dielektrizitätskonstante (DK-Wert), der Viskosität und im polaren Charakter deutlich von der wäßrigen Hauptphase unterscheidet. Es überrascht daher nicht, daß Mizellen ein zum Teil einzigartiges Milieu für katalytisch beschleunigte und gelenkte Reaktionen sowie die gezielte Verschiebung von Gleichgewichten in der Chemie, Biochemie und Analytik darstellen. Für die Analytik leitet sich daraus ab, daß in mizellarer Phase und Umgebung neben der Löslichkeit auch Basizität, Acidität sowie Reaktivität von Reagentien und Analyten selektiv beeinflußt werden können [309–312].

2.3.2.3. Inverse Mizellen

Das Tensidverhalten amphiphiler Verbindungen in unpolaren Lösungsmitteln ist zunehmend Gegenstand praxisorientierter[1]) und theoretischer Untersuchungen [147, 148, 299, 300, 315—318]. In diesen Medien bilden die meisten Tenside ebenfalls Mizellen, jedoch mit einer gegenüber den normalen Assoziaten invertierten Struktur. Diese inversen Mizellen[2]) unterscheiden sich in wesentlichen Punkten von den normalen Assoziaten in wäßriger Lösung. Die polaren (hydrophilen) Kopfgruppen bilden den polaren Kern der inversen Mizelle, während die hydrophoben KW-Reste in das Lösungsmittel gerichtet sind und den polaren Innenraum gewissermaßen vom unpolaren Lösungsmittel abschirmen (Abb. 11). Inverse Mizellen vermögen in ihrem „Kern" be-

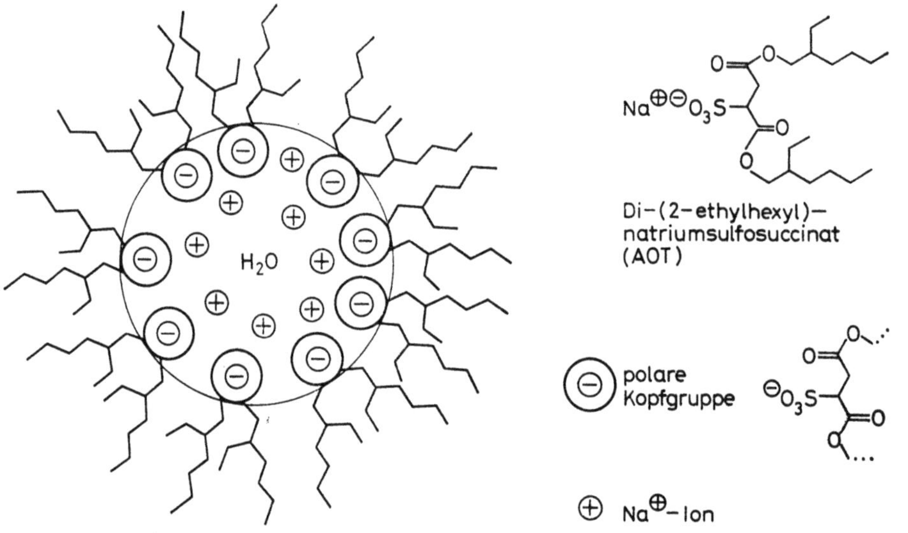

Abb. 11
Inverse Mizelle eines anionischen Tensids in einem unpolaren Lösungsmittel, Beispiel: Di-(2-ethylhexyl)-natriumsulfosuccinat (AOT, s. 10)

trächtliche Mengen Wasser, wäßrige Salz- und Proteinlösungen und einige wasserähnliche Lösungsmittel aufzunehmen, d. h. zu solubilisieren. Geringe Mengen Wasser werden vollständig als Hydratationswasser an die polaren Kopfgruppen der Tenside gebunden. Größere Mengen Wasser bilden einen sogenannten *Wasserpool*. Eine darin gelöste Verbindung befindet sich in einer wäßrigen Phase, deren Viskosität, DK-Wert und polarer Charakter verglichen mit normalem Wasser deutlich verändert sind. In Abhängigkeit von der Größe des Pools sowie Art und Menge der gelösten Verbindungen ist die Polarität des Wassers im Innenraum einer inversen Mizelle wesentlich herabgesetzt [319]. Entsprechend der wichtigen Rolle, die das Wasser im inversen System

---

[1]) z. B. Anwendung als Motorenöldetergentien [313] und als Antistatica [314]
[2]) engl.: reversed micelles

61

spielt, wird ein sogenannter w_0-*Wert* definiert, der das Verhältnis von molarer Wasser- zu molarer Tensidkonzentration bezeichnet. Gebräuchliche w_0-Werte liegen zwischen 4 und 60 [316, 318]. Bei hohen Tensid- und Wasserkonzentrationen im organischen Lösungsmittel sowie hohen w_0-Werten ist ein *fließender Übergang* des invers-mizellaren Systems in eine *w/o-Mikroemulsion* zu erwarten (vgl. Abb. 11 u. 15).

Die *CMC-Werte* und *Aggregationszahlen* invers mizellar gelöster Tenside in unpolaren Lösungsmitteln unterscheiden sich meist deutlich von den für normale Mizellen geläufigen Angaben. Für inverse Systeme sind relativ niedrige Aggregationszahlen und vergleichsweise hohe CMC-Werte typisch. Außerdem erfolgt die Assoziation monomerer Tensidmoleküle zu Mizellen in einem Konzentrationsbereich, während für normale mizellare Systeme scharfe Übergänge charakteristisch sind [144].

Obwohl viele Tenside in unpolaren Lösungsmitteln löslich sind, wurde bisher nur eine begrenzte Anzahl hinsichtlich ihres *inversen Assoziationsverhaltens* untersucht. An erster Stelle sind zu nennen: Di-(2-Ethylhexyl)-natrium-sulfosuccinat (AOT, s. **10**), [147, 149, 320, 321], Dodecylammonium-propionat (s. **21b**), [321, 322], CTAB und CTAC (s. **16a, b**), [323, 324] und nichtionische Tenside [325]. Am besten untersucht ist das AOT, das in Kohlenwasserstoffen inverse Mizellen mit einem Durchmesser von 56 Å ($d_{Wasserpool} = 45$ Å) bildet [149]. In die Mizelle können pro AOT-Molekül 50 [325] oder nach anderen Angaben 120 Moleküle Wasser aufgenommen werden [326]. Der Durchmesser inverser Mizellen schwankt je nach dem w_0-Wert innerhalb weiter Grenzen. Phospholipide (z. B. **25**) aggregieren in Benzen oberhalb einer CMC von $3,3 \cdot 10^{-4}\%$ zu inversen Mizellen mit Aggregationszahlen um 80 [327].

Auf Schwierigkeiten stößt die Definition einer pH-Skala für den Wasserpool inverser Mizellen [328]. Bei höheren Wassergehalten in inversen Mizellen ähnelt der polare Charakter der Poolphase dem normalen Wassers [319].

Invers-mizellare Systeme sind für die *Analytik* in mehrerer Hinsicht von Interesse. So können stark hydrophile Verbindungen, die von normalen Mizellen (in wäßriger Lösung) meist ausgeschlossen werden, im relativ wenig polaren Wasserpool inverser Mizellen solubilisiert vorliegen. Ein „Umschalten" auf inverse Systeme macht es auf diese Weise möglich, „mizellare Vorteile" für analytische Reaktionen, wie sie bereits in der Einleitung genannt wurden, zu nutzen. Beispiele für die gezielte Anwendung invers-mizellarer Systeme in der Analytik werden im 3. Kapitel beschrieben. Oft spielen diese Assoziate bei Extraktionsvorgängen, chromatographischen Trennungen und in der Probenchemie „unerkannt" eine wesentliche Rolle. Eine vielversprechende Entwicklung ist für die tensidvermittelte *Enzymchemie in unpolaren Lösungsmitteln* [329] auch in analytischer Hinsicht zu erwarten.

2.3.2.4. Vesikel (Liposomen)

Tenside mit ausgedehnten hydrophoben Bereichen, die in Wasser bereits schwer löslich sind, assoziieren in wäßriger Phase zu *bimolekularen Doppelschichten* (BLM[1])), [5, 12, 14, 15, 307, 330–332]. Die polaren Tensidgruppen

---

[1]) engl.: bilayer lipide membrane

62

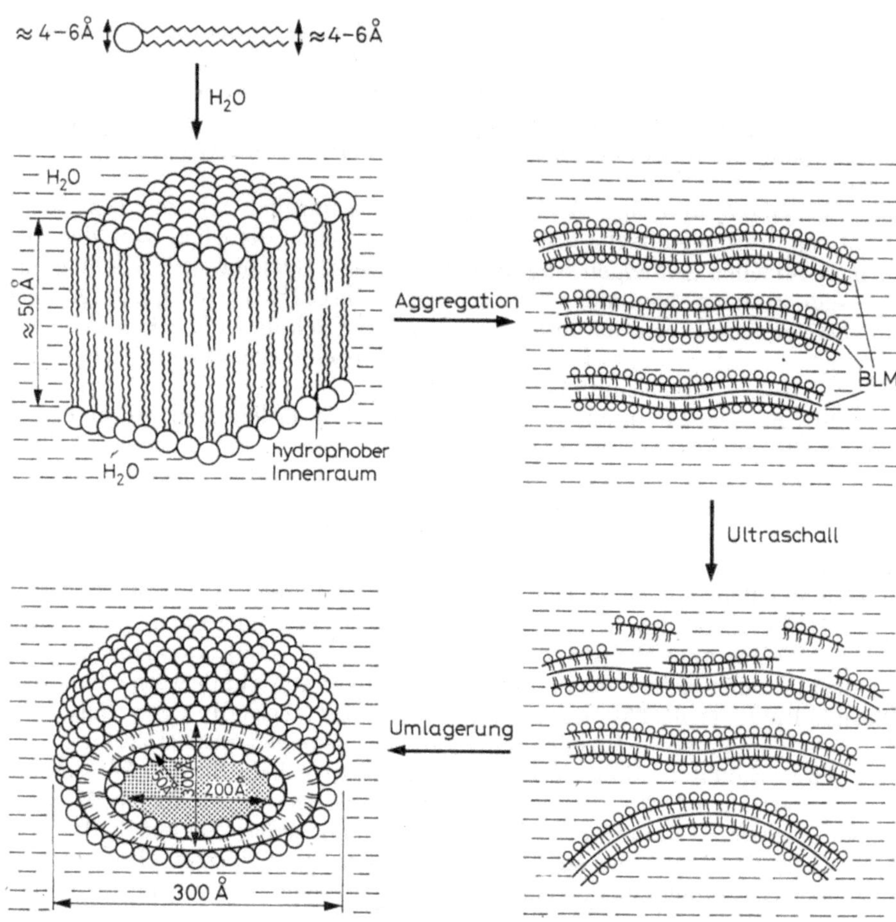

Abb. 12
Bildung von Doppelschichten und Vesikeln (Liposomen) aus Tensiden mit
2 KW-Ketten (nach *Fuhrhop* [5]) (Mit Genehmigung der VCH Weinheim, BRD.)

sind nach außen in die wäßrige Phase gerichtet, während sich die unpolaren
KW-Reste gegenüberliegen. Mehrere BLM aggregieren weiter zu myelinähn-
lichen Strukturen. Aus diesen mehrschichtigen Anordnungen lassen sich durch
Energiezufuhr (Ultraschall, UV-Strahlung) Blöcke ablösen, die sich zu
sphärischen Doppelschichtstrukturen formieren (Abb. 12), [5, 12]. *Vesikel* —
dieser Begriff wird im folgenden bevorzugt — wurden erstmals 1963 von *Bangham* aus natürlichen Tensiden dargestellt [333]. Erst 1977 beschrieb *Kunitake*
[334] die ersten Vesikel aus synthetischen Tensiden.
Vesikelbildende natürliche und synthetische Tenside haben zwei (seltener
drei oder vier[1])) hydrophobe Ketten mit einem Querschnitt von 4–5 Å und
polare Kopfgruppen mit 4–6 Å im Durchmesser.

---

[1]) z. B. das Phospholipid Cardiolipin mit vier KW-Ketten

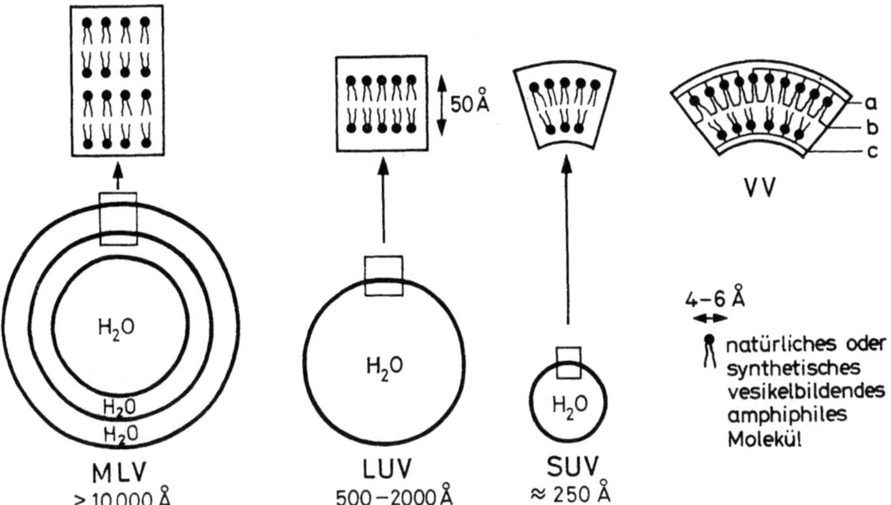

Abb. 13

Schematische Darstellung verschiedener Vesikelformen sowie durch Vernetzung stabilisierte Vesikel (VV). Die Vernetzung ist über die äußeren (a) oder inneren (c) Kopfgruppen, aber auch über die KW-Ketten der äußeren (b) oder inneren Tensidschicht möglich.

MLV: multilamellare Vesikel, LUV: große monolamellare (large unilamellare) Vesikel, SUV: kleine (small) unilamellare Vesikel, VV: kovalent vernetzte Vesikel

Häufig benutzte *Vesikelbildner* sind Lecithine (s. **25**) und andere — auch synthetische — Phospholipide [335], Di-octadecyldimethylammoniumbromid (s. **20 b**), Natrium-di-octadecyl-phosphat (s. **11**), aber auch einige Tenside mit nur einer KW-Kette [336].

In Abhängigkeit von der Tensidstruktur, von bestimmten Zusätzen und den Herstellungsbedingungen entstehen Vesikel mit nur einer Doppelschicht, die *unilamellaren Vesikel* (LUV, SUV), oder mehreren konzentrisch angeordneten BLM (*multilamellare Vesikel*, MLV), (Abb. 13).

Vesikel können außer nach den genannten Methoden auch durch *Dialyse* [337] oder *Gelfiltration* [338] eines Systems, bestehend aus Phospholipid (auch **11**, **20** oder ähnliche Tenside) — Solubilisationsmittel (Triton X-100, Octylglucosid) — Pufferlösung, dargestellt werden. Unter diesen Bedingungen entstehen große unilamellare Vesikel (s. Abb. 13) mit einem Durchmesser von 1 000 nm. Durch Verdünnen gemischt-mizellarer Lösungen eines Phospholipids mit Glycocholsäure[1]) und anschließende Dialyse sind Vesikel mit einem Radius von 120–500 Å erhältlich [339]. Weitere Darstellungsmethoden können einer Übersicht entnommen werden [337].

Werden wäßrige Suspensionen langkettiger Lecithine mit geringen Mengen synthetischer, kurzkettiger Lecithine vermischt, so bilden sich *spontan* *Vesikel* [340]. Uni- und multilamellare Vesikel bilden sich auch, wenn wäßrigen Lösungen von Phospholipiden, die durch chaotrope Salze wie Natrium-

[1]) Acetamido-Cholsäure

64

trichloracetat nichtmizellar solubilisiert wurden, durch Verdünnen oder Dialyse langsam das Solubilisationsmittel entzogen wird. Der Vesikeldurchmesser liegt bei 10—20 µm [341]. Überraschend war die Beobachtung, daß die Hydroxide bestimmter k-Tenside, z. B. das Didodecyl-dimethyl-ammoniumhydroxid, in wäßriger Lösung spontan Vesikel (d $\approx$ 300 Å) bilden [154, 155].

Aus Monoschichten aufgebaute Vesikel, sogenannte *MLM-Vesikel*[1]), können aus Bola-Tensiden dargestellt werden [5].

Die Herstellung *sehr stabiler Vesikel* gelang durch kovalente Vernetzung der sie aufbauenden Tensidmoleküle, die entsprechend funktionalisiert waren. Neben ungesättigten Tensiden [5, 275, 277, 278] sind amphiphile Isonitrile [342], Nitrene [343] und Carbene [271] für die Darstellung mehr oder weniger vollständig polymerisierter bzw. *vernetzter Vesikel* (VV) geeignet (s. Abb. 13). Die Vernetzung wird photochemisch oder chemisch ausgelöst. Durch Wahl geeigneter Tenside und bestimmter Reaktionsbedingungen kann die Vernetzung der Tensidmoleküle in unterschiedlichen Regionen (s. Abb. 13a—c) der Vesikel realisiert werden. Die Vernetzungsreaktion erfaßt dabei nicht alle monomeren Tensidmoleküle einer Vesikel. Es bilden sich vielmehr ausgedehnte vernetzte bzw. durchpolymerisierte Bereiche, die bereits deutlich die Vesikelstabilität verbessern. *Reversibel vernetzte Vesikel* können aus Tensiden, die mindestens zwei Mercaptogruppen enthalten (s. **86**), dargestellt werden [281], (s. Kap. 2.3.1.7. „Ungesättigte Tenside").

Die verfügbaren Herstellungsmethoden und Tenside ermöglichen die Darstellung von *mono-* und *multilamellaren Vesikeln* mit variablem Durchmesser, bestimmten chemischen Eigenschaften und bemerkenswerter Stabilität [5]. Im *Unterschied zu Mizellen* zerfallen Vesikel nicht beim Verdünnen ihrer wäßrigen Lösungen. Erst durch konzentrierte Elektrolyt- und Nichtelektrolytlösungen sowie organische Lösungsmittel werden sie zerstört. Die Haltbarkeit der Vesikel ist beachtlich, sie erstreckt sich über Wochen und Monate [344]. In der Regel sind Vesikel aus synthetischen Tensiden stabiler als solche aus Phospholipiden [345]. Vesikel lassen sich durch Ultrazentrifugation, Gelchromatographie oder Membranfiltration nach Größenklassen auftrennen. Eine Fraktionierung erübrigt sich oft, da die Vesikelgröße herstellungsbedingt meist nur eine geringe Streuung zeigt. Am Aufbau einer Vesikel sind einige 10 000 Tensidmoleküle beteiligt [336]. Bei längerem Stehen fusionieren Vesikel zu größeren Aggregaten, die sich aus der Lösung abscheiden.

Vesikel und Mizellen unterscheiden sich als Tensidassoziate in mehrfacher Hinsicht. Mizellen sind kleinere Gebilde, weniger stabil als Vesikel, und sie stehen mit nichtassoziierten Tensidmolekülen, deren Konzentration etwa der CMC entspricht, im Gleichgewicht. In Vesikellösungen ist die Konzentration an monomeren Tensidmolekülen sehr gering. Mizellen und Vesikel zeigen daher eine unterschiedliche Pharmakinetik (s. Kap. 4.4.3. u. 4.4.4.). Im Unterschied zu Vesikeln binden sich Mizellen zum Teil unter Aufgabe ihrer Struktur sehr fest an Plasma- und Membranproteine sowie an ionische Polymere. Vesikel sind aufgrund ihrer besonderen Eigenschaften zu intensiv bearbeiteten Forschungsobjekten der Biochemie, Pharmazie, Chemie, experimentellen Medizin und in jüngster Zeit auch der analytischen Chemie geworden.

---

[1]) engl.: monolayer lipide membrane

Im folgenden werden *weitere bemerkenswerte Vesikeleigenschaften* kurz beschrieben:

Doppelschichten und *Vesikel* zeigen eine charakteristische *Phasenumwandlungstemperatur*, die für Vesikel aus natürlichen Tensiden (Phospholipiden) in der Nähe der Körpertemperatur von Warmblütern bei 36 °C liegt. Die Vesikel aus synthetischen Tensiden haben unterschiedliche Umwandlungstemperaturen (20–50 °C). Vesikel aus Verbindung **20** zeigen den Phasenübergang bei 40 °C [5]. Bei diesen Temperaturen erfolgt ein teilweises Umklappen der all-anti-Konformation der KW-Ketten in eine gauche-Konformation. Damit ist ein Übergang vom Gel- in den flüssig-kristallinen Zustand verbunden.

Der Innenraum der Vesikel ist mit der bei ihrer Herstellung vorliegenden wäßrigen Phase gefüllt. In hypoosmolaren Lösungen quellen Vesikel und können platzen, da sie osmotisch aktiv sind. Die Vesikelmembran ist im allgemeinen nur für Wasser, Hydroxid-, H_3O^+- und andere kleine Ionen durchlässig. Die *Membranpermeabilität* läßt sich innerhalb bestimmter Grenzen durch die Wahl des Tensids und den Einbau zusätzlicher Moleküle in die Tensiddoppelschicht steuern. Innerhalb der BLM ist ein Austausch zwischen den innen und außen angeordneten Tensidmolekülen möglich. Die Austauschrate liegt je nach Temperatur bei etwa $7\% \cdot h^{-1}$ [336]. Vesikel können ähnlich wie Mizellen entweder an ihrer Oberfläche, in die Membran oder in die wäßrige Innenphase verschiedene Stoffe aufnehmen. Von größter Bedeutung ist die Incorporierung nahezu aller denkbaren Verbindungen in den Vesikelinnenraum verbunden mit der Möglichkeit, den Inhalt durch ein äußeres Signal (Ultraschall, UV-Strahlung, Poren- und Komplexbildner) freizugeben. Repräsentative Werte für eingekapselte Flüssigkeitsvolumina sind 0,5; 4,0 und 11 $\mu g \cdot mg^{-1}$ Membrantensid (Phospholipid) in SUV, MLV bzw. LUV [14–16]. Von Bedeutung ist vor allem die Einlagerung von Makromolekülen in den Innenraum. Zahlreiche Methoden werden in der Literatur beschrieben [346].

Monoschichten-Vesikel, deren Poren reversibel geöffnet und geschlossen werden können, beschreiben *Fuhrhop* und *Liman* [347]. Vesikel aus perfluorierten Tensiden mit 1–3 Fluorkohlenwasserstoffketten unterscheiden sich im hydrophoben Charakter der Membran und im Aufnahmevermögen für Gase wesentlich von normalen Vesikeln [348]. Mit perfluorierten Tensiden, aber auch mit konventionellen Amphiphilen gelingt unter bestimmten Bedingungen die Darstellung von Vesikeln in nichtwäßrigen Lösungsmitteln, wie z. B. Paraffinöl [349].

Für die Solubilisation, Einlagerung und Anlagerung von Verbindungen und die damit mögliche *Beeinflussung* oder *Durchführung* bestimmter analytischer Reaktionen sind im System Vesikel–wäßrige Lösung neun *Kompartimente* (Regionen) zu unterscheiden [5], (Abb. 14):

1. Äußeres Wasservolumen (Hauptphase, engl.: bulk phase)
2. Wäßrige Umgebung der Kopfgruppen (Hydratationssphäre, Gouy-Chapman-Schicht)
3. Äußere Kopfgruppen
4. Hydrophobe äußere Membranschicht
5. Hydrophobe Membraninnenschicht

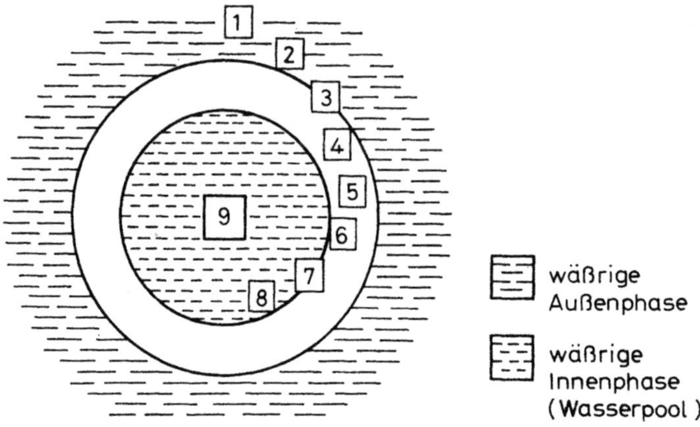

Abb. 14
Regionen (Kompartimente) eines Vesikels (nach *Fuhrhop* [5])

6. Hydrophobe innere Membranschicht
7. Innere Kopfgruppen
8. Innere Gouy-Chapman-Schicht
9. Innere wäßrige Phase.

Die Regionen 6—9 entsprechen formal den äußeren Regionen 4—1. Abbildung 14 läßt Parallelen und bemerkenswerte Unterschiede zu mizellaren Systemen im allgemeinen Aufbau erkennen. Vesikel stehen nicht wie Mizellen in einem dynamischen Gleichgewicht mit monomeren Tensidmolekülen. Für die Solubilisation in Vesikeln gelten einige Besonderheiten. Stoffe, die in der Vesikelmembran solubilisiert sind, diffundieren nur langsam in die äußere (Haupt-) oder auch innere Phase. Die „härtere" Vesikelmembran bietet im Vergleich zur „weichen" Mizelle zusätzliche Möglichkeiten für die Beeinflussung chemischer und biochemischer Reaktionen.

In den Kapiteln 4.3. und 4.4.4. wird über die *praktische Nutzung* von Vesikeln und den damit verbundenen aktuellen Forschungsgebieten in Chemie, Biochemie, Pharmazie und experimenteller Medizin berichtet. Die analytische Anwendung der Vesikel als Mikroreaktoren, Transportvehikel für Reagentien und als besonderes Medium für fluorimetrische und photochemische Reaktionen ist bisher nur in Einzelfällen verwirklicht. So werden Vesikel als Trägersysteme für Bioassays und für Kontrastgeber in der Elektronenmikroskopie verwendet (s. Kap. 3.11. u. 3.13.).

2.3.2.5. Mikroemulsionen

Als Mikroemulsionen werden optisch isotrope und thermodynamisch stabile flüssige Systeme bezeichnet, die Wasser, Öl[1]), Tenside und eventuell weitere Komponenten enthalten [350].

---

[1]) Unter „Öl" wird in diesem Zusammenhang immer eine unpolare, mit Wasser nicht mischbare Verbindung verstanden.

Sie unterscheiden sich dabei wesentlich von Makroemulsionen und stellen —
thermodynamisch betrachtet — *Zweiphasensysteme* dar [349]. In Mikroemulsionen beträgt die Teilchengröße der mizellartigen Pseudophase 50—1 200 Å
(im Durchschnitt unter 500 Å). Die Werte für die dispergierten Teilchen einer
Makroemulsion liegen zwischen 0,1 und etwa 100 µm [349]. Grundsätzlich
wird zwischen *Wasser-in-Öl-* und *Öl-in-Wasser-Emulsionen* unterschieden
(w/o- bzw. o/w-Emulsionen). Die Emulsionen bilden sich meist spontan, wenn
diesen Systemen ein Tensid zugefügt wird. Aufgrund der Langzeitstabilität,
des geringen Teilchendurchmessers der mizellähnlichen Pseudophase und der
hohen Aufnahmekapazität für viele Stoffe sind die Mikroemulsionen sowohl
für wissenschaftliche als auch für praktische Anwendungen in Chemie, Biochemie, Pharmazie, experimenteller Medizin und Analytik von wachsender
Bedeutung [49, 54, 303—305, 348—351].
Eine typische Mikroemulsion besteht gewöhnlich aus vier *Komponenten*:
Wasser, Öl, Tensid und Cotensid. Der komplexe Charakter dieser Systeme
kommt in ihren Phasendiagrammen zum Ausdruck, deren Kenntnis für die
Herstellung stabiler Mikroemulsionen meist unerläßlich ist [351]. Die Zusammensetzung von Mikroemulsionen kann nach Art und Anzahl der notwendigen und möglichen Komponenten in weiten Grenzen schwanken. Es werden
stabile Mikroemulsionen beschrieben, die kein Cotensid [352] oder Tensid enthalten [353]. Systeme aus n-Hexan, 2-Propanol und Wasser lassen sich z. B.
in „tensidfreie Mikroemulsionen" überführen. In jüngster Zeit gelang *Ricco*
und *Lattes* die Herstellung interessanter *wasserfreier Mikroemulsionen* aus
Formamid, Cyclohexan und CTAB bzw. Cetyltributylphosphoniumbromid[1])
sowie 1-Butanol [354]. Das System Lecithin, Glycol und Decan kann ebenfalls in eine nichtwäßrige Mikroemulsion überführt werden [355]. Mit diesen
neuartigen Emulsionen steht ein besonderes Reaktionsmedium für hydrolyse-
empfindliche Stoffe zur Verfügung.
Im Gegensatz zu mizellaren und anderen Tensidassoziaten sind *Bildungs-
mechanismus* und *Struktur* der Pseudophase von Mikroemulsionen wenig
untersucht [303, 356]. Die Assoziate einer o/w-Emulsion erinnern in ihrer
Struktur an normale Mizellen, jedoch mit einem großen unpolaren Innenraum.
Inverse Mikroemulsionen (w/o-Typ) besitzen dementsprechend einen volumi-
nösen polaren Kern und ähneln in ihrem Aufbau inversen Mizellen. Nach Ansicht anderer Autoren sind Mikroemulsionen in ihrer Struktur zwischen
mizellaren und flüssig-kristallinen Systemen einzuordnen [357].
In Abbildung 15 wird die mizellähnliche Struktur beider Typen von Mikroemulsionen wiedergegeben. Von Mizellen unterscheiden sich die genannten
Assoziate durch ihre *hohe Aufnahmekapazität* für Verbindungen aller Art,
durch chemische Reaktanden, Reagentien, analytische Proben und polymere
Substanzen. Die Aufenthaltsdauer eines Solubilisates in den Pseudophasen der
Mikroemulsionen ist der in Mizellen vergleichbar. Im Unterschied zu normalen Emulsionen können w/o- und o/w-Mikroemulsionen mit Kohlenwasserstoffen bzw. Wasser verdünnt werden. Eine interessante Eigenschaft bestimmter Mikroemulsionen wird von *Angell* et al. mitgeteilt [358]. Gewisse
aromatische Verbindungen, wie o-Xylen, lassen sich durch Abkühlen ihrer

---

[1]) In Wasser erfolgt mit diesem Tensid keine Bildung von Mikroemulsionen.

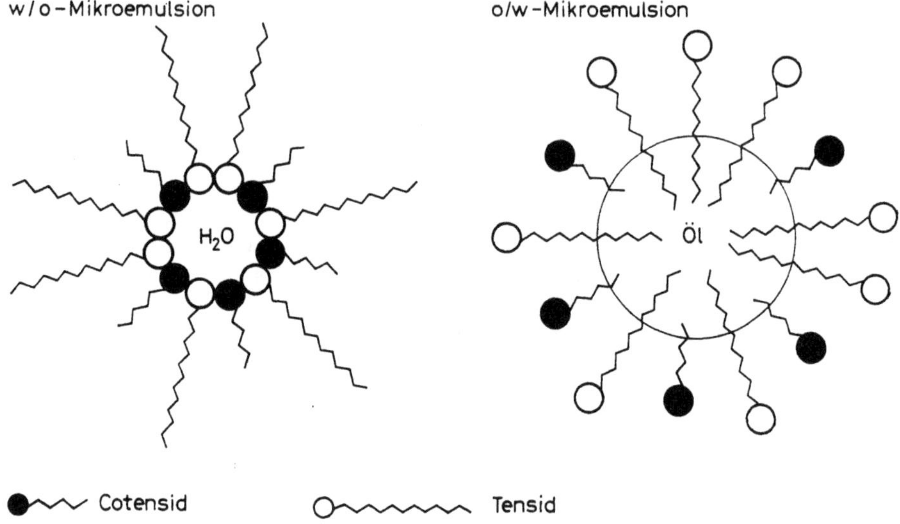

Abb. 15
Tensidassoziate in Wasser/Öl- und Öl/Wasser-Systemen
(w/o- bzw. o/w-Mikroemulsionen)

Mikroemulsion in Propylenglycol-Wasser-Tween 80 (s. **31**) in den glasartigen
Zustand überführen. Interessante Möglichkeiten für die präparative und analytische Chemie bieten aufgrund ihres außerordentlichen Lösevermögens für
zahlreiche Gase *Mikroemulsionen perfluorierter Kohlenwasserstoffe* in Wasser.
Die Emulgierung wird durch nichtionische perfluorierte Tenside ermöglicht
[243, 359]. Der wäßrige Innenraum der Pseudophase in w/o-Mikroemulsionen
zeigt ähnlich dem Wasserpool von Vesikeln Abweichungen im polaren Charakter, verglichen mit normalen wäßrigen Lösungen. Mikroemulsionen sind allgemein über Wochen und Monate bis „unbegrenzt" stabil [359].
Die intensive praktische und theoretische Bearbeitung von Mikroemulsionen
für die tertiäre Erdölförderung [360] hat die *Entwicklung* und *Anwendung*
derartiger Systeme in der Biochemie, Medizin, Synthesechemie und analytischen Chemie nachhaltig stimuliert. Ebenso wie mizellare und Vesikel-Sy-
steme können Mikroemulsionen Geschwindigkeit und Richtung chemischer
Reaktionen zum Teil selektiv beeinflussen [254]. Spaltbare Tenside ermöglichen in manchen Fällen eine schnelle und einfache Isolierung der Reaktionsprodukte [254]. Auf einigen Teilgebieten der analytischen Chemie, wie der
Probenaufbereitung in der instrumentellen Analytik und der Atomabsorptionsspektralphotometrie, werden bereits Mikroemulsionen eingesetzt. Damit
sind die interessanten Anwendungsmöglichkeiten dieser Systeme noch nicht
erschöpft. In vielen Fällen lassen sich bisher verwendete Makroemulsionen
vorteilhaft durch Mikroemulsionen ersetzen, so z. B. in der Medizin zur Entwicklung verbesserter Blutersatzmittel auf der Basis perfluorierter KW und
Tenside [359].

2.3.2.6. Flüssig-kristalline Phasen

Bestimmte Moleküle lösen sich in geeigneten Lösungsmitteln unter Ausbildung flüssig-kristalliner Phasen. Dabei handelt es sich um *lyotrope Systeme* im Unterschied zu den thermotropen flüssig-kristallinen Verbindungen [297, 298, 306, 361, 362].

Eine große Anzahl amphiphiler Verbindungen, darunter gewisse Polypeptide, Lipoproteine, Lipide und die Tenside, löst sich in Wasser nicht zu klaren isotropen Lösungen, sondern unter Bildung flüssig-kristalliner Phasen (s. Abb. 7, Phasendiagramm). Zunächst entsteht abhängig vom Tensidtyp bei mehr als 5 bzw. 22–45% Wasserzusatz eine klare, viskose, flüssig-kristalline *lamellare Phase* („neat soap") mit zweidimensionaler Anordnung der Tensidmoleküle. Enthält das System zwischen 23 und 80% Wasser, so formiert sich eine klare, viskose, manchmal hochviskose, flüssig-kristalline Phase mit *hexagonaler* (dreidimensionaler) *Anordnung* der Moleküle. Dazwischen liegen Übergangsphasen mit ähnlichen Eigenschaften. Überschüssiges Lösungsmittel überführt diese lyotropen Systeme in klare, isotrope (mizellare) Lösungen. Auch drei und mehr Komponenten, die selbst nicht flüssig-kristallin sind, können gemeinsam flüssig-kristalline Systeme bilden. So liegt z. B. Cholesterol in Natriumstearatlösungen ($C_{17}H_{36}COONa$) flüssig-kristallin vor.

Es ist eine allgemeine *Eigenschaft* flüssig-kristalliner Verbindungen oder Phasen, daß sie in ihre geordneten Strukturen Fremdmoleküle einlagern und diesen dabei einen gewissen *Ordnungsgrad* aufzwingen können. Thermotrope flüssig-kristalline Verbindungen werden als Lösungsmittel in der Kernmagnetischen Resonanzspektroskopie für das Studium zwischenmolekularer Wechselwirkungen an orientiert vorliegenden Molekülen verwendet. In lyotropen flüssig-kristallinen Phasen kommt zu dieser Eigenschaft noch das bekannte *Solubilisationsvermögen* der sie aufbauenden Tensidassoziate hinzu [363]. Aus diesem Grunde spielen flüssig-kristalline Tensidassoziate auch in der Pharmazie und Membranbiochemie eine wichtige Rolle [2, 298]. Flüssig-kristalline Bereiche können ebenfalls in Makro- und Mikroemulsionen einschließlich Cremes und in Gelen vorliegen. Diese Systeme lassen sich leicht aus ethoxylierten Sterolen als nichtionische Tenside, Paraffinöl und Wasser aufbauen [364].

Flüssig-kristalline Tensidphasen, die auch als „unendliche Mizellen" aufgefaßt werden können [363], verbinden hohes Solubilisationsvermögen für Fremdsubstanzen mit einem hohen Ordnungsgrad des Solubilisates. Durch Veränderung der Tensidkonzentration und Zusatz bestimmter Stoffe lassen sich diese Systeme außerdem leicht in mizellare Lösungen oder in den Gelzustand überführen. Das sind interessante Eigenschaften, die in der Analytik, besonders in der Spektroskopie, vorteilhaft genutzt werden können.

2.3.2.7. Gele und Schäume

Gele

Die *Gelbildung* ist ein weitverbreitetes Phänomen in der Polymeren- und Biochemie, das auch für tensidhaltige Systeme typisch ist. Je nach Versuchsbedingungen bilden Tenside in Abhängigkeit von der Tensidstruktur, vom

Lösungsmitteltyp, von Zusatzstoffen und Konzentrationen aller Komponenten *transparente* bzw. *opake*[1]) hydrophile oder hydrophobe[2]) Gele [306, 365]. Vereinfacht kann man sich die Gelbildung so vorstellen, daß die hydrophilen Gruppen noch mit Wasser umgeben sind, während die hydrophoben Tensidketten sich bereits kristallartig aneinandergelagert haben [298].

Bei *hydrophilen Gelen* stehen die polaren Kopfgruppen der Tenside mit dem Lösungsmittel in Kontakt, bei den *Organogelen* sind es die lipophilen Tensidbereiche. Organogele können beispielsweise durch Lösen von Natriumstearat in Polyethylenglycol, von Folsäure in Formamid [366], von Aluminiumstearat [367] oder Aluminium-2-ethylhexanoat [368] in Toluen erhalten werden.

Hydro- und Organogele sind in der Medizin und Pharmazie unentbehrliche Hilfsmittel und Träger von Wirkstoffen [306, 365].

Für die Szintillationsmessung (LSC)[3]) unlöslicher radioaktiver Proben spielen tensid-vermittelte Gele eine gewisse Rolle [367, 368]. Auch für NMR-spektroskopische Untersuchungen sind diese Systeme von Interesse. Weitere analytische Anwendungen von Gelen unter Einbeziehung polymerer und funktionalisierter Gele sind zu erwarten.

Tenside bilden nicht nur selbst Gele, sie vermögen auch hydrophile und hydrophobe anorganische bzw. organische Gele zu stabilisieren. Zusammenhänge zwischen Tensidstruktur, stabilisierender Wirkung und Stabilisierungsmechanismus werden von *Glazman* diskutiert [369].

Die Strahlenvernetzung polymerer Tenside, wie z. B. der PPO-PEO-Blockcopolymere [Pluronics (s. **33**), Tetronics], ergibt abhängig vom Ethylenoxidgehalt stabile Gele mit einem außerordentlich hohen Wasseraufnahmevermögen. Diese durch intra- und intermizellare Vernetzung gebildeten Gele besitzen für die Aufnahme von Arzneimitteln und anderen Stoffen geeignete hydrophobe Domänen. Die kovalent vernetzten *n-Tensidgele* behalten auch beim Verdünnen mit Wasser oder ähnlichen Lösungsmitteln ihre Struktur. Normale Tensidgele werden durch überschüssiges Lösungsmittel zerstört und in mizellare Lösungen überführt [370].

Schäume

Schäume sind Dispersionen von Gasen bzw. Dämpfen in einer Flüssigkeit, meist Wasser. Sie besitzen eine den Makroemulsionen vergleichbare praktische und theoretische Bedeutung [371, 372]. Schaumbildende Systeme bestehen aus einem Lösungsmittel, eventuell schaumregulierenden Stoffen und den Schaumbildnern. Letztere sind meist Tenside. Die *Schaumbildung* ist schematisch und vereinfacht in Abbildung 3a, d, e dargestellt. In einer Flüssigkeit schließt sich um ein Gasbläschen eine Adsorptionsschicht aus Tensidmolekülen, deren hydrophobe Bereiche in den Gasinnenraum gerichtet sind. Beim Verlassen der Flüssigphase wird eine zweite Tensidschicht adsorbiert, deren hydrophobe Gruppen nach außen in die umgebende Gasphase orientiert

---

[1]) auch als Coagele bezeichnet
[2]) Organogele
[3]) engl.: liquid scintillation counting

sind [371]. Die Verschäumbarkeit von Tensidlösungen ist von der Tensidstruktur und vielen weiteren Faktoren abhängig [373]. Das Schaumverhalten
von Biopolymeren wird ausführlich in der Literatur beschrieben [374].
In letzter Zeit ist ein zunehmendes Interesse an *nichtwäßrigen Schäumen* zu
beobachten. Die Bildung außergewöhnlich stabiler Schäume durch Verschäumen einer Lösung von Triethanolammoniumoleat (s. **14b**) in p-Xylen beschreiben *Friberg* et al. [375].
Die enorme praktische Bedeutung von Schäumen und Tensidschaumbildnern
wird in der Literatur ausführlich dargestellt [371, 372]. Vielfach von Vorbildern in der Technik abgeleitet, werden *Flotations-* und *Schaumtrennverfahren*
auch für analytische Zwecke erfolgreich genutzt (s. Kap. 3.2.4.).
Ein Problem — auch in der analytischen Chemie — ist oftmals die *unerwünschte
Schaumbildung*. Störende Schaumbildung kann die Anwendung von Extraktionsverfahren, chromatographischen Trennmethoden und die Probenaufbereitung erheblich erschweren. Die Schaumbildung wird auf mechanischem
Wege oder durch Anwendung von Entschäumern verhindert bzw. eingeschränkt [371]. Wirksame *Entschäumer* sind u. a.: Silikonöle, pflanzliche und
tierische Öle, Octanol, Stearinsäure, Dibutylphthalat, polymere Tenside
(Pluronic L-62), Tributylcitrat und Aluminiumstearat (für organische Flüssigkeiten) [371].

2.3.2.8. Charakterisierung von Tensidassoziaten

Eine zielgerichtete umfassende Nutzung der vorteilhaften Tensideigenschaften in der Analytik und auf anderen Gebieten ist nur möglich, wenn ausreichend Daten über *Struktur, Zusammensetzung* und *Eigenschaften* der Tenside vorliegen. Der folgende Überblick gibt eine kurze Bewertung der Aussagekraft wichtiger Angaben über Tenside und nennt Möglichkeiten zu ihrer
Bestimmung.
Eine Vielzahl von Größen wird je nach Anwendungszweck des Tensids für
seine Charakterisierung herangezogen [376]. Aus analytischer Sicht zählen zu
den wichtigen Kenngrößen: der *CMC-Wert*, die *Mizellmasse*, die *Aggregationszahl*, der *Trübungs-* und *Kraftpunkt* sowie der bereits erwähnte *HLB-Wert*.
Einige für die Analytik wichtige Zusammenhänge werden im folgenden beschrieben.

Charakterisierung von Mizellen

Kritische Mizellbildungskonzentration (KMK, CMC)
(auch als kritische mizellare Konzentration bezeichnet)
Mit der Assoziation moleculardispers vorliegender Tensidmoleküle zu Molekülassoziaten, den Mizellen, ändern sich bei einer bestimmten Konzentration
die kolligativen Eigenschaften einer amphiphilen Verbindung meist drastisch.
Dieser Punkt wird durch den CMC-Wert markiert, der sich nach einer Vielzahl von Methoden bestimmen läßt [376]. Häufig gemessen werden die Konzentrationsabhängigkeit der Leitfähigkeit, der Oberflächenspannung, der
Lichtstreuung und -brechung, der Viskosität und der Lichtabsorption in verschiedenen Spektralbereichen von Tensidlösungen. Grundlage vieler indirek-

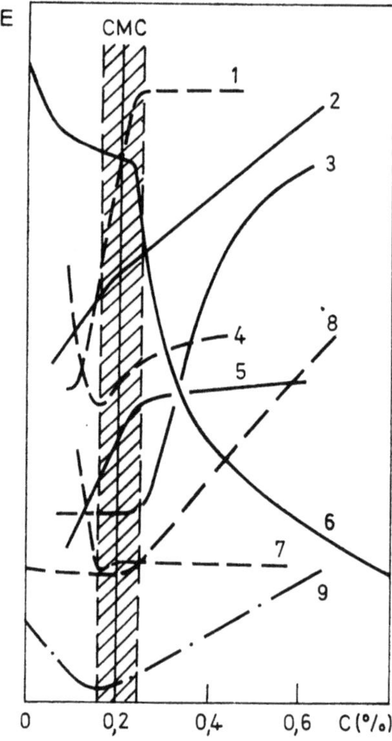

Abb. 16
Tensideigenschaften und ihre Änderung (ΔE) mit der Konzentration
Der schraffierte Sektor bezeichnet die kritische Mizellbildungskonzentration, bestimmt für das a-Tensid SDS (s. 7c). Waschwirkung (1), Dichte (2), elektrische Leitfähigkeit (3), Oberflächenspannung (4), osmotischer Druck (5), elektrische Äquivalentleitfähigkeit (6), Grenzflächenspannung (7), Fluoreszenz (8), Elektrodenpotential einer tensidsensitiven Elektrode (9)

ter Methoden ist die Messung von Eigenschaftsänderungen eines Stoffes bei seinem Übergang aus der Lösung in die mizellare Phase. Leicht verfolgen lassen sich Änderungen der Löslichkeit oder des spektralen Verhaltens eines Solubilisates. Abbildung 16 vermittelt einen Eindruck von den Methoden zur CMC-Bestimmung und der Konzentrationsabhängigkeit wichtiger Tensideigenschaften [377–379]. Einige Methoden lassen sich nur auf bestimmte Tensidklassen und Konzentrationsbereiche anwenden. Im praktischen Teil (s. Kap. 6) wird eine einfache, universell anwendbare Methode zur Ermittlung von CMC-Werten beschrieben.

Der CMC-Wert eines Tensids ist für ein bestimmtes Lösungsmittel und unter gleichen experimentellen Bedingungen als *Stoffkonstante* zu betrachten, die auf Änderungen der Zusammensetzung des Systems sensitiv anspricht. *Elektrolyte und Nichtelektrolyte*, die die hydrophoben Wechselwirkungen und die Struktur des Wassers oder des jeweiligen Lösungsmittels beeinflussen können, verschieben auch den CMC-Wert eines Tensids. Dabei werden ionische amphiphile Verbindungen durch Elektrolyte stärker beeinflußt als nichtionische.

Während n-Tenside, wie Triton X-100 und Octylglycosid, ihre CMC-Werte beim Übergang von Wasser zu 100 mM NaCl-Lösung kaum verändern, verringern sich die Werte für SDS von 0,23 auf 0,04%, für Natriumcholat von 0,63 auf 0,42%, für CTAB[1]) von 0,032 auf 0,006% und für TTAB[1]) (Tetra-

---

[1]) in 100 mmol KBr

decyl-trimethylammoniumbromid) von 0,09 auf 0,006%. Zahlreiche Ausnahmen von dieser allgemeinen Regel werden jedoch beschrieben.

Großen Einfluß auf die CMC haben bei ionischen Tensiden auch die Größe
und Polarisierbarkeit des *Gegenions* [380—382]. Der *pH-Wert* ist, vor allem bei
ionischen Tensiden mit schwachem Elektrolytcharakter, ebenfalls nicht ohne
Einfluß auf die CMC. So wird der CMC-Wert des a-Tensids Aescin[1]) mit sinkendem pH-Wert durch zunehmende Bildung der undissoziierten Säure herabgesetzt [383]. Soweit pH-Veränderungen die Ladungsverhältnisse des Tensids wenig beeinflussen, bewegt sich die CMC-Verschiebung in engen Grenzen.
Ähnlich verhält es sich mit geringen Zusätzen an wasserlöslichen *organischen
Solventien*, die allgemein CMC-Werte geringfügig herabsetzen. Höhere Konzentrationen an polaren Lösungsmitteln zerstören die Mizelle. So liegt SDS in
Aceton—Wasser oberhalb 25% (v/v) nicht mehr mizellar gelöst vor [384]. In
ethanolischer Lösung mit 25 Massen-% Alkohol erhöht sich die CMC um den
Faktor 80 [116].

Für einige Tensidsysteme ist die Bestimmung der CMC-Werte mit Schwierigkeiten verbunden. Das gilt allgemein für invers-mizellare Lösungen [385],
für mizellare Lösungen polymerer Tenside [386] und für Systeme mit extrem
hohen bzw. niedrigen CMC-Werten. Ähnliches trifft für komplexe Tensidlösungen mit gemischten Mizellen zu. In diesem Fall sind kinetisch kontrollierte
Dialysemethoden für die CMC-Bestimmung geeignet [387].

Zum Schluß sei erwähnt, daß von einigen Autoren die Existenz einer sogenannten „*2. kritischen Mizellbildungskonzentration*" beim Übergang zu höher
konzentrierten wäßrigen Tensidlösungen diskutiert wird [388—390]. Diese
Konzentration wird in der Kurve für die c-Abhängigkeit einer Tensideigenschaft mehr oder weniger sichtbar angedeutet durch einen 2. Knick. Der
2. CMC-Wert bezieht sich auf die bekannte Tatsache, daß die Tenside in vielen Fällen mit steigender Konzentration Gestalt und Größe ihrer Mizellen
ändern. Für CTAB liegt die 2. CMC bei 0,3 mol · l⁻¹ und damit um etwa fünf
Größenordnungen über der 1. CMC.

Da für viele analytische Anwendungen von Tensiden definierte mizellare
Verhältnisse gefordert werden, ist eine Kontrolle des CMC-Wertes unter den
gewählten experimentellen Bedingungen empfehlenswert. Außerdem kann
diese Größe als ein *Reinheitskriterium* für das Tensid angesehen werden. Allgemein ist zu berücksichtigen, daß sich vor allem in wäßrigen Lösungen die
mizellare Pseudophase nicht momentan aufbaut, sondern oft mehrere Stunden erfordert. Nur perfluorierte Tenside erreichen meist innerhalb von Sekunden bis Minuten ihren konstanten CMC-Wert [233].

Mizellgröße und Mizellmasse

Beide Größen sind wesentlich von strukturellen Besonderheiten der Tenside
abhängig. Amphiphile mit einer hydrophoben unverzweigten Kette zeigen ein
Anwachsen der *Aggregationszahlen* mit der Anzahl der Methylengruppen.
Ebenfalls großen Einfluß auf Masse und Durchmesser der resultierenden
Mizellen hat der Querschnitt der polaren Kopfgruppen. Für nichtionische

---

[1]) Saponin aus der Kastanie

74

Tenside gilt, daß bei Vorliegen kleiner Kopfgruppen große und bei größeren Gruppen kleinere Mizellen entstehen. Ionische und zwitterionische Tenside bilden auch bei kleinen Kopfgruppen relativ kleine Mizellen, die mit steigender Salzkonzentration deutlich anwachsen [390]. So erhöht sich für SDS die Aggregationszahl von 41 auf 105 in Gegenwart von 1,7% NaCl [391]. Für das bereits erwähnte Aescin [383] steigt die Mizellmasse bei Zugabe von 3% NaCl von 10000 auf 74000, das entspricht Aggregationszahlen von 9 bzw. 64. Erwartungsgemäß ändern sich die Mizellmassen auch mit steigender Temperatur. *Kuriyama* [392] ermittelte für SDS eine Erniedrigung der Mizellmasse von 30000 bei 18 °C auf 22000 bei 50 °C in 0,1 M NaCl. Die Mizellmasse des n-Dodecylhexaethoxymethylethers erhöht sich dagegen bei einem Temperaturanstieg von 18 auf 35 °C von 84000 auf 630000 [393]. Dieses abweichende Verhalten wird durch die Dehydratisierung von Ethylenoxid-Gruppen und die damit verbundene Erhöhung des hydrophoben Charakters dieser n-Tenside erklärt. Sehr stark ist die Mizellmasse basischer oder saurer amphiphiler Verbindungen vom pH-Wert abhängig [383]. Ähnliche Zusammenhänge gelten für polymere Tenside [386].

Mizellmassen und Aggregationszahlen können durch Trübungsmessungen, gelchromatographisch, durch Fluoreszenzlöschung geeigneter Solubilisate und nach weiteren Methoden bestimmt werden [394, 395].

Die Kenntnis von Mizellmasse und Größe ist für einige analytische Trennverfahren — Gelchromatographie, Dialyse, Ultrazentrifugation — sowie für die Solubilisation von Membranbestandteilen von Bedeutung.

Mizellgestalt

Die Mizellgestalt bzw. -form ist wesentlich von der Tensidstruktur, bei ionischen Tensiden von den Gegenionen und von den experimentellen Bedingungen abhängig. Mit steigender Tensidkonzentration nimmt die normalerweise sphärische Mizelle eine mehr zylindrische Form an [396]. Bezüglich der Methoden zur Bestimmung der Mizellform muß auf die Literatur verwiesen werden [396, 397].

Kraft- und Trübungspunkt

Der Kraftpunkt (s. Kap. 2.3.2.2.) kann exakt nur durch Aufnahme eines Phasendiagrammes ermittelt werden. Während der Kraftpunkt ein Charakteristikum für praktisch alle Tenside darstellt (s. Tab. 2), bezeichnet der Trübungspunkt eine typische Eigenschaft nichtionischer Tenside, vor allem der Polyethylenglycolderivate. Der Trübungspunkt markiert die Temperatur, bei der sich eine wäßrige Tensidlösung in eine tensidreiche untere und eine wasserreiche obere Phase trennt [163, 398]. Ursache dafür ist die thermisch zurückgedrängte Hydratisierung der Ethylenoxideinheiten und die damit verbundene verringerte Löslichkeit des n-Tensids.

Elektrolyte und Solubilisate beeinflussen die Lage des Trübungspunktes sehr deutlich. Die Änderung der Trübungstemperatur ist dabei der Salzkonzentration proportional. Alle Verbindungen, die um das gebundene Hydratwasser der n-Tenside konkurrieren können, setzen den Trübungspunkt herab. Elek-

trolyte, die n-Tenside aussalzen, erniedrigen in der Regel den Trübungspunkt,
einsalzend wirkende Verbindungen erhöhen ihn. Zu den erstgenannten Stoffen
zählen Ionen und Nichtelektrolyte, die die Wasserstruktur festigen und die
Selbstassoziation fördern (z. B. Chlorid, Fluorid, Sulfat, Hydroxid). Die
zweite Gruppe umfaßt Ionen mit strukturbrechenden Eigenschaften, wie
Iodid, Thiocyanat, Nitroprussiat, Schwefelsäure, Essigsäure [163].
Solubilisate, wie die aliphatischen KW, erhöhen geringfügig die Trübungstemperatur, während die stärker polaren aromatischen KW eine Depression
bewirken [399]. Der Trübungs- aber auch der Kraftpunkt eines Tensids wird
durch Verunreinigungen, z. B. langkettige Alkohole, deutlich beeinflußt.
Ähnliches trifft für n-Tenside zu, die Homologengemische darstellen.
Die Phasentrennung am Trübungspunkt von n-Tensiden und polymeren
Tensiden ist die Grundlage für interessante *Trennverfahren* in der analytischen und präparativen Biochemie (s. Kap. 3.2.2.).

HLB-Wert

Ursprünglich wurde das HLB-System von *Griffin* [121] für die Bewertung
und Unterscheidung von o/w- und w/o-Emulgatoren vorgeschlagen (s. a.
Kap. 2.3.1.). Gegenwärtig werden HLB-Werte immer häufiger benutzt, um
auch für andere Tensidanwendungen eine Vorauswahl zwischen verschiedenen amphiphilen Verbindungen zu treffen bzw. um den hydrophoben oder
hydrophilen Charakter dieser Stoffe abzuschätzen. Mitunter wird dabei die
Aussagefähigkeit dieses Bewertungsschemas überfordert. Bei Beachtung der
für alle derartigen Inkrementsysteme geltenden Einschränkungen und bei
kritischer Bewertung der experimentell oder rechnerisch ermittelten Werte
sind für die analytische Tensidanwendung wertvolle Aussagen möglich.
Das von *Griffin* und später auch von anderen Autoren vorgeschlagene Verfahren zur *HLB-Wertbestimmung* durch direkten Vergleich der Emulgator-
eigenschaften eines Tensids bezogen auf einen Standard ist sehr aufwendig.
In der Folgezeit entwickelte instrumentelle Methoden befriedigen ebenfalls
nicht in jedem Fall [124]. Trotz vieler Nachteile werden *Inkrementsysteme*
häufig für die Berechnung von HLB-Werten herangezogen. Das folgende
System wurde von *Davis* vorgeschlagen [400, 401]:

$$\text{HLB} = \Sigma \text{ hydrophile Gruppenzahlen} + \Sigma \text{ hydrophobe Gruppenzahlen} + 7$$

Hydrophile Gruppen	**Gruppenzahl**
$-OSO_3Na$	38,7
$-COOK$	21,1
$-COONa$	19,1
$-\overset{\mid}{\underset{\mid}{N}}\overset{\oplus}{=}$	9,4
$-CO-O-$ (Sorbitanring)	6,8
$-CO-O-$ (frei)	2,4
$-O-$	1,4
$-COOH$	2,1

$-OH$	(frei)	1,9
$-OH$	(Sorbitanring)	0,5
$-CH_2-CH_2-O-$		0,33

Hydrophobe Gruppen

$-CF_2-$, $-CF_3$	$-0,87$ [359]
$-CH=$, $-CH_2-$, $-CH_3$, $=CH-$	$-0,475$
$-CH_2-CH_2-CH_2-O-$	$-0,15$

Beispiel: Berechnung des HLB-Wertes von SDS (s. **7c**)

$$HLB_{ber.} = 38,7 + [12\,(-0,457)] + 7 = 40$$
$$HLB_{(Lit.\,[402])} = 40$$

Als wichtige Erfahrungstatsache hat sich ergeben, daß die HLB-Werte von Emulgatormischungen nach der einfachen Mischungsregel bestimmt werden können.

Beispiel: HLB-Wert einer Mischung aus 20% Triton X-100 (s. **27**) und 80% Brij 35 (s. **30**)

$$HLB_{Triton\,X-100} = 13,5 \qquad HLB_{Brij\,35} = 16,9$$
$$HLB_{Gemisch} = [0,2\cdot 13,5\,]+ [0,8\cdot 16,9] = 16,2$$

Diese Regel liefert vor allem für nichtionische Tenside brauchbare Werte (HLB-Bereich zwischen 1,5 und 20). Abweichungen ergeben sich, wenn das n-Tensid größere Mengen an niederen Homologen enthält.

Ein verbessertes HLB-Inkrementsystem für die Bewertung von Mischungen nichtionischer Tenside wurde kürzlich vorgeschlagen [403]. Auch andere Löslichkeitsparameter werden in diesem Zusammenhang diskutiert [122, 123, 125].

Eine Steuerung des hydrophilen Charakters und damit des HLB-Wertes ist bei polymeren Tensiden mit Kronenether-Substituenten (s. **41**) durch Komplexbildung mit passenden Alkaliionen möglich [264]. Damit kann über die Alkaliionenkonzentration die Emulgatorwirkung eingestellt werden. HLB-Wert-Betrachtungen erleichtern die Auswahl geeigneter Tenside, vor allem auch für die Resorptionsvermittlung von Arzneistoffen und anderen pharmazeutischen Zubereitungen.

Charakterisierung von Vesikeln

Größe und Gestalt von Vesikeln

Im Zusammenhang mit der Bewertung von Vesikelbildnern und Vesikeln interessieren vor allem Größe, Art, Durchlässigkeit und Haltbarkeit von Vesikeln. Ob ein Tensid überhaupt Doppelschichtmembranen in wäßriger Phase bildet, läßt sich durch temperaturabhängige Trübungsmessungen feststellen [337].

Vesikel werden von nieder- oder hochmolekularen Begleitstoffen am besten durch Gelchromatographie [404] oder Ultrazentrifugation bzw. Dichtegradientenzentrifugation [337] befreit. Auf diese Weise lassen sich auch kleinere Vesikel (SUV) von größeren Aggregaten abtrennen. Oft erübrigt sich eine Trennung nach Vesikelgröße, da diese herstellungsbedingt meist keine große Streuung im Durchmesser zeigen.

Vesikeldurchmesser, Membrandicke und *Größenverteilung* der Aggregate lassen sich sehr genau mit Hilfe der Transmissions- oder der Scanning-Elektronenmikroskopie [404, 405] ermitteln. Der hydrodynamische Vesikelradius kann auch durch Lichtstreumessungen bestimmt werden [406]. Für die Untersuchung und Vermessung sehr großer Vesikel (MLV, LUV) wird auch die Lichtmikroskopie herangezogen. Eine schnelle und recht zuverlässige Methode zur Bestimmung der Größenverteilung von Phospholipid- und anderen Vesikeln ist die Gelchromatographie an Sephacryl S-1000 mit einem Ausschlußradius von etwa 3000 Å [407].

Die *Durchlässigkeit* der Vesikelmembran läßt sich vorteilhaft nach Inkubation wäßriger Vesikellösungen mit Radiotracern und anschließender Gelchromatographie über Sephadex G-25 radiometrisch bestimmen [408]. Poren oder Schäden in der Membran sind auch durch Einlagerung selbstlöschender Fluoreszenzfarbstoffe in den Wasserpool der Vesikel und deren Freisetzung festzustellen. Ein geeigneter Farbstoff ist das 6-Carboxyflureszein (**95**), das infolge Selbstlöschung in konzentrierter Lösung (Wasserpool im Inneren der Vesikel) nicht fluoresziert. Erst nach Passieren der Vesikelmembran und Verdünnen mit der Außenphase kann der Farbstoff aufgrund seiner nunmehr vorhandenen Fluoreszenz erkannt werden [409].

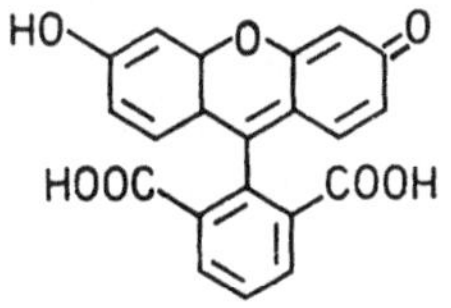

HO   O   O

HOOC   COOH

95

Mit indirekten Methoden ist auch eine *pH-Bestimmung* in der wäßrigen *Vesikelinnenphase* möglich [410]. Für viele Anwendungen wird eine Bestimmung des *Wasserpool-Volumens* [411] und des *Permeabilitätsverhaltens* der Membran [412] notwendig. *Oberflächenladungen* können mit den Methoden der Kolloidtitration (s. Kap. 3.3.) quantitativ ermittelt werden. Die Konzentration eingeschlossener Verbindungen ist nach gelchromatographischer Abtrennung des nicht incorporierten Anteils photometrisch, spektroskopisch und mit anderen üblichen Methoden zu bestimmen. Unter Umständen müssen die Vesikel vorher durch Zugabe chaotroper Verbindungen, von Tensiden oder organischen Lösungsmitteln zerstört werden.

Bisher sind Vesikel in der analytischen Chemie nur begrenzt angewendet worden (s. Kap. 3.11.). Ihre außergewöhnlichen Eigenschaften lassen vermuten, daß sie neben den anderen Tensidassoziaten ihren Platz in der analytischen Chemie finden werden. Erfahrungen und interessante Ergebnisse der Vesikelanwendung in der experimentellen Biochemie, Pharmazie und Medizin können dabei genutzt werden (s. Kap. 4).

Charakterisierung von flüssig-kristallinen Phasen

Der Aufbau der flüssig-kristallinen Phasen kann mit lichtmikroskopischen, fluoreszenz- und NMR-spektroskopischen Verfahren untersucht werden [413]. Aussagen über die Anordnung der Tensidmoleküle in diesen Mesophasen sind mit röntgenspektroskopischen Methoden möglich [414]. Methoden zur weiteren Charakterisierung lyotroper Tensidsysteme können der Literatur entnommen werden [415]. Flüssig-kristalline Tensidassoziate spielen eine begrenzte Rolle als spezielle Lösungsmittel für spektroskopische Untersuchungen (s. Kap. 3.8. u. 3.9.). Weitere analytische Anwendungen wurden bisher nicht beschrieben. Aufgrund der Bedeutung flüssig-kristalliner Systeme in der Biologie und Biochemie wird diesen Tensidassoziaten wachsendes Interesse entgegengebracht.

Charakterisierung von Mikroemulsionen

Leitfähigkeitsmessungen können Aufschluß darüber geben, ob in einem Mehrkomponentensystem tatsächlich eine Mikroemulsion vorliegt oder ob Mischlösungen entstanden sind [354]. Eigentliche Strukturinformationen über Mikroemulsionen und die gebildeten Tensidassoziate sind durch Messung der Kleinwinkel-Neutronenstreuung[1]) erhältlich [351, 359]. Im Unterschied zu Makroemulsionen zeigen Mikroemulsionen keine Lichtdoppelbrechung. Die Bestimmung der Molekülmasse von in Mikroemulsionen vorliegenden Tensidassoziaten ist über die Messung der Lichtstreuung möglich. Diese und weitere Parameter zur Charakterisierung der Mikroemulsionen werden in einer Arbeit von *Siano* und *Bock* sowie dort zitierten Publikationen beschrieben [416]. Auch den Mikroemulsionen − sie werden in der AAS und für Trennverfahren (s. Kap. 3.1., 3.2. u. 3.5.) bereits genutzt − gilt verstärkte Aufmerksamkeit.

Charakterisierung von Gelen

Einige Methoden zur Charakterisierung von Gelen werden von *Al-Saden* et al. [370] beschrieben bzw. zitiert. Einblick in die Struktur gefriergetrockneter Gele kann mit Hilfe der Scanning-Elektronenmikroskopie erhalten werden. Wichtig ist auch die Bestimmung des Quellverhaltens der Gele in verschiedenen Lösungsmittelsystemen. In Gelen sorbierte Verbindungen können meist direkt photometrisch oder spektroskopisch bestimmt und untersucht werden.

Charakterisierung von Schäumen

Schäume sind aufgrund ihrer praktischen Bedeutung gut untersucht. Je nach Anwendungsgebiet werden Daten über unterschiedliche Schaumeigenschaften benötigt. Neben der Schaumstabilität, Leitfähigkeit, Lebensdauer, Geometrie und Größe der Bläschen interessieren in der Analytik besonders das Löse- und Solubilisationsvermögen von Schäumen für verschiedene Stoffe. Über Schaumtrennverfahren siehe Kapitel 3.2.4. Die Vielzahl der speziellen Methoden zur Charakterisierung von Schäumen ist in der Literatur ausführlich dargestellt [372, 417, 418]. Angaben über Eigenschaften von Schäumen, die in der Pharmazie angewendet werden, sind einer aktuellen Übersicht [419] und der dort zitierten Literatur zu entnehmen.

---

[1]) engl.: small-angle neutron scattering (SANS)

2.3.3. Solubilisationsmechanismen

Unter Solubilisation (s. Kap. 2.1.) wird im folgenden, wenn nicht anders vermerkt, immer die *mizellare* Solubilisation verstanden. Alle anderen Möglichkeiten werden als *nichtmizellare* Solubilisation bezeichnet.

Das Solubilisat kann an der Oberfläche eines Assoziates adsorbiert oder verschieden tief in innere Regionen eingelagert werden. Molekulardisperse Lösungen von Tensiden besitzen praktisch keine solubilisierende Wirkung. Nichtmizellare Lösungen gewisser Tenside in Ethanol u. a. polaren Lösungsmitteln sind dagegen gute Solubilisationsmittel für viele Stoffe (Lyotropie, Mischlösungsvermittlung u. a. Effekte). Bis zum Erreichen der CMC bleibt die Löslichkeit eines zu solubilisierenden Stoffes konstant niedrig, erst oberhalb dieser Konzentration nimmt sie stark zu. Das *Solubilisationsvermögen* eines Tensids ist abhängig von seiner *Struktur* und der des Solubilisates, von *zusätzlich gelösten Stoffen* und den *experimentellen Bedingungen* (Konzentrationen, Ionenstärke, pH-Wert, Druck, Temperatur).

2.3.3.1. Solubilisation in normalen Mizellen

Mizellen von ionischen und nichtionischen Tensiden bieten für die Aufnahme verschiedener Stoffe aus wäßriger Lösung drei *Hauptregionen:*
— die polare Stern-Schicht über der Mizelloberfläche,
— die Oberfläche selbst und
— eine bis in das Innere reichende, zunehmend unpolare Region (s. Abb. 8, 9).

Die unterschiedlich polaren und geladenen Kopfgruppen der Tenside haben wesentlichen Einfluß auf die Adsorption oder den Ausschluß potentieller Solubilisate. Nach Abbildung 17 ist davon auszugehen, daß stark polare Verbindungen an die Oberfläche gebunden werden, semipolare in die Palisaden-

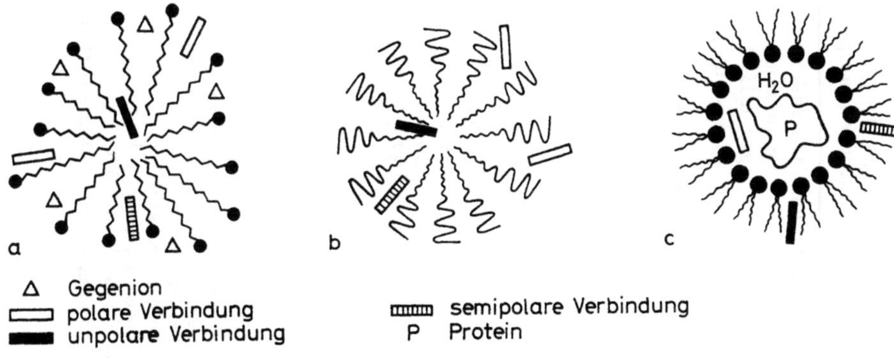

Abb. 17
Mizellare Solubilisation polarer, semipolarer und unpolarer Verbindungen in normalen ionischen (a), nichtionischen (b) oder inversen Mizellen (c)
Bevorzugter Solubilisationsort für semipolare und polare sowie amphiphile Verbindungen ist die Palisadenschicht, eine Übergangszone zwischen Sternregion und der inneren Kohlenwasserstoffregion

Tabelle 4
Solubilisationsvermögen wäßriger Tensidlösungen in Abhängigkeit von der Struktur des Tensids und des Solubilisates, sowie der Polarität der Verbindungen (ausgedrückt durch Molvolumen und Oberflächenspannung), [nach 51, 422]

Solubilisat	Molvolumen ($Å^3 \cdot mol^{-1}$)	Oberflächenspannung gegen H_2O ($dyn \cdot cm^{-1}$)	Löslichkeit in H_2O ($mol \cdot l^{-1}$)	Maximale Solubilisatmenge in mol pro mol Tensid					
				$C_{10}E_{10}OCH_3$[1])	$C_{12}HCl$	$C_{18}Na$	$C_{12}K$	CPC	SDS
n-Hexan	217	50,7	$7 \cdot 10^{-4}$		0,75	0,42	0,46	0,18	0,77	0,39
n-Heptan	51,2	51,2			0,54		0,34	0,12		
n-Octan		51,7		0,48	0,29		0,18	0,08		
n-Decan	323	52,00	$6 \cdot 10^{-8}$	0,17	0,13	0,42	0,052	0,03	0,32	0,20
n-Dodecan		52,1		0,06	0,063		0,009	0,005		
Cyclohexan	179	50,2	$8,9 \cdot 10^{-4}$		0,87	1,68	0,56	0,23	1,15	0,78
Cyclohexen	167	44,2	$2,6 \cdot 10^{-3}$		0,65	2,47	0,76	0,29	1,72	1,13
Benzen	146	33,93	$2,3 \cdot 10^{-3}$		0,65	3,13	0,76	0,29	2,99	1,68
Toluen	176	36,1	$7,2 \cdot 10^{-3}$		0,49	2,51	0,51	0,13	2,22	1,36
Ethylbenzen		38,4			0,39		0,40	0,20		
p-Xylen		37,8			0,34		0,36	0,20		
Methylisobutyl-keton					1,78		1,82	1,20		
n-Octanol		9,3		1,47	0,18		0,59	0,29		
2-Ethylhexanol					0,36		0,47	0,064		
Tetrachlor-methan	161	45,0	$7,54 \cdot 10^{-3}$				1,88		1,47	0,69

$C_{10}E_{10}OCH_3$: Decyl-(polyethylenglycol[10])-methylether, $0,0163\ mol \cdot l^{-1}$ (1 %) bei 27 °C
$C_{12}HCl$: **21a**, $0,1\ mol \cdot l^{-1}$ bei 25 °C
$C_{18}Na$: **14a**, $0,1\ mol \cdot l^{-1}$ bei 25 °C
$C_{12}K$: Kaliumdodecanat, $0,1\ mol \cdot l^{-1}$ bei 25 °C
CPC, SDS: **18a**, 7c; $0,1\ mol \cdot l^{-1}$ bei 25 °C

[1]) Werte für weitere Verbindungen lauten: n-Octanol (1,47), n-Decanol (0,92), n-Dodecanol (0,68), n-Decylchlorid (0,16), n-Decylamin (1,48), Hexansäure (1,21)

schicht der unpolaren Region und unpolare in das Innere dieser Region eingelagert werden. Sterische Verhältnisse sind mitentscheidend für den Aufenthaltsort eines Solubilisates in einer Mizelle. In vielen Fällen sind weitere Einflüsse zu berücksichtigen.

Das Solubilisationsvermögen eines Tensids für eine gegebene Verbindung kann durch Diffusionsmessungen [420], Dampfdruckmessungen [421], gaschromatographisch [422], photometrisch [423] und nach vielen anderen *Methoden* bestimmt werden [51, 423, 424 u. loc. cit.].

In Tabelle 4 sind Angaben über das Solubilisationsvermögen ausgewählter Tenside für unterschiedlich polare Verbindungen zusammengefaßt.

Demnach sind *polarer Charakter* und *Molvolumen* wesentliche Kriterien für die Solubilisation einer Verbindung in mizellaren Lösungen. Als Maß für den polaren Charakter wurde die Oberflächenspannung der Verbindungen gegenüber Wasser gewählt [422]. Für einfache Stoffe lassen sich noch allgemeine Regeln hinsichtlich ihrer mizellaren Solubilisierbarkeit ableiten [51], bei komplexer aufgebauten Molekülen ist dies nicht möglich.

Die Länge und Anzahl der hydrophoben Tensidregionen bestimmen wesentlich die Aufnahmefähigkeit der Mizellen für wenig polare Verbindungen. Mit der Kettenlänge der Kaliumseifen in 0,3molarer wäßriger Lösung erhöht sich die Löslichkeit für Ethylbenzen wie folgt [423]:

Kettenlänge	C_8	C_{10}	C_{12}	C_{14}	C_{16}
$mol \cdot l^{-1}$	0,001	0,02	0,17	0,34	0,7

Es sei daran erinnert, daß mit der Länge der KW-Kette sich unabhängig von der Tensidklasse die CMC-Werte verringern und die Mizellgröße wächst.

Das Solubilisationsvermögen ionischer Tenside wird wesentlich von *Art und Größe der Kopfgruppe* und vom *Gegenion* bestimmt, wie folgende Beispiele verdeutlichen.

Hexadecylpyridiniumsalze (s. **18**) zeigen gegenüber Azobenzol folgende Abhängigkeit der solubilisierenden Wirkung vom Gegenion [51]:

$$Br^- > Cl^- > SO_4^{--} > CH_3COO^-$$

Für das System Dodecylethanolammoniumsalz — Kohlenwasserstoff (Benzen, Hexan, Cyclohexan) wurde folgende Abstufung im Solubilisationsverhalten ermittelt [425]:

$$NO_3^- = I^- > Br^- > Cl^-$$

Das Solubilisationsvermögen nichtionischer Tenside aller Substanzklassen steigt in der Regel mit dem Ethoxylierungsgrad, d. h. mit dem Anwachsen der hydrophilen Hülle der Mizellen.

Die Aufnahmekapazität von Tensidlösungen wird auch wesentlich von der *Struktur* des Solubilisates bestimmt. Allgemein gilt, daß Verbindungen mit einem gemischtpolar — unpolaren Charakter leichter solubilisiert werden als reine Kohlenwasserstoffe. Aromatische Gruppen, kurze aliphatische Ketten, cyclische KW-Reste und ungeladene polare Gruppen begünstigen die Solubilisation einer Substanz durch Tenside [51, 423].

Mit steigender *Temperatur* erhöht sich der Solubilisationsgrad, durchläuft ein Maximum, um dann sehr rasch auf niedrige Werte zu sinken, da oberhalb von etwa 80 °C unter Normaldruck kaum noch Mizellen stabil sind [51]. Dieser Tatsache entspricht die temperaturabhängige Löslichkeit von 4-Dimethylaminoazobenzen in Natriumseifenlösungen [426]. Im Fall der nichtionischen Tenside muß die Löslichkeit eines Solubilisates in Abhängigkeit von der Temperatur in zwei Phasen betrachtet werden, da am Trübungspunkt Phasentrennung eintritt [427]. In Abbildung 18 wird die Löslichkeit von Heptan, Cyclohexan und Ethylbenzen in Polyethylenglycol[9,2]-4-isononylphenylether bei Temperaturen bis zu 60 °C beschrieben.

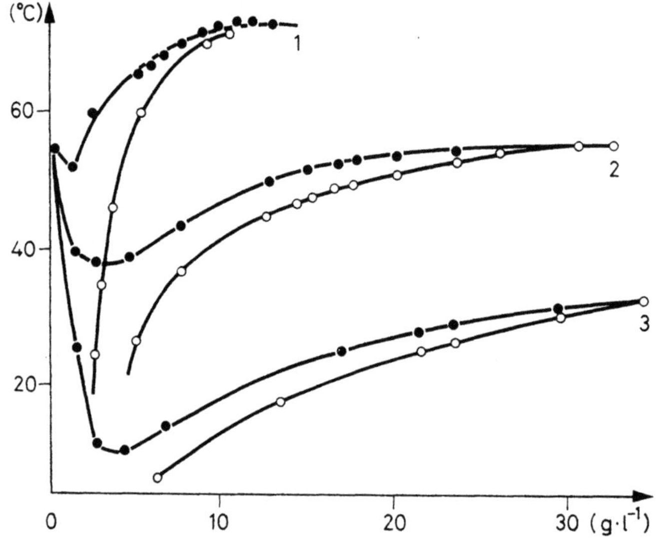

Abb. 18
Solubilisation von n-Heptan (1), Cyclohexan (2) und Ethylbenzen in einer wäßrigen n-Tensidlösung (Polyethylenglycol[9,2]-4-isononylphenylether, Renex 698, NP-55-90, HLB-13)
Am Trübungspunkt erfolgt eine Trennung in zwei Phasen in Abhängigkeit von der Solubilisatmenge (vollpunktierte Kurve)

Elektrolyte haben einen großen Einfluß auf das Solubilisationsvermögen nichtionischer, besonders aber ionischer Tenside. Einige Beispiele illustrieren den Elektrolyteinfluß auf die Solubilisation ausgewählter Verbindungen:

Lipidfarbstoff Orange OT/Natriumdodecanat (s. **13**), [51]
$KOH > KCNS > KCl = K_2SO_4 > H_2O$

Ethylbenzen/Natriummyristinat
$NaCl > KCl > K_2SO_4 > K_4[Fe(CN)_6] > H_2O$

Heptan/Natriummyristinat
$NaCl > Na_2SO_4 > Na_4[Fe(CN)_6] > H_2O$

Für n-Octanol sinkt jedoch die Solubilisationsrate in 0,32 M Natriummyristinatlösung ($C_{13}H_{27}COONa$) in der angeführten Reihe.

Das Solubilisationsvermögen nichtionischer Tenside erhöht sich geringfügig mit steigender Elektrolytkonzentration, da die Mizellgröße zunimmt [428].

In der Literatur werden zahlreiche Additive für die zusätzliche Beeinflussung der mizellaren Solubilisation beschrieben. Alkohole, Amine, Thioalkohole und viele andere Verbindungen wirken meist synergistisch [51]. Der Zusatz geringer Mengen ionischer Tenside zu nichtionischen und umgekehrt wirkt synergistisch in bezug auf das allgemeine Solubilisationsvermögen [51].

Die Bildung normaler Mizellen ist nicht auf wäßrige Systeme beschränkt. Mizellbildung und mizellare Solubilisation sind auch in nichtwäßrigen (organischen) Lösungsmitteln und sogar in geschmolzenen Salzen möglich. Einige Tenside zeigen in strukturierten Lösungsmitteln, wie Formamid, typisches amphiphiles Verhalten. Es handelt sich um Alkyl- oder Perfluoralkyl-triphenylphosphoniumiodide [429]. Der solvophobe Charakter der perfluorierten Verbindung ist in Formamid weniger stark ausgeprägt als der analoger Tenside in Wasser. In diesem Solvens haben die Perfluoralkylphosphoniumiodide um den Faktor 1,5 höhere CMC-Werte als die der nichtfluorierten Verbindungen. Dieses Beispiel unterstreicht, daß *normale Mizellen* auch *in organischen Lösungsmitteln* existieren können. Weitere ungewöhnliche Tensidsysteme sind Lösungen amphiphiler Verbindungen in *geschmolzenen Salzen* als wasserähnliche Lösungsmittel. Von *Mirejovski* und *Arnett* [430] wurde festgestellt, daß einige Tenside in geschmolzenem Ethylammoniumnitrat[1]) Mizellen bilden. Die CMC-Werte liegen 5- bis 10mal höher als die für wäßrige Lösungen ermittelten Werte.

Der Solubilisationsvorgang und die Mechanismen der Solubilisation in mizellaren Systemen sind nach wie vor intensiv bearbeitete Forschungsgebiete. *Kinetische* und *thermodynamische Aspekte* werden in der Literatur ausführlich beschrieben [323, 324].

2.3.3.2. Solubilisation in inversen Mizellen

Das Solubilisationsvermögen inverser Mizellen in unpolaren Lösungsmitteln für hydrophile Stoffe ist bisher nur an Einzelbeispielen untersucht. Im Unterschied zu normalen Mizellen ist in inversen Systemen die Außenregion der Mizelle für die Solubilisation weniger von Bedeutung. Das Interesse ist im wesentlichen auf den von Tensidmolekülen umschlossenen *Wasserpool* gerichtet (s. Abb. 7).

Das *Wasser im Innenraum* inverser Mizellen zeigt in vieler Hinsicht einen „anormalen" Charakter. Es gefriert erst bei Temperaturen unter −30 °C. Das invers-mizellar solubilisierte Wasser nimmt hinsichtlich seines polaren Charakters eine Mittelstellung zwischen normalem Wasser und wasserähnlichen Lösungsmitteln, wie Methanol, ein. Außerdem ist nach IR-spektroskopischen Befunden zwischen gebundenen Wassermolekülen (Hydratationsschicht an den polaren Kopfgruppen) und einem nur mit sich selbst assoziierten Anteil zu differenzieren [431]. Salze und Nichtelektrolyte können die

---

[1]) Das Salz schmilzt bei 12 °C [$C_2H_5-{}^{\oplus}NH_3$]$NO_3^{\ominus}$.

Eigenschaften der Wassersphäre und damit das Solubilisationsvermögen der inversen Mizelle zusätzlich beeinflussen. Im Wasserpool gelöste Säuren, Basen und Salze (Puffersysteme) ändern oft drastisch ihr Dissoziationsverhalten. Verglichen mit normalen wäßrigen Lösungen kommt es zu Verschiebungen von pH-Werten und Dissoziationskonstanten. Wahrscheinlich wird die Struktur des Wassers und die Stärke von Wasserstoff-Brückenbindungen deutlich verändert. NMR- und IR-spektroskopische Befunde stützen diese Vorstellungen [432]. Ein wichtiges Charakteristikum inverser Mizellen ist der bereits erwähnte w_0-Wert, das Verhältnis von solubilisierten Wasser- zu den Tensidmolekülen [319]. Dieser Wert kann in weiten Grenzen schwanken und damit auch der Mizelldurchmesser (40–100 Å), [433]. In inverse Mizellen gelingt die Integration auch sehr großer Moleküle (Proteine, Nucleinsäuren), ja sogar von lebenden Bakterien [433]. Möglicherweise handelt es sich in diesem Fall um w/o-Mikroemulsionen.

Während große polare Moleküle fast ausschließlich in den Wasserpool eingelagert werden, verteilen sich kleinere Moleküle auch auf die *übrigen Regionen* der Mizelle. Ausgenommen ist die Mizelloberfläche, die weniger genau festzulegen ist als bei den normalen Mizellen. Über den *Einfluß von Salzen* und anderen in der Hauptphase gelösten Verbindungen auf das Solubilisationsverhalten der Tenside ist wenig bekannt. Die genaue Lokalisation eines Solubilisates kann mit verschiedenen spektroskopischen Methoden erfolgen [320–324]. Auf die Verteilung des Solubilisates in den einzelnen mizellaren Regionen haben Zusätze an *Cotensiden* und *polaren Lösungsmitteln* einen deutlichen Einfluß [147]. Ähnliches gilt für die Addition von Salzen, besonders dann, wenn *hydrophobe Ionen* beteiligt sind [434]. Gewisse Salze, wie z. B. Aluminiumverbindungen, können inverse Mizellen zerstören [147]. In diesem Zusammenhang sei darauf hingewiesen, daß eine ganze Reihe amphiphiler Verbindungen in *unpolaren Lösungsmitteln* nicht zu Mizellen assoziieren [435]. Nicht jede Tensidwirkung in einem organischen Lösungsmittel ist auf die Bildung inverser Mizellen zurückzuführen. In unpolaren Solventien, wie Kohlenwasserstoffen, liegen jedoch meist mizellare Tensidlösungen vor, deren herausragende Fähigkeit die Solubilisation stark polarer Verbindungen in einer hydrophoben Umgebung ist. Es werden auch Substanzen solubilisiert, die aufgrund ihres stark polaren Charakters von normalen Mizellen ausgeschlossen werden. Auf diese Weise lassen sich in unpolaren Medien unter Beteiligung inverser Mizellen Enzymreaktionen [436, 437] verwirklichen, anorganische Komplexe bilden [324], Lectine-Saccharid-Wechselwirkungen beobachten [44] und viele biomimetische Reaktionen durchführen [2]. Inversmizellare Systeme werden auch in zunehmendem Maße in der analytischen Chemie genutzt. Solche Medien empfehlen sich für fluorimetrische [438] Analysen, für die instrumentelle Analytik und die Probenchemie (s. Kap. 3.1., 3.5. u. 3.6.).

2.3.3.3. Solubilisation in Vesikeln

Unter den Tensidassoziaten spielen Vesikel als Solubilisationsmittel für unterschiedlichste Verbindungen und Substanzen eine besondere Rolle. Dabei stehen *wäßrige* Vesikelsysteme im Vordergrund, während in nichtwäßrigen

Medien die Vesikelbildung zwar möglich, aber weniger gut untersucht ist [loc. cit. 439].

Obwohl Vesikel an ihrer Oberfläche Stoffe binden und auch in die BLM einlagern können, ist der wichtigste Solubilisationsort der *Wasserpool im Innenraum*. In diese Region können *molekulardispers* oder *kolloid* gelöste, aber auch *partikuläre Stoffe* aufgenommen werden. Der Einschluß erfolgt meist im Verlauf der Vesikelherstellung. Nur für kleinere Moleküle und Ionen ist je nach Tensidstruktur die Vesikelmembran in beide Richtungen durchlässig [408, 412]. Besonders eingeschränkt ist die Permeation von Molekülen und Ionen — ausgenommen verschiedene Gase — durch die Membran perfluorierter Tensidvesikel [440].

Für die Aufnahme hochmolekularer Proteine und anderer Biopolymere gelten — bezogen auf den Vesikeltyp — gewisse Einschränkungen [338]. *Incorporierte Biopolymere* (Enzyme, Antikörper, Lectine u. a.) sind nahezu vollständig von der umgebenden Hauptphase durch die BLM getrennt. Ihre biologischen Eigenschaften (katalytische Aktivität, antigenes Verhalten, Saccharidbindung) sind erst nach Zerstörung der Vesikel nachweisbar.

Vorwiegend lipophile Moleküle, wie Lipide, können durch *Interkalation* bei der Vesikelherstellung in der Vesikelmembran verankert werden.

Für die *Beschreibung* und *Untersuchung* der Solubilisation in Vesikeln ist die Ermittlung des Wasserpoolvolumens, der Solubilisatmenge, der Membrandurchlässigkeit, der Fusionsneigung und der Haltbarkeit notwendig. Die *Bestimmung* dieser Parameter ist nach einer Vielzahl konventioneller, spektroskopischer und anderer Methoden möglich.

2.3.3.4. Solubilisation in Mikroemulsionen, flüssig-kristallinen Phasen, Geleen und Schäumen

Mikroemulsionen

Die Solubilisation einer hydrophilen bzw. hydrophoben Substanz in Öl oder Wasser kann in situ bei der Herstellung oder nachträglich durch Addition der gewünschten Verbindung erfolgen. Ohne Kenntnis des *Phasendiagramms*, das dem System Lösungsmittel — Tensid/Cotensid — Solubilisat zugrunde liegt, ist die Herstellung stabiler Mikroemulsionen kaum möglich. Die Überladung einer o/w-Emulsion mit lipophilen Komponenten bzw. einer w/o-Emulsion mit hydrophilen Verbindungen kann zur Zerstörung der Tensidassoziate führen. Mikroemulsionen bilden sich meist spontan durch intensives Vermischen der Komponenten.

In ihrer *Struktur* ähneln Mikroemulsionen normalen bzw. invers-mizellaren oder auch flüssig-kristallinen Systemen. Daher können zur *Charakterisierung* von Mikroemulsionen die dort genannten Methoden herangezogen werden. Für die Beschreibung der *Solubilisationseigenschaften* von Mikroemulsionen sind die Bestimmung des Teilchendurchmessers, die auf das Tensid bezogene Solubilisatmenge und die Stabilität der solubilisathaltigen Emulsion besonders wichtig.

Flüssig-kristalline Phasen

Lyotrope flüssige Kristalle sind in wäßrigen und nichtwäßrigen Lösungsmitteln existenzfähig. Beide Systeme eignen sich als Solubilisationsmittel mit hoher Aufnahmekapazität für viele hydrophile und hydrophobe Verbindungen. Für die *Charakterisierung* der flüssig-kristallinen Phasen und der darin solubilisierten Stoffe stehen zahlreiche mikroskopische, spektroskopische, kristallographische und röntgenspektroskopische Methoden zur Verfügung.
Die flüssig-kristallinen Tensidassoziate werden bisher nur in wenigen Fällen in der analytischen Chemie angewendet (s. Kap. 3.8. u. 3.14.).

Gele

Gele vermögen entweder bei ihrer Herstellung oder auch nachträglich die unterschiedlichsten polaren und unpolaren Verbindungen zu solubilisieren bzw. aufzunehmen und homogen zu verteilen. Auf der Grundlage von Tensidassoziaten dargestellte Gele sind bisher kaum untersucht. Einzelbeispiele einer analytischen Anwendung werden in der Literatur beschrieben (siehe Kap. 3.1.).

Schäume

In Schaumbläschen ist nur bei ihrer Entstehung die Aufnahme merklicher Mengen eines Solubilisates möglich. Dabei werden bestimmte Verbindungen, vor allem solche mit amphiphilen Eigenschaften, selektiv in der flüssigen Phase der Bläschenwand solubilisiert oder an ihrer Oberfläche adsorbiert. Davon abzugrenzen ist der schaumvermittelte Transport gewisser flüssiger und fester Stoffe in den Schaumzwischenräumen (s. Kap. 3.2.4.). Interessant, aber wenig untersucht, sind nichtwäßrige Schäume.
Wichtige Größen für die *Schaumcharakterisierung* stellen die Schaumstabilität, die Bläschengröße und das Aufnahmevermögen für Fremdstoffe in Abhängigkeit von der Lösungszusammensetzung dar. Die schaumvermittelte Solubilisation und Abtrennung von Verbindungen ist im analytischen und präparativen Maßstab oft schon mit einfachen Apparaturen möglich. Besonders effektiv ist die Abtrennung von Verunreinigungen, z. B. aus Tensiden, mit einem relativ großen Schaumvolumen [441]. Das gereinigte Tensid verbleibt in der wäßrigen Phase. Schaumtrennverfahren werden im Kapitel 3.2.4. beschrieben.

2.4. Analytik und Reinigung der Tenside

Entscheidend für eine *effektive Anwendung* von Tensiden in der analytischen Chemie sind die *Reinheit* und die *leichte Abtrennbarkeit* dieser Verbindungen aus Reaktionsmischungen und Solubilisaten. Tensidverunreinigungen und unterschiedliche Homologenverteilung in nichtionischen Tensiden kön nen zu Störungen bei photometrischen Bestimmungen und anderen Nachweisverfahren führen. Restgehalte an Tensiden in Biopolymeren erschweren nachfolgende analytische, biochemische oder mikrobiologische Untersuchungen oder machen diese unmöglich.

Eine analytische Charakterisierung der Tenside selbst und die Kontrolle ihrer Abtrennung nach Durchführung von Trennoperationen ist in manchen Fällen, vor allem in der Biochemie, notwendig. Hinzu kommt, daß aufgrund der vielfältigen Anwendung von Tensiden mit einer ubiquitären Verbreitung dieser Stoffe zu rechnen ist. Spuren von oberflächenaktiven Verbindungen sind oftmals an Glasgeräten, Plastikröhrchen, Dünnschichtfertigplatten, in Lösungsmitteln und Reagentien nachweisbar. Das kann zu Anomalien im Grenzflächenverhalten vieler in der Laborpraxis genutzter Stoffe führen.

Im folgenden werden einige wichtige *Reinigungs-*, *Nachweis-* und *Bestimmungsmethoden* sowie vor allem *Methoden der Tensidabtrennung* behandelt. Die Analytik der Tenside hat einen hohen Stand erreicht. Die verfügbare Literatur ist in zahlreichen Monographien und Übersichten zusammengefaßt [442–449].

Reinigung von Tensiden

Eine Reinigung vieler handelsüblicher Tensidpräparate kann entfallen, soweit sie nicht nur für technische Anwendungen bestimmt sind. Bei einigen Tensiden empfiehlt sich eine Nachreinigung, weil sie entweder Spuren von Ausgangsprodukten enthalten (z. B. Dodecanol in SDS) oder durch chemische Prozesse während der Lagerung unerwünschte Produkte entstanden sind. In n-Tensiden kommt es leicht zu einer Autoxidation der Ethylenoxidbausteine unter Bildung von Peroxiden, Aldehyden und Carbonsäuren [450]. Als ein Kriterium für die Reinheit eines Tensids gilt mit gewissen Einschränkungen das Fehlen eines Minimums in der Konzentrationsabhängigkeit der Oberflächenspannung von Tensiden [451] im CMC-Bereich. Die Reinigung häufig angewendeter Tenside wird im Kapitel 6 beschrieben.

Abtrennung von Tensiden

In der analytischen Chemie ist eine Tensidabtrennung dann erforderlich, wenn mit Hilfe dieser Verbindungen Trennoperationen durchgeführt wurden und das gereinigte bzw. fraktionierte Produkt weiter untersucht werden soll. Das trifft vor allem auf solubilisierte Membranproteine zu. Im Kapitel 3.12. wird diese Problematik ausführlich dargestellt. Die breite Anwendung leistungsfähiger Methoden der mizellaren Katalyse in der organischen Synthesechemie ist an die Möglichkeiten einer rationellen Tensidabtrennung aus Reaktionsgemischen gebunden. Allgemeingültige Methoden für die schonende Abtrennung von Tensiden aus komplexen Gemischen gibt es nicht.

Qualitativer Nachweis von Tensiden

Zum Nachweis geringster Tensidspuren ($1–2 \cdot 10^{-10}$ mol) wird von *White* [452] als einfache Methode die *Messung der Überhitzungstemperatur* von verdampfendem Wasser, dem die Probe zugesetzt wurde, vorgeschlagen.

88

Neben *Farbreaktionen* [442–445, 453] sind *dünnschichtchromatographische Methoden* (DC) besonders gut für die qualitative und halbquantitative Erfassung von Tensiden geeignet [445, 446, 448, 454, 455]. Für die Trennung der Tensidklassen hat sich die *Kombination* der DC auf Kieselgelschichten mit der Umkehrphasen-Dünnschichtchromatographie bewährt [456]. Dem qualitativen Nachweis amphiphiler Verbindungen muß in der Regel eine *Auftrennung in Tensidklassen* an Ionenaustauschern oder durch DC vorausgehen [448, 456].

Quantitative Bestimmung von Tensiden

Nahezu alle *konventionellen* und *instrumentellen Methoden* der Analytik werden für die quantitative Bestimmung von Tensiden bis in den Spurenbereich herangezogen. Liegen komplexe Gemische von verschiedenen Tensidklassen mit Fremdsubstanzen oder Salze der a- und k-Tenside vor, dann ist eine vorherige Trennung z. B. nach dem in [449] genannten Schema, notwendig (Abb. 19). Tabelle 5 enthält Beispiele für einige in jüngster Zeit beschriebene verbesserte Methoden der Tensidanalytik. Einige einfache Methoden für die Bestimmung häufig benutzter Tenside werden im Kapitel 6 beschrieben.

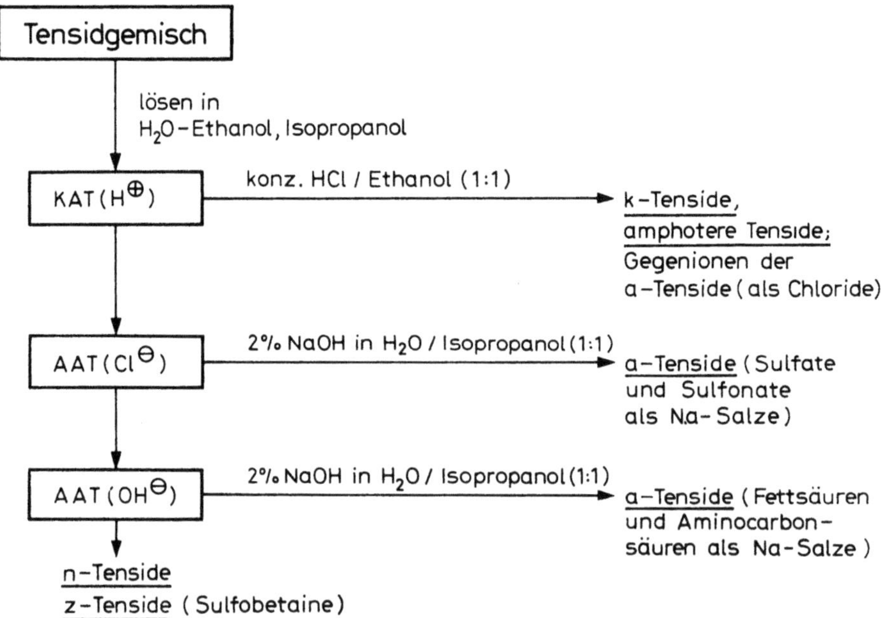

Abb. 19

Auftrennung eines Tensidgemisches in Tensidklassen an Ionenaustauschern [nach 449]

KAT: Kationenaustauscher (Dowex 50WX2, Wofatit KPS), H⁺-Form
AAT: Anionenaustauscher (Dowex 1X2, Wofatit SBW), Cl⁻- bzw. OH⁻-Form

Tabelle 5
Analytische Methoden für die quantitative Bestimmung der Tenside

Methode	Tensid/Tensidklasse	Lit.
Chromatographie		
Umkehrphasen-HPLC	z-Tenside, amphotere Tenside	457
Umkehrphasen-HPLC	a- und k-Tenside	458
HPLC	a-Tenside	
	n-Tenside, Isomerenverteilung	
	polyethoxylierter Tenside	459
Ionenaustauschchromatographie		
(Chelatharz)	n-Tenside	460
Titrimetrie		
Zweiphasentitration	a- und k-Tenside	461
Zweiphasentitration	a- und k-Tenside	462
Zweiphasentitration	n-Tenside, PEG, PEO	463
Acidimetrische Titration	a-Tenside in Mikroemulsionen	464
Photometrie		
Extraktionsphotometrie	SDS	465
Extraktionsphotometrie	a-Tenside	466
Extraktionsphotometrie	a-Tenside	467
Photometrie	n-Tenside	447
Fluorimetrie	k-Tenside	468
Potentiometrie		
Ionenselektive Elektroden	a- und k-Tenside	469
Ionenselektive Elektroden	k-Tenside	470
Ionenselektive Elektroden	a- und k-Tenside	471
Atomabsorptionsspektralphotometrie		
Extraktion und Bestimmung als	n-Tenside	472
Tetrathiocyanato-Zink-Komplex	a- und k-Tenside	473
Radiometrie	a-, k- und n-Tenside	474
Spektroskopie		
IR, UV	SDS, n-Tenside	475
IR	a-Tenside	476,
		480−482
NMR	n-Tenside, PEG, PEO	477
MS	a-, k- und n-Tenside	449
		478
Immunoassay		
Enzymimmunoassay	n-Tenside vom Typ Triton X-100	479

3. Tensidanwendungen in der Analytik

3.1. Probenaufbereitung für die instrumentelle Analytik

3.1.1. Einleitung

Die breite Anwendung leistungsfähiger Methoden der instrumentellen Analytik läßt den Mangel an rationellen Verfahren der Probenaufbereitung besonders deutlich werden. In der Mikro- und Spurenanalyse ist dieser Schritt häufig ein begrenzender Faktor für die erreichbare Empfindlichkeit und Reproduzierbarkeit. An die *Methoden der Probenchemie* sind generell eine Reihe von Forderungen zu stellen, um die Möglichkeiten der modernen Analysentechnik umfassend nutzen zu können [44]. Der Probenaufschluß soll unter Vermeidung von Kontaminationen das Analysengut ohne Verluste in eine leicht dosierbare, homogene Form überführen und störende Matrixeinflüsse weitgehend beseitigen. Anzustreben sind repräsentative und haltbare Probelösungen, die eine Mechanisierung oder Automatisierung des Analysenverfahrens zulassen. Einige Verfahren setzen nur die *homogene Verteilung* des Probenmaterials in einem Lösungsmittel voraus und können auf einen gesonderten thermischen oder chemischen Aufschluß verzichten. Das gilt z. B. für die Bestimmung von Nucliden und radioaktiv markierten Verbindungen sowie von Makro- und Spurenelementen in biologischem Material mit den Methoden der *Szintillationsmeßtechnik* (LSC) bzw. der *flammenlosen Atomabsorptionsspektralphotometrie* (ETA-AAS)[1]). Eine einfache und leistungsfähige Methode zur homogenen Verteilung unlöslicher Stoffe in einem Lösungsmittel ist die *Solubilisation unter Verwendung von Tensiden* [44].

3.1.2. Solubilisation von biologischem Material

Ionische und nichtionische Tenside besitzen ein abgestuftes Solubilisationsvermögen für biologisches Material: quartäres Ammoniumhydroxid (QAH),

---

[1]) ETA-AAS mit elektrothermischer Atomisierung

-alkoxid $>$ anionisches oder kationisches Tensid $>$ zwitterionisches $\geqq$ nichtionisches Tensid.

Die hervorragende Eignung der stark basischen QAH (z. B. **19b**) wurde erstmals 1957 von *Vaugh* et al. [zit. nach 485] beschrieben. Seitdem sind sogenannte *Gewebelöser (tissue solubilizer)* für die Probenaufbereitung in der LSC
[486] kommerziell erhältlich. Diese und einige in der Literatur angegebene
Solubilisationsmittel werden in Tabelle 6 aufgeführt.

Die Solubilisation des Probengutes gestaltet sich sehr einfach, ein besonderer
apparativer Aufwand ist nicht erforderlich. Der Lösevorgang kann durch
Erwärmen auf 50 °C, Ultraschallbehandlung und Homogenisierung der
Probe beschleunigt werden. Das Solubilisationsvermögen des Gewebesolubi-
lizers Soluen-350 und des Solubilizers-8 wird in Tabelle 7 erläutert. Solubilizer
mit ähnlichen Eigenschaften sind Protosol, Digestin, TS-1 u. a.

Die Gewebesolubilizer sind auch sehr gut für die *Extraktion von Biopolymeren*
aus Polyacrylamid-Gelen geeignet; Polycarbonat-Membranfilter lösen sich
vollständig in Soluen-350.

Knorpel- und Haarproben werden nur zum Teil solubilisiert. Diese Proben
sind jedoch bei 20 °C unter Rühren in einem Solubilizer, der 1 mol Dihexa-
decyldimethylammoniumhydroxid und 0,05—0,1 mol quartäres Ammonium-
tetrahydridoborat oder 2-Mercaptoethanol als Reduktionsmittel enthält,
löslich [44]. Für diesen Zweck ist Toluen als Solvens besser geeignet als
Methanol oder Wasser.

Zahnsubstanz löst sich in Toluen oder Wasser, das jeweils 0,2—1 mol $\cdot$ l^{-1} QAH,
0,05—0,1 mol $\cdot$ l^{-1} Acetylaceton sowie 0,05—0,2 mol $\cdot$ l^{-1} 8-Hydroxychinolin
enthält (10—16 h Rühren).

Die *Solubilisationsbedingungen* wie Temperatur, Zerkleinerungsgrad, Ultraschallbehandlung, Einwirkungsdauer, Tensidtyp und reaktive Zusätze lassen
sich innerhalb weiter Grenzen an das Analysenverfahren und den Charakter
des Probengutes anpassen.

Solubilisationsmechanismus

Die stark alkalischen Solubilizer bewirken einen teilweisen hydrolytischen
Abbau der Gewebebestandteile, die sich moleculardispers im organischen
Lösungsmittel lösen oder die in verschiedenen Tensidassoziaten solubilisert
werden. In organischer Phase (Toluen) sind sicher *inverse Mizellen* und *Mikroemulsionen* an der Solubilisation beteiligt, während in wäßrigen Solubilizern
normale *Mizellen, Mikroemulsionen* und vielleicht *Vesikel* eine Rolle spielen.
Es ist bekannt, daß langkettige Ammoniumhydroxide in wäßriger Lösung,
spontan Vesikel bilden können [154, 155]. Liegen Matrices mit einem hohen
Gehalt an unlöslichen anorganischen Verbindungen (Knochen, Zahnmaterial)
vor, so kann der Solubilisationsvorgang durch Komplexbildner beschleunigt
oder erzwungen werden. Die ohnehin ablaufende hydrolytische Spaltung der
Biopolymeren kann durch Reduktion von Disulfidbrücken mit 2-Mercapto-
ethanol, Natriumborhydrid, Borhydriden von k-Tensiden oder Aminoboranen
vervollständigt werden.

Tabelle 6

Zusammensetzung gebräuchlicher Solubilizer für biologisches Material
und synthetische Polymere

Bezeichnung	Zusammensetzung		
	Tensid	Konzen-tration $(mol \cdot l^{-1})$	Lösungs-mittel[1])
Handelsübliche Solubilizer			
Hyamin 10	**19b** (s. Tab. 2)	0,5–1	T, X, D
Digestin	Dodecyl-ethyl-dimethyl-ammoniumhydroxid	1	M
Eastman Tissue Solubilizer	Dialkyl (C_4–C_{18})-benzyl-methyl-ammoniumhydroxid/-alkoxid	1	M
NCS	Dialkyl (C_6–C_{20})-dimethyl-ammoniumhydroxid/-methoxid	0,6	T
Protosol	s. Eastman Tissue Solubilizer	0,5	T, X
Soluen-100 Soluen-350	Dodecyl-undecyl-dimethyl-ammoniumhydroxid/-methoxid	0,5	T
SHT	0,2 M NaOH, Triton X-405	2; 0,04	W, M
TS-1, TS-2	quartäres Ammoniumhydroxid	0,5–0,6	T
Gewebelöser für LSC	Di-dodecyl-dimethylammonium-hydroxid	0,6	T
Sonstige Solubilizer			
Solubilizer-1	Dicyclohexyl-ethyl-methyl-ammoniumhydroxid	1	T, M, W
Solubilizer-2	Tributyl-benzylammonium-hydroxid	1	M, W
Solubilizer-3	Alkyl (C_8–C_{18})-dimethyl-benzylammoniumhydroxid	0,8	T, M, W
Solubilizer-4	**16d**	0,8–1	T, W
Solubilizer-5	Hexadecyl-hydroxyethyl-dimethylammoniumhydroxid	1	T, M, W
Solubilizer-6	Tributyl-hydroxyethyl-ammoniumhydroxid	0,5–1	T, W
Solubilizer-7	Dihexadecyl-dimethyl-ammoniumhydroxid	0,6–1	T, M, W
Solubilizer-8	Octyl-hexadecyl-dimethyl-ammoniummethoxid, -ethoxid	0,4–0,8	T, M
Solubilizer-9	Tetra-n-octyl-ammonium-hydroxid, -methoxid	0,5–1	T, M
Solubilizer-10	Saponin	0,1%	W
	Nonylphenyl-polyglycolether	0,2–0,4%	
	Natriumdodecylbenzolsulfonat	0,2–0,4%	
Solubilizer-11	Triton X-100 (**27**)	0,25%	W
Solubilizer-12	Tetramethyl-ammoniumhydroxid	5%	W

D: Dioxan, M: Methanol, T: Toluen, W: Wasser, X: Xylen

[1]) Kommerzielle Solubilizer enthalten oft 5–15% eines Alkohols, z. B. Ethylglycol. Alle Angaben nach [485] und Firmenprospekten.

[2]) Polyethylenglycol [40]-4-cetylphenylether

Literatur: Solubilizer-1 bis -9 [487], Solubilizer-10 [483], Solubilizer-11 [484], Solubilizer-12 [44]

Tabelle 7
Vergleich des Solubilisationsvermögens von Gewebesolubilizern in wäßrig-
methanolischer (Solubilizer-8) und nichtwäßriger (Soluen-350 und Solubilizer-8
in Toluen) Lösung für flüssiges, lyophilisiertes und frisches biologisches Material

Substanz	Maximal solubilisierte Menge (mg · ml^{-1})		
	Soluen-350 (Toluen) [486]	Sol.-8 (Toluen) [487]	Solubilizer-8 (Wasser—Methanol, 2 :1) [487]
Flüssige Proben[1]			
Wasser	0,45	0,4—0,6	—
Vollblut[2]	0,05—0,3	0,1—0,4	0,3
Gewebehomogenisate[3]			
(1 Teil Organmaterial +			
4 Teile Wasser)	0,4	0,4—0,6	0,3—0,5
Proteine, Aminosäuren in H_2O	0,4—0,5	0,3—0,6	—
Urin	0,2—0,3	0,4—0,5	
Lyophilisierte Proben[4]			
Kollagen	150	—	
Keratin	50	60	—
Fibrinogen	60	70	—
Glycogen	125	190	—
Faeces	20	40	20—30
Frischmaterial[5]			
Durchschnittswerte	50—200	120—300	40—150
Bakterien und Zellen	5—7	10—70	10—20
Arterie	30—100	150	80
Leber	80—120	100—200	80—100
Muskel	100—220	150—200	180
Niere	80—100	150	100
Knorpel	—	20(70)[6]	15(80)[6]
Knochen	—	—	50—90[7]
Zahnmaterial	—	80[7]	60[7]
Frischpflanze	[8]	[8]	[8]
Getreidekorn	80	120—150	70
Sonstiges			
Denaturierte Proteine			
(Trichloressigsäure-Fällung)	75	90	80—100
Nucleinsäuren (Extraktion			
aus Filtermaterial)	50—150	130	100—120

[1] alle Angaben in ml · ml^{-1} Solubilizer,

[2] 1 : 1 mit Isopropanol verdünnt,

[3] Solubilisationsdauer bei 20 °C (9—22 h), bei 50 °C (2—4 h),

[4] bei Anwendung nichtwäßriger Solubilizer mit ca. 0,1 ml Wasser das Lyophilisat angefeuchtet,

[5] Solubilisationsdauer bei 20 °C (6—8 h), bei 50 °C (1 h),

[6] Zusatz von 0,1—0,2 ml 2-Mercaptoethanol pro 2 ml Solubilizer

[7] Zusatz von Acetylaceton, 8-Hydroxychinolin, EDTA,

[8] Cellulose bleibt bei kurzzeitiger Einwirkung ungelöst zurück, nach 20 h bei 20 °C wird das Material zu 80—90 % gelöst

3.1.3. Probensolubilisation in der Szintillationsmeßtechnik

Die LSC ist eine universelle Methode für den empfindlichen *Nachweis von Radionucliden* in unterschiedlichem Probenmaterial [485, 491, 492]. Diese Methode wird vor allem für die Untersuchung radioaktiv markierter Biopolymerer und deren quantitative Bestimmung in biologischem Material eingesetzt. Eine unerläßliche Voraussetzung für die LSC-Messung schwacher Strahler in diesem Probengut ist dessen homogene Verteilung in einem nichtwäßrigen Lösungsmittelsystem („Szintillationscocktail") durch Solubilisation, Emulgierung, Suspensation oder Gelbildung. Die Zusammensetzung und das Solubilisationsvermögen typischer Solubilizer sind den Tabellen 6 und 7 zu entnehmen. Gefärbte Solubilisate können chemisch oder photochemisch durch Oxidation (Wasserstoffperoxid, Dibenzoylperoxid, Chlorwasser) oder Reduktion (Zinn-II-chlorid, Borhydride) entfärbt werden [485].
Niedermolekulare und polymere Verbindungen werden auch als stabile w/o-Emulsionen vermessen [485, 486, 493]. Nichtionische Tenside vom Triton X-Typ (s. **27**) sind als Emulgatoren besonders geeignet [485].
Sehr unterschiedliches Probenmaterial, wie pulverförmige biologische Proben und Silikagel von Dünnschichtplatten, kann in Gegenwart von Tensiden und Stabilisierungsmitteln (z. B. Kieselgelen) als Suspension untersucht werden. Bevorzugt eingesetztes Tensid ist das Triton X-100 [485].
Die tensidvermittelte Gelbildung wird ebenfalls für die Probenaufbereitung in der LSC genutzt [485]. Eine Gelierung von Szintillationscocktails auf Toluenbasis ist durch Zugabe von Aluminiumstearat (bei 70 °C) oder Aluminium-2-ethylhexanoat (in der Kälte) zu erreichen [367, 368, 485]. Diese Methode der Probenaufbereitung eignet sich besonders für feinpulvriges bzw. leicht pulverisierbares Material.

3.1.4. Solubilisationsmethoden in der AAS-Probenchemie

Eine dominierende Rolle in der anorganischen Spurenanalytik spielt gegenwärtig die AAS mit ihren verschiedenen Methoden [494, 495]. Eine besonders leistungsfähige für die Bestimmung von Spurenelementen in biologischem Material ist die *ETA-AAS*. In der ETA-AAS kann vor allem bei der Untersuchung von biologischem Material auf einen gesonderten Aufschluß des Probengutes oft verzichtet werden. Soweit ein thermischer Aufschluß für die Beseitigung von Matrixstörungen ausreicht, erfolgt dieser nach Eingabe der Probe in den Atomizer kurz vor der eigentlichen Messung. Die direkte Eingabe von festem Probenmaterial ist möglich, aber z. B. für biologisches Frischmaterial oft mit technischen Schwierigkeiten verbunden. Die Entnahme und Eingabe feuchter Gewebeproben im Submilligramm-Bereich ist in vielen Fällen nicht reproduzierbar möglich. Daher wäre es vorteilhafter, repräsentative Proben im Milligramm- oder Centigramm-Bereich zu entnehmen, homogen zu solubilisieren und davon μl-Proben für die Bestimmungen zu verwenden.
Es war naheliegend, die in der Szintillationsmeßtechnik gebräuchlichen *Solubilizer* (s. Tab. 6) auch in der AAS zur Solubilisation von biologischem Material und von Polymeren einzusetzen. Nach eigenen Untersuchungen

Tabelle 8
Anwendung von Solubilisationsmethoden für die Probenaufbereitung in der AAS
und ETA-AAS zur Bestimmung von Spuren- und Makroelementen in unterschiedlichen Matrices (biologisches Material, Polymere, Naturstoffe, Öle u. a.)

Probenmaterial	Solubilizer	Elemente	AAS-Methode	Lit.
Leber, Gehirn, Muskel, Plasma	Soluen-100	Cu, Fe, Mn, Zn	AAS	496
Gewebematerial vom Tier	Soluen-100 Protosol Solubilizer-3	As, Cr, Cu, Hg, Mn, Pb, Zn	AAS, ETA-AAS	497, 506
Fischmehl, Gehirn	Soluen	Cu, Zn	AAS	498
Lunge	Solubilizer-11 in Toluen	Cd, Ni, Zn	AAS	499
Leber, Niere, Haare	Solubilizer-11 in Wasser	Cd, Cu, Pb, Zn	AAS	493
Leber	Solubilizer-11 in Ethanol	Cd, Cu, Mn, Pb, Zn	AAS, ETA-AAS	501
Leber, Plazenta	Soluen-350	Pb	AAS	502
tier. Gewebe	Solubilizer-11	Al, Cd, Cu, Mn	AAS, ETA-AAS	503
Luzerne	Solubilizer-1 bis -8, Komplexbildner, Toluen, Wasser	As, Ca, Ba, Cd, Co, Cr, Hg, K, Mg, Mo, Pb, Na, Ni, Se, Sr	AAS, ETA-AAS	487
Stärke, Traganth, Gummi arabikum, Gelatine, Agar, Mg-Stearat	Soluen-100, Solubilizer-1 bis -3	Cu, Pb	AAS, ETA-AAS	504
Silikonpolymere, -kautschuk	Chloroform, 1–3% Bortri-fluoridetherat (v/v)	Cr, Cu, Pb, Zn	ETA-AAS	505
Milch	Solubilizer-10	Cu, Fe, Zn	ETA-AAS	483
Gewebe, Plasma, Urin	Triton X-100 (Homogenat)	Pt	ETA-AAS	484
Gewebe	Solubilizer-12, 5% in Wasser	Al	ETA-AAS	507
Schmieröle	Tween-20 (Emulgator)[1]	Pb	AAS	508
Benzine	Tween 80[1]	Pb	AAS	509
Schmieröle	Brij 30, Tween 20[1]	Fe	AAS	510
Salben	n-Tenside[1]	Zn	AAS	511
Mineralöle	Brij 35	verschiedene Elemente	AAS	500
—	n-Tenside	Cu, Fe	AAS, ETA-AAS	512

[1] n-Tenside wirken als Emulgatoren (Bildung von Emulsionen u. Mikroemulsionen)

96

eignen sich dafür handelsübliche Solubilizer nur bedingt, da sie oft durch verschiedene Ionen kontaminiert sind (Mg, Zn, Ca, Cu). Die Herstellung metallfreier Solubilizer durch Direktsynthese oder Reinigung entsprechender quartärer Ammoniumsalze wurde beschrieben [487]. Eine Zusammenfassung bisheriger Solubilisationsverfahren in der AAS gibt Tabelle 8.

Für bestimmte hochvernetzte Polymere ist die Solubilisation eine vielversprechende Methode, Schwierigkeiten der Probenaufbereitung zu überwinden. So gelingt die Solubilisation von Silikonkautschuk, der u. a. als Implantationsmaterial in der Medizin [513, 514] eine Rolle spielt, mit speziellen Solubilizern, die neben quartären Ammoniumhydroxiden noch reaktive Fluorverbindungen enthalten. Geeignete Fluorverbindungen sind Bortrifluoridetherat, Carbonsäurefluoride und Fluorsilane [$(C_2H_5)_2OBF_3$, $R\text{-}COF$, R_2SiF_2 oder R_3SiF]. Hochvernetzte Silikonpolymere, vor allem Silikonkautschuk, lösen sich z. B. sehr rasch in Chloroform, das $0{,}1{-}5\%$ (v/v) einer der genannten Fluorverbindungen enthält. Es resultieren opaleszierende Lösungen, die vermutlich geringe Mengen freie Kieselsäure enthalten. Diese Probelösungen sind sowohl für die AAS-Bestimmung einiger Spurenelemente als auch für den DC-Nachweis bestimmter in das Silikonpolymere einpolymerisierter Arzneimittel geeignet [516]. Der genannte Probenaufschluß ist primär ein chemischer Abbau der Polymeren zu löslichen Bruchstücken, die dann in Chlorkohlenwasserstoffen löslich sind. Ein chemischer Abbau und die tensidvermittelte Solubilisation erfolgt in Systemen aus Toluen — quartärem Ammoniumhydroxid — quartärem Ammoniumfluorid. Da die Fluoride von k-Tensiden nur schwer zugänglich und nicht sehr stabil sind, empfehlen sich diese Solubilizer nicht für die praktische Anwendung. Für viele analytische Untersuchungen von Silikonkautschuk ist das genannte Löse- bzw. Solubilisationsverfahren dem üblichen Aufschluß mit konzentrierten Säuren [515] überlegen.

Eine allgemeingültige Probenaufbereitungsmethode für die Bestimmung aller der AAS zugänglichen Elemente kann die Solubilisation nicht sein. In vielen Fällen ist die thermische Veraschung des Solubilisates im Atomizer zur Beseitigung von *Matrixstörungen* nicht ausreichend. Eine Untergrundkompensation (Deuterium-Untergrundkorrektor u. a.) wird empfohlen. Der jeweiligen Aufgabenstellung entsprechend können die Solubilisationsmittel in wäßriger oder nichtwäßriger Phase mit gleichem Erfolg eingesetzt werden. Nichtwäßrige Gewebesolubilisate sind in der Regel haltbarer, und das Aufnahmevermögen für Lipide und andere unpolare Verbindungen ist höher. Für die AAS sind diese Solubilisate ebenfalls geeignet. Generell ist es notwendig, alle Standardlösungen mit dem entsprechenden Solubilisationsmittel anzusetzen, um für Probe und Vergleichslösung analoge Matrixverhältnisse zu schaffen. *Neue Möglichkeiten* für die Probenchemie bieten Emulsionen und Mikroemulsionen in der AAS (s. Tab. 8). Außerdem werden amphiphile Verbindungen mit Erfolg für die Verbesserung von Nachweisgrenzen, Erhöhung der Empfindlichkeit und die Unterdrückung von Interferenzen in der AAS eingesetzt (s. Kap. 3.5.).

3.1.5. Weitere analytische Anwendung von Gewebesolubilizern

Solubilisate von biologischem Material, Silikonkautschuk und anderen Polymeren eignen sich für die direkte *chromatographische Bestimmung* verschiedener Inhaltsstoffe.

In Solubilisaten von Implantaten aus Silikonkautschuk lassen sich einpolymerisierte Steroide sehr leicht dünnschichtchromatographisch bestimmen.

Die Bestimmung von Ferrocenylinvertseifen (s. **52**) in histologischen Präparaten und in polymeren Modellsystemen, z. B. Ionenaustauschern auf Dextran- bzw. Polyacrylamidgel-Basis, konnte durch den Einsatz von Solubilizern wesentlich vereinfacht werden. Im stark alkalischen Solubilizer werden Invertseifen dieses Typs hydrolytisch unter Bildung von Ferrocenylmethylalkohol gespalten, der sich dünnschichtchromatographisch auf Silikagel nachweisen läßt (s. Kap. 2.3.1.7.).

Die Verbindungen 1—8 in Tabelle 6 eignen sich als Extraktionsmittel für eine *quantitative gravimetrische Schnellbestimmung* des Rohfaseranteils in pflanzlichem Material. Dabei wird das Solubilisat verworfen und die zurückbleibende Rohfaser nach Waschen mit Toluen und Ether ausgewogen [487].

Immer dann, wenn übliche organische Lösungsmittel versagen, können Tensidsysteme für die analytische Untersuchung komplex zusammengesetzter Stoffe herangezogen werden.

3.2. Trennmethoden unter Verwendung von Tensiden

3.2.1. Chromatographie

Die Chromatographie gehört heute zu den *leistungsstärksten* Trenn- und Nachweismethoden der analytischen Chemie, die es ermöglichen, schwierige Trennprobleme in der Biochemie, klinischen Chemie, Polymerenchemie und anderen Disziplinen zu lösen. Zu den wichtigsten Methoden der modernen Flüssigchromatographie zählen gegenwärtig die *Ionenchromatographie* (Ionenaustausch- und Ionenpaarchromatographie), die *Ausschlußchromatographie*[1]) (Gelpermeations- und Gelfiltrationschromatographie), die *Affinitätschromatographie* und die *Umkehrphasen*-[2]) oder *Hydrophobchromatographie*. Durch Anwendung immer kleinerer Trägerpartikel, die hohe Arbeitsdrücke in der Säule verlangen, vollzog sich in den letzten Jahren für praktisch alle genannten chromatographischen Methoden der Übergang zur *Hochleistungschromatographie* (HPLC[3], z. B. HPLC-Umkehrphasenchromatographie usw.). Die *Dünnschichtchromatographie* (DC) ist als eine Variante der *Säulenchromatographie* aufzufassen. Von jeder chromatographischen Methode leiten sich normale oder HPLC-Verfahren der DC ab. In der Vergangenheit erzielte man in der Chromatographie durch Anwendung von Tensiden überraschende

[1]) Molekülgrößenausschlußchromatographie (engl.: size exclusion chromatography)
[2]) engl.: reversed phase
[3]) engl.: high performance liquid chromatography

Trenneffekte. Aber erst in jüngster Zeit wurde eine Haupteigenschaft der Tenside, die Bildung von normalen und inversen Mizellen, Grundlage einer neuen chromatographischen Methode, der *Mizellarchromatographie*.

3.2.1.1. Mizellarchromatographie

Mizellare Säulenchromatographie

Erstmals wurden 1980 [517] von *Armstrong* und *Henry* Lösungen von Tensiden oberhalb ihrer CMC als mobile Phasen mit Erfolg in der Umkehrphasenchromatographie (s. Kap. 3.2.1.2.) eingesetzt. Die Mizelle ermöglicht hydrophobe und elektrostatische Wechselwirkungen mit den gelösten Analyten und den Verzicht auf organische Lösungsmittel als mobile Phase.
Das chromatographische Verhalten einer Substanz kann mit einem *Modell* beschrieben werden, das die Verteilung des Analyten zwischen drei Phasen berücksichtigt: der wäßrigen Hauptphase (bulk phase), (Abb. 20), der mizellaren und der stationären Phase [517, 518]. Die folgende Gleichung 1 bringt diesen Zusammenhang zum Ausdruck:

$$\frac{V_S}{(V_E - V_M)} = \frac{1}{P_{SW}} + \frac{c\,(P_{MW} - 1)}{P_{SW}} \qquad \text{Gl. 1}$$

V_S: Volumen der stationären Phase
V_E: Elutionsvolumen
V_M: Ausschlußvolumen
P_{MW} und P_{SW}:   Verteilungskoeffizienten der Verbindungen zwischen Mizelle und Wasser bzw. stationärer Phase und Wasser
c: die oberhalb der CMC liegende Tensidkonzentration

Nach Gleichung 1 lassen sich die Verteilungskoeffizienten P_{MW} und P_{SW} und nach Gleichung 2 [519] die Bindungskonstanten der mizellar gelösten Stoffe (K_{MW}) berechnen:

$$K_{MW} = \frac{(P_{MW} - 1)}{V} \qquad \text{Gl. 2}$$

V: partielles molares Volumen des mizellar gelösten Tensids.

Aus chromatographischen Daten sind somit Bindungskonstanten des Systems Solubilisat — Mizelle leicht zugänig. Das ist von praktischer Bedeutung für viele andere Tensidanwendungen, nicht zuletzt auch für die Untersuchung von Solubilisationsmechanismen. Durch Wahl stationärer Phasen mit mehr oder weniger stark ausgeprägtem hydrophoben Charakter kann der P_{MW}-Wert in bestimmten Grenzen und damit der K_{MW}-Wert in Gleichung 2 beeinflußt werden. Aus dieser Gleichung geht ebenfalls hervor, daß der Selektivitätsterm über die Tensidkonzentration bis zu einem gewissen Grade steuerbar ist. Allgemein zeigen Verbindungen, die mizellar solubilisiert werden, verringerte Retentionszeiten. Mit steigenden Tensidkonzentrationen (c) wird der

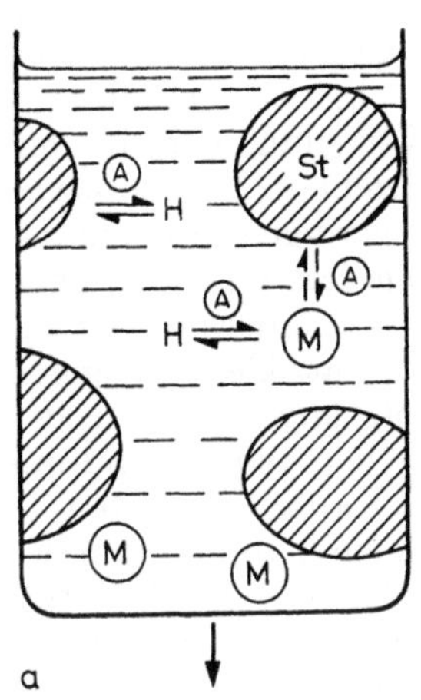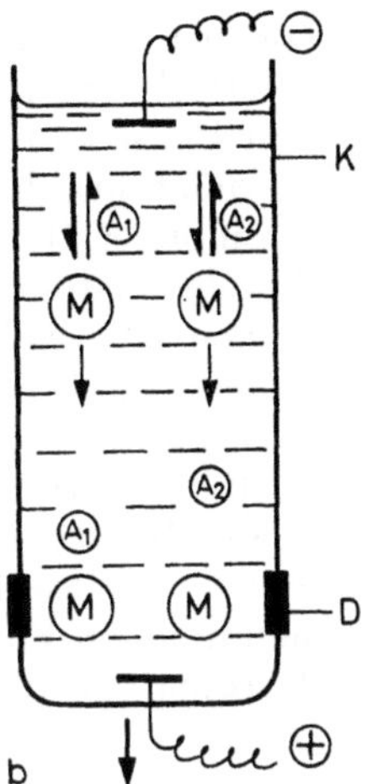

Abb. 20
Verteilungsvorgänge in der mizellaren Chromato-
graphie (a) und elektrokinetischen (mizellaren)
Chromatographie (b)
A_1, A_2: Analyten, die mizellar solubilisiert bzw. aus-
geschlossen werden, D: Detektor, H: Hauptphase,
K: Kapillare ($\varnothing = 0{,}05$ mm, $l = 500$ mm), M: nega-
tiv geladene Tensidmizelle (SDS), St: stationäre
Phase

P_{SW}-Term nur wenig beeinflußt, während die Schwankungsbreite des Kapa-
zitätsfaktors für Stoffe mit stark voneinander abweichenden Hydrophobizi-
tätswerten sehr unterschiedlich sein kann und eine Inversion der Retentions-
folge möglich ist [518]. Dieses Verhalten ist *typisch* für die mizellare Chromatographie.
Liegt der Analyt in der mobilen Phase ionisiert vor, so sind elektrostatische
Wechselwirkungen mit monomeren oder mizellar assoziierten Tensidmolekülen zu berücksichtigen. Die damit mögliche Beeinflussung des Selektivitäts-
terms ist schwer abzuschätzen. Durch Bindung des Analyten an die Mizelle
ist eine Verringerung der Retention durch Ionenpaarbildung zu erwarten. Da
sich die Ionenpaare stärker an die unpolare stationäre Phase binden, kann
die Abnahme des Retentionswertes überkompensiert werden.
Nach ihrem Retentionsverhalten können in der Mizellarchromatographie die
zu trennenden Stoffe in Abhängigkeit von c und dem Typ der stationären
Phase in drei *Klassen* eingeteilt werden: in mizellar sich bindende, nicht-
bindende und antibindende Komponenten. Das Studium dieses Effektes ermöglicht nach Gleichung 1 und 2 Aussagen über die Ladungsverhältnisse der
getrennten Verbindungen [520].
Das unterschiedliche Verhalten der stationären Phase gegenüber nichtbin-
denden und antibindenden Analyten führt zu positiven bzw. negativen Abweichungen der c-abhängigen Retentionskurven. Dieses Verhalten läßt sich
auch durch mizellare Volumeneffekte, die durch elektrostatische Abstoßung

bedingt sind und von der Ionenstärke direkt beeinflußt werden, erklären [521]. Das Gleichgewicht der Verteilung eines mizellar gebundenen Analyten zwischen Mizelle und stationärer Phase kann man vernachlässigen [522]. Entscheidend für die mizellare Chromatographie ist die Verteilung der zu trennenden Verbindungen zwischen mobiler Haupt- und mizellarer Pseudophase. Ein *Hauptnachteil* der Mizellarchromatographie, die geringen Kapazitätswerte der mobilen Phase verglichen mit traditionell eingesetzten organischen Lösungsmitteln, wurde inzwischen durch geringfügige Veränderung der experimentellen Bedingungen *überwunden*. So wird durch Zusatz kleiner Mengen organischer Lösungsmittel, z. B. 3% (v/v) Propanol, und Erhöhen der Arbeitstemperaturen auf 40 °C der Massentransfer zwischen mobiler und mizellarer Phase deutlich verbessert. Auf diese Weise sind Kapazitätswerte realisierbar, wie sie mit organischen mobilen Phasen üblich sind. Somit kann der *Hauptvorteil* der mizellaren Chromatographie, die verbesserte Selektivität, voll wirksam werden [518]. In dieser neuen Art von Chromatographie kommen der Optimierung der Fließgeschwindigkeit und der Tensidkonzentration, die in der Nähe des CMC-Wertes liegen soll, besondere Bedeutung zu [523].

Der Anwendungsbereich der Mizellarchromatographie wurde inzwischen durch die Einführung bzw. Übernahme der *Gradienten-Elutionstechnik* beträchtlich erweitert [524, 525].

Die Anwendung mizellarer Phasen in der Flüssigchromatographie ermöglicht erstmals die Nutzung hochempfindlicher und selektiver *Detektionsverfahren*, wie Fluorimetrie und Raumtemperaturphosphorimetrie (s. Kap. 3.6.) zum direkten Nachweis aromatischer Verbindungen nach der Trennung [41, 523, 526, 527].

Einige Beispiele für die mizellarchromatographische Trennung *organischer Verbindungen* nach der HPLC-Variante bringt Tabelle 9.

Die Trennung von Aminosäuren mit mobilen mizellaren Phasen (Alkylsulfonate und Kupferionen) beschreiben *Levin* et al. [535]. Für die Therapiekontrolle in der klinischen Chemie wird von *Deluccia* et al. [536] eine Variante

Tabelle 9
Beispiele für mizellarchromatographische Trennungen an Umkehrphasen

Verbindungen	Mobile Phase/Tensid	Lit.
Phenole, polycyclische Aromaten	SDS	518
Polycyclische Aromaten	SDS, Tl-Dodecylsulfat	41, 527, 530
Diphenole	SDS	528
Aniline	CTAB	531
Alkylaromaten	SDS	529
Aromaten	SDS	532, 526
Farbstoffe, Alkaloide	SDS	521
Aromaten	SDS, 4% Propanol	525
Dithiocarbaminate	CTAB, Methanol	533
Proteine	n-Tenside[1]), 0,05 M Phosphatpuffer, pH 7	534

[1]) polyethoxylierte C_9- bis C_{11}-Alkohole mit durchschnittlich 6 EO-Einheiten pro Tensidmolekül

der Mizellarchromatographie mit direkter Eingabe von Serumproben angegeben.

Die mizellare Chromatographie wird als vielversprechende Methode für die *Bestimmung anorganischer Anionen* in einer HPLC-Variante von *Mullins* und *Kirkbright* [537] beschrieben. Mit CTAC in der mobilen Phase gelingt die Trennung von I^-, NO_3^-, Br^-, NO_2^- und IO_3^-. Die Retentionswerte sinken in der angegebenen Reihenfolge. Für die Retention der Anionen ist ihre Verteilung zwischen mizellarer Pseudophase und mobiler Phase, aber auch zwischen konditionierter stationärer und mobiler Phase wesentlich. Nach dieser Methode ist die Bestimmung von Nitrit und Nitrat im Abwasser möglich.

Eine rationelle Trennung *aromatischer Aminosäuren* gelingt mit der HPLC-Umkehrphasenchromatographie und Cyclodextrinen in der mobilen Phase [538]. Auf bemerkenswerte Parallelen und Unterschiede in Eigenschaften und Verhalten von Tensiden und Wirt-Gast-Komplexbildern wird in den folgenden Kapiteln mehrfach hingewiesen.

Obwohl die mizellare Chromatographie noch am Anfang ihrer Entwicklung steht, wird deutlich, daß diese Methode sowohl die selektive Trennung zahlreicher Verbindungen ermöglicht, als auch neue Einblicke in die physikalische Chemie der Trennprozesse erlaubt. Die Bestimmung der Verteilungskoeffizienten für mizellare Solubilisate aus chromatographischen Daten ergänzt die Möglichkeiten konventioneller Verfahren. Gleichzeitig werden zusätzliche Informationen über das mizellare Verhalten der Tenside und über die zu separierenden Verbindungen erhalten.

Mizellare Dünnschichtchromatographie (MDC)

Auch in der DC eignen sich mizellare Tensidlösungen als mobile „binäre" Phasen (wäßrige Hauptphase und mizellare Pseudophase) für die Trennung hydrophiler und hydrophober Verbindungen. An Polyamid- und Aluminiumoxidschichten gelang mit SDS- und CTAB-haltigen mobilen Phasen die Trennung polychlorierter Diphenyle von anderen chlorierten Pestiziden [539]. Polycyclische Aromaten können an Polyamidschichten mit mizellaren SDS-Lösungen getrennt werden. Mit steigender Tensidkonzentration in der mobilen Phase erhöhen sich die R_f-Werte für sehr hydrophobe Stoffe deutlicher als für die mehr polaren Verbindungen [540]. Der Trenneffekt beruht auf der stärkeren Bindung unpolarer Stoffe an die Mizelle und ihrem dadurch bedingten verzögerten Austausch mit der mobilen und auch der stationären Phase.

Das invers-mizellare System AOT — Cyclohexan eignet sich als mobile Phase für die Trennung von Nucleosiden [539] und Aminosäuren [540]. Es besteht dabei ein Zusammenhang zwischen der Höhe des R_f-Wertes und der Größe des Wasserpools in der inversen Mizelle.

Die Möglichkeiten einer *mizellaren Umkehrphasen-DC* mit Tensiden in der mobilen Phase wurden ebenfalls erkundet [541]. Mizellare Lösungen von SDS oder CTAC mit optimal abgestimmter Neutralsalzkonzentration ergeben im Chromatogramm zwei *Lösungsmittelfronten*. Die erste Front besteht hauptsächlich aus Wasser. In der zweiten Front wandern die Mizellen. Die zu trennenden Verbindungen werden nach ihrem hydrophoben Charakter zwischen beiden Fronten verteilt. Hydrophile Substanzen wandern in der oberen

Front (hohe R_f-Werte), während hydrophobe Stoffe in der unteren mizellaren
Front verteilt werden.

Eine quantitative Beschreibung des Verhaltens einer Verbindung in der MCD
geben *Armstrong* und Mitarbeiter [520, 541]. Nach der von ihnen angegebenen
Beziehung (Gl. 3) kann die MDC als schnelle Methode für die Bestimmung der
Verteilungsparameter einer Substanz, die sich zwischen mizellarer Pseudophase und der wäßrigen Hauptphase verteilt, herangezogen werden.

$$\frac{R_f}{(1 - R_f)} = \frac{V_M}{V_S \cdot P_{SW}} + \left[\frac{V_M}{V_S} \cdot \frac{c}{P_{MW}^{-1}} \right] + \frac{V}{P_{SW}} \qquad \text{Gl. 3}$$

V_S und V_M: Volumen der stationären bzw. mobilen Phase.
Die anderen Größen wurden im Zusammenhang mit Gleichung 1 erläutert.

3.2.1.2. Tenside als Hilfsmittel in der Chromatographie

Die Möglichkeit, als selbständige mobile Phasen in der Flüssigchromatographie eingesetzt zu werden, wurde für mizellare Systeme im vollen Umfang
erst in den letzten Jahren erkannt. Dagegen werden Tenside ohne besondere
Berücksichtigung ihrer Assoziatbildung schon seit längerer Zeit als Additive
und Modifikatoren sowie für die Beladung stationärer Phasen in der Chromatographie genutzt. Auch in nichtmizellar assoziierter Form vermögen Tenside
das Retentionsverhalten vieler Verbindungen und die Selektivität chromato-
graphischer Trennprozesse zu beeinflussen. Im Unterschied zur Mizellarchromatographie werden in diesen Fällen Tenside entweder unterhalb ihrer
CMC oder in Gegenwart organischer Lösungsmittel und anderer Verbindungen eingesetzt, die eine Mizellbildung unterdrücken. Das gilt z. B. für die von
Knox und *Laird* vorgeschlagene „Seifenchromatographie" (soap chromatography), [542]. Einen Überblick über weitere Anwendungen von nichtmizellaren Tensidsystemen in der Chromatographie geben *Yarmchuk* et al. [518].
Hier wäre die tensidvermittelte Ausschlußchromatographie (Gelchromatographie) von Biopolymeren zu nennen, vor allem von Membranproteinen.
Obwohl mit Tensidkonzentrationen oberhalb der CMC gearbeitet wird, spielt
der Stoffaustausch zwischen Lösung und Mizellen innerhalb der mobilen
Phase keine wesentliche Rolle (s. folg. Abschnitt).

Ausschlußchromatographie (SEC)

Viele Biopolymere, vor allem Membranbestandteile, können aufgrund ihrer
oft geringen Wasserlöslichkeit, hohen Aggregationsneigung und leichten
Denaturierbarkeit nur in Gegenwart von Tensiden[1] chromatographisch
gereinigt oder charakterisiert werden. Unter den zahlreichen angewandten
chromatographischen Methoden zählt die Gelchromatographie (Gelfiltrationschromatographie) bzw. die HPLC-Gelchromatographie zu den *leistungs-
fähigsten* [543, 544].

[1] In einigen Fällen können auch organische Lösungsmittel [545] und chaotrope
Ionen [55] eingesetzt werden.

In der Gelchromatographie werden die genannten Verbindungen durch Tenside mizellar solubilisiert, oder die Tenside addieren sich an die Biopolymere unter Bildung gemischter Mizellen und anderer löslicher Assoziate. Insgesamt ergeben sich dadurch stabile Trennbedingungen, da die Bildung unlöslicher Protein-Protein-Assoziate weitgehend ausgeschaltet wird [545 u. loc. cit.].
Die Auswahl der Tenside erfolgt nach den im Kapitel 3.12. genannten Kriterien. Häufig benutzt werden Triton X-100, SDS, Natriumcholat [546], zwitterionische Tenside und Alkylglycoside [547] sowie PEG und abgeleitete Verbindungen [548]. PEG erhöht die Elutionsgeschwindigkeit von Proteinen [549] und stört die gelchromatographische Molekülmassenbestimmung dieser Biopolymere [550].
Die Gelfiltration mizellar solubilisierter Moleküle kann auch für die Bestimmung thermodynamischer und anderer Größen herangezogen werden. Von *Goto* et al. [551] wurden auf diesem Wege Verteilungskoeffizienten, Molrefraktionen der Solubilisate in wäßriger und mizellarer Phase, ihre Aktivitätskoeffizienten und CMC-Werte pharmazeutisch interessanter Verbindungen bestimmt. Die Gelchromatographie solubilisierter Membranproteine ist eine wichtige Methode zur Molekülmassenbestimmung dieser Verbindungen [546].

Affinitätschromatographie

Die Affinitätschromatographie ist eine *Variante der Flüssigchromatographie*. Der Trenneffekt beruht auf der spezifischen Bindung zwischen zwei biologischen Substanzen, von denen eine an einem unlöslichen Träger fixiert ist. Praktisch alle bekannten spezifischen biologischen Wechselwirkungen nach dem *Schlüssel-Schloß-Prinzip* können für hochselektive Trennungen und Stoffanreicherungen genutzt werden. Bekannte Beispiele sind die biospezifischen Bindungen zwischen: Antigen — Antikörper, Lectin — Saccharidrezeptor/Glycoprotein, Hormon — Hormonrezeptor, Enzym — Substrat/Inhibitor und andere. Wird von diesen Systemen jeweils ein Partner an einem Träger fixiert, so kann an dem resultierenden Affinitätsgel der andere Partner spezifisch gebufden werden [552, 553].
Die Bindung an den Träger ist in vielen Fällen so fest ($K \leq 10^{-8}$ mol), daß übliche Elutionsmittel (Natriumchlorid- und Pufferlösungen, biospezifische Elutionsmittel) die spezifisch gebundene Substanz nicht ablösen können. Dann besteht die Möglichkeit, entweder durch chemische Modifizierung am System Träger — Ligand die biospezifische Wechselwirkung zu schwächen oder für die Elution chaotrope Salze [55] bzw. Tensidlösungen zu benutzen. Von Bedeutung für die Membranchemie ist die Möglichkeit der Affinitätschromatographie in Gegenwart von Tensiden wie Natriumcholat (s. **15a**). An trägerfixiertem Linsen- oder Weizenkeimlectin, nicht aber an Concanavalin A, konnten solubilisierte Membranglycoproteine getrennt und in hoher Ausbeute isoliert werden [552]. Bezüglich der Tensidauswahl gelten die im Kapitel 3.12. genannten einschränkenden Bedingungen.

Hydrophobchromatographie (Umkehrphasenchromatographie)

Die Hydrophobchromatographie nutzt die bei anderen chromatographischen
Verfahren oft störenden *hydrophoben Wechselwirkungen* zwischen den Analy-
ten und unpolaren stationären Phasen für die effektive Trennung zahlreicher
Verbindungen mit hydrophobem Charakter [543, 554—556, 566].
Die Wechselwirkung der hydrophoben Verbindungen in der mobilen Phase
Wasser mit der ungeladenen hydrophoben Matrix ist stark abhängig von der
Temperatur, der Ionenstärke, dem pH-Wert, den chaotropen und Aussalz-
effekten anorganischer Ionen, den organischen Modifikatoren und Tensid-
zusätzen. Tenside beeinflussen aufgrund ihres amphiphilen Charakters direkt
hydrophobe Wechselwirkungen zwischen Analyt und stationärer Phase. Die
Elution sehr fest gebundener Verbindungen gelingt oft nur mit Lösungen von
Tensiden, Ethylenglycol oder chaotropen Salzen. Nach ihrer Stellung in der
Hofmeister-Reihe (s. Kap. 2.2.1.) sind chaotrope Salze als Elutionsmittel für
hydrophob gebundene Stoffe unterschiedlich wirksam. Hohe Konzentrationen
an Ionen mit starkem Aussalzeffekt begünstigen hydrophobe Wechselwirkungen. Chaotrope Ionen, Erniedrigung des pH-Wertes, Herabsetzung der Polarität des Elutionspuffers durch Zusatz von Ethylenglycol [557], Erniedrigung
der Temperatur oder Zusatz von n-Tensiden [555] schwächen sie. Nichtionische Tenside sind zwar ausgezeichnete Elutionsmittel in der Hydrophobchromatographie, aber ihre restlose Abtrennung von den eluierten Verbindungen und die Regenerierung der Säule sind oft schwierig und langwierig.
Einige Beispiele für die Anwendung dieses Trennprinzips bringt Tabelle 10.
Ein *Vorteil* der Hydrophobchromatographie ist die Möglichkeit der Variation
vieler bestimmender Einflußgrößen (Hydrophobizität des Trägers, Temperatur, pH-Wert, Ionenstärke, anorganische und organische Modifikatoren)
und die damit mögliche *optimale Anpassung* des Trennsystems an die Zusammensetzung des Analyten. Vor allem bei der Trennung und Reinigung von

Tabelle 10
Beispiele für die Hydrophobchromatographie von Proteinen und die Anwendung
von Tensidlösungen als Elutionsmittel

Protein	Hydrophobe, stationäre Phase	Tensid	Lit.
Cytochrom P-450	Adamantyl-Sepharose 4 B[1])	Natriumcholat, Renex 690[2])	558
Enzyme	Octyl-Sepharose CL 4 B	Triton X-100	559
Membranproteine	Phenylsepharose	Triton X-100	560
Phospholipase B	Palmitoyl-Cellulose	Triton X-100 Natriumdesoxycholat, Adekatol SO-120[3])	561
Concanavalin A	Octyl-Sepharose	Triton X-100 Natriumdesoxycholat	562

[1]) kovalent an Sepharose gebundener polycyclischer gesättigter Kohlenwasserstoff,
[2]) entspricht etwa OP-10, s. Tab. 19,
[3]) Polyethylenglycol-alkylether, $(C_{10}-C_{16})$-Alkylgruppen

Membranbestandteilen kann dabei auf die Anwendung von Tensiden nicht
verzichtet werden.

Die Hydrophobchromatographie ist auch eine wertvolle Methode zum Studium hydrophober Wechselwirkungen und zur Festlegung von *Hydrophobi-
zitätsindizes* für Biopolymere und andere Verbindungen. Diese Indizes und
Kennzahlen ermöglichen eine weitere Charakterisierung biologisch und
pharmazeutisch interessanter Verbindungen, und sie bewähren sich als ver-
läßliche Auswahlkriterien für Träger und Elutionsmittel bei chromatographischen Trennungen [566, 564].

Ionenaustauschchromatographie

Ähnlich wie in der Gelchromatographie wird die Trennung vieler Biopolymere
durch Ionenaustauschchromatographie erst in Gegenwart von Tensiden möglich. Ionische und nichtionische Tenside haben sich als Solubilisationsmittel
und zur Verhinderung einer Aggregation von Biopolymeren bewährt. Einige
Einzelbeispiele sollen dies belegen:

An einer HPLC-Anionenaustauschersäule konnten Virusproteine mit einem
Puffer, der 0,1% Triton X-100 enthielt, aufgetrennt werden. Dabei behielten
die getrennten Komponenten ebenso wie nach der Gelchromatographie ihre
immunologische Aktivität, während die Umkehrphasenchromatographie mit
Acetonitril — Wasser — 0,05% Trifluoressigsäure als Elutionsmittel zu inaktiven Produkten führte [565].

Eine Trennung von Proteinen der Erythrozytenmembran an Ionenaustauschern in Gegenwart von n- und z-Tensiden beschreiben *Lundahl* et al.
[567].

Für die chromatographische Trennung einer Glucosetransportase erwies sich
das n-Tensid Nonanoyl-methylgluconamid als besonders geeignet [567]. Die
Tenside wirken hierbei vorwiegend als organische Modifikatoren der mobilen
Phase und nicht als mizellare Pseudophase.

Ionenpaarchromatographie

Das Trennprinzip besteht darin, daß der mobilen Phase eines Umkehrphasen-
systems Ionenpaarbildner zugesetzt werden, die die Retention des jeweils entgegengesetzt geladenen Analyten erhöhen und damit die Trennleistung verbessern. Ionenpaarbildner sind vorwiegend Salze kurzkettiger (C_1–C_5, maximal C_7) quartärer Ammoniumkationen oder perfluorierter Carbon- bzw.
Sulfonsäuren. Darüber hinaus werden jedoch auch Tenside, z. B. Natrium-
octyl- und dodecylsulfonat für die Bildung von Ionenpaaren eingesetzt [518,
568]. Der Trenneffekt kommt in der Ionenpaarchromatographie dadurch
zustande, daß sich entweder der Ionenpaarbildner oder der Analyt zuerst an
die unpolare stationäre Phase bindet und anschließend mit dem Analyten
bzw. den zugefügten organischen Ionen unter Ionenpaarbildung reagiert. Das
relativ unpolare Ionenpaar wird dann stärker von der stationären Phase
zurückgehalten als der Analyt bzw. das organische Ion. Mit Hilfe der Um-
kehrphasen-Ionenpaarchromatographie lassen sich nahezu alle niedermolekularen organischen Kationen und Anionen trennen. Als stationäre Phasen

werden Umkehrphasen, z. B. hydrophobisierte Silikagele[1]), bevorzugt eingesetzt.

Durch Änderung mehrerer Einflußgrößen, wie Art und Konzentration der
Ionenpaarbildner sowie zusätzlicher Modifikatoren für die mobile Phase und
den hydrophoben Charakter der stationären Phase, ist es möglich, auf Retention, Selektivität und Kapazität des chromatographischen Systems Einfluß
zu nehmen [569].

3.2.1.3. Elektrokinetische Chromatographie

Nach dem Prinzip der Flüssigchromatographie verteilt sich der Analyt zwischen
einer trägergebundenen (stationären) und einer mobilen Phase. Das Vorliegen
einer stationären Phase ist nach Meinung einiger Autoren jedoch keine notwendige Voraussetzung[2]) für eine chromatographische Trennung [570 u. loc. cit.].
Eine Verbindung kann sich auch innerhalb einer homogenen Phase zwischen
dem Lösungsmittel und einer mizellaren Pseudophase verteilen. Gelöste Stoffe
werden sich ihrer polaren Natur entsprechend entweder bevorzugt in der Mizelle als Solubilisat oder normal gelöst in der Lösungsmittelphase aufhalten
(Abb. 20b, s. S. 100). Nach diesem Prinzip konzipierten *Terabe* et al. [570] als
neue Methode die elektrokinetische Chromatographie. Eine offene Kapillare
enthält eine a- oder k-Tensidlösung (c > CMC). An einem Ende wird die
Probelösung aufgegeben und anschließend an beide Seiten eine hohe Gleich-
spannung angelegt. Unter dem Einfluß des elektrischen Feldes bewegen sich
die geladenen Mizellen mit einem Teil des Analyten über einen Detektor zur
Gegenelektrode (s. Abb. 20b). *Hauptvorteile* dieser neuen Mikromethode
(Kapillarlänge 65—90 cm, d = 0,05 μm, Probemenge 2 nl mit 0,1—1 ng
Analyt · ml^{-1}) sind die geringe axiale Diffusion des Analyten in der Kapillare,
die elektrophoretische Wanderung des Analyten in Mizellen und die rasche
Einstellung des Verteilungsgleichgewichtes Lösung — Mizelle. Damit wird
eine hohe Trennleistung und Empfindlichkeit der Methode möglich. Das Test-
gemisch aus Methanol, Resorcinol, Phenol, p-Nitroanilin, Nitrobenzen,
Toluen, 2-Naphthol und Sudan III (Lipidfarbstoff, 4-Phenylazophenylazo-2-
naphthol) läßt sich in der angegebenen Reihenfolge in 20 min trennen. Eine
0,05 M SDS-Lösung in 0,1 M Borat- und 0,05 M Phosphatpuffer (pH 7) stellt
die mobile Phase dar. Der Farbstoff dient gleichzeitig als Marker für die
mizellare Phase. Trennbedingungen und Einflußfaktoren werden ausführlich
in der angegebenen Arbeit diskutiert.

3.2.2. Trennung durch Verteilung zwischen wäßrigen Phasen

Charakteristisch für das Verhalten nichtionischer Tenside in wäßriger Lösung
ist eine Trennung in zwei Phasen am sogenannten Trübungspunkt (siehe
Kap. 2.3.1.4.) oder nach Zugabe bestimmter Salze. Es bilden sich jeweils

---

[1]) z. B. Octadecyl-silikagel
[2]) Entsprechend einer Nomenklaturempfehlung der IUPAG ist Chromatographie
die Verteilung zwischen einer festen und einer mobilen flüssigen oder gasförmigen
Phase.

tensidreiche untere und tensidarme obere Phasen, bedingt durch eine teilweise
Dehydratation der hydrophilen Gruppen in den Tensidmolekülen. Mit der
Verringerung des Hydratationsgrades erhöht sich der hydrophobe Charakter,
und die Wasserlöslichkeit der n-Tenside nimmt ab. Polymere nichtionische
und auch ionische Tenside zeigen ein ähnliches Verhalten. Werden wäßrige
Lösungen eines hydrophilen und eines weniger hydrophilen polymeren n-
Tensids gemischt, so kommt es bereits bei Raumtemperatur und ohne Salzzusatz zu einer Trennung in zwei oder mehrere wäßrige Phasen. In der Lösungsphase reicht das verfügbare Wasser nicht mehr aus, um durch Hydratation eine ausreichende Löslichkeit zu gewährleisten. Die genannten Phänomene bilden die Grundlage für besonders schonende Methoden zur Reinigung
und Trennung von Zellen, Zellbestandteilen und Biopolymeren.

Phasentrennung mit nichtionischen Tensiden

Eine einfache Methode zur Trennung hydrophiler und hydrophober Proteine
gibt *Bordier* [571] an. Das Proteingemisch wird in einer 1%igen Lösung von
Triton X-114[1]) gelöst und auf Temperaturen oberhalb des Trübungspunktes
($>$ 30 °C) erwärmt. In feinen Tröpfchen bildet sich eine tensidreiche Phase
mit den hydrophoben Proteinen, die abzentrifugiert wird. Die hydrophilen
Proteine lassen sich aus der oberen Phase, dem Überstand nach Zentrifugation,
isolieren. Diese Methode wurde mit Erfolg als erste Reinigungsstufe für Glyco-
und Phosphoproteine aus humanen Blutplättchen eingesetzt [572 u. loc.
cit.]. *Clemetson* et al. [572] konnten mit elektrophoretischen Methoden die
guten Trenneigenschaften dieses Tensidsystems bestätigen und die Fraktionierung der genannten Blutplättchenproteine verbessern.
Nach dem gleichen Prinzip ist auch die Trennung niedermolekularer Verbindungen möglich. n-Tenside lösen sich in der Regel bei niedrigen Temperaturen
gut in Wasser und bei höheren in Kohlenwasserstoffen. Bei einer bestimmten
Temperatur, der HLB-Temperatur nach *Shinoda*, ist eine optimale Löslichkeit für beide Verbindungen gegeben. Wird in diesem System n-Tensid —
Wasser — Kohlenwasserstoff die Temperatur erniedrigt, so scheidet sich eine
KW-, bei Temperaturerhöhung dagegen eine wäßrige Phase ab [574]. Damit
sind verschiedene Trennmöglichkeiten gegeben. Bei der HLB-Temperatur
können wäßrige n-Tensidlösungen aus einem KW-Gemisch bestimmte
Komponenten extrahieren, die sich dann beim Abkühlen des Systems wieder
als KW-Phase abscheiden [573].

Phasentrennung mit polymeren Tensiden

Bereits vor 100 Jahren hatte *Beijerink* [575] beobachtet, daß beim Vermischen wäßriger Lösungen von Gelatine und löslicher Stärke eine Trübung eintritt und schließlich Trennung in zwei Phasen erfolgt. Die untere Schicht
enthielt den größten Teil der Stärke, die obere hauptsächlich Gelatine. Dieses
Phänomen war in der Folgezeit Gegenstand zahlreicher Untersuchungen und
Ausgangspunkt für die Entwicklung neuer Trennverfahren.

[1]) Polyethylenglycol[7—8]-octylphenylether

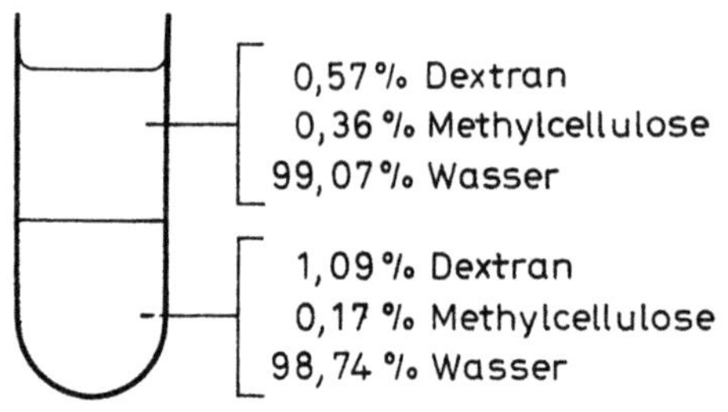

Abb. 21
Phasentrennung wasserlöslicher
Polymerer mit Tensidcharakter
(Gemisch: 0,79% Dextran und 0,30%
Methylcellulose in Wasser).
[nach 228]

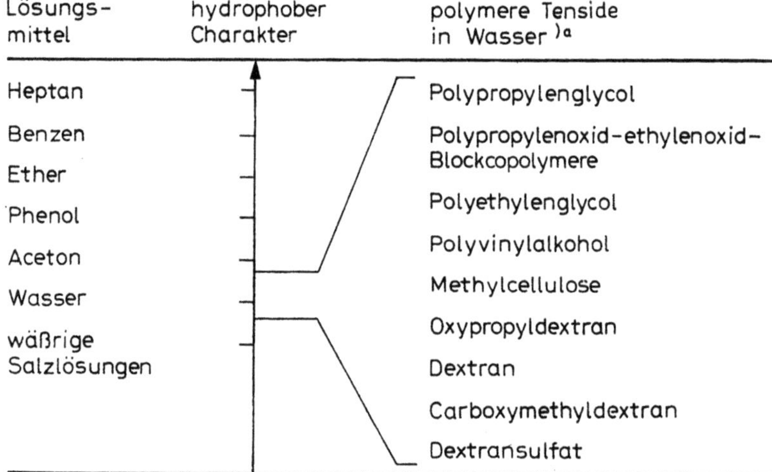

Abb. 22
Vergleich des hydrophoben Charakters wasserlöslicher Polymerer
(p-Tenside) untereinander und mit gebräuchlichen Lösungsmitteln
[nach 228]

Albertsson erkannte die Möglichkeit, wasserlösliche polymere Elektrolyte und
Nichtelektrolyte, die in der Regel Tensidcharakter besitzen, für die Verteilung von Biopolymeren und Zellbestandteilen zwischen wäßrigen Phasen einzusetzen [228, 576, 577]. Das *Prinzip dieser Verteilungsmethode* macht ein
einfacher Versuch deutlich (Abb. 21). Wird eine 0,79%ige Lösung von Dextran mit einer 0,3%igen Lösung von Methylcellulose vermischt, so trennt
sich das System in zwei Phasen. Die Molekülmasse für Dextran beträgt
280000 und für das Cellulosederivat 140000 [228]. Werden mehrere wäßrige
Polymerlösungen vermischt, so können sich Mehrphasensysteme mit 3 bis
18 Phasen herausbilden [228]. Ein Fünfphasensystem läßt sich beispielsweise
durch Vermischen einer Dextranlösung mit Lösungen von vier unterschiedlich oxypropylierten (hydrophoben) Dextranen aufbauen. Diese Mehrphasensysteme sind für analytische Trennungen ohne praktische Bedeutung. Ein
Vergleich des hydrophoben Charakters ausgewählter polymerer Tenside
untereinander und mit organischen Lösungsmitteln wird in Abbildung 22

gezeigt [228]. Aus der Abbildung geht hervor, daß sich die Tenside, gemessen
an üblichen Lösungsmitteln, nur innerhalb eines engen Intervalls im polaren
bzw. hydrophoben Charakter unterscheiden. Wie bereits erwähnt, können
auch Zweiphasensysteme aus einem polymeren Tensid durch Zugabe einer
Salzlösung, z. B. Kaliumphosphat, entstehen [577]. Die Verteilung eines Analyten in einem Zweiphasensystem wird auf verschiedene Weise beeinflußt.
Entscheidend ist die Zusammenstellung der Tensidkombination nach Typ,
Molekülmasse und Konzentration. Wichtig sind weiterhin zugesetzte Salze,
Ionenstärke und Temperatur. Die Trennung der Phasen ist oft ohne Zentri-
fugation möglich. Sie empfiehlt sich aber bei viskosen Systemen wie PEG —
Dextran. Sehr rasch trennen sich Systeme PEG — Salz.
Für die Abtrennung der polymeren Tenside aus den getrennten Phasen eignet
sich die Ultrafiltration oder die Addition von Salzen mit Überführung des
Proteins in die (an Polymer arme) Salz-Wasser-Phase [577]. Auch durch Aus-
salzen mit Ammoniumsulfat kann PEG abgetrennt werden [578].
Die Spezifität der Verteilungsmethode ist unter Verwendung der in Abbildung 21 genannten Tenside meist nicht sehr hoch. In vielen Fällen kann der
Trenneffekt etwa mit dem der fraktionierten Fällung verglichen werden.
Deshalb ist die *Phasentrennung* eine allgemeine Methode für die erste Stufe
von Reinigungsprozessen. Es gibt mehrere Möglichkeiten, die Selektivität
des Trennprozesses zu verbessern. So wurde mit Erfolg das Konzept einer
„*Affinitätsverteilung*" verwirklicht [579—582]. Wie in der Affinitätschromatographie üblich, wird an einen polymeren Träger (Tensid) und damit in einer
Phase kovalent ein Ligand gebunden, an den sich wiederum biospezifisch
„passende" Proteine anlagern können. Modifizierte Polyethylenglycole mit
Tensidcharakter, z. B. PEG-Triazinfarbstoff[1])-Konjugate, eignen sich für die
Affinitätsverteilung von α-Fetoprotein und Enzymen [581, 582]. Funktionalisierte polymere Tenside mit speziellen hydrophoben oder ionischen Gruppen
können die Trennleistung entsprechender Zweiphasensysteme erheblich verbessern (z. B. Diethylaminoethyldextran, Trimethylammonio-PEG-Salze
[577], PEG-Fettsäureester [577], Tenside vom Pluronic-Typ [583]).
Als Trennmethode hat sich die Zweiphasenverteilung für die Reinigung und
Fraktionierung sehr unterschiedlicher Stoffe bewährt. Neben Zellen, Phagen
und sehr großen Molekülen (DNA) mit Verteilungskoeffizienten von $K > 100$
für die eine bzw. $K < 0{,}01$ für die andere Phase lassen sich auch Proteine
$(K = 0{,}1{-}10)$ und kleinere Moleküle $(K \approx 1)$ auftrennen oder anreichern
[228, 577, 578].
Die Zweiphasenverteilung ist eine wertvolle Bereicherung vor allem der in der
Biochemie und Biotechnologie verfügbaren Reinigungsmethoden. Neue Anwendungsmöglichkeiten für dieses interessante Verteilungsverfahren werden
sich ergeben, wenn kostengünstige funktionalisierte polymere Tenside zur
Verfügung stehen.
Das abschließende Verfahrensschema eines *kombinierten Einsatzes* normaler
und polymerer Tenside (Abb. 23) vermittelt einen Eindruck von den analytischen und präparativen Möglichkeiten dieser Phasentrennmethode [nach
577].

[1]) z. B. PEG-Cibacronblau F3 GA

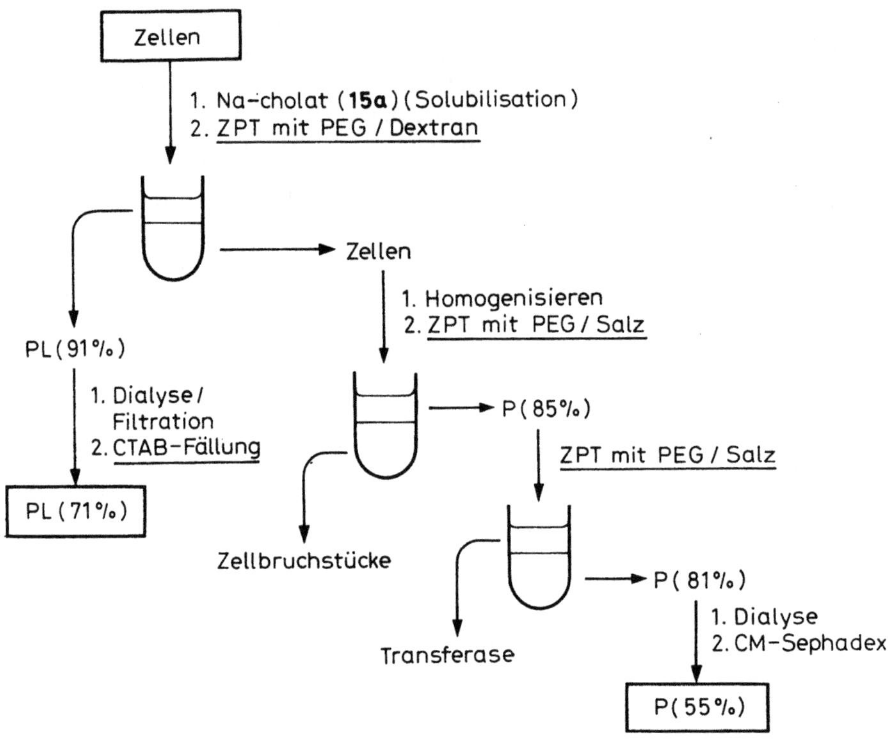

Abb. 23

Anwendung verschiedener tensidvermittelter Trennmethoden bei der Isolierung und Reinigung von Enzymen [nach 577]. Simultane Isolierung von Pullulanase (PL) und Phosphorylase (P) aus Bakterien (Kl. pneumoniae).
Membransolubilisation mit Natriumcholat (s. **15a**)
Fällung anionischer Biopolymerer mit CTAB (s. **16b**)
Zweiphasentrennung (ZPT) mit PEG/Dextran
Zweiphasentrennung mit PEG/Salz

3.2.3. Trennung durch Verteilung zwischen wäßrigen und organischen Phasen (Extraktion)

Die Flüssig-Flüssig-Extraktion ist eine der *gebräuchlichsten* Methoden zur Anreicherung, Trennung und Bestimmung von Metallionen, Anionen und vor allem von Metallchelatkomplexen. Neben typischen Chelatbildnern, Neutralliganden und nichtmizellar assoziierten großvolumigen Ionen spielen Tenside als Liganden und Reaktionspartner für diesen Zweck eine herausragende Rolle. Gegenwärtig können *drei Möglichkeiten* der tensidvermittelten Extraktion von Kationen und Anionen unterschieden werden:

— Von größter Bedeutung vor allem für die extraktionsphotometrische Bestimmung der Elemente ist die Bildung von Gemischtligandkomplexen unter Beteiligung von Tensiden.

– Funktionalisierte Tenside, d. h. amphiphile Verbindungen mit Ligandeigenschaften, bilden auch ohne zusätzliche Chelatbildner extrahierbare Komplexe.
– Die langkettigen Amine, quartären Ammoniumhalogenide, Carbonsäuren und Phosphorsäuren sind eine dritte Gruppe von Tensidextraktionsmitteln.

Extraktion ternärer Komplexe mit Tensiden als Zusatzliganden

Die Bildung von *Gemischtligandkomplexen* aus Metallion, Ligand und einem Tensid wird im Kapitel 3.4. behandelt. Viele dieser Komplexe sind in organischen Lösungsmitteln, wie Methylenchlorid, Chloroform, Tetrachlorkohlenstoff, Toluen, Benzen u. a., löslich. Auf dieser Tatsache beruht die extraktionsphotometrische Bestimmung zahlreicher Elemente. Die Bildung und Eigenschaften der Gemischtligandkomplexe und ihre Extrahierbarkeit werden ausführlich von *Hinze* [42] sowie *Pilipenko* und *Tananajko* [584] beschrieben. Es dominiert die Anwendung *kationischer Tenside*. Nichtionische amphiphile Verbindungen werden weniger häufig und anionische selten für die Bildung bzw. Extraktion von Gemischtligandkomplexen herangezogen. In Tabelle 19 (s. Kap. 3.4.) ist die Extrahierbarkeit der Komplexe vermerkt (E = Extraktionsphotometrie).

Metallionenextraktion mit komplexbildenden Tensiden

Vielversprechend sind die Eigenschaften komplexbildender Tenside für die Flüssig-Flüssig-Extraktion von Metallionen. Mit k-Tensiden, die an einem längeren Alkylrest eine Carboxylgruppe tragen, lassen sich aus neutralen Chloridlösungen Cu^{2+}-, Mn^{2+}-, Co^{2+}- und Ni^{2+}-Ionen extrahieren [585]. Auch andere Tenside mit Ligandeigenschaften eröffnen neue Möglichkeiten für die Extraktionsphotometrie [586]. Weitere Tenside mit Ligandeigenschaften werden in den Kapiteln 2.3.1.7., 3.2.4. und 3.13. beschrieben.

Extraktion mit amphiphilen Aminen, quartären Ammoniumhalogeniden, Carbonsäuren und Phosphorsäuren

Die genannten Tenside haben sich vor allem in der technisch orientierten Anwendung als Extraktionsmittel für *einfache und komplexe Metallionen* bewährt. Langkettige Amine sowie quartäre Ammoniumsalze und ihre Anwendung in der Metallextraktion werden von *Schmidt* [587] in einer umfassenden Monographie beschrieben. Eine detaillierte Übersicht in Tabellenform über Extraktionsverfahren auf der Grundlage von Aminen, Ammoniumsalzen, Carbonsäuren und Phosphorsäuren liegt von *Mazurenko* vor [588]. Zusammenhänge zwischen Struktur und Extraktionsvermögen von funktionalisierten Tensiden (hydroxy- und chloralkylierten Aminen) wurden von *Schade* et al. [589] am Beispiel der Zinkextraktion aus salzsaurer Lösung untersucht. Als Ionenpaare mit amphiphilen quartären Ammoniumhalogeniden lassen sich viele Anionen extrahieren.
Langkettige Amine in organischen Solventien sind ebenfalls ausgezeichnete Extraktionsmittel für Mineralsäuren, organische Säuren und anionische

Metallkomplexe bzw. komplexe Säuren [588]. Das Säureanion wird als Aminsalz in das organische Lösungsmittel überführt (Gl. 4). Nach Gleichung 5 sind in einer Nebenreaktion Austauschprozesse mit weiteren Anionen der wäßrigen Phase möglich.

$$[R_3N]_{(org.)} + H_3O^+_{(H_2O)} + A^-_{(H_2O)} \rightleftharpoons [R_3NH^+\, A^-]_{(org.)} + H_2O \qquad (Gl.\ 4)$$

$$[R_3NH^+\, B^-]_{(org.)} + A^-_{(H_2O)} \qquad + B^\ominus \qquad (Gl.\ 5)$$

Mit einer 5%igen Lösung von Methyldioctylamin in Chloroform lassen sich unter anderem die folgenden Anionen extrahieren (Extraktionsgrad in Klammern): Chlorid (98%), Oxalat (98%), Succinat (90%), Phosphat (76,5%), Acetat (75,8%) und Aminoacetat (0%), [588].
Komplexe Metallanionen können aus stark sauren Lösungen als Ionenpaare mit k-Tensiden abgetrennt werden (Gl. 6).

$$[MeA_n^{z-}]_{(H_2O)} + z\,[R_4N^+\, X^-]_{(org.)} \rightleftharpoons [R_4N^+\, MeA_n^{z-}]_{(org.)} + z\,X^-_{(H_2O)} \qquad (Gl.\ 6)$$

Mit Aliquat[1]) 336 in Benzen lassen sich Blei aus 1—5 n Salzsäure und Rhenium (VI) bei pH 12 zu 100% aus wäßriger Lösung ausschütteln. Eine Lösung von Tetradecyl-dimethyl-benzyl-ammoniumchlorid (s. **17**) in Dichlorethan eignet sich für die Extraktion von Eisen(III) aus salzsaurer Lösung (> 2 n, Extraktionsgrad etwa 100%), [588].
Nach Gleichung 7 können Kupfer(II)-, Eisen(III)- und Uran(VI)-Verbindungen aus stark salzsaurer Lösung mit Trioctylamin/Benzen, Methyldioctylamin/Trichlorethylen bzw. 6-Amino-3,9-diethyl-tridecan (Amin 21 F-81/Benzen) [588] extrahiert werden.
Langkettige aliphatische und cycloaliphatische Carbonsäuren eignen sich für die Abtrennung zahlreicher Metallionen aus alkalischer Lösung (Gl. 7).

$$[Me^{n+}]_{(H_2O)} + [n\,RCOOH]_{(org.)} \rightleftharpoons [(RCOO^-)_n\, Me^{n+}]_{(org.)} + n\,H_3O^+_{(H_2O)}$$
$$(Gl.\ 7)$$

Für die präparative und analytische extraktive Metallabtrennung werden Derivate der Phosphorsäure, vor allem Mono- und Dialkylphosphorsäuren[2]) (H_2A und H_2A_2), häufig verwendet.

$[R-O-P(O)(OH)_2]_{4-14}$ $[(R-O)_2P(O)(OH)]_2$
H_2A H_2A_2
$R = C_4H_9\text{-}\cdots C_9H_{19}\text{-}$ $R = C_4H_9\text{-}\cdots C_{12}H_{25}\text{-}$

Der hydrophobe Molekülrest kann auch verzweigt oder arylsubstituiert sein.
Beispiele für die Extraktion von Metallionen mit Carbonsäuren und Phosphorsäuren als Extraktanden sind in Tabelle 11 zusammengefaßt.
Der *Extraktionsmechanismus* ist noch nicht in allen Einzelheiten geklärt. In vielen Fällen liegen Metallionen als anionische Acidokomplexe vor, die mit kationischen Tensiden extrahierbare Ionenpaare bilden. Mit langkettigen

---

[1]) Methyl-trinonylammoniumchlorid
[2]) In organischen Lösungsmitteln assoziieren Alkylphosphorsäuren zu $(H_2A)_{4-14}$, und die Dialkylphosphorsäuren liegen als Dimere vor.

Tabelle 11
Extraktion anorganischer Ionen mit langkettigen Carbonsäuren, Alkylphosphorsäuren und Dialkylphosphorsäuren [588]

Ion	Extraktionsmittel/Lösungsmittel	pH-Wert[1]	Extraktionsgrad (%)
Carbonsäuren			
Co^{2+}	Naphthensäuren (0,2 M) in Benzin	> 7	≈ 100
Ca^{2+}	Perfluoroctansäure in Ether	> 8	≈ 90
Cs^+	Octan- und Nonansäure in Chloroform	6	> 95
Alkylphosphorsäuren			
Be^{2+}	Dodecylphosphorsäure[2] (10%) in Xylen	6—7	> 95
Th^{4+}	2-Ethylhexyl-phosphorsäure (0,48 M) in Toluen	12 M HCL	>.95
Cs^+	2,9-(Diethyl)-tridecylphosphorsäure in Hexan	1,7	≈ 75
Dialkylphosphorsäuren			
Ca^{2+}	Di-(2-ethylhexyl)-phosphorsäure (0,64 M) in Toluen	4—5	> 98
U^{VI}	Perfluoroctansäure (0,1 M) in Benzin	$0,2\,M\,H_2SO_4$	> 99
Zn^{2+}	Perfluoroctansäure (0,64 M) in Toluen	3—5	> 98

[1] wäßrige Phase, [2] enthält 15 % Dialkylphosphorsäure

Carbonsäuren und Phosphorsäuren entstehen Komplexe, Salze und auch
Gemischtligandkomplexe, die im organischen Solvens löslich sind. Die Beteiligung inverser Mizellen an der Solubilisation und am Transport der Komplexe in die organische Phase werden diskutiert. Eine Klärung dieser Problematik kann die Untersuchung von Verteilungsgleichgewichten bringen.
In einer kürzlich vorgelegten Arbeit wird die Verteilung eines Analyten
zwischen Octanol und einer mizellaren Pseudophase (SDS) untersucht und
ein allgemeines Verteilungsmodell vorgeschlagen [590]. Eine kinetische Analyse von Verteilungsprozessen ermöglicht die Aufklärung von Transportvor-
gängen zwischen organischer und mizellarer Phase [590]. Die Verteilungs-
gleichgewichte von Alkyldithiocarbaminsäuren in mizellaren n-Tensidsyste-
men wurde von *Tagashira* aus der Zersetzungsrate der Reagentien ermittelt
[591].
In jüngster Zeit finden neben den Mizellen vor allem *Mikroemulsionen* als
besonders wirksame Tensidassoziate in der Extraktionschemie große Beachtung. Mikroemulsionen ermöglichen die Extraktion eines Analyten aus einer
wäßrigen Phase sozusagen ohne Anwendung organischer Lösungsmittel.
Fourré et al. untersuchten die Extraktion von Gallium aus alkalischer Lösung
mit 7-(1-Ethenyl-3,5,5,5-tetramethylhexyl)-8-chinolinol in Gegenwart von
langkettigen Carbonsäuren und Alkoholen [592]. Sie stellten fest, daß unter
diesen Bedingungen eine Mikroemulsion gebildet wird, die zu 20fach erhöhten
Extraktionsraten führt. Die Mikroemulsion aus Tensid (Carbonsäure) und
Cotensid (Alkohol, Chinolinolderivat[1])) solubilisiert das hydrophobe Gallium-

[1] Die Tensideigenschaften des Liganden sind wenig ausgeprägt und etwa mit
denen des Cholesterols (CMC = 25—47 nmol · l^{-1}), [593] vergleichbar.

chelat. Typisch für Mikroemulsionen als Extraktionssysteme sind ein rascher Stoffaustausch und erheblich gesteigerte Extraktionsraten. Ursache dafür sind die im Vergleich zu mizellaren Lösungen in Mikroemulsionen vorliegenden ausgedehnten Phasengrenzflächen sowie die hohe Solubilisationskapazität und die Ligandanreicherung.

Mikroemulsionen liegen möglicherweis in den Extraktionssystemen Alkyl- oder Dialkylphosphorsäure — organisches Lösungsmittel — Wasser neben inversen Mizellen und anderen Assoziaten vor (s. Tab. 3). Dabei werden in der organischen Phase oft beträchtliche Mengen Wasser solubilisiert — mehr als im Wasserpool inverser Mizellen Platz finden sollte. Bei hohen w_0-Werten ($w_0 > 10$) sind invers-mizellare Systeme schon als Mikroemulsionen zu betrachten. Der Übergang zwischen beiden Systemen ist fließend (s. Abb. 10 u. 14).

Eine interessante Methode der Metallanreicherung ist die Extraktion von Metallchelaten in eine mizellare n-Tensid-Phase [594], wie sie sich aus n-Tensidlösungen oberhalb der Trübungstemperatur abscheidet (vgl. Kap. 3.2.2., Zweiphasenverteilung). Nach dieser Methode ist es möglich, Metallchelate aus einer wäßrigen Phase in ein Submilliliter-Volumen einer n-Tensidphase zu überführen und damit anzureichern [loc. cit. 594]. Die Autoren bestimmten die Verteilungskoeffizienten für eine Reihe wichtiger Reagentien (8-Chinolinol, 2-(2-Thiazolylazo)-4-methylphenol u. a.) und diskutieren Modelle für die mizellar-vermittelte Extraktion [594]. Eine extraktive Zinkabtrennung mit PEG und n-Tensiden wird in Tabelle 18 angegeben.

Neuartige *selektive Extraktionssysteme* lassen sich durch Verknüpfung eines Neutralliganden (Wirt-Gast-Komplexbildner) mit amphiphilen Molekülen aufbauen. Eine Möglichkeit, dieses Konzept zu verwirklichen, ist die Synthese *lipophiler Kronenether, Kryptanden* oder *Podanden*, die dann in der Regel über Tensideigenschaften verfügen. Lösungen dieser *Kronenether-Tenside* in organischen Lösungsmitteln vermögen aus wäßriger Phase Alkali- und Erdalkaliionen, aber auch viele andere Kationen zu extrahieren. Diese funktionalisierten Tenside übertreffen in der Regel einfache Kronenether hinsichtlich Selektivität und Kapazität in ihrem Extraktionsvermögen. Kronenether-Tenside mit Carboxylgruppen im hydrophoben Rest [259] besitzen gegenüber normalen Kronenethern den Vorteil, daß sie als Extraktanden nur Kationen und nicht gleichzeitig auch Anionen aus der wäßrigen in die organische Phase übertragen. Viele weitere Beispiele sind einer neuesten Übersicht [112] bzw. den Originalarbeiten [114, 263, 595] zu entnehmen. Die Anwendung lipophiler Kronenether für den Ionentransport in und durch Membranen wird in den Kapiteln 3.2.5. und 3.7. erwähnt.

Tenside als Hilfsmittel bei Extraktionsprozessen

Die Effizienz vieler Extraktionsprozesse kann durch geringe Zusätze an nichtionischen Tensiden erheblich verbessert werden. Tensidhaltige Extraktionsmittel führen zu erhöhten Extraktionsausbeuten z. B. bei der Alkaloidisolierung [596] und der Gewinnung ätherischer Öle [597]. Dabei erleichtern Tenside das Eindringen des Extraktionsmittels in das pflanzliche Material, und außerdem lösen sie nichtkovalente Bindungen zwischen den Pflanzenbestandteilen. Ähnliches gilt für die Erfassung der sogenannten neutralen tensidlöslichen Rohfaser (NDF, neutral detergent soluble fiber) in pflanzlichen Nahrungs- und Futtermitteln sowie in Faeces [598 u. loc. cit.]. Die NDF ist eine wichtige Größe für die Beurteilung von Stoffwechselvorgängen, der Verdaubarkeit von Futter- und Lebensmitteln u. a.

3.2.4. Stofftrennung durch Flotation

Die *Flotation* oder *Schwimmaufbereitung* beinhaltet die Abtrennung von molekulardispers und kolloidal gelösten, aber auch partikulär suspendierten Substanzen aus meist wäßrigen Lösungen [285, 286, 371, 372, 418, 599]. Der Trennvorgang beruht auf der Benetzung bzw. Anlagerung eines speziellen Tensids („Sammlers") an die suspendierte bzw. gelöste Substanz, die sich dann an durchperlende Luftblasen adsorbieren kann. An der Flüssigkeitsoberfläche wird der gebildete Schaum abgenommen und mechanisch oder durch Schaumbrecher [371] zerstört. Der angereicherte Stoff scheidet sich ab. Obwohl für diese Methode Anwendungen in der Technik der Erzaufbereitung, der Abtrennung radioaktiver Verbindungen und der Behandlung von Abwässern [600] überwiegen, werden zunehmend analytische Anwendungen der Schwimmaufbereitung und von Schaumtrennverfahren bekannt [286 u. loc. cit., 599, 601—603].
Die Erzflotation macht eine Erfahrungstatsache aus der Tensidanwendung, d. h. „geringe Tensidmengen — große Wirkung", besonders deutlich. Für die Aufbereitung einer Tonne Roherz werden zwar drei Tonnen Wasser, aber nur 20—100 g Tensid benötigt [119].
Eine interessante und vielseitige analytische Methode ist die sogenannte *Ionenflotation* [291]. Einer Lösung mit dem abzutrennenden Metallion werden ein Komplexbildner sowie entgegengesetzt geladene ionische Tenside und Fällungsmittel oder auch Adsorbentien zugefügt. Anschließend nimmt man die Schaumtrennung vor. Dieses Flotationssystem kann vereinfacht werden, wenn das zugefügte Tensid neben amphiphilen noch komplexbildende Eigenschaften besitzt. Beide Eigenschaften sind in gewissen *funktionalisierten* Tensiden (s. Kap. 2.3.1.7.) vereint [286, 604]. *Allen* und Mitarbeiter [286] beschreiben die Anwendung eines neuen *chelatbildenden Tensids*, der Dodecylamino-N,N-diessigsäure (s. **92**), für die Flotation von Cu^{2+}-Ionen mit Eisen(III)hydroxid als Träger bei hohen Ionenstärken. Zur Verstärkung der Schaumbildung müssen ionische oder nichtionische Tenside (SDS, Tween 20) zugesetzt werden. Es ist möglich, Kupferspuren auch in Gegenwart hoher Neutralsalzkonzentrationen sehr effektiv abzutrennen. SDS und andere Tenside sind als Sammler bzw. Flotationsmittel wesentlich weniger wirksam.
Tenside mit Amidoxim-Liganden eignen sich für die Abtrennung von Uranspuren aus Seewasser. Die Flotationsausbeute beträgt bei einer Urankonzentration von 10 ppb[1]) und einem pH-Wert von 5,0 90%. Der Trägerschaum wird durch Zusatz nichtionischer Tenside gebildet [291].
Ein Beispiel für die Anwendung einfacher Tenside als Sammler und Schaum-

---

[1]) engl.: parts per billion (Teil pro 1 Milliarde Teile, z. B. μg pro kg)

116

bildner ist die Abtrennung von Chrom(VI) aus Galvanikabwässern. Sowohl mit Eisen(III)- als auch mit Aluminiumhydroxid als Adsorbens gelingt die Kolloidflotation von Chrom(VI) aus Lösungen mit einem Gehalt von 50 ppm. Innerhalb von 10 min wird der Chromgehalt durch die Kolloidflotation auf 0,5 ppm herabgesetzt [605].

Theoretische Modellvorstellungen über die Kolloidflotation werden von *Wilson* und *Carter* zur Diskussion gestellt [601]. Von *Leja* werden umfassend die *theoretischen Grundlagen* der Flotation beschrieben [606].

In nichtwäßrigen Systemen können sehr stabile Schäume entwickelt werden [375]. Eine analytische Anwendung dieser Tensidassoziate wurde bisher nicht beschrieben.

Abschließend sei darauf hingewiesen, daß Schaumtrennverfahren auch geeignete Methoden zur *Reinigung und Trennung organischer Verbindungen* darstellen [607]. Die Reinigung von Tensiden nach dieser Methode wurde erwähnt [441]. Zahlreiche Beispiele für die Schaumtrennung oder Zerstäubungsanalyse werden von *Maas* angegeben [608]. Neben Farbstoffen lassen sich Naturstoffe und Biopolymere reinigen und anreichern. Anreicherungsfaktoren von 10^{12} sind möglich. Aus der neueren Literatur sei die Schaumtrennung von Polysacchariden erwähnt [609].

3.2.5. Sonstige tensidvermittelte Trennverfahren

Tenside und ihr mizellares Solubilisationsvermögen bilden die Grundlage für weitere analytisch, aber auch technisch interessante Trennverfahren. Es sind dies die selektive Solubilisation und das Flüssigmembran-Trennverfahren. Eine bedeutende Rolle spielen Tenside als vielseitige Fällungsmittel für ionische Naturstoffe, Biopolymere und synthetische Polymere. Tenside bilden bei bestimmten Konzentrationsverhältnissen mit Gegenionen schwerlösliche salzartige Verbindungen, die auf vielfältige Weise für die Reinigung, Abtrennung und analytische Bestimmung zahlreicher Verbindungen geeignet sind. Saure Polysaccharide werden z. B. mit CTAB gefällt [610]. Polymere n-Tenside einschließlich PEG können lösliche Komplexe von Biopolymeren, z. B. Antigen-Antikörper-Komplexe, durch Wasserentzug ausfällen (s. S. 162).

Selektive Solubilisation

Im Kapitel 2.3.2.8. wurde bereits dargelegt, daß *Tensidmizellen* in Abhängigkeit von der Tensidstruktur und der Zusammensetzung der Hauptphase gegenüber den zu solubilisierenden Stoffen ein gewisses *Auswahlvermögen* zeigen. Unlösliche Verbindungen werden je nach Struktur und Molekülmasse solubilisiert oder von den Mizellen ausgeschlossen. In systematischen Untersuchungen konnten *Nagarajan* und *Ruckenstein* [611] nachweisen, daß Tenside wie SDS, CPC und Octylglucosid aromatische Kohlenwasserstoffe gegenüber aliphatischen bevorzugt solubilisieren. Aus einem Benzen-Hexan-Gemisch wird beispielsweise 10mal mehr Benzen als Hexan in die wäßrige Tensidlösung aufgenommen. Die Ergebnisse machen deutlich, daß der mizellare Solubilisationsprozeß selbst Grundlage für neue Möglichkeiten zur Trennung bestimmter Stoffgruppen sein kann.

Tensidvermittelte Trennungen an flüssigen Membranen

Wird zwischen zwei wäßrige Lösungen von Metallionen eine flüssige Membran gebracht, die lipophile Trägermoleküle mit Ligandeigenschaften enthält, so kann zwischen beiden Phasen ein selektiver Austausch bzw. Trennvorgang ablaufen. Als Träger- oder *Carrier-Moleküle* eignen sich Kronenether, vor allem *Kronenether-Tenside*, und andere Liganden [loc. cit. 612]. *Izatt* et al. [612] beschreiben ein Emulsionsmembran-System, bestehend aus wäßriger Metallsalzlösung — Toluen — Kronenether — dem n-Tensid Sorbitanmono-oleat[1]) (3%, v/v) und 0,05 m Lithiumdiphosphat. In diesem System wird Pb^{2+} vor Sr^{2+} und Tl^+ transportiert. Das Lithiumion wird nicht mobilisiert. Weitere Untersuchungen sind notwendig, um Möglichkeiten und Grenzen dieses interessanten, energieeffizienten Trennverfahrens aufzuzeigen.

Membrantransportvorgänge können auch für die Trennung und Reinigung organischer Verbindungen genutzt werden. Die selektive Diffusion aromatischer Kohlenwasserstoffe aus einer tensidvermittelten o/w-Emulsion in eine organische Phase (Paraffinöl, Dibutylphthalat) beschreibt *Plucinski* [613]. Nach dem Permeationsvorgang wird die Emulsion in einem Scheidetrichter durch Abkühlen auf −15 °C gebrochen (12 h). Aus der Emulsion scheidet sich ein Permeat (Ölphase) und das Raffinat (wäßrige Phase) ab. Bei diesem Trennvorgang werden mehrfach *Tensideigenschaften* genutzt:

— das Solubilisationsvermögen mizellarer bzw. flüssig-kristalliner Assoziate in der Emulsion,
— die selektive Solubilisation und
— die Transportvorgänge in Membranen und an Phasengrenzen.

3.3. Tenside als Titrationsmittel

Tenside werden vielfältig als Titrationsmittel für Säuren und Basen, für Anionen und Kationen, sowie als Bestandteile ternärer Komplexe für die Endpunktsanzeige eingesetzt. *An Tensideigenschaften* werden dabei genutzt:
— die mizellare Solubilisation,
— die mizellar bedingte Verschiebung von pK_S-Werten und Komplexbildungskonstanten,
— die Bildung stabiler Salze und Polyelektrolytkomplexe zwischen ionischen Tensiden und entgegengesetzt geladenen Ionen.

Tenside als solubilisierende Titranten

Die Eigenschaft der Tenside, unlösliche Stoffe zu solubilisieren und die pK-Werte saurer Gruppen zu verschieben [614], wird mehrfach in der Titrimetrie genutzt. Wasserunlösliche langkettige Amine und Carbonsäuren (C_{12}–C_{18}) lassen sich sehr genau mit ionischen Tensiden bei potentiometrischer oder visueller Endpunktsanzeige titrieren [615]. Ein geeigneter Titrant für

---

[1]) Span 80

schwache Säuren ist das Hexadecyl-trimethylammonium-hydroxid (s. **16c**) in nichtwäßrigen Lösungsmitteln [616]. Auch Benzoesäuren [617], Halogenphenole und Sulfonamide [618] können vorteilhaft mit einem Tensidtitranten bestimmt werden.

Tenside als Titranten für die Fällungstitration

Nach dieser, auch als Flockungstitration bezeichneten Methode lassen sich anionische Tenside mit kationischen titrieren und umgekehrt [619 u. loc. cit.]. Während der Titration bleibt die Lösung zunächst klar, da das gebildete *Ionenassoziat* aus a- und k-Tensid im Überschuß der vorgelegten Verbindung kolloidal gelöst bleibt. Am Äquivalenzpunkt erfolgt nach Verbrauch des Schutzkolloids eine Ausflockung.

Quartäre Ammoniumhalogenide, vor allem CTAC, CTAB und CPC, erwiesen sich in Verbindung mit der Endpunktsanzeige über *ionenselektive Elektroden* als geeignete Titranten für die Bestimmung zahlreicher anorganischer und organischer Anionen einschließlich anionischer Tenside [620]. Die genannten Titrationsmittel sind leicht rein erhältlich und bedeutend preiswerter als z. B. Tetraphenylarsoniumchlorid [620]. Als Sensoren für die potentiometrische

Tabelle 12

Potentiometrische Titration anorganischer und organischer Anionen mit 0,1 M CTAB-Lösung (Indikation: tetrafluoroboratsensitive Elektrode), [620]

Anion	Mol CTAB/ Mol Anion	Standard- abweichung (%)	pH-Anwendungsbereich	
ClO_4^-	1	0,59 (6)[1]	1,2–12,8	(4–8)[2]
MnO_4^-	1	0,41 (5)	1,8–10,7	(4–8)
$Cr_2O_7^{2-}$	2	0,41 (6)	0–1,1	(0,65)
$S_2O_8^{2-}$	2	0,36 (5)	7–10	(2,5–11,3)
$[Fe(CN)_6]^{3-}$	3	1,40 (5)	1,8–2,2	(1,8–10)
Pikrat	1	0,12 (4)	2,1–9,2	(5–7)
Tetraphenylborat	1	0,41 (6)	1,6–12	($\geq$ 8)
Dodecylsulfat	1	0,25 (4)	2,1–12,2	(5,5–9,8)
Bromphenolblau	–	0,25 (5)	0,8–3,1	(1–2)
Na-oleat (**14a**)	1	1,0 (4)	0,6–11,5	(8,6)

[1], Anzahl der Bestimmungen,   [2] pH-Optimum in Klammern

Endpunktsanzeige sind verschiedene Flüssig-Membranelektroden (Perchlorat-, Fluoroborat-, Nitrat-, und Calciumelektroden), aber auch Festphasenelektroden (Cyanid, Iodid) geeignet. In Tabelle 12 werden Beispiele für die Titration anorganischer und organischer Anionen mit k-Tensiden vorgestellt. Die Titration von k-Tensiden mit anionischen Verbindungen wie SDS ist ebenfalls möglich [620].

Zweiphasentitration

Die Zweiphasentitration (,,Methylenblaumethode" nach *Epton* [621]) ist ein maßanalytisches Verfahren mit *extraktiver Endpunktsanzeige* [622, 623, 442–448, 461–463]. Nach folgendem Schema wird der wäßrigen Lösung eines zu bestimmenden Salzes A^+Y^- der Titrant X^+B^- zugesetzt. Sind die Ionen A^+ und B^- ausreichend lipophil, so ist das gebildete Ionenpaar (A^+, B^-) mit organischen Lösungsmitteln extrahierbar. Die Endpunktsanzeige erfolgt in der Regel visuell. Entweder sind farbige Ionen an der Titration beteiligt, oder es wird ein Indikator zugesetzt [622]. In einem Zweiphasensystem Wasser–Chloroform spielen sich bei der Titration von CPC (A^+Y^-) mit Natriumtetradecylsulfat (X^+B^-) in Gegenwart von Methylenblau (I^+Cl^-) folgende Vorgänge ab:

	wäßrige Phase	Chloroformphase
(a)	$n\,A^+Y^- +$ $\qquad I^+Cl^- : n\,A^+Y^-$	$+\ I^+Cl^-$ (blau) $-$ $\qquad$ (farblos)
(b)	$n\,A^+Y^- + \dfrac{n}{2}\,X^+B^- + I^+Cl^- : \dfrac{n}{2}\,A^+Y^- +$	$\dfrac{n}{2}\,X^+Y^- + I^+Cl^-$ (blau) $\dfrac{n}{2}\,(A^+, B^-)$ (farblos)
(c)	$\dfrac{n}{2}\,A^+Y^- + \dfrac{n}{2}\,X^+B^- + I^+Cl^- : \dfrac{n}{2}$	$X^+Y^- + I^+Cl^-$ (blau) $n\,(A^+, B^-)$ (farblos)
(d)	$+\ m\,X^+B^- + I^+Cl^- :$	$n\,X^+Y^- + X^+Cl^-$ (farblos) $n\,(A^+, B^-) + (I^+B^-)$ (blau)

$m =$ Überschuß an X^+B^-

Nach Zugabe des Indikators zum Analyten färbt sich die wäßrige Phase tiefblau, die organische bleibt farblos (a). Wird unter Schütteln die halbe Menge Titrant addiert, so bildet sich mit dem k-Tensid (A^+Y^-) ein farbloses Ionenpaar (A^+, B^-), das sich in der organischen Phase löst (b). Am Äquivalenzpunkt liegt A^+Y^- in der Chloroformphase vor (d). Jetzt genügt eine geringe Menge Titrant (X^+B^-), um mit dem Indikator das blaugefärbte Ionenpaar (I^+, B^-) zu bilden, das aus der wäßrigen Phase in die organische übergeht (d) und den Endpunkt der Titration anzeigt. Nach dieser Methode lassen sich nicht nur ionische und nichtionische Tenside [463], sondern auch großvolumige organische Ionen und Farbstoffe bestimmen [624].

Die mizellaren Eigenschaften der Titranten spielen wahrscheinlich für den Ablauf der Titration eine untergeordnete Rolle, wesentlich ist das Vorliegen großvolumiger, hydrophober Ionen.

Kolloid- oder Polyelektrolyttitration

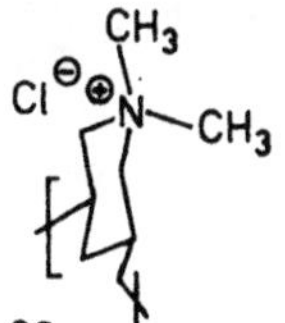

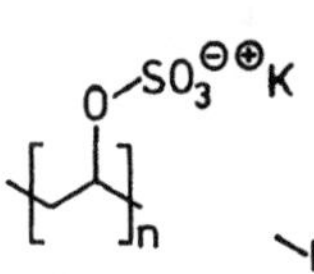

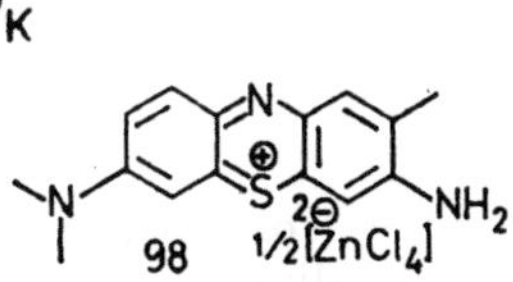

Die Kolloidtitration ist eine Methode zur quantitativen Bestimmung negativ oder positiv geladener kolloid gelöster Stoffe einschließlich geladener partikulärer Substanzen, wie z. B. Zellen [462, 625–627]. Titriert wird meist in wäßriger Lösung mit jeweils entgegengesetzt geladenen *polymeren Tensiden*. Als Standard-Kolloidtitranten setzt man natürliche und synthetische Polyelektrolyte, die oft Tensidcharakter besitzen, ein. Häufig benutzt werden Chitosan und Methylchitosan (natürliche saure Polysaccharide), N-Methylglycolchitosan, Protaminsulfat, Polybrene (s. **39**), Polydimethyldiallyl-ammoniumchlorid (**96**) sowie Kaliumpolyvinylsulfat (**97**, KPVS). Als Indikatoren für die Endpunktsanzeige eignen sich besonders *metachromatische* Farbstoffe wie Toluidinblau (**98**). Solche Farbstoffe wurden ursprünglich in der Histologie zur selektiven Anfärbung anionischer Biopolymere in biologischen Präparaten verwendet. Der Farbstoff vermag sich an Polyanionen, deren Ladungszentren einen mittleren Abstand von < 10 Å aufweisen, unter Bildung von Komplexen anzulagern. Dabei kommt es zu einer charakteristischen Bandenverschiebung im sichtbaren Bereich des Absorptionsspektrums. Da aus diesen Komplexen der Farbstoff durch Polykationen leicht verdrängt wird, kann diese Reaktion für die *Endpunktsanzeige* in der Kolloidtitration genutzt werden. Bei „schwachen" Polyelektrolyten, die meist keine Farbstoffkomplexe bilden, muß in der Regel die Rücktitrationstechnik angewandt werden. In Abbildung 24 ist das *Prinzip* dargestellt [nach 628]. Das Schema illustriert die direkte und indirekte Titration eines Polykations, z. B. eines Proteins mit positiver Nettoladung. Bei der direkten Titration wird das Polykation mit einem Polyanion (KPVS) in Gegenwart von Toluidinblau titriert, bis ein geringer Polyanionüberschuß vorliegt, der den Indikator unter Farbwechsel von blau nach rotviolett bindet. Nach der *indirekten Variante* wird das Polykation mit einem definierten Überschuß an Polyanion und dem Indikatorfarbstoff inkubiert, der sich unter Rotviolettfärbung ebenfalls an das Polyanion addiert. Der Polyanionüberschuß wird mit einem Polykation bis zum Farbwechsel nach blau zurücktitriert. Nach einem umgekehrten Schema erfolgt analog die Titration von Polyanionen.

Die Kolloidtitration stellt eine präzise Methode zur Bestimmung biologisch

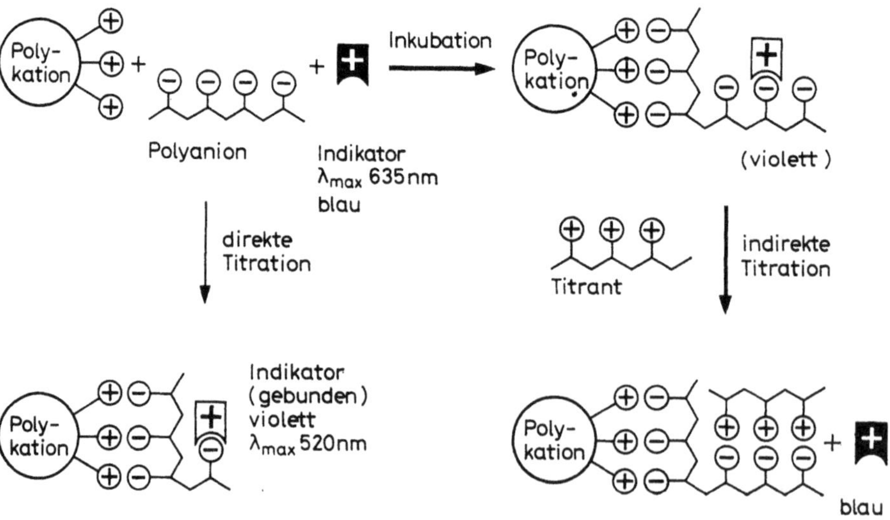

Abb. 24

Prinzip der direkten und indirekten Kolloidtitration unter Verwendung metachromatischer Indikatoren (Toluidinblau) zur visuellen Endpunktsanzeige

und pharmazeutisch relevanter Polyelektrolyte, aber auch von technisch
genutzten Polyionen (Papierindustrie, Textilhilfsmittel u. a.) dar. Aus der
breiten Palette von *titrierbaren Polyelektrolyten* seien angeführt: Nucleinsäuren, Heparin (Blutantikoagulans), Protamine, Polyphosphate, Carboxy-
methylcellulose, Polyacrylsäure u. a. Carboxyl- bzw. N- und O-Sulfatgruppen
in Heparin können durch Titration mit dem Polykation **96** nebeneinander
bestimmt werden [629]. Ein Überschuß an Nichtelektrolyten wie Glucose (bis
zu 30%) stört nicht. Die im pH-Bereich von 2—12 durchführbare Titration ist
jedoch störanfällig gegenüber Elektrolyten. So darf der NaCl-Gehalt 0,3%
nicht übersteigen. In Blutplasma kann Heparin auch titrimetrisch mit Poly-
bren bestimmt werden. Über Koagulationstests wird der Endpunkt ermittelt [630].

In einer grundlegenden Arbeit demonstrieren *Horn* und *Heuck* [628] die
Eignung der Kolloidtitration für die analytische Bestimmung der *Nettoober-
flächenladungen* von *Biopolymeren*. Neben globulären Proteinen und sauren
Mucopolysacchariden wurden biologische mizellare Systeme, wie die Serum-
lipoproteine, untersucht. Die Autoren weisen nach, daß für die elektrostatische
Bindung eines Polyions an ein Protein nur die Oberflächenladung wesentlich
ist. Die Richtigkeit der Ladungsbestimmung kann durch Wiederholung der
Titration bei pH 2 kontrolliert werden. Unter diesen Bedingungen sind praktisch alle Carboxylatgruppen zu COOH-Funktionen protonisiert. Ein Vergleich der vorgeschlagenen Methode mit elektrophoretischen Verfahren zur
Ladungsbestimmung unterstreicht die besondere Eignung der Kolloidtitration für diesen Zweck.

In jüngster Zeit wurde von *Noda* und *Kanemasa* die Kolloidtitration mit Erfolg für die Bestimmung der *Oberflächenladung* von Bakterien und Liposomen
eingesetzt [631]. Die Titration wird bei pH-Werten zwischen 2 und 12 durchgeführt. Als Titranten wurden Polydimethyldiallyl-ammoniumchlorid (siehe
96) und KPVS (s. **97**) gewählt. Nach Blockierung der Aminogruppen durch
Formalinbehandlung kann die Summe der Carboxyl- und Phosphatgruppen
an der Zelloberfläche direkt bestimmt werden. Indirekt ist auf diese Weise
auch die Zahl der Aminogruppen und bei pH-Werten > 10 die Anzahl der
Guanidinofunktionen nachweisbar. In vieler Hinsicht ist die Kolloidtitration
den üblichen Färbemethoden und elektrophoretischen Verfahren der Ladungsbestimmung an Bakterienoberflächen überlegen. Zum einen kann der Effekt
von Amino- und Guanidinogruppen auf das Ladungsgleichgewicht ermittelt
und zum anderen die Nettoladung bei jedem pH-Wert zwischen 2 und 11 erfaßt werden.

Titrimetrische Endpunktsanzeige mit Tensidkomplexen

Gemischtligandenkomplexe aus Metallion, Chelatligand und Tensid wurden
von *Tichonov* für die Endpunktsanzeige bei *komplexometrischen Titrationen*
vorgeschlagen [660]. Er bestimmte Al^{3+} durch Zurücktitrieren von über-
schüssigem EDTA in Gegenwart des Komplexes [Kupfer(II) — Chromazurol S
— CTAC] und von Fluorid als Maskierungsmittel mit Kupfersulfatlösungen.
Störende Ionen können auf diese Weise ausgeschaltet und die Selektivität der
Bestimmung verbessert werden.

122

Die Änderung der Oberflächenspannung am Äquivalenzpunkt einer Titration
ist ebenfalls für eine präzise Endpunktsanzeige geeignet. Zu diesem Zweck
werden als Indikatoren Salze von a-Tensiden eingesetzt, die am Äquivalenzpunkt in nichtamphiphile Verbindungen übergehen, z. B. Natriumstearat
[632] und andere ionische Tenside.

3.4. Tenside in der Spektralphotometrie

Die Selektivität und Empfindlichkeit zahlreicher photometrischer Bestimmungsmethoden für *anorganische Ionen* konnte durch Anwendung ionischer
und nichtionischer Tenside um Größenordnungen verbessert werden. Das
Tensid bildet zusammen mit Chelatliganden und dem nachzuweisenden Ion
einen *Gemischtligandkomplex* (auch als ternärer Komplex bezeichnet). Die
Beteiligung des Tensids an der Komplexbildung bewirkt bei batho- oder
hypsochromer Verschiebung der Absorptionsbanden eine bemerkenswerte Erhöhung der molaren Extinktionskoeffizienten. Man spricht daher auch von
sensibilisierten photometrischen Nachweisreaktionen (sensitized reactions)
und schreibt dem Tensid die Rolle eines Sensibilisators zu. Die umfangreiche
Literatur über tensidsensibilisierte Reaktionen und ihre analytische Nutzung
wurde in ausgezeichneten Übersichtsarbeiten von *Hinze* [42] sowie *Pilipenko*
und *Tananajko* [584] zusammengefaßt.
Obwohl der Mechanismus dieser Reaktionen noch nicht völlig geklärt werden
konnte, wird deutlich, daß *Tenside* im Verlauf der Komplexbildung *mehrere
Funktionen* erfüllen:

— Das Tensid ist nur oberhalb seiner CMC wirksam.
— Die Bildung von Gemischtligandkomplexen ist mit *kationischen,* aber auch
  nichtionischen Tensiden möglich. Da meist anionische chromophore Reagentien zur Verfügung stehen, werden *anionische Tenside* kaum für sensibilisierte Reaktionen herangezogen, sondern kationische und nichtionische.
— Die Tensidmizelle ermöglicht eine *sterisch vorteilhafte Anordnung* aller
  Reaktanden in ihrer Grenzschicht.
— In der unmittelbaren Umgebung der Mizelle ändern sich die Reaktionsbedingungen bezogen auf die wäßrige Hauptphase. Die *Struktur des Wassers*
  in der Grenzschicht wird beeinflußt. Es erhöht sich die Zahl der Wasser-
  stoffbrückenbindungen. Unter diesen Bedingungen werden hydrophobe
  Wechselwirkungen begünstigt. Im mizellaren Grenzbereich ist der DK-
  Wert für Wasser herabgesetzt und damit der Abbau von Hydrathüllen
  der Reaktionspartner erleichtert.
— Die pK_S-*Werte* der sauren Gruppen der anionischen Reagentien (Chelatbildner) können durch Adsorption an die Mizelloberfläche um mehrere
  Einheiten *verschoben* werden.
— Das mizellare Milieu kann zu einer *Änderung der Koordinationszahl* am
  Zentralatom des ternären Komplexes führen.
— Die resultierenden Gemischtligandkomplexe sind aufgrund ihres hydropho-
  ben bzw. amphiphilen Charakters oft durch *Extraktion* oder *Flotation* aus
  wäßriger Lösung abtrennbar.

— Die Eignung nichtionischer Tenside für sensibilisierte Reaktionen kann als
ein Beweis für die grundlegende Bedeutung *mizellarer Vorgänge* bei der
Komplexbildung angesehen werden .

Ein gut untersuchtes Beispiel für eine tensidsensibilisierte Reaktion ist die
Bestimmung von Titan(IV) mit Brompyrogallolrot (**99**) und Cetylpyridi-

99

niumchlorid (CPC, s. **18a**), [633]. Der Chelatbildner H_5DG vermag in einer
stufenweisen mit vier Farbübergängen verbundenen Dissoziation fünf Protonen abzuspalten. Das Kation H_5DG^+ mit protonisierter Sulfonsäuregruppe
ist nur in konzentrierten Säuren existent und spielt in diesem Zusammenhang
keine Rolle. Von *Suk* [634] wurde das folgende *Dissoziationsschema* für **99**
vorgeschlagen:

$$H_5DG^+ \rightleftharpoons H_4DG \underset{pK_1 = 0{,}16\,(-\,-)}{\longrightarrow} H_3DG^- \underset{pK_2 = 4{,}32\,(3{,}01)}{\longrightarrow}$$

$$H_2DG^{2-} \underset{pK_3 = 9{,}13\,(7{,}85)}{\longrightarrow} HDG^{3-} \underset{pK_4 = 11{,}27\,(10{,}91)}{\longrightarrow} DG^{4-}$$

In mizellarer Lösung erhöhen sich für Brompyrogallolrot die Werte für die
Dissoziationskonstanten zum Teil beträchtlich (Werte in Klammern). Mit
steigender Ionenstärke in der Lösung verringern sich die pK_S-Werte.
Bei pH-Werten von 1–4 liegt das chromophore Reagenz als H_3DG^--Ion vor
und bildet mit Ti(IV) einen binären Komplex:

$$[Ti(OH)_2(H_2O)_4]^{2+} + H_3DG^- \rightleftharpoons [Ti(OH)_2(H_2DG)\,(H_2O)_2] + 2\,H_3O^+$$

In Gegenwart geringer Tensidmengen (CPC), d. h. unterhalb der CMC, bildet
sich ein ternärer wasserunlöslicher Komplex:

$$[Ti(OH)_2(H_2O)_4]^{2+} + 3\,H_3DG^- + 3\,CP^+ + n\,H_2O \longrightarrow$$

$$[Ti(OH)\,(H_2DG)_3(CP)_3] \cdot m\,H_2O \downarrow + 2\,H_3O^+ \underset{+\,(CPC)_n}{\longrightarrow}$$

$[Ti(OH)\,(H_2DG)_3(CP)_3 \cdot n\,CPC]$ (mizellar solubilisierter Komplex)

Dieser Komplex wird bei Tensidkonzentrationen oberhalb der CMC vollständig mizellar solubilisiert. Der Eintritt der Tensidmoleküle in den Komplex
bewirkt eine bathochrome Verschiebung der Hauptbande im Absorptionsspektrum um 45 nm. Der molare Absorptionskoeffizient wird dabei ver-
doppelt (auf $4{,}03 \pm 0{,}03 \cdot 10^{-4}\,1 \cdot mol^{-1} \cdot cm^{-1}$). Das *Lambert-Beersche Gesetz*
ist im Konzentrationsbereich zwischen 0,1 und 1,8 $\mu g \cdot ml^{-1}$ Titan(IV) erfüllt.

Tabelle 13
Vergleich spektraler Daten von Metallkomplexen in wäßriger und mizellarer Phase
[42] — Abkürzungen s. Tab. 19

Tensid	Ion	Ligand	Nichtmizellares System		Mizellares System	
			λ max nm	$\varepsilon \cdot 10^{-4}$	λ max nm	$\varepsilon \cdot 10^{-4}$
CPC	Al^{3+}	CAS	545	0,5	604	1,28
CTAC	Al^{3+}	CAS	545	0,5	605	1,24
CTAC	Al^{3+}	CAS	545	0,5	620	1,16
CTAC	Al^{3+}	Ferron	370	—	385	—
CTAB, CPB	Al^{3+}	BV	615	1,5	670	5,3
CTAB, CTAC	Be^{2+}	ECR[1])	525	3,0	590	8,6
CTAC	Be^{2+}	CBC	610	3,1	626	9,4
Zephiramin	Be^{2+}	CAS	—	2,0	611, 620	8,8
CPB	Bi^{3+}	BPR	520	—	630	—
CPC	Fe^{3+}	BDAS	550	4,5	565	6,1
CTAB	In^{3+}	CAS	555	0,2	630	12,3
CPB	La^{3+}	XO	576	3,1	610	10,2
CTAB	La^{3+}	EAB	500	1,3	650	6,6
CTAB	Sb^{3+}	BPR	510	—	570	—
CTAB	Sn^{4+}	BV	555	6,5	662	9,6
CPC	Ti^{4+}	PFDS	570	10,0	620	12,0
CPB	Ti^{4+}	BPR	530	— ·	620	4,03
OTAB[2])	Th^{4+}	ECR	530	—	604	—
CTAB	Th^{4+}	CAS	555	—	635	—
CTAB	Yb^{3+}	G	595	1,4	630	2,8
CTAB	Yb^{3+}	GTB	600	0,5	646	3,3
CTAB	Y^{3+}	EAB	500	1,3	650	6,3
CPB	Y^{3+}	XO	578	4,8	600	8,7

[1]) Eriochromacyrol   [2]) Octyltrimethylammoniumbromid

Ursache für die drastisch veränderten analytischen Parameter ist die Beteiligung des k-Tensids an der Bildung des ternären Komplexes und dessen Überführung in die mizellare Pseudophase. Tabelle 13 bringt weitere Beispiele für tensidsensibilisierte Nachweisreaktionen ausgewählter Kationen.
In Gegenwart von Tensiden wird die Bildung von Chelatkomplexen für viele Kationen in einem *erweiterten pH-Intervall* möglich. Von analytischem Interesse ist die Verlagerung bestimmter Nachweisreaktionen in den sauren Bereich, da auf diese Weise für Elemente wie Ti, Fe, Bi, Sb, Th u. a. *Interferenzen* durch Hydrolyse und bestimmte Anionen bzw. Kationen oft unterdrückt werden können. Möglichkeiten der Empfindlichkeitssteigerung durch pH-Optimierung, d. h. Verschiebung der Komplexbildung in den sauren Bereich, zeigt Tabelle 14. In der Tabelle sind die pH-Optima für Messungen in wäßriger und mizellarer Phase gegenübergestellt, ebenso die spektralen Daten. Aus der Tabelle ist ersichtlich, daß sich photometrische Bestimmungsmethoden in mizellarer Phase durch sehr *gute Reproduzierbarkeit* und *niedrigere Nachweis-*

Tabelle 14
Verbesserung der Empfindlichkeit sensibilisierter photometrischer Reaktionen
durch Verschiebung der Komplexbildung in den sauren pH-Bereich [42]

Ion	pH-Wert	Reagenz (Tensid)	λ max (nm)		$\varepsilon \cdot 10^{-4}$	
			Reagenz-blindwert	Metall-komplex	Reagenz-blindwert	Metall-komplex
Ti^{IV}	6	PFDS (CTAC)	500	570	0,20	1,4
	1		543	630	0,03	2,8
Fe^{3+}	7,9	BDAS (CPC)	—	550	—	4,5
	5,9		—	565	—	6,1
Fe^{3+}	4,7–5,7	CAS (CTAC)		570	—	4,2
	3,5		—	630	—	14,7

BDAS: 2-Brom-4,5-dihydroxyazobenzen-4'-sulfonsäure, weitere Abkürzungen s. Tab. 19

grenzen auszeichnen. Die Differenzen der Absorptionsmaxima für die Reagenz-
blindwerte und die Komplexe betragen mehr als 70 nm.
Die *mizellare Mikroumgebung* ermöglicht eine sterisch und energetisch be-
sonders günstige Anordnung der drei Reaktionspartner — metallochromes
Reagenz-Metallion-Tensidmolekül — für die Bildung überraschend stabiler
Komplexe. Während in wäßriger Lösung Reaktionen dieses Typs meist
mehrere Komplexe ergeben, entsteht in mizellarer Phase in der Regel nur ein
Komplex. Das führt zu einer verbesserten *Reproduzierbarkeit* der Nachweisreaktion und zu geringeren Abweichungen vom Lambert-Beerschen Gesetz.
Gerade weil das Tensidmolekül nicht direkt als Ligand an der Komplexbil-
dung beteiligt ist, sondern die Reaktivität des Chelatbildners beeinflußt, als
Gegenion auftritt und als mizellarer „Sammelpunkt" für die Reaktanden
fungiert, bilden sich stabilere Komplexe als in wäßriger Phase. Diese Tat-
sache kommt in Tabelle 15 bei einem Vergleich der *Stabilitätskonstanten* von
Metallchelaten und ternären *Metallchelat-Tensid-Komplexen* zum Ausdruck.
Stabile Gemischtligandkomplexe können sich unter Beteiligung von Tensiden

Tabelle 15
Vergleich der Stabilitätskonstanten (K) ausgewählter Metallchelat-
und Metallchelat-Tensid-Komplexe

Ion	Tensid	Komplex-bildner	log K	
			Metallchelat (wäßrige Phase)	Metallchelat-Tensid (mizellare Phase)
Be^{2+}	CTAC	CBG	—	10,6
Ce^{4+}	CPB	EAB	—	14,8
La^{3+}	CPB	EAB	8,1	10,1
Ni^{2+}	CPB	XO	—	12,2
Sc^{3+}	CTAB	EAB	8,1	10,1
Y^{3+}	CTAB	EAB	8,1	10,1

EAB: Eriochromazurol B, weitere Abkürzungen s. Tab. 19

126

bilden, wenn der Chelatbildner, wie z. B. das bereits genannte Brompyrogallolrot, bestimmte *strukturelle Voraussetzungen* erfüllt. Der Ligand sollte über
mehrere ionisierbare Gruppen verfügen, die durch Konjugation miteinander
verbunden sind und somit ein ausgedehntes π-Elektronensystem mit maxima-
ler Elektronendelokalisation bilden können. Außerdem ist wichtig, daß sich
die Tensidionen an funktionelle Gruppen am Reagenz binden können, die an
der Chelatbildung nicht beteiligt, aber direkt mit dem gesamten π-Elektro-
nensystem verbunden sind. Unter diesen Bedingungen ist der für die Lichtabsorption notwendige π-π^*-Übergang im mizellaren Milieu begünstigt.
Viele Chelatbildner aus der Reihe der Triphenylmethanfarbstoffe, z. B. **99**,
besitzen die geforderten Strukturmerkmale. Sie werden deshalb besonders
häufig für tensidsensibilisierte Nachweisreaktionen herangezogen.
Am *Beispiel* des $1:2:4$-Komplexes von Zinn(IV) mit Brenzcatechinviolett (BV) soll aus struktureller Sicht das Prinzip der mizellar begünstigten
Photometrie erläutert werden [671]:
Als Zentralion ist das Zinn über vier phenolische Hydroxylgruppen, deren
pK_S-Werte durch das mizellare Milieu erniedrigt wurden und die deprotoni-
siert vorliegen, mit zwei Ligandmolekülen chelatartig verbunden. Über das
ausgedehnte π-Elektronensystem der Triphenylmethylgruppe werden elek-
tronische Einflüsse des mizellar assoziierten Tensidkations bis zum Zentralion

Tabelle 16
Triphenylmethanfarbstoffe als Komplexliganden in der tensidsensibilisierten
Photometrie anorganischer Kationen. Als Tensid wurde Hexadecylpyridinium-
chlorid (CPC, s. **18 a**) eingesetzt [671, 42]

Komplex-bildner	Ion	pH-Bereich	λ max (nm)	ε max $\cdot 10^{-4}$		Störende Elemente
				Metall-chelat	Metall-chelat-Tensid	
BV	W^{VI}	$1-3$	210	4,0	8,0	Al, Cu, Ga, In
	Mo^{VI}	$2-4$	220	3,7	15,0	Cd, Sc, SE, V
	Ti^{IV}	$2-4$	280	—	9,2	Be, Pb, Th, Zn
	Ge^{4+}	$1-2$	240	2,3	9,0	Bi, Sb
CAS	Cu^{2+}	$6-8$	180	3,5	7,1	In, Pb, SE, Sn
	Al^{3+}	$5-7$	190	4,6	15,0	Mn
	Fe^{3+}	$4-7$	190	1,2	5,7	
	Be^{2+}	$5-7$	200	—	8,1	
SC	Al^{3+}	$5-8$	100	2,8	9,4	Cu
	Fe^{3+}	$2-4$	110	2,7	5,1	
PFDS	Ti^{IV}	$0,5-3$	150	—	12,0	Bi, Mo, Sb, Sn
	Zr^{IV}	$1-3$	130	—	10,0	Al, Co, Fe
	Ce^{4+}	$0,5-2$	140	—	13,0	
XO	SE^{3+}	$3-10$	100	—	6,5	Al, Be, Cu, Th
	Fe^{3+}	$4-5$	180	1,2	9,6	
	V^{V}	$2-4$	160	0,3	4,6	

SC: Sulfochrom, SE: Seltene Erden, weitere Abkürzungen s. Tab. 19

wirksam. Polare und hydrophobe Wechselwirkungen zwischen Komplex (**100**) und mizellarer Grenzschicht sind an der Stabilisierung des Komplexes beteiligt. Die vielseitige Anwendbarkeit von Chelatreagentien des Triphenylmethan-Typs geht aus Tabelle 16 hervor [638].

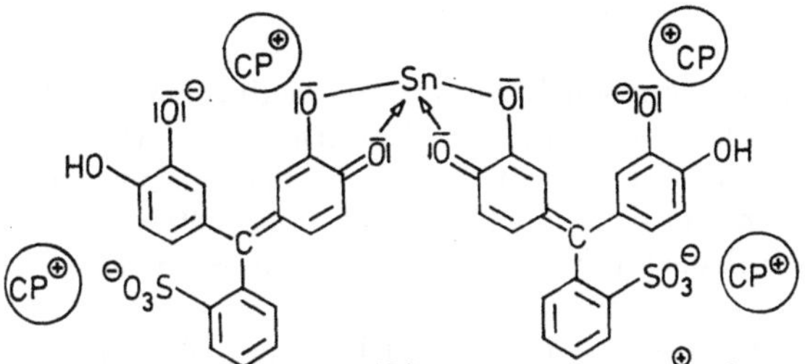

Die Bildung der Gemischtligandkomplexe kann von der Tensidstruktur deutlich beeinflußt werden. In Tabelle 13 sind dazu einige Beispiele aufgeführt. In jüngster Zeit haben sich bisquartäre, vom Ethylendiamin und höheren α, ω-Diaminen abgeleitete k-Tenside in der mizellaren Photometrie besonders bewährt [639]. Ein bekannter Vertreter dieser Tensidreihe ist das Ethonium, 1,2-Ethylen-di[(decyloxycarbonylmethyl)-dimethylammonium]-dichlorid (**101**). Tabelle 17 bringt analytische Daten der Komplexbildung von Seltenen Erden mit Brenzcatechinviolett und Ethonium (s. **101**), [640]. Entsprechend den allgemeinen Eigenschaften von Tensidmizellen haben Ionenstärke und Fremdionen einen deutlichen Einfluß auf tensidsensibili-

Tabelle 17
Tensidsensibilisierte photometrische Bestimmung der Seltenen Erden (SE) in Gegenwart des k-Tensids Ethonium (s. **101**) und Brenzcatecholviolett als metallochromes Reagenz [nach 584]

SE^{3+}	pH-Optimum	λ max (nm) ternärer Komplex	$\Delta \lambda$ (nm)	$\varepsilon \cdot 10^{-4}$
La	8,0—8,8	630	130	2,40
Ce	—	660	160	2,29
Pr	8,0—9,0	630	130	2,65
Nd	8,0—9,0	640	140	2,71
Sm	—	660	160	2,66
Eu	8,0—9,0	630	130	2,70
Gd	8,0—9,0	670	170	2,66
Tb	—	650	150	2,96
Dy	7,5—9,0	660	180	2,77
Ho	—	660	160	2,64
Er	7,5—8,8	640	140	2,63
Tm	7,6—9,0	640	140	2,66
Yb	7,5—8,5	640	140	2,87
Lu	7,5—8,5	630	130	2,82

[1]) $\Delta \lambda = \lambda$ max (SE-Ligand-Tensid-Komplex) $- \lambda$ max (SE-Ligand-Komplex)

128

sierte Komplexbildungsreaktionen [641, 642]. Die Ligand-Metallion-Reaktion an der Mizelloberfläche und vor allem auch hydrophobe Wechselwirkungen der Reaktionspartner werden durch Anionen in der bekannten Reihenfolge verstärkt [643]:

$$ClO_4^- > I^- > Br^- > NO_3^- > SCN^- > Cl^-$$

Somit kann die *Extrahierbarkeit* der Gemischtligandkomplexe durch Wahl des k-Tensidgegenions gezielt beeinflußt werden. Die Reaktion des Al^{3+} mit Chromazurol S ist in Gegenwart von Zephiramin (s. **17**) in allen analytischen Parametern von der Art des Gegenions abhängig [642—644, 659, 693].
Eine weitere Verbesserung sensibilisierter Nachweisreaktionen ist in Einzelfällen durch die Anwendung *polymerer Tenside* möglich. In einer vergleichenden Untersuchung bestimmten *Matsushita* et al. [645] Lanthan, Aluminium bzw. Beryllium mit XO, BV und CAS[1]) einmal in Gegenwart von Zephiramin und zum anderen mit Poly(vinylbenzyl)-triphenylphosphoniumchlorid (**102**). Die Gemischtligandkomplexe mit Verbindung **102** besitzen bei geringerem Reagenzeinsatz eine höhere Stabilität und bessere Löslichkeit in Wasser. Die molaren Absorptionskoeffizienten für die La- und Be-Komplexe mit dem

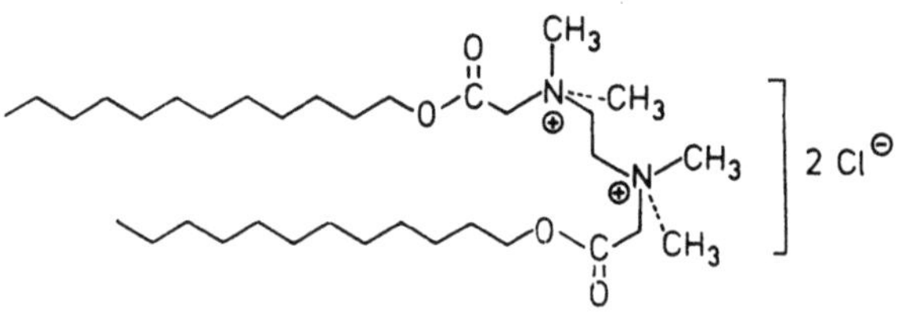

101 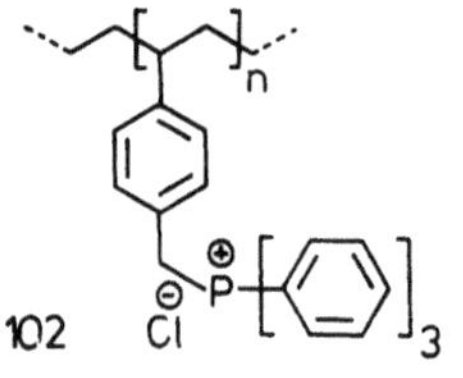   102

Tabelle 18
Eigenschaften (Absorptionsmaxima, Absorptionskoeffizienten und Stöchiometrie der Komplexbildung) von Gemischtligandkomplexen in wäßrigen Lösungen und nach Extraktion in organische Lösungsmittel [nach 584]

Komplex Me-R-T	Reaktionsbedingungen		λ max nm	ε max $\cdot 10^{-4}$	Stöchiometrie Me : R : T
	pH (wäßrige Phase)	Extraktionsmittel			
Al-BV-ETDAC	6	Butylacetat	597	8,4	1 : 2 : 3
Al-BV-CPC	5,8	Butanol	590	6,5	—
Be-CAS-CTAB	6	Wasser	612	9,0	—
	6	Butanol	596	5,8	1 : 2 : 4
Sc-XO-k-Tensid	—	Xylen	520	—	—
Sn-BV-CTAB	0,2—0,6 M HCl	Wasser	630	9,0	1 : 2 : 4
	0,2 M HCl	Chloroform	560	—	—

ETDAC:Ethyl-tridodecylammoniumchlorid, Me: Metallion, R: Reagenz, T: Tensid, weitere Abkürzungen s. Tab. 19

[1]) Xylenolorgane, Brenzcatecholviolett, Chromazurol S

Tabelle 19
Sensibilisierte photometrische bzw. extraktionsphotometrische (E) Bestimmung von Kationen als Gemischtligandkomplexe unter Beteiligung von kationischen oder nichtionischen Tensiden (Abkürzungen am Schluß der Tabelle)

Kation	Ligand	Tensid	pH-Optimum	λmax nm	εmax $\cdot 10^{-4}$	Lit. (E)
Gemischtligandkomplexe mit kationischen Tensiden						
Al^{3+}	BV	Zephiramin (17)	9,5	587	8,9	659
	CAS	CTAB	5,5—6,3	630	13,2	660
	BV	p-Tensid (102)	6,0	670	5,3	645
B^{III}	DHNS	CTAB	—	341	—	691 (E)
Be^{2+}	CBG	CTAC	5—6	626	9,3	661
	CAS	p-Tensid (102)	5,8—6,3	615	6,47	645
	CAS	Zephiramin	6,0—6,5	610	1,0	662
Bi^{3+}	CPA	CPC	—	683	11,4	663
	BPR	Septonex	1,7—2,9	635	—	653
Ca^{2+}	MTB	CPC	11,4	610	0,127	673, 674
Cd^{2+}	D	CPC	12,8	550	10,5	665
	PAR	Zephiramin	10,0	505	9,82	666
Co^{2+}	CPA	Zephiramin	9—10,5	695	—	667 (E)
Cu^{2+}	CAS	Zephiramin	5,2	610	14,0	645
	CAS	CTAB	6,8—7,2	625	12,2	660
Fe^{3+}	CAS	Zephiramin	4,9	634	15,0	668
	CAS	CTAB	4,0	645	13,5	669
				635	12,8	
Ga^{3+}	CAS	CTAB	4,5—5,3	620	12,4	660
	BPR	CPB	6,8—7,5	575	4,32	670 (E)
Ge^{4+}	DFF	CPC	0,2—2	—	13,0	671
Hg^{2+}	D	CPC	12,9	555	8,36	672
In^{3+}	CAS	CPC	5,2—5,4	615	7,4	660
	TCG	CPC	4,2—5,2	620	—	664
	BPR	CPB	6,8—7,5	575	3,55	670 (E)
Mg^{2+}	MTB	CPC	10,8	610	1,15	676
Mo^{VI}	PGR	CTAB	3,5—4,4	600	9,0	677
	BV	DODAC (20 a)	1,5	—	1,25	678
Nb^{V}	APAC	CPB	< 1	570	1,87	679
				645	0,84	
Ni^{2+}	PF	CTAB	8,5—10	620	10,4	680
	MTB	CPC	5,8	600	1,37	660, 674
Pd^{2+}	PGR	Septonex	5,5	620	—	681 (E)
Pb^{2+}	BPR	CTAB	5,0	630	—	684
Rh^{3+}	CAS	CPB	3,6—4,4	650	6,2	682
Sb^{3+}	BPR	CPB	0,9—1,6	570	$< 0,4$[1]	683
Sc^{3+}	CAS	CTAB	5,5—7,0	654	14,9	685
SE^{3+}	GTB	CPC,	8,0—8,5	660	0,035[1] Y-E.[2]	700
		BITC	—	—	0,050 Ce-E.[2]	
Sn^{2+}	BPR	CPB	—	550	3,0	686

Tabelle 19 Fortsetzung

Kation	Ligand	Tensid	pH-Optimum	λmax nm	εmax $\cdot 10^{+4}$	Lit. (E)
Te^{IV}	Iodid	CTAB	< 1	360	4,9	687
Th^{4+}	XO	CTAB	2,5	600	5,51	688
Ti^{IV}	BPR	CPB	2,5	620	4,03	671
UO_2^{2+}	CAS	Septonex	4,5	612	11,2	689
V^V	HOSB	Septonex	3,3—4	545	1,65	690
W^{VI}	G	CTAC	2,35	590	—	584, 664
Zn^{2+}	MTB	CPB	7,0	600	1,57	664
Gemischtligandkomplexe mit nichtionischen Tensiden						
Al^{3+}	CAS	OP-10	6,3—7,0	620—30	13,0	692
	BV	TPP				
		T X-100	9,1—9,5	710	6,4	648
	LG	n-Tensid	5,0	548	—	693 (F)[3]
Be^{2+}	CAS	T X-100	7,0	605	11,0	662
Cd^{2+}	CD	T X-100	—	480	0,01—0,2[1]	694
Co^{2+}	KSCN	T X-100	4,7	628	0,177	695
Cu^{2+}	PDC	T X-100	4,7—6,1	440	1,57	701
Eu^{2+}	TTA	TOPO/ T X-100	3,6	613		696 (F)[3]
Fe^{3+}	NH_4SCN	n-Tensid	1,2—3,5	485	1,88	584, 656
Mg^{2+}	XB	T X-100	10—10,5	515	0,005—0,015[1]	697
Mo^{VI}	HHP	n-Tensid	1,8	520	13,0	664, 584 (F)[4]
Ni^{2+}	TADF	T X-100	6,7—8,5	560[5]	—	697
Ni^{2+}	NPAN	T X-100	8,5	632	7,4	699
Zn^{2+}	PAR	T X-100	10,0	550		697 (E)

Reagentien: **Tenside:** s. S. 132

APAC	4-Arsono-azo-chromotropsäure
BPR	Brompyrogallolrot
BV	Brenzcatecholviolett
CAS	Chromazurol S
CBG	Chromalblau G
CD	Cadion 2B
CPA	Chlorphosphoazo III
D	Dithizon
DHNS	1,8-Dihydroxynaphthalin-4-sulfonsäure
G	Gallein
GTB	Glycinthymolblau
HHP	2-Hydroxyhydrochinonphthalein
HOSB	5-Hydroxy-6-(2-Hydroxy-5-sulfophenylazo)benzophenazin
LG	Lumogallion
MTB	Methylthymolblau
NPAN	2-(5-Nitro-2-pyridylazo)-1-naphthol
PAR	2-Pyridyl-azo-resorcin
PDC	Pyrrolidindithiocarbaminsäure, Natriumsalz
PF	Phenylfluoron
PFDS	Phenylfluoron-disulfonsäure
PGR	Pyrogallolrot
TADF	2-(2-Thiazolyl-azo)-5-dimethylaminophenol
TCG	3,4,5,6-Tetrachlorgallein
TOPO	Tri-n-octyl-phosphinoxid
TTA	2-Thenolytrifluoraceton
XB	Xylidinblau
XO	Xylenolorange

Tenside:

Septonex	Carbethoxypentadecyl-trimethylammoniumbromid
CPB	Cetylpyridiniumbromid
BITC	Benzylisothiuroniumchlorid
OP-10	Polyethylenglycol[10—12]-4-alkylphenylether (Alkyl: C_8—C_{10})

[1]) Nachweisgrenze in $\mu g \cdot ml^{-1}$
[2]) Yttererden, Ceriterden (Untergruppen der Seltenen Erden)
[3]) fluorimetrische Bestimmung
[4]) photometrische und fluorimetrische Bestimmung
[5]) Es wird die Absorptionsdifferenz bei 560 und 480 nm gemessen.

polymeren k-Tensid **102** liegen etwas niedriger als die Werte für die entsprechenden Komplexe mit Zephiramin. Das unterschiedliche mizellare Verhalten normaler und polymerer Tenside erklärt die beobachteten Ergebnisse. Bisher wenig untersucht ist die *Rolle inverser Mizellen* beim Phasenübergang (Wasser — organisches Lösungsmittel) der Komplexe [646]. Verglichen mit der wäßrigen sind in der organischen Phase die Absorptionsmaxima der Komplexe hypsochrom verschoben und die Extinktionskoeffizienten verringert. Tabelle 18 bringt dazu einige ausgewählte Beispiele. Werden Metallextraktionen im präparativen Maßstab mit entsprechend hohen Reagenzkonzentrationen durchgeführt, so ist möglicherweise mit der Bildung von w/o-Mikroemulsionen zu rechnen.

Es wurde bereits erwähnt, daß prinzipiell auch nichtionische Tenside für den sensibilisierten Metallionennachweis geeignet sind [647, 648]. Diese Tatsache unterstreicht die Bedeutung mizellarer Vorgänge für die Bildung der Gemischtligandkomplexe aus Reagenz, Metallion und Tensid. Die durch n-Tenside sensibilisierten Nachweisreaktionen werden durch Neutralsalze weniger stark beeinflußt als die Komplexbildung mit k-Tensiden [649]. Beispiele für die Anwendung von n-Tensiden in der Photometrie bzw. Extraktionsphotometrie bringt die Tabelle 19.

Die Diskussion über den *Mechanismus* mizellar sensibilisierter Komplexbildungsreaktionen ist noch nicht abgeschlossen [650—655]. Als sicher gilt, daß die Tensidmizelle entscheidend für den gesamten Reaktionsablauf ist, der nach den im Kapitel 2.3.2. genannten Gesetzmäßigkeiten gesteuert werden kann. Es ist nicht möglich, die k-Tenside durch nichtmizellbildende quartäre Ammoniumhalogenide, z. B. Tetrabutylammoniumbromid, zu ersetzen.

Anionische Tenside wurden bisher nur vereinzelt für die Sensibilisierung von Komplexbildungsreaktionen genutzt [656]. *Ishi* et al. beschreiben die photometrische Bestimmung von Kupfer mit Tetraphenylporphyrin in Gegenwart von SDS bei pH 4,7 und 414 nm. Die photometrische Bestimmung von Zink mit 2-(3,5-Dibrom-2-pyridylazo)-5-diethylaminophenol in Gegenwart anionischer Tenside wird von *Zhe* et al. vorgeschlagen [657]. Da in der Photometrie für die Bestimmung von Metallionen meist negativ geladene metallochrome

Reagentien als Liganden Verwendung finden, werden k-Tenside weit häufiger eingesetzt als a-Tenside.

Aus stark alkalischer Lösung können Lanthanide und Actinide als Komplexe der Diethylentriaminpentaessigsäure (DTPA) mit 4-(1,1-Dioctylethyl)-brenzcatechol (**103**) extrahiert werden [658]. Die Verbindung **103** verhält sich bei pH-Werten > 11 zweifellos als ein a-Tensid (**103b**) mit einem Diphenolatrest als polare Kopfgruppe.

Zusammenfassend kann festgehalten werden, daß Tenside die Nachweismöglichkeiten für zahlreiche Elemente wesentlich erweitert haben. Tensidvermittelte photometrische Bestimmungen von Metallionen zeichnen sich durch höhere Empfindlichkeit und erhöhte Stabilität der Gemischtligandkomplexe aus. In der Regel sind diese Komplexe leicht in organischen Lösungsmitteln löslich und extraktionsphotometrisch bestimmbar. Als nachteilig ist zu vermerken, daß die mizellar vermittelte Komplexbildung nur in einem relativ engen Konzentrationsbereich optimale Ergebnisse bringt. Die Intensität der Farbreaktionen wird von einem Überschuß an Tensid und Reagenz negativ beeinflußt. Neuere Beispiele für tensidsensibilisierte photometrische Reaktionen sind in der Tabelle 19 zusammengestellt. Weitere ausgezeichnete Zusammenfassungen finden sich bei *Hinze* [42], *Pilipenko* und *Tananajko* [584].

Eine zusätzliche Sensibilisierung der Komplexbildung in Gegenwart von k-Tensiden ist durch die Einbeziehung organischer Basen als vierte Komponente möglich. Die selektive Bestimmung der Yttrium-Subgruppe der Seltenen Erden als quartäre Komplexe mit der Zusammensetzung Lanthanidion : Glycinthymolblau : CPC : Benzylisothioharnstoff (1 : 3 : 3 : 3) beschreiben *Kirillov* et al. [700]. Als Maskierungsmittel unterbindet Natriumfluorid die Bildung von Komplexen mit Lanthan, Praseodym, Cer und Neodym.

Zum Schluß sei noch auf die Möglichkeit der *Bestimmung von Anionen* durch Extraktionsphotometrie in Gegenwart von n-Tensiden hingewiesen. Die Extraktion anionischer Metallkomplexe, z. B. von Tetrathiocyanatocobaltat(II), gelingt mit Hilfe von n-Tensiden und erlaubt die Bestimmung dieser Tenside sowie des komplexierten Schwermetallions [701]. Auch hydrophile anorganische Anionen, z. B. Sulfat, können in Gegenwart von Kristallviolett und dem n-Tensid Span 20 (Sorbitan-monolaurat, HLB = 8,6) mit Toluen extrahiert werden. Die beschriebene Methode ermöglicht die Bestimmung von Sulfat nach Abtrennung von Chlorid (als AgCl) in natürlichen Wasserproben. Im Bereich zwischen 2,4 und 24 mg · l⁻¹ zeigt die Eichkurve einen linearen Verlauf [702]. Weitere Beispiele sind die Bestimmung von Nitrit mit 4-Nitroanilin und 2-Methyloxychinolin in CTAB-Lösung und die indirekte Erfassung von Cyanid über die Farbreaktion von Silber bzw. Kupfer mit Cadion 2 B und Triton X-100 [703, 704]. Eine analoge Ligandaustauschreaktion eignet sich für den Nachweis von Sulfid [705].

3.5. Tenside in der Atomabsorptionsspektralphotometrie (AAS)

Tenside ermöglichen nicht nur eine rationelle Aufbereitung biologischen Materials für die AAS [494—495] durch Anwendung mizellarer Systeme, Mikroemulsionen und Emulsionen (s. Kap. 3.1.), sondern auch die *gezielte Beeinflussung* weiterer Teilschritte des Meßvorganges. So ist in der *AAS* eine stabile Ansaugung und Zerstäubung der wäßrigen oder nichtwäßrigen Probelösungen oft entscheidend für den Erfolg der eigentlichen Messung. Es gilt, die Probelösung in möglichst kleine und gleichartige Tröpfchen zu zerstäuben und diese ohne große Verluste der Flamme zuzuführen. Außer von technischen Faktoren wird dieser Prozeß von der Viskosität, der Oberflächenspannung, dem Gehalt organischer Lösungsmittel und anderer Zusätze sowie der Matrixbestandteile der Probelösung stark beeinflußt. Zusätze an oder die ausschließliche Verwendung von organischen Lösungsmitteln können die Nachweisgrenzen deutlich herabsetzen, allerdings auch das Brennverhalten der Flamme negativ beeinflussen.

Eine *Stabilisierung der Zerstäubungs-* und *Atomisierungsprozesse* wird beobachtet, wenn die Probelösungen Tenside enthalten [42]. Auf diese Weise werden in der Regel die Nachweisgrenzen herabgesetzt und die Reproduzierbarkeit der Methode verbessert. Eine umfassende Erklärung dieses *Tensideffektes* liegt noch nicht vor. *Kodama* et al. [706] stellten fest, daß z. B. die Bestimmung von Chrom(VI) in Gegenwart von Tensiden (SDS) durch Ausschaltung von Interferenzen mit sehr guter Reproduzierbarkeit möglich ist. Bereits geringe Zusätze an ionischen Tensiden (50 mmol $\cdot$ l^{-1} SDS bzw. Dodecyltrimethylammoniumchlorid) verringern den Tröpfchendurchmesser im Aerosol der zerstäubten Probe um die Hälfte bei gleichzeitig verbesserter Größenverteilung. Als Erklärung für die tensidbedingte Erhöhung der Absorptionswerte für Kupfer, Chrom, Mangan, Nickel, Calcium und Magnesium bei ihrer Bestimmung mit Hilfe der AAS werden Umverteilungsvorgänge des ionischen Analyten in den sehr kleinen Aerosoltröpfchen diskutiert [707]. Kationische und nichtionische Tenside zeigten in diesem Fall nur einen geringen Effekt.

Eine umfassende Studie über die AAS-Bestimmung von Kupfer untersucht den Einfluß von a/k- sowie n-Tensiden auf das Verhalten der Probe während des Zerstäubungs- und Atomisierungsvorganges. Danach zeigen Tenside mit entgegengesetzter Ladung der Kopfgruppen — bezogen auf den Analyten — und bei Konzentrationen etwas unterhalb der CMC den deutlichsten Effekt auf Empfindlichkeit und Nachweisgrenzen der Bestimmungsmethode [708].

Die AAS-Bestimmung von Titan und Zirconium wird bereits durch geringste Zusätze an *perfluorierten Tensiden* (Ammoniumperfluoroctansulfonat, 0,4 mg $\cdot$ ml^{-1}) hinsichtlich Nachweisgrenze und Reproduzierbarkeit positiv beeinflußt [141]. Neben der Tensidwirkung ist die aus der Perfluorverbindung in situ freigesetzte Fluorwasserstoffsäure als modifizierendes Agens während des Atomisierungsvorganges wirksam. Eine vergleichbare Signalverstärkung wird nicht beobachtet, wenn der Probelösung Ammoniumdodecylsulfonat/Fluorwasserstoff zugesetzt wird.

Im Kapitel 3.1. wurde bereits die Anwendung von Emulsionen in der Proben-
aufbereitung für die AAS-Analytik erwähnt. Die homogene Verteilung des
Probengutes als w/o- bzw. o/w-Mikroemulsion kann mithelfen, schwierige
Probleme der Probenchemie nicht nur für die AAS, sondern auch für die
ETA-AAS zu lösen. Der geringe Teilchendurchmesser von Tensidassoziaten
in Mikroemulsionen von etwa 20—500 nm ermöglicht eine stabile Zerstäubung
bzw. Verdampfung der Probelösung im Brenner (AAS) bzw. Atomizer (ETA-
AAS). Weitere grundlegende Untersuchungen über das Zerstäubungs- und
Verdampfungsverhalten mizellarer Lösungen oder von Mikroemulsionen sind
jedoch notwendig, um eine optimale Anwendung der Tenside in der AAS zu
ermöglichen [508—511].

Pramauro et al. [512] beschreiben die rationelle Probenaufbereitung von
Schmierölen durch Überführung in *Mikroemulsionen* mit einem Teilchendurchmesser von 25 nm. Transparente o/w-Mikroemulsionen bilden sich,
wenn das Probengut mit Brij 35 (s. **30**) als Emulgator und n-Octanol als
Cotensid behandelt wird [vgl. 500]. Die so aufbereiteten Ölproben wurden für
die spektroskopische Untersuchung der Metallkontamination eingesetzt. Es
ist anzunehmen, daß in den im Kapitel 3.1. beschriebenen Gewebesolubilisa-
ten ebenfalls Mikroemulsionen vorliegen. Die damit verbundene beträchtliche
Wassersolubilisation bedingt in der Regel einen Übergang invers-mizellarer
Systeme in Mikroemulsionen. Allgemein empfehlen sich als Tenside für die
Solubilisation von Probengut in der AAS, insbesondere für Mikroemulsionen,
nichtionische bzw. Verbindungen mit flüchtigen Gegenionen, um Matrixstörungen zu vermeiden.

Tenside vermögen in der AAS mindestens drei wichtige *Funktionen* zu erfüllen:

— die Solubilisation von Probenmaterial,
— die günstige Beeinflussung vielfältiger Vorgänge, die im Verlauf der Proben-
  verdampfung und Atomisierung an Grenzflächen ablaufen und
— die Unterdrückung störender Matrixeinflüsse.

3.6. Tenside in der Fluorimetrie, Chemilumineszenz-analyse und Raumtemperaturphosphorimetrie

Fluorimetrische Analysenverfahren haben in der *Spurenanalytik* anorganischer und organischer Verbindungen aufgrund ihrer hohen Empfindlichkeit
und Selektivität einen festen Platz gefunden.

Wesentliche Verbesserungen der experimentellen Technik förderten diese
Entwicklung. Demgegenüber wurden Möglichkeiten der effizienten Nutzung
bekannter physikalisch-chemischer und photo-physikalischer Phänomene für
die Fluorimetrie und die Phosphorimetrie weniger beachtet. Erst in den
letzten Jahren erkannte man, daß mizellare Systeme hervorragende Medien
für die Fluoreszenzmessung und die Phosphorimetrie darstellen [41, 42,
134].

3.6.1. Mizellar beeinflußte Fluorimetrie

Die Untersuchung des Fluoreszenzverhaltens vieler Moleküle in mizellarer
Umgebung diente in der Vergangenheit dazu, vor allem Aussagen über Struktur und Eigenschaften der Mizellen und anderer Tensidassoziate zu erhalten.
Dabei wurde für fluoreszierende Moleküle in mizellarer Phase eine andere
Fluoreszenzcharakteristik gefunden als in wäßriger Lösung. Nach Bindung
an oder Aufnahme in die Mizelle kann die Fluoreszenzintensität einer Verbindung um Größenordnungen anwachsen, da sie vor verschiedenen *Lösch-
effekten* geschützt ist. Darunter versteht man alle Einflüsse, die zu einer Ver-
minderung der Fluoreszenzquantenausbeute führen. Zu berücksichtigen ist
vor allem die Fluoreszenzlöschung durch Fremdsubstanzen (Löscher, Quen-
cher), wie Sauerstoff und Verbindungen, die Elemente mit Ordnungszahlen
> 15 enthalten. In diesem Fall beruht die Fluoreszenzlöschung auf dem
sogenannten „äußeren Schweratomeffekt" [134, 709]. Aufgrund dieser Stör-
einflüsse konkuriert der angeregte Singulettzustand eines fluoreszierenden
Moleküls mit zahlreichen Prozessen, die zu einer strahlungslosen Desaktivierung des angeregten Zustandes führen oder die Anregung überhaupt verhindern. Die genannten strahlungslosen Desaktivierungsprozesse sind in mizellaren Lösungen weniger wirksam, da das fluoreszierende Molekül sich in der
Mizelle in einem Milieu mit deutlich herabgesetzter Polarität und erhöhter
Viskosität befindet und vor äußeren Quenchern abgeschirmt ist. Insgesamt
führt die *mizellare Fluoreszenzbeeinflussung* in vielen Fällen zu niedrigeren
Nachweisgrenzen und erhöhter Empfindlichkeit verglichen mit „nichtgeord-
neten" Lösungen.
Unter diesem Gesichtspunkt beschrieben erstmals *Ishibashi* und *Kina* [710]
die Eignung mizellarer Systeme für die fluorimetrische Bestimmung von
Metallchelatkomplexen (Tab. 20). In Gegenwart von Tensiden werden Steige-
rungen der Empfindlichkeit für viele fluorimetrische Bestimmungen um den
Faktor 6—20 beobachtet. Die Stöchiometrie und die Geschwindigkeit der
Komplexbildungsreaktion können in mizellarer Phase deutlich beeinflußt
werden [711]. Es ist auch möglich, Ligand- und Tensideigenschaften in einem
Molekül zu kombinieren. Das funktionalisierte Tensid Dodecylluminogallion
(**104**) ist ein empfindliches Reagenz für die fluorimetrische Bestimmung von
Gallium [712]. In Tabelle 20 sind einige Beispiele für die mizellar verstärkte
Fluoreszenz bei der fluorimetrischen Bestimmung verschiedener Elemente
zusammengestellt.

In mizellarer Lösung ist nicht nur die Fluoreszenzintensität vieler anorganischer Metallkomplexe erhöht, sondern auch die zahlreicher *organischer Verbindungen* (Tab. 21). Die Struktur des Analyten und des mizellar assoziierten
Tensids bestimmen den Grad der Intensitätserhöhung bei der fluorimetrischen Messung. Genauigkeit und Präzision der Messung werden ebenfalls verbessert. Einen Eindruck von der Vielzahl der fluorimetrisch in Gegenwart

Tabelle 20
Fluorimetrische Metallionenbestimmung in Gegenwart von Tensiden
und mizellare Fluoreszenzverstärkung [42]

Ion	Chelatbildner	Tensid	Empfindlichkeitssteigerung (Faktor)	
Al^{3+}	Lumogallion	Antarox CO-890[1])	6	
Al^{3+}	Eriochromblauschwarz	Triton X-100	6	
Al^{3+}	Morin	Tergitol XD[2])	10	
Ga^{3+}	Lumogallion	Polyethylenglycol-dodecylether	10	
Ga^{3+}	n-Dodecyllumogallion	n-Dodecyllumo-gallion	> 8	[712]
SE^{3+}[3])	8-Hydroxychinolin-5-sulfonsäure	CTAB	$2-20$	
SE^{3+}[3])	Thenoyltrifluoraceton Trioctylphosphinoxid	Triton X-100	50 (für Tb)	
Mo^{VI}	o-Hydroxychinon-phthalein	n-Tenside	—	
Nb^{VI}	Morin	CTAB	25	
Sc^{3+}, Y^{3+}	8-Hydroxychinolin	CTAC	—	
Zn	8-Hydroxychinolin-5-sulfonsäure	Zephiramin	18	

[1]) polyethoxyliertes Alkylaminoamid, n-Tensid,   [2]) n-Tensid,   [3]) Seltene Erden

von Tensiden bestimmbaren organischen Verbindungen und biochemisch
relevanten Stoffen vermittelt Tabelle 21.
Für die *Biochemie* und *klinische Chemie* ist von besonderer Bedeutung, daß
sich viele biologisch aktive Stoffe durch Reaktion mit *Fluoreszenzmarkern* in
Verbindungen überführen lassen, deren Fluoreszenz mizellar verstärkt werden
kann. Mizellare Lösungen und Wirt-Gast-Komplexbildner (Cyclodextrine)
werden als Sprayreagentien für den DC-Nachweis dansylierter Aminosäuren
vorgeschlagen. Tenside und Cyclodextrine bewirken je nach Typ der stationären Phase und Struktur der DC-getrennten Verbindungen eine deutliche
Fluoreszenzverstärkung [713].
Zahlreiche Verbindungen lassen sich durch *Derivatisierung* mit geeigneten
Reagentien in fluoreszierende Produkte überführen, deren Fluoreszenz durch
Tenside weiter verstärkt werden kann. Die Leistungsfähigkeit fluorimetri-
scher Methoden im Ultramikrobereich wird von *Zawieja* et al. am Beispiel
einer Proteinbestimmung demonstriert [714]. Die von ihnen ermittelte Nachweisgrenze liegt bei 34 pg[1]) Protein in einer 125-pl[1])-Probe. Das Reagenz enthält in gepufferter Lösung neben o-Phthalaldehyd und 2-Mercaptoethanol
etwa 7% Brij 35 (s. **30**). Das Tensid ist für die Nachweisreaktion wesentlich.
Es ist jedoch nicht geklärt, ob es tatsächlich eine mizellare Fluoreszenzverstärkung bewirkt.
In einer Studie von *Grases* et al. [715] wird der *Einfluß* von 45 Tensiden auf die

[1]) Pikogramm, 10^{-12} g; Pikoliter, 10^{-12} l

Tabelle 21
Verstärkungsfaktoren für die mizellar verstärkte Fluoreszenz organischer Verbindungen in wäßriger, luftgesättigter Lösung bei 25 °C [42]

Verbindung	Tensid	Verstärkungsfaktor[1]
Farbstoffe		
Cyaninfarbstoffe	SDS	4—20
	CTAC	1,5—1,6
Erythrosin	CTAC	5,0
	Brij 35	4,0
Aromaten		
Pyren	SDS	2,3
	CTAC	3,1
	T X-100	6,6
Naphthalin	T X-100	2,3
N-Phenylnaphthalin	SDA	16,8
	CTAC	20,3
4-Aminophthalimid	CTAC	5
	SDS	3
4-Amino-N-methylphthalimid	SDS	4
	Brij 35	42,4
Diphenyl	SB-12 **(22)**	1,4
4-Hydroxydiphenyl	CTAC	2,8—9
3,4-Dihydroxydiphenyl	CTAC	1,9—6,4
	STS **(8)**	10,1
3,5',5,5'-Tetramethylbenzidin	CTAB	24,7
	CTAC	31,4
	SDS	38,6
N,N,N',N'-Tetramethylbenzidin	CTAB	7,2
	CTAC	9,3
	SDS	10,5
Biochemisch und pharmakologisch relevante Stoffe		
Retinol	T X-100	3,0
a-Tocopherol	Brij 35	6,0
	SDS	4,2
Albumin[2]	Brij 35	—
Insulin	CTAC	1,8
Dansylamino-Säuren[3]	CTAC	10—20
	SDS	8—13
	SB-12	7—11
Bisacodil	Brij 98[4]	15
1-Alkylthio-2-alkylisoindole	CTAC	1,1—25
	CTAB	1,1—5
	Brij 35	4—10

[1] Der Verstärkungsfaktor ist der Quotient aus den Fluoreszenzintensitäten in mizellarer und wäßriger Lösung

[2] Die Nachweisreaktion für Aminogruppen nach *Roth* beruht auf ihrer Umsetzung mit o-Phthaldialdehyd und Mercaptoethanol.

[3] aus Aminosäuren durch Umsetzung mit Dansylchlorid (N, N-Dimethylaminonaphthalin-5-sulfonylchlorid) gebildete Sulfonamide

[4] Polyethylenglycol[20]-oleylether, HLB = 15,3

Fluoreszenzintensität von 12 organischen Reagentien untersucht Bis auf eine Ausnahme (Dodecyl-benzyldimethylammoniumchlorid) handelt es sich um n-Tenside. Die Autoren nehmen an, daß vor allem relativ flexible organische Moleküle in ihrem Fluoreszenzverhalten durch Tensidassoziate beeinflußbar sind. Für starre aromatische Systeme, wie die Anthrachinone, gilt dies nur bedingt. Flexible Moleküle können nach mizellarer Solubilisation eine stärkere Einebnung erfahren als dies bei vielen aromatischen Gastmolekülen noch möglich ist. Ein starres, ebenes und ausgedehntes π-Elektronensystem ist jedoch nur eine, wenn auch wesentliche Voraussetzung für die Fluoreszenzanregung. Maximale Quantenausbeuten sind von weiteren bereits genannten Faktoren abhängig (s. S. 136). In mizellarer Umgebung ist die Fluoreszenzintensität von Gastmolekülen auch durch deren Abgrenzung von Quenchern in der Hauptphase erhöht. Nach *Hinze* [134 u. loc. cit.] gewähren anionische Mizellen in der Regel die beste Abschirmung vor anionischen Quenchern und umgekehrt. Erwartungsgemäß sind nichtionische Tenside in beiden Fällen wirksam. So sinkt das Fluoreszenzsignal für Anthracen in Gegenwart eines wirksamen Quenchers (Iodid) auf 13% der Ausgangsintensität, um nach Zugabe von SDS wieder 80% des Normalwertes zu erreichen.

In jüngster Zeit weisen *Patonay* et al. [716] darauf hin, daß eine tatsächliche Fluoreszenzverstärkung durch Tenside nur vorliegt, wenn sich die Messungen auf gleiche Konzentrationen der untersuchten Verbindung in wäßriger und mizellarer Phase (oder Cyclodextrinlösung) beziehen. *Patonay* et al. beschreiben entsprechende experimentelle Techniken, um dies zu gewährleisten. Für die praktische Anwendung der Fluoreszenzverstärkung ist der Gesamteffekt wichtig, in den die durch Solubilisation erhöhte Konzentration des Analyten mit eingeht.

Abschließend sei vermerkt, daß Fluoreszenzmessungen in mizellarer Lösung auch für die *praktische Durchführung* Vorteile bringen. Die mizellare Solubilisation eliminiert viele Löslichkeitsprobleme, die mit den Analyten oder Reagentien verbunden sein können. Ein Arbeiten unter Luftausschluß und Entgasen der Analysenlösungen ist meist nicht notwendig. In einigen Fällen werden sogar eine *mizellare Reaktionsbeschleunigung* (s. Kap. 4.1.) und damit verbundene kürzere Analysenzeiten beobachtet. So sinkt der Zeitaufwand für eine Cyanidbestimmung mit 1,4-Naphthochinon von 90 min in wäßriger auf 5 min in mizellarer Phase (0,015 mol CTAB), [134]. Störende *Matrixeffekte* werden in vielen Fällen unterdrückt. Auch für fluorimetrische Bestimmungen nach dem Additionsverfahren gelten hinsichtlich matrixbedingter Löslichkeitsprobleme weniger Einschränkungen. Beispielsweise steigt die Löslichkeit von Anthracen in Wasser ($2,2 \cdot 10^{-7}$ mol $\cdot$ l^{-1}) nach Zugabe von CTAC ($0,025$ mol $\cdot$ l^{-1}) um den Faktor 10^5 [134]. Die Tensidkonzentration ist allgemein wenig problematisch, sie muß oberhalb der CMC liegen. Allerdings sind an die Reinheit der eingesetzten Tenside höhere Anforderungen zu stellen, um vor allem störende Fluoreszenzen durch Fremdstoffe auszuschließen.

Die mizellar verstärkte Fluoreszenz ist zwar noch Gegenstand grundlegender Untersuchungen, jedoch zeichnet sich bereits eine intensive praktische Nutzung dieser einfachen Methode in der anorganischen und organischen Analytik ab. Bisher kaum untersucht sind Lösungen weiterer Tensidassoziate (inverse Mizellen, Mikroemulsionen u. a.) auf ihre Eignung als,, Fluoreszenzverstärker".

3.6.2. Mizellar beeinflußte Chemilumineszenzanalyse

Die Fähigkeit einiger Verbindungen, in Gegenwart von Redoxpaaren Licht
zu emittieren (Chemilumineszenz, CL), ist die Grundlage für den empfindlichen Nachweis vieler, auch biochemisch interessanter Verbindungen, wie
z. B. Ascorbinsäure, Harnsäure, Glucose, Glutathion u. a. [717]. Für die
leistungsfähige und wenig aufwendige Methode stehen gegenwärtig allerdings
nur relativ wenige chemilumineszenzfähige Verbindungen zur Verfügung.
Begrenzende Faktoren für die weitere praktische Anwendung dieser Methode
sind: Löslichkeitsprobleme, hohe Reagenzkosten, oft extrem enge pH-Ar-
beitsbereiche und die zum Teil geringe Spezifität bzw. Präzision.
Einige der genannten experimentellen Probleme können durch die Anwendung mizellarer Systeme gelöst werden. Mizellen mit ihrer Fähigkeit, Analyte
zu solubilisieren, zu konzentrieren, geordnet anzulagern und die Mikroumgebung solubilisierter Verbindungen bezüglich Polarität, Viskosität,
Acidität und dielektrischen Verhaltens zu beeinflussen, bieten ein geeignetes
Milieu für Chemilumineszenzreaktionen. Außerdem zeigen Solubilisate in
mizellarer Phase veränderte spektrale und photophysikalische sowie chemische Eigenschaften.
Für das System Lucigenin—Reduktionsmittel—Tensid—Wasser wurde von
Hinze et al. [134] eine um den Faktor 1,4—4 erhöhte Chemilumineszenzinten-
sität im Vergleich mit wäßrigen Systemen nachgewiesen. Löslichkeitsprobleme werden durch mizellare Solubilisation überwunden. Damit erweitert
sich auch die Palette der nutzbaren chemiluminesziierenden Verbindungen.
In mizellarer Umgebung sind offensichtlich die Reaktionsgeschwindigkeit
und die Effizienz der Anregung gesteigert. Das führt zu einer höheren Empfindlichkeit und einem größeren Linearitätsbereich der Eichkurven. Angesichts der Vielfalt an verfügbaren Tensiden und davon abgeleiteten funktionalisierten Derivaten erwarten die Autoren weitere Fortschritte für die
mizellar verstärkte Chemilumineszenz durch optimale Anpassung an das
mizellare System und umgekehrt. Analytisch bedeutsam ist der Befund, daß
in mizellarer Lösung die Lucigeninreduktion bei weniger extremen pH-Werten abläuft (bei pH 12,9 anstatt 13,75 in wäßriger Phase).
Weitere Arbeiten über die analytische Anwendung der mizellar verstärkten
Chemilumineszenz werden bei *Hinze* et al. [134] zitiert. Nicht nur die chemisch ausgelöste, sondern auch die elektrochemisch erzeugte Lumineszenz
(Elektrolumineszenz) kann mizellar verstärkt werden [loc. cit. 717 u. 718].
Prinzipiell gelten ebenfalls für andere Tensidassoziate die oben genannten
Voraussetzungen für eine Intensitätserhöhung der CL in geordneten Strukturen. Nach *Nikokavourus* et al. [719] wird die Effizienz der Lucigeninreak-
tion in Lösungen, die lamellare Aggregate zweiarmiger k-Tenside (Didodecyldimethylammoniumbromid) enthalten, sogar um den Faktor 5—12 erhöht
[720].
Die CL von Lucigenin kann in wäßriger Lösung auch durch Cyclodextrine —
vor allem β-Cyclodextrin (s. 1) ist wirksam — wesentlich verstärkt werden
[90]. Man nimmt an, daß durch Wirt-Gast-Komplexbildung zwischen 1 und
einem Intermediat der Lucigenin-CL-Reaktion die Anregungsbedingungen
verbessert und die Reaktionsgeschwindigkeit gesteigert werden. Für mizellare

140

Systeme gilt, daß die Quantenausbeute und die Effizienz des Anregungsschrittes der CL-Reaktion durch Solubilisation des Intermediates in der weniger polaren Mizellregion erhöht sind [721].

3.6.3. Mizellar stabilisierte Raumtemperaturphosphorimetrie (RTP)

Die Lichtemission eines angeregten Moleküls aus dem Triplettzustand wird als *Phosphoreszenz* bezeichnet [722]. Als Grundlage für eine analytische Bestimmungsmethode (Phosphorimetrie) wurde die Phosphoreszenz von *Keirs* et al. [loc. cit. 723] vorgeschlagen. Der Übergang eines Elektrons in den Triplettzustand als Voraussetzung für Phosphoreszenz kann normalerweise nicht auf direktem Wege erfolgen, da es sich um einen verbotenen Übergang handelt. Möglich ist aber ein *Intersystem-Crossing-Übergang* aus dem niedrigsten angeregten Singulettzustand. Dieser Vorgang kann durch Schweratomeffekte (s. u.) gefördert werden. Verglichen mit der Fluoreszenz erfolgt die Lichtemmission bei der Phosphoreszenz grundsätzlich bei längeren Wellenlängen. Eindeutig lassen sich Phosphoreszenzerscheinungen von der Fluoreszenz aufgrund der unterschiedlichen Lebensdauer der angeregten Zustände abgrenzen. Die Übergangsdauer eines Elektrons aus dem angeregten in den Normalzustand beträgt für die Phosphoreszenz 1–100 ms und für die Fluoreszenz 1–100 ns. Während dieser „langen" Übergangszeiten sind strahlenlose Desaktivierungsvorgänge möglich. Um nun diese Störeffekte auszuschließen und ein Signal zu erhalten, muß entweder bei tiefen Temperaturen (77 °K) oder nach Adsorption der Probensubstanz an feste Oberflächen gemessen werden [716, 722]. Die genannten ungünstigen experimentellen Bedingungen standen einer breiten Anwendung dieser empfindlichen Analysenmethode entgegen. Bei Raumtemperatur waren phosphorimetrische Messungen nur unter besonderen Bedingungen möglich [723].
Nach der Entdeckung von *Cline-Love* [724], daß in mizellarer Lösung bei Raumtemperatur phosphorimetrische Messungen möglich sind, war der Weg frei für zahlreiche praktische Anwendungen dieser Methode.
Wie in der Fluorimetrie schirmt die Tensidmizelle den Analyten vor Quenchern einschließlich Sauerstoff in der wäßrigen Hauptphase ab und ermöglicht optimale Bedingungen für den Phosphoreszenzvorgang. Hinzu kommt, daß viele phosphoreszenzfähige unpolare Verbindungen problemlos mizellar solubilisiert werden können. Oft wird eine analytisch nutzbare Phosphoreszenz nur in Gegenwart schwerer Atome, die das Intersystem-Crossing erleichtern (Schweratomeffekt), beobachtet. Von zahlreichen Tensiden, insbesondere von den Sulfaten und Sulfonaten, sind gut lösliche und leicht darstellbare Schwermetallsalze bekannt. So bewährt sich das Thallium-(I)-dodecylsulfat als „Verstärker" der Phosphoreszenz [41] durch Löschen des Fluoreszenzsignales und Begünstigung des Intersystem-Crossing.
Die *mizellar stabilisierte RTP* (MS-RTP) eignet sich hervorragend für den Nachweis kondensierter Aromaten wie Naphthalin, Diphenyl und Pyren mit Nachweisgrenzen von $6 \cdot 10^{-9}$, $6 \cdot 10^{-10}$ bzw. $5 \cdot 10^{-9}$ mol $\cdot$ l^{-1}. Aber auch viele biochemisch und pharmazeutisch interessante Verbindungen können bis in den Subnanogramm-Bereich bestimmt werden [725, 726]. Die kürzlich

beschriebene synchrone MS-RTP-Scanning-Technik ermöglicht die Identifizierung einzelner aromatischer Verbindungen in Mehrkomponentengemischen [727].

Die Funktion der Mizellen kann auch von Cyclodextrinen übernommen werden, wie kürzlich nachgewiesen wurde *(cyclodextrininduzierte RTP, CD-RTP)*, [728 u. loc. cit.]. Zahlreiche aromatische Verbindungen bilden Wirt-Gast-Komplexe mit Cyclodextrinen, die in Gegenwart von Schweratomlöschern eine Lichtemission aus dem Triplettzustand zeigen. Die beobachtete Phosphoreszenz ist intensiv, spektral gut aufgelöst und ziemlich unempfindlich gegenüber Sauerstoff. Da nur Verbindungen, die räumlich in den Cyclodextrin-Innenraum passen, eingeschlossen werden und dann ein Phosphoreszenzsignal geben, erhöht sich für die CD-RTP beträchtlich die Selektivität. Noch 10^{-11}–10^{-13} mol·l^{-1} an aromatischen Verbindungen können selektiv erfaßt werden. Für MS-RTP und CD-RTP ergeben sich ähnliche Eichkurven mit einem linearen Bereich über vier Größenordnungen.

3.7. Tenside bei elektrochemischen Analysenmethoden

Elektrochemische Vorgänge werden auf vielfältige Weise durch Tenside beeinflußt. Infolge Adsorption von Tensidmolekülen an die Elektrodenoberfläche und der damit verbundenen Änderung der Grenzflächenspannung ist eine *direkte* Modifizierung der Erscheinungen an der Elektrodenoberfläche, der Grenzschicht bzw. elektrischen Doppelschicht möglich. Eine *indirekte* Beeinflussung elektrochemischer Reaktionen wird durch die Solubilisation des Analyten sowie von Zwischen- oder Endprodukten der Elektrodenreaktion hervorgerufen. In Abhängigkeit von der Tensidkonzentration werden nahezu alle Parameter einer elektrochemischen Reaktion verändert (Halbwellenpotential, Form der Halbwelle, Elektronentransferraten, Diffusionskoeffizienten, Reversibilität von Elektrodenreaktionen u. a.). Eine sehr gute Zusammenfassung tensidvermittelter elektroanalytischer Methoden liegt von *Hinze* [42] vor[1]). Elektroanalytische Methoden sind aus den o. g. Gründen besonders geeignet für die Untersuchung des mizellaren Charakters amphiphiler Verbindungen und damit zusammenhängender Phänomene [729—732] einschließlich der Bestimmung von CMC-Werten [733, 734].

Von besonderer Bedeutung sind die polarographische und die potentiometrische Bestimmung anorganischer und organischer Verbindungen in Gegenwart von Tensiden. Für die Potentiometrie werden zunehmend sogenannte ionensensitive Elektroden (ISE) eingesetzt, an deren Aufbau in vielen Fällen amphiphile Verbindungen beteiligt sind.

Ein Überblick über elektrochemische Analysenverfahren und ihre gegenseitige Abgrenzung nach einem Nomenklaturvorschlag der IUPAC ist einer Arbeit von *Kraft* zu entnehmen [735].

[1]) Eine ausgezeichnete Übersicht wurde in jüngster Zeit von *Pelizzeti* und *Pramauro* veröffentlicht, s. Ref. [1046].

Polarographische Bestimmungen in Gegenwart von Tensiden

Zahlreiche wenig lösliche *organische Verbindungen* können unter Verzicht auf organische Lösungsmittel in wäßriger mizellarer Phase als Solubilisat untersucht werden [42]: Bleicarboxylate [736], Aminoanthrachinone [737], Lipidfarbstoffe [738], Azofarbstoffe [739], Ubichinone [740], Tetrathiafulvalen [741], 10-Methylphenothiazin [loc. cit. 729], Ferrocen [742]. Meist werden in Gegenwart von Tensiden definierte, diffusionskontrollierte, polarographische Wellen erhalten. Mizellar solubilisiertes Ferrocen eignet sich als Titrant für biochemisch interessante Redoxsysteme, wie z. B. Cytochrom C bzw. Cytochromoxidase [743]. Auch Emulsionen und Mikroemulsionen sind vielversprechende Medien für die polarographische Untersuchung wenig löslicher Verbindungen [744]. Durch mizellare Solubilisation werden nicht nur Empfindlichkeit, Ausbeute und Selektivität elektrochemischer Nachweisreaktionen verbessert, sondern auch die Ausbildung der Peaks nach Höhe, Lage und Gestalt beeinflußt.

Tenside können durch selektive Maskierung die Selektivität polarographischer Analysen erhöhen [745]. Zahlreiche *Komplexe* und *anorganische Ionen* wurden in Gegenwart amphiphiler Verbindungen polarographisch bestimmt bzw. untersucht: Kupfer [746], Cadmium [742], Indium [747], Blei [746], Titan [748], Thallium [749], Zink [746], Eisen [750], Kupferkomplexe (Diethylentriaminpentaessigsäure), [751], Indiumoxalatokomplexe [752], Bismutkomplexe mit 1,2-Diaminocyclohexantetraessigsäure [753], Eisen(II)- und Eisen(III)hexacyanokomplexe, 2,2'-Dipyridyl-eisenkomplexe sowie 1,10-Phenanhtrolinkomplexe des Eisens, Rutheniums und Osmiums [750]. Bei der Bestimmung von Kationen werden in der Regel in Gegenwart von k-Tensiden Peakerhöhungen beobachtet [754 u. loc. cit.]. In vielen Fällen wird das Tensid an der Quecksilberelektrode adsorbiert, die Durchtrittsreaktion des nachzuweisenden Ions behindert und damit die Peakhöhe verringert. Da die Inhibierung der Elektrodenreaktion und die Potentialverschiebungen für die einzelnen Kationen unterschiedlich sind, kann auf diese Weise die Selektivität polarographischer Messungen erhöht werden [754 u. loc. cit.].

Die wechselstrompolarographische und inverspolarographische Bestimmung von Nickel in Gegenwart von k- bzw. n-Tensiden ergab folgendes Bild: Triton X-100, Tween 60[1]), CTAB und PEG-4000 bewirken eine Peakdepression, während CPC den Peak bei verringerter Peakbreite erhöht. Das gilt für die Bestimmung von Nickel in Gegenwart von Blei und Cadmium [754].

Als weiteres Beispiel sei die polarographische Bestimmung von Cadmium in Gegenwart von Indium erwähnt. Die Zugabe des n-Tensids Montanox 80[2]) bewirkt eine Verschiebung des Cadmiumsignals und eine Unterdrückung des Indiumpeaks. In Gegenwart von 10^{-3} mol n-Tensid und $5 \cdot 10^{-3}$ mol Indiumhalogenid sind noch 10^{-6} Äquivalente Cadmium nachweisbar [755].

Mizellare Systeme werden mit Erfolg für das Studium *reaktiver Zwischenstufen* eingesetzt. Kationische Mizellen erhöhen z. B. die Stabilität von Anionenradikalen des Phthalonitrils und Fluorenons und ermöglichen reversible Elektrodenvorgänge [756].

[1]) Polyethylenglycol[20]-sorbitan-monostearat, HLB = 14,9
[2]) Polyethylenglycol[20]-sorbitan-monooleat, entspricht etwa Tween 80

Den Einfluß von Phosphatidylcholin (s. **25**), einem Lipid mit z-Tensidcharakter, auf die elektrochemische Reduktion von Molybdän(V) in methanolischer Lösung beschreiben *Kulakovskaya* et al. [757]. Derartige Reaktionen besitzen *Modellcharakter* für enzymatische Reaktionen, die zur Stickstoffixierung durch Mikroorganismen führen.

Titrationen mit elektrochemischer Endpunktsanzeige

Elektrochemisch indizierte Titrationen sind Absolutmethoden, deren Anwendungsbereich durch die Entwicklung *ionensensitiver Elektroden* (ISE) in den letzten Jahren wesentlich erweitert wurde. Neben Festkörperelektroden werden solche mit flüssiger Membran, die flüssige Ionenaustauscher oder elektroneutrale Ladungsträger enthalten, eingesetzt [758—761]. Am Aufbau der zuletzt genannten Elektrodenart sind in vielen Fällen als Ladungsträger langkettige Phosphorsäuren oder quartäre Ammoniumverbindungen bzw. ionische Polymere mit Tensidcharakter beteiligt. Als neutrale Ladungsträger werden mit Erfolg Kronenether oder Kronenether-Tenside eingesetzt [761, 762].

Von großer praktischer Bedeutung ist die Anwendung von ISE für die Wasser- und Abwasseranalytik. In Gegenwart von Tensiden ist die Bestimmung zahlreicher Anionen und Kationen möglich [763]. Der Einfluß von Tensiden auf die potentiometrische Bestimmung anorganischer Ionen wird in vielen Arbeiten untersucht, z. B. [764 u. loc. cit., 765]. Die quantitative Analytik von Arzneimitteln mit Hilfe von sensitiven Membranelektroden gewinnt zunehmend an Bedeutung [766], ebenso die Analyse mineralisierter Gewebe (z. B. Zahnmaterial), [767]. Schließlich lassen sich die Tenside selbst sehr empfindlich und rationell mittels ISE nachweisen [471, 768].

3.8. Tensidassoziate in der Spektroskopie

Tensidassoziate wie Mizellen, flüssig-kristalline Phasen und Vesikel können auch sehr komplex gebaute Moleküle anlagern oder in ihrem Innenraum aufnehmen und ihnen dabei eine bestimmte Ordnung aufzwingen. Die Spektren derartiger, in *Vorzugsrichtungen geordneter Moleküle* unterscheiden sich von denen, die in üblichen Lösungsmitteln aufgenommen wurden. Meist führt die Untersuchung von Verbindungen in geordneten Strukturen zu vereinfachten Spektren, die vor allem bei komplexen Molekülen leichter interpretiert werden können.

NMR-Spektroskopie

In letzter Zeit hat sich die NMR-Spektroskopie als leistungsfähige Methode auch für die Untersuchung *komplizierter Bio- und Biomakromoleküle* erwiesen. Dabei wurden mit Erfolg Tensidassoziate als Lösungsmittel eingesetzt. Einige Beispiele sollen belegen, auf welche Weise diese geordneten Strukturen (organized assemblies) auf die Spektren Einfluß nehmen.

Die Bildung gemischter Phospholipid-Tensid-Mizellen ist eine unerläßliche Voraussetzung für die Isolierung und Strukturaufklärung von Membranproteinen (s. Kap. 3.12.). Von wenigen Ausnahmen abgesehen, ist die Bestimmung von Konformation und Molekülstruktur nur in Gegenwart von Tensiden möglich. So gelingt es, Phasenstrukturen und Phasenübergänge von Cholinphospholipiden, die in hexagonal-flüssig-kristallinen Phasen von Triton X-100[1]) solubilisiert wurden, durch ^{31}P- und ^{2}H-NMR-$Messungen$ nachzuweisen und zu studieren [771]. Die Phospholipide nehmen die hexagonal-flüssig-kristalline Struktur des n-Tensid-Wirt-Gitters an. Dabei wird die anisotrope Bewegung der Lipidkopfgruppen kaum, die der Acylketten deutlich beeinflußt. Mit steigender Lipidkonzentration sowie bei Temperaturerhöhung wird eine lamellare Phase abgeschieden, die in eine reine Gelphase übergeht. Für derartige Untersuchungen mit struktursensitiven Methoden wie *Deuterium-NMR-Spektroskopie* sind Mizellen als im ständigen Auf- und Abbau begriffene Systeme nicht geeignet. Von Mizellen kann nur eine über die Zeit gemittelte durchschnittliche Größe und Gestalt leicht bestimmt werden, während die Molekülpackung im Inneren bisher unklar bleibt. Im Gegensatz dazu ist die Molekülbewegung in *flüssig-kristallinen Phasen* amphiphiler Verbindungen stark eingeschränkt. Eine weitere Interpretation der beobachteten Phasenübergänge ist nach einem kürzlich von *Fromhertz* [772] vorgeschlagenen nichtklassischen Mizell-Modell, das vom Autor auf flüssig-kristalline Systeme übertragen wurde, möglich.

Ebenfalls in *flüssig-kristallinen Tensidsystemen* (35% Kaliumdodecanat, 2% KCl, 63% Wasser) wurden von *Prestegard* et al. [773] die Deuterium-NMR-Spektren von perdeuterierter α- und β-D-Mannose aufgenommen. Die erzielte Signalaufspaltung war ausreichend, um die Deuteronen verschiedenen Bindungen zuordnen zu können. Flüssig-kristalline Tensidassoziate bilden nach Meinung der Autoren mit ihrem Solubilisationsvermögen günstige Voraussetzungen auch für das Studium komplex zusammengesetzter Biomakromoleküle.

Die NMR-Spektren von Phospholipiden bzw. synthetischen Derivaten, die aggregiert in natürlichen Membranen oder synthetischen Doppelschichtmembranen vorliegen, weisen allgemein relativ breite Linien auf. Eine signifikante Verbesserung in der Auflösung der ^{31}P-Lipidresonanzen wird erreicht, wenn das Lipid solubilisiert in *gemischten Tensidmizellen* vorliegt. Das gilt auch für die ^{1}H-NMR- und die ^{13}C-NMR-Spektren. Eine ausführliche Darstellung der ^{31}P-NMR-Spektroskopie von Phospholipiden in gemischten Mizellen liegt von *Dennis* und *Plückthun* vor [774]. Wahrscheinlich ist es auch möglich, hochaufgelöste Spektren von diastereomeren Phospholipiden in gemischten Mizellen zu erhalten.

Elektronenspinresonanz (ESR)-Spektroskopie

Die ESR-Spektroskopie ist als die Methode der Wahl für den Nachweis und das Studium *paramagnetischer Verbindungen* anzusehen [775]. In paramagnetischen Substanzen liegen Elektronen mit ungepaarten Spins vor. Der-

---

[1]) in Mischung mit $C_{12}E_8$ = Polyethylenglycol[8]-dodecylether

artige Verbindungen (Radikale, Radikalionen, bestimmte anorganische
Ionen) spielen in der Chemie, Komplexchemie und Biochemie, aber auch in
vivo bei vielen biologischen Vorgängen eine wichtige Rolle. Der Nachweis
hochreaktiver kurzlebiger Radikale gelingt unter anderem mit der sogenannten *Radikaleinfangtechnik* (spin trapping, engl.: Radikaleinfang). Spintraps
(engl.: Radikalfallen) sind Verbindungen, die kurzlebige Radikale unter
Bildung stabiler Radikale abfangen können. Letztere lassen sich mit der
ESR-Spektroskopie leicht nachweisen. Die Vorteile dieser Methode sind hohe
Nachweisempfindlichkeit für Radikale ($< 10^{-6}$ mol·l^{-1}) und gleichzeitige
Aussagen über das Radikal selbst und seine unmittelbare Umgebung. Heraus-
ragende Beispiele für die Leistungsfähigkeit der ESR-Spektroskopie und der
Radikaleinfangtechnik sind der Nachweis von Trichlormethyl- und eines
Indolylradikals in der Leber bzw. Lunge von Versuchstieren, die Tetrachlor-
kohlenstoff bzw. 3-Methylindol ausgesetzt waren [loc. cit. 776]. Einen *verbesserten Nachweis* von Radikalen im lebenden Organismus erwarten *Janzen*
und *Coulter* von der Anwendung *mizellarer Systeme* als Lösungsmittel bzw.
Reaktionsmedium. Über Spintraps in mizellaren Lösungen gelang schon
früher der Nachweis des Superoxidradikals in bestrahlten Mizellen aus
Triton X-100-Molekülen, die Chlorophylle und als Spinfalle 5,5-Dimethyl-
pyrrolin-N-oxid (DMPO) enthielten [loc. cit. 776]. Mit Hilfe *unterschiedlich
polarer Spinfallen*, die sich entsprechend ihren amphiphilen Eigenschaften in
bestimmten Regionen einer Mizelle aufhalten, ist der Einfang von Radikalen
am Ort ihrer Entstehung möglich. Radikale, die im Inneren der Mizelle entstehen oder sich dort aufhalten, lassen sich mit der amphiphilen Spinfalle
(**105**) nachweisen. Hydrophobe Phenylradikale reagieren mit **105** unter Bildung des stabilen, durch ESR-Messung leicht nachweisbaren Nitroxidradi-
kales **106**. Polare Radikale, wie sie beim Zerfall von Natriumpersulfat entstehen, werden von hydrophilen Spinfallen, z. B. 4-Trimethylammonio-
phenyl-tert.-butylnitron (**107**), die sich bevorzugt an der Mizelloberfläche
aufhalten, abgefangen. Der anionische Radikalfänger **108** wird offensichtlich
nicht von der negativ geladenen Mizelle (SDS) gebunden, und der Abgang
von Hydroxylradikalen wird daher nicht mizellar beeinflußt. Die genannten
Spinfallen ermöglichen umfassende Aussagen über die Mizellarstruktur und
den Ablauf mizellar beeinflußter Radikalreaktionen. Es wird deutlich, daß
funktionalisierte Tenside mit abgestuften amphiphilen Eigenschaften sich
sehr gut als Spinfallen eignen und der in Tensidassoziaten realisierte Polaritätsgradient eine differenzierte ESR-Untersuchung komplexer Systeme
ermöglicht. **Formel 106:** OH ist durch C$_6$H$_5$ zu ersetzen.

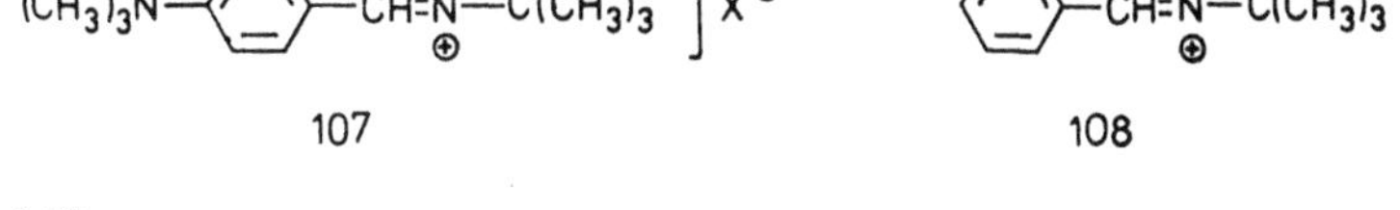

Funktionalisierte Tenside als molekulare Sonden

Molekulare Sonden (Moleküle mit *Reportergruppen*) sind in der Regel niedermolekulare Verbindungen, die über eine spektroskopisch meßbare Eigenschaft verfügen, welche qualitativ und quantitativ von der molekularen Umgebung beeinflußt wird. Treten solche Moleküle mit polymeren Verbindungen in nichtkovalente Wechselwirkung, so wird ihr ESR-Spektrum in charakteristischer Weise verändert. Aus den Spektren lassen sich z. B. Informationen über polare und unpolare Bereiche, über die Konformation, das Assoziationsverhalten, die Dissoziation saurer und basischer Gruppen, die Beweglichkeit bestimmter Molekülsegmente u. v. a. erhalten. Ein Nachteil der durch Sonden ermöglichten *Molekülerkundung* ist die Störung des betrachteten Systems durch die Sonde selbst. Man ist daher bestrebt, das Reportermolekül in seinen chemischen und physikalischen Eigenschaften dem System weitgehend anzupassen. Praktisch alle chemischen Gruppen, deren spektroskopisches Verhalten empfindlich auf zwischenmolekulare

Tabelle 22
Funktionalisierte Tenside als molekulare Sonden bzw. Reportergruppen

Verbindung/ Tensid	Reportergruppe	Sensitive Eigenschaft	Spektroskopische Meßmethode	Lit.
109	Cu^{2+}-Ion, komplex gebunden	Elektronenspinresonanz	ESR	777
105 — 110	Nitroxidradikal	Elektronenspinresonanz	ESR	778 — 782
91	paramagnetische Metallionen, komplex gebunden (Cu^{2+}, Gd^{3+}, Tb^{3+}, VO^{2+})	Elektronenspinresonanz, Fluoreszenz	ESR, Fluoreszenzspektroskopie	783
	$^{111}In^{3+}$	Elektronenspinresonanz	NMR	
106, 107	fluoresz. Gruppe	Fluoreszenz,	Fluoreszenzspektroskopie	784 — 785
112	UV/VIS-absorb. Gruppe	UV/VIS-Absorption	UV/VIS-Spektroskopie	786
112, 109	UV/VIS-absorb. Gruppe	UV/VIS-Absorption	UV/VIS-Spektroskopie	786 — 787
110	paramagnetische Ionen, elektronendichte Verbindungen u. a.		ESR, Röntgenstreuung, Elektronenmikroskopie	788
Zinnorganische Phospholipide	Zinnorganische Verbindungen		Röntgenstreuung, Elektronenmikroskopie	272
Fluoreszenzmarkierte Steroide	fluoresz. Gruppe, z. B. Aromaten, Triene, Fluorescein	Fluoreszenz	Fluoreszenzspektroskopie	569

Wechselwirkungen anspricht, wurden für den Aufbau molekularer Sonden herangezogen. Neben der Reportergruppe muß die Sonde noch über eine molekulare Matrix mit definiertem polaren bzw. ionischen Charakter verfügen, die das „Anhängsel" Reportergruppe in gewünschter Weise an das zu untersuchende Molekül adsorptiv oder chemisch bindet. Für die Erkundung amphiphiler Moleküle und Systeme haben sich *Sonden mit Tensidcharakter* bewährt. Einige wenige Beispiele sollen dies unterstreichen (Tab. 22).

Das amphiphile Cu(II)-porphyrin **109** wird als Sonde für die Untersuchung natürlicher Systeme mit Porphyringruppen und für das Studium künstlicher Lipidmembranen (Vesikel) vorgeschlagen [777]. Eine amphiphile Peptidsonde mit einem stabilen Radikalrest als Reportergruppe (**110**) eignet sich

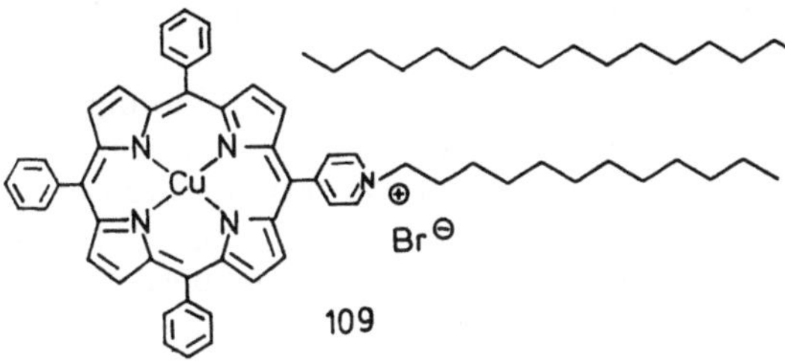

109 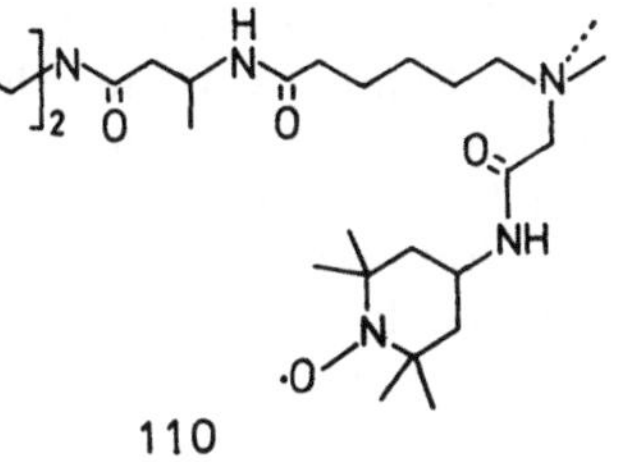   110

für den Einbau in natürliche und synthetische Doppelschichtmembranen [778]. Eine umfassende Darstellung über Synthese, Eigenschaften und Anwendung von Spinmarkern liegt von *Berliner* bzw. *Lichtenstein* vor [779, 780]. In der Monographie von *Berliner* wird von verschiedenen Autoren ausführlich die Untersuchung von lyotropen flüssig-kristallinen Systemen mit Hilfe amphiphiler Spinsonden beschrieben [779]. Spinsonden mit Tensidcharakter wurden von *Szajdzinska-Pietek* et al. [781] für Strukturuntersuchungen an gefrorenen mizellaren Systemen eingesetzt. Eindrucksvoll wird der beträchtliche *Einfluß der Gegenionen* auf das Assoziationsverhalten ionischer Tenside am Beispiel von SDS und Tetramethylammonium-DS demonstriert. Der Ionentransport durch Phospholipidvesikel-Membranen kann anhand der zeitabhängigen ESR-Signale hydrophober bzw. amphiphiler Radikalsonden verfolgt werden [782]. Vielseitig einsetzbar sind komplexbildende Tenside (s. **91**) mit auswechselbaren Reportergruppen. Das amphiphile EDTA-Derivat **91** bildet stabile Komplexe mit zahlreichen paramagnetischen Metallionen, die je nach chemischer Umgebung modifizierte ESR-Signale (Cu^{2+}, VO^{2+}), Fluoreszenzemissionen (Tb^{3+}, Eu^{3+}), NMR-Spektren

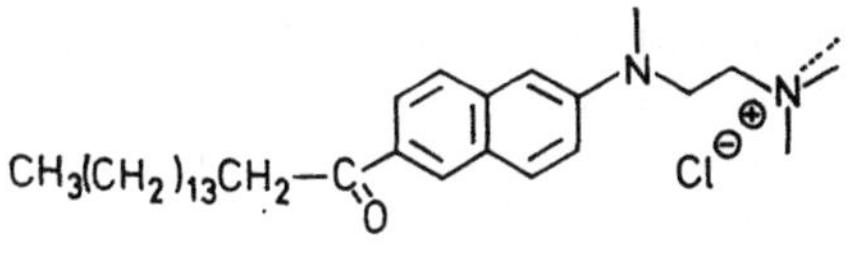

111 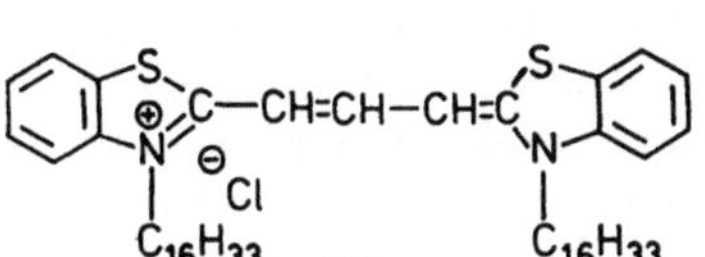   112

113   114

148

(Mn^{2+}, Gd^{3+}) und Gammaspektren (^{111}In^{3+}, ^{62}Zn^{2+}, ^{204}Pb^{2+}) ergeben [783].
Fluoreszierende Tensidsonden (**111**) eigenen sich für die Untersuchung von
Phasenübergängen in Vesikeln [784, 785].
Ebenfalls für das Studium der physikalisch-chemischen Eigenschaften synthetischer Vesikel und anderer Tensidassoziate wurden amphiphile Cyaninfarbstoffe (**112**) entwickelt. Die Wechselwirkung dieser Sonden mit Tensiden
kann UV/VIS- und fluoreszenzspektroskopisch verfolgt werden [786]. Einfache amphiphile Merocyaninfarbstoffe (**113**) ermöglichen die Erkundung der
Polarität und der Wasserstoffionenkonzentration in der mizellaren Mikroumgebung. Beide Größen beeinflussen das UV/VIS-Spektrum von **113**
[787].
Reaktive Tenside mit Reportergruppen eignen sich für die chemische Fixierung einer Sonde, z. B. in Phospholipidmembranen, und damit zur Feststellung ihrer Lokalisation im untersuchten System. Die Verbindung **114**
kann photolytisch in ein *Nitren* überführt werden, das sich infolge einer
C/H-Einschubreaktion an Phospholipide bindet. Eine Entfernung der Sonde
ist durch reduktive Spaltung der enthaltenen Disulfidbrücke möglich [788].
Der gesamte Vorgang wird als *Affinitätsmarkierung* [789] bezeichnet.

3.9. Nachweis
zwischenmolekularer Wechselwirkungen

Tenside sind aufgrund ihrer *amphiphilen Eigenschaften* befähigt, gegenüber
einer Vielzahl von anorganischen und organischen Verbindungen, vor allem
von Makromolekülen, ein breites Spektrum nichtkovalenter Bindungen
(Wechselwirkungen) einzugehen. Die Untersuchung der wechselseitigen Beeinflussung der spektroskopischen, physikalisch-chemischen und chemischen
Eigenschaften liefert wertvolle Informationen über beide Stoffgruppen. Im
folgenden soll die *Charakterisierung* biochemisch relevanter Stoffe unter
Anwendung amphiphiler Verbindungen etwas näher betrachtet werden. Aus
der Beeinflussung von Tensideigenschaften durch Biomakromoleküle lassen
sich Aussagen über hydrophobe und hydrophile Molekülbereiche und die
Gestalt der Moleküle ableiten. Zu den *wichtigsten Untersuchungsmethoden*
zählen der Einsatz spektroskopischer Verfahren und molekularer Sonden
(s. Kap. 3.8.), Gleichgewichtsdialyse, Sedimentationsanalyse (Ultrazentrifugation), Ausschlußchromatographie, Differentialspektralphotometrie, Ultrafiltration, Elektrophorese und Affinitätschromatographie. Biochemisch
und biologisch wichtige *Ligand-Rezeptormolekül-Wechselwirkungen* sind:
Antigen-Antikörper-, Hormon-Hormonrezeptor-, Lectin-Kohlenhydrat- sowie Enzym-Substrat-Wechselwirkungen.
Einige Beispiele sollen erläutern, welche Rolle Tenside bei Ligandbindungsund ähnlichen Untersuchungen übernehmen können.
Ein schwieriges Problem ist nach wie vor der sichere qualitative und quantitative Nachweis nichtkovalenter Wechselwirkungen zwischen Biopolymeren
und niedermolekularen Verbindungen, z. B. Arzneimitteln. Die differenzierte

Bestimmung von am Makromolekül chemisch gebundenen sowie adsorbierten Substanzen ist durch *Gleichgewichtsdialyse* in Gegenwart von Tensiden möglich [790]. Nur die nicht chemisch gebundene Substanzmenge wird in die Tensidmizelle (SDS) aufgenommen und kann die Dialysemembran passieren. Der am Makromolekül gebundene Anteil verbleibt in der Dialyselösung und läßt sich photometrisch oder radiochemisch bestimmen. Die Gleichgewichtsdialyse erweist sich einer erschöpfenden Extraktion bei der Abtrennung nichtkovalent gebundener Verbindungen von markierten Proteinen als überlegen. Nichtkovalent an zelluläre Makromoleküle gebundene Metaboliten u. a. von Brombenzen, Aflatoxin B_1 und Methylcholanthren konnten durch Gleichgewichtsdialyse in Gegenwart von SDS restlos abgetrennt werden. Für die Dialyse eignen sich besonders Tenside mit hohen CMC-Werten und niedrigen Assoziationszahlen, z. B. Octylglucosid (s. **35a**) u. a.

Die Bindungsisothermen für die nichtkovalente Bindung vieler Stoffe an Makromoleküle können in vielen Fällen ebenfalls durch Gleichgewichtsdialyse ermittelt werden. So wurde die Bindung kationischer Tenside an Rinderserumalbumin (RSA) durch Dialyse einer Proteinlösung gegen eine Tensidlösung bestimmt. Die Zahl der pro mol Protein gebundenen Tensidmoleküle ergibt sich aus der Tensidkonzentration in beiden Lösungen. Für Dodecylpyridiniumbromid wurden bei pH = 6,8 und 25 °C folgende Werte (mol Tensid/mol Protein) ermittelt: RSA 20 (bei 3 °C nur 5), Aldolase 11, Ovalbumin 17, Trypsin 7 und Lysozym 4 [791].

Auf einfache Weise kann die Bindung von Tensiden an amphiphile Proteine (z. B. Lipoproteine) durch *Dichtegradientenzentrifugation* in Gegenwart gefärbter Mizellen bestimmt werden [792]. Wäßrige mizellare Tensidlösungen werden durch Solubilisation minimaler Mengen des Lipidfarbstoffes Sudanschwarz B (SSB) angefärbt. Die Methode eignet sich für den empfindlichen Nachweis amphiphiler Proteine in komplexen Gemischen. Sie ist vergleichbaren radiochemischen Screeningmethoden überlegen. Eine quantitative Erfassung der *Tensidbindung an Proteine* ist nur bedingt möglich. Da der kommerziell erhältliche reine Lipidfarbstoff mehr als 40 Komponenten enthält [793], empfiehlt es sich, die isomeren blauen Hauptkomponenten zu isolieren und für die Mizellfärbung einzusetzen (s. Kap. 3.13.). Das reine SSB stellt ein Gemisch aus isomeren Diazofarbstoffen SSB I und SSB II dar. Die Komponente II ist weniger hydrophob und hydrolyse- bzw. lichtstabil, aber etwas stärker basisch als die Komponente I. Beide Komponenten zeigen gegenüber Makromolekülen ein differenziertes Bindungsverhalten [794].

3.10. Tenside in der Elektrophorese

Die Elektrophorese gehört heute zu den *leistungsstärksten* qualitativen und quantitativen Nachweismethoden für *Biopolymere* sowie *geladene organische und anorganische Moleküle.* Ihre Haupteinsatzgebiete als Routine- und Forschungsmethode sind die klinisch-chemische Analytik, Molekularbiologie und Chemie. Das Grundprinzip dieser Methode, die Wanderung elektrisch geladener, meist molekular-dispers gelöster Teilchen unter dem Einfluß eines

Tabelle 23   Kurze Charakteristik der wichtigsten elektrophoretischen Methoden unter besonderer Berücksichtigung des Einsatzes von Tensiden

Methode	Trennprinzip	Tensid-anwendung	Träger	Nachweis-grenze	Anwendung	Vor- und Nachteile
Zonen-elektro-phorese	IB[1]), Molsieb-effekt (im Gel)		Celluloseacetat, Stärke, Agarose, Papier, PAG[3])	μmol	Proteine. Nucleinsäuren	geringe Kosten, gute Repro-duzierbarkeit // hoher Zeit-aufwand, geringe Auflösung
Isoelek-trische Fokussierung	IEP[2])	z-Tensid n-Tensid	PAG, Agarose, Stärke	μmol	Proteine, Peptide	hohe Trennleistung, Bestim-mung von IEP // hohe Ko-sten, mögl. Denaturierung von Proteinen am IEP
Diskelektro-phorese	IB, Molekül-größe		PAG, Agarose	μmol	Proteine, Peptide	bessere Auflösung als Zonen-elektrophorese, geringe Ko-sten // hoher Zeitaufwand, geringe Reproduzierbarkeit
Isotacho-phorese	IB	n-Tensid	PAG, Agarose (in Kapillaren)	pmol/nmol	anorg./organ. Ionen, Amino-säuren, Peptide, Nucleotide, Nucleinsäuren	kurze Analysenzeiten, gerin-ges Probenvolumen, ein-fache Probenvorbereitung, hohe Auflösung // hohe Kosten
Immun-elektro-phorese	IB, Antigen-Antikörper-Reaktion	n-Tensid	Agar, PAG	pmol/nmol	Identifiz. von Peptiden, Prote-inen, Nucleotiden	hohe Spezifität // entspre-chende Antigene und Anti-körper werden benötigt
SDS-Gel-elektro-phorese	IB als direkte Funktion der Molekülmasse	SDS, LDS	PAG, Agar	nmol/μmol	Molekülmassen-bestimmung von Proteinen und Peptiden	Molekülmassenbestimmung über einen großen Bereich // hoher Zeitaufwand, u. U. Artefaktbildung
CTAB-Gel-elektro-phorese	IB als direkte Funktion der Molekülmasse	k-Tenside	PAG	nmol/μmol	Molekülmassen-bestimmung von Proteinen und Peptiden	s. SDS-PAGE[4]), kaum Pro-teindenaturierung, Elektro-phorese bei pH-Werten < 6 möglich, Untersuchung alkalilabiler Biopolymere

[1]) IB: Ionenbeweglichkeit, [2]) IEP: isoelektrischer Punkt, [3]) PAG: Polyacrylamidgel, [4]) PAGE: Polyacrylamidgel-Elektrophorese

äußeren elektrischen Feldes, begegnet uns in einer Vielfalt gegenwärtig gebräuchlicher elektrophoretischer Analysenverfahren. Tabelle 23 bringt einen Vergleich dieser Verfahren in ihren wesentlichen Parametern. Besonderes Augenmerk gilt der Anwendung von Tensiden als „Hilfsstoff", aber auch als wesentliche Wirkkomponente bei den genannten Trennmethoden [795].

SDS-Polyacrylamidgelelektrophorese (SDS-PAGE)

Diese Variante der Gelelektrophorese stützt sich in besonderem Maße auf die *amphiphilen Eigenschaften anionischer Tenside* und ihrer Fähigkeit, sich an geladene und darüber hinaus amphiphile Biomakromoleküle zu binden. Auf diese Weise kommt es zu einer gesteuerten elektrophoretischen Beweglichkeit der Proteine und Peptide als Assoziate mit SDS. Die Ionenbeweglichkeit ist im wesentlichen der Molekülgröße proportional. Das Tensid SDS bindet sich über starke hydrophobe und ionische Wechselwirkungen an Proteine, faltet dabei diese Moleküle auf und bildet stäbchenförmige *SDS-Proteinassoziate*, deren Länge allein von der Protein- bzw. Polypeptid-Molekülmasse abhängt [796—799]. Die *Mobilitäten* dieser Assoziate sind in einem Molekülmassenbereich von 2500 bis etwa 300000 direkt ihrer *Molekülmasse proportional.* Auf diese Weise ermöglicht die tensidvermittelte Gelelektrophorese eine rationelle Bestimmung der Molekülmasse geladener oligomerer und polymerer Biomoleküle mit einem Fehler von 2—10%.
Die SDS-PAGE ist an zwei *Voraussetzungen* gebunden. Es müssen sich eine genügend große Zahl von SDS-Molekülen unspezifisch an Proteine unter Bildung gemischter Assoziate binden. Das Verhältnis von Ladung zur Masse und die hydrodynamischen Eigenschaften sollten für alle Tensid-Protein-Assoziate konstant bzw. gleich sein. Diese Bedingungen werden durch eine vollständige *Denaturierung der Proteine* im Verlauf der Probenaufbereitung erreicht. Zu diesem Zweck behandelt man die Probe in der Hitze mit einer Lösung, die 2—3% SDS, bis 5% Mercaptoethanol, Harnstoff und Puffersubstanzen enthält. Unter diesen Bedingungen werden oligomere Proteine in die Monomeren überführt, Liganden und komplex gebundene Gruppen entfernt und Disulfidbrücken reduktiv gespalten. Das heißt, die Sekundär- und Tertiärstruktur der Proteine wird mehr oder weniger vollständig aufgehoben. Auch die Dissoziationskonstanten der ionischen Gruppen werden durch das Tensid und andere anwesende Stoffe deutlich beeinflußt [800].
Die Tensid-Protein-Assoziate (SDS-„Komplexe") verhalten sich in vieler Hinsicht mizellähnlich, obwohl nur niedermolekulare Proteine und die Peptide in vorgebildete SDS-Mizellen (SDS-Mizellmasse etwa 18000) aufgenommen werden können. Die pro g Protein gebundene SDS-Menge liegt bei etwa 1,4 g.
SDS-Protein-Komplexe besitzen ein ähnlich gutes Aufnahmevermögen für unpolare Verbindungen wie die SDS-Mizellen selbst. Lipidfarbstoffe wie Buttergelb, Orange OT [801] sowie Sudanschwarz B [loc. cit. 792] können als Marker bei elektrophoretischen Trennungen und zum Nachweis von hydrophoben Proteinen (Lipoproteinen) dienen.
Einige Proteine binden SDS so stabil, daß es weder chromatographisch noch

152

durch erschöpfende Dialyse abgetrennt werden kann (s. dazu Kap. 3.12.).
Eine einfache photometrische Methode zur Bestimmung von *SDS-Rest-
gehalten* in Proteinen wurde von *Weil* und *Striton* angegeben [802].
Die Vor- und Nachteile der Verwendung von *Lithiumdodecylsulfat* (LDS,
LDS-PAGE) werden von *Kubo* und *Takagi* diskutiert [803]. Das LDS (s. **7b**)
besitzt gegenüber SDS eine deutlich verbesserte Löslichkeit bei niedrigen
Temperaturen (>25 g in 100 ml noch bei -5 °C). SDS ist bei 0 °C nur zu
1,5% löslich und scheidet sich sehr leicht aus Pufferlösungen kristallin ab.
Im Preis liegt LDS etwa 8mal höher als SDS. Mit LDS können Elektrophoresen bei niedrigen Temperaturen durchgeführt werden, was sich günstig auf
die Trennschärfe auswirkt.
Die SDS-Solubilisation von Biopolymeren kann zu Störungen bei der nach-
folgenden elektrophoretischen Trennung Anlaß geben. Bereits geringe Mengen
an Verunreinigungen im SDS [vor allem die homologen Tenside STS (s. **8**)
und SHS[1])] beeinflussen hauptsächlich im niedermolekularen Bereich Intensität und Anzahl der Proteinbanden [804]. Kürzlich haben *Hodges* und *Horata*
[805] nachgewiesen, daß die Bedingungen bei der *Probenaufbereitung* (s. o.)
zu einer Spaltung von Peptidbindungen führen können. Sie erhitzten eine
Kreatin-Kinase 10 min mit SDS auf 90 °C bzw. ließen das Enzym 4 Tage bei
Raumtemperatur mit dem Tensid stehen. In beiden Fällen gelang mit hoch-
empfindlichen Anfärbetechniken (Silberanfärbung) der Nachweis zusätzlicher
und teilweise in ihrer Intensität veränderter Proteinspots, einige Spots ver-
schwanden. Die extremen Solubilizereigenschaften von SDS sind Ursache
für weitere *Verfälschungen von Analysenresultaten.* Moderne, hochempfindliche Nachweismethoden wie die Silberfärbung (50- bis 100mal empfindlicher
als die übliche Coomasie-Blau-Färbung), die Autoradiographie (Fluographie)
und immunologische Reaktionen (Immunoblotting[2])), ermöglichten die
Erkennung zahlreicher Artefakte im Molekülmassenbereich von 50000—68000
[806]. Es konnte gezeigt werden, daß die Mehrzahl dieser Banden Antigenen
aus der menschlichen Haut zuzuordnen ist. Bereits eine Kontaktzeit der Fin-
ger des Experimentators von 30 s mit dem oberen Tankpuffer genügt, um
einen kompletten „Fingerabdruck" der Hautantigene auf dem Gel nachweisen zu können. Bei Anwendung empfindlicher Nachweismethoden empfehlen die Autoren eine spezielle Arbeitstechnik (Handschuhe, kontrollierte
Reinigung von Geräten u. a.). Das gilt vor allem für die Anwendung der Im-
munblottingtechnik [807, 808].
Nicht alle Proteine folgen der allgemeinen Regel und binden 1,4 g SDS pro
Gramm. Das gilt nur, wenn im betrachteten Protein ein ausgewogenes Verhältnis polarer und hydrophober Gruppen vorliegt. Proteine mit vorwiegend
hydrophoben oder hydrophilen Molekülbereichen ergeben in der SDS-PAGE
zu niedrige bzw. erhöhte Werte für die Molekülmasse. Hydrophobe Proteine
besitzen eine erhöhte Bindungskapazität für SDS. Damit wächst das Verhältnis Ladung zu Masse, die elektrophoretische Beweglichkeit steigt, und eine
zu niedrige Molekülmasse wird vorgetäuscht [809]. Ein umgekehrter Effekt

---

[1]) Natriumhexadecylsulfat
[2]) blotting (engl.) = Löschen, „Aufsaugen" der getrennten Proteine mit einem
Spezialpapier und nachfolgendem immunologischen Nachweis

ist bei bestimmten Glycoproteinen zu beobachten, deren SDS-Aufnahme unter der „Norm" liegt. Für die Molekülmasse werden dann zu hohe Werte gefunden [810].

CTAB-Polyacrylamidgelelektrophorese (CTAB-PAGE)

Es hat nicht an Versuchen gefehlt, einige für die SDS-PAGE geltende begrenzende Faktoren und Nachteile durch Anwendung *nichtionischer* [811] oder *kationischer Tenside* anstelle von SDS zu beseitigen [812 u. loc. cit.]. Während n-Tenside wenig befriedigende Resultate ergaben, ist die *CTAB-PAGE* nach Überwindung anfänglicher Schwierigkeiten zu einer *wertvollen Ergänzung* der klassischen *SDS-PAGE* geworden. Systeme mit kationischen Tensiden bringen für die elektrophoretische Bestimmung der Molekülmassen von Biopolymeren folgende Vorteile:

— Das Assoziationsverhalten nativer Proteine wird allgemein durch k-Tenside weniger beeinflußt.
— Die Oligomerenverteilung entspricht oft der unter nichtdenaturierenden Bedingungen.
— Die biologische Aktivität vieler Proteine kann nach der elektrophoretischen Trennung oft direkt auf dem Gel nachgewiesen werden, d. h. die denaturierende Wirkung der k-Tenside ist weniger ausgeprägt.

Einige stark saure bzw. basische Proteine zeigen im Unterschied zur SDS-PAGE zutreffende Molekülmassen. Für ausgesprochen hydrophile Proteine wird jedoch ein abweichendes Migrationsverhalten beobachtet. In Verbindung mit immunologischen Detektionsmethoden erlaubt die CTAB-PAGE den Nachweis verschiedener Existenzformen eines Proteins (Vorstufen, native und inaktivierte sowie oligomere Formen, partiell abgebaute Moleküle u. a.). Der direkte Nachweis enzymatisch aktiver Verbindungen im Gel ist ebenfalls möglich [812, 813].

An k-Tensiden wurden bisher *mit Erfolg* eingesetzt: CTAB, TTAB[1]), CPC [813] und CDBAC[2]) [814]. Während die SDS-PAGE unter neutralen oder alkalischen Bedingungen durchgeführt wird, ist mit k-Tensiden eine *Gelelektrophorese im sauren Milieu* möglich [814, 815]. Nur unter diesen Bedingungen kann man z. B. die Methylierung, Phosphorylierung und Veresterung von Proteinen elektrophoretisch verfolgen, da Esterbindungen bei pH-Werten >7 leicht hydrolytisch gespalten werden.

Penin et al. [815] untersuchten Membranproteine sowohl mit der SDS- als auch mit der TTAB-PAGE. Sie empfehlen die Kombination beider Techniken in einer *zweidimensionalen SDS/TTAB-PAGE* als optimale Variante für die Auftrennung von Membranproteinen. In Gegenwart kationischer Tenside gelang eine verbesserte Auftrennung verschiedener Peptide und Proteine im niederen Molekülmassenbereich. Die genannte Kombination ist möglicherweise der isoelektrischen Fokussierung mit anschließender SDS-PAGE überlegen.

[1]) Tetradecyl-trimethylammoniumbromid
[2]) Cetyl-dimethyl-benzyl-ammoniumchlorid

Von *MacFarlane* [814] wird ein saures Puffersystem (pH-Werte von 4—1,5)
für die CTBAC-PAGE von Proteinen mit basenlabilen Gruppen vorgeschlagen. Dem Autor gelang der Nachweis hydrolyseempfindlicher methylierter
Proteine in Blutplättchen. Als nachteilig wurde vermerkt, daß unter diesen
Bedingungen die reduktive Spaltung von Disulfidbrücken weder mit 2-Mer-
captoethanol und Dithioerythritol, noch mit Natriumborhydrid oder -cyano-
borhydrid gelingt. Mit Tributylphosphin [816] ist die reduktive Spaltung von
Proteinen in Gegenwart von 2% CTAB und 5 Vol.-% Isopropanol bei
pH-Werten von 3,5—4,5 möglich [141].
Die *Vorzüge* der CTAB-PAGE zur Bestimmung der Molekülmassen von
Proteinuntereinheiten werden von *Eley* et al. [813] hervorgehoben. Es gelingt
auch die Trennung nichtkovalent gebundener Lipide von Membranproteinen.

Basch und *Farrell* [817] berichten über die gleichzeitige Anwendung von SDS
und CTAB bei der Trennung von Membranproteinen an sauren Gelen. In
Gegenwart kationischer Tenside ist die sonst verhinderte Migration von SDS-
Protein-Komplexen in sauren Gelen möglich. CTAB vermag offensichtlich
das SDS bis zu einem gewissen Grade aus den Assoziaten mit den Proteinen
zu verdrängen.

Zweidimensionale Elektrophoresetechniken

Zweidimensionale Methoden können die Nachweismöglichkeiten für Peptide
und Proteine beträchtlich erweitern. Bereits erwähnt wurde die Kombination
von SDS- und CTAB-PAGE.

Eine weitere Variante ist die sogenannte *NDAU-PAGE* (non-ionic detergent
acid urea-polyacrylamide gel electrophoresis), [818]. In der ersten Laufrichtung werden ein n-Tensid, ein saurer Puffer und Harnstoff eingesetzt, in der
zweiten erfolgt eine übliche SDS-PAGE. Für die Trennung nutzt man bei der
NDAU-PAGE nicht nur Unterschiede in der Molekülmasse und im IEP aus,
sondern auch Mobilitätsdifferenzen, die sich aus Unterschieden in der Mole-
külform, der Ladung und dem hydrophoben Charakter der Proteine ergeben.
Eine signifikante Abhängigkeit der elektrophoretischen Mobilitäten vom
Ausmaß der Wechselwirkungen mit n-Tensiden wurde für Globinketten,
Histone und Zeine (Maisproteine) beschrieben [loc. cit. 818]. So ermöglicht
diese neue Technik eine hervorragende Auflösung der Zein-Polypeptide in
der ersten Dimension und eine Bestimmung ihrer Molekülmassen in der
zweiten Laufrichtung (SDS-PAGE). Diese empfindliche Methode gestattet
z. B. eine Differenzierung verschiedener Maistypen nach Proteinmustern.

Eine leistungsfähige Methode *(IF-SDS-PAGE)* ergibt die Kombination der
isoelektrischen Fokussierung (IF) mit der SDS-PAGE. In der *ersten Dimension* werden Proteine in Gegenwart von anionischen, zwitterionischen oder
nichtionischen Tensiden nach ihren IEP getrennt (IF). Im *zweiten Lauf*
ermöglicht eine SDS-PAGE die Bestimmung der Molekülmasse. Eine kritische Bewertung der Solubilizereigenschaften von a-, z- und n-Tensiden und
ihre Eignung für die Trennung von Membranproteinen in der ersten Dimension der IF-SDS-PAGE geben *Satta* et al. [819]. Sie erzielten mit einem
niedrigen SDS-Proteinverhältnis eine ausgezeichnete Trennung von Plasma-

membranproteinen im IF-Lauf (1. Dimension). Das z-Tensid CHAPS (s. **24**) erwies sich dem n-Tensid NP-40[1]) im IF-Lauf bei der Trennung von Membranproteinen aus Mikrosomen überlegen. In der zweiten Dimension wurde in Gegenwart von LDS nach Molekülmassen getrennt [820]. Eine Übersicht über zweidimensionale Elektrophoresetechniken für die Trennung komplex zusammengesetzter Proteingemische liegt von *Klose* vor [821].

Weitere Tensidanwendungen in der Elektrophorese

Als unentbehrliche *Hilfsmittel* sind Tenside für praktisch alle Elektrophoreseverfahren von Bedeutung. Aus der Vielzahl von Möglichkeiten können nur einige Beispiele angeführt werden.

Die Nutzung der präparativen *Isotachophorese* [822] für die Trennung von Membranproteinen in Gegenwart von n-Tensiden wird von *Bog-Hansen* beschrieben [823]. Im Nanomolbereich gelingt die Trennung der Periodatoxidationsprodukte von Kohlenhydraten mit einem Elektrolyten, der 0,2% Triton X-100 enthält [824]. Allgemein werden im begrenzten Umfang oberflächenaktive Verbindungen, auch polymere Tenside, für die Optimierung isotachophoretischer Methoden eingesetzt.

Die *isoelektrische Fokussierung* setzt im Trennsystem einen pH-Gradienten voraus, der im Fall der Gelelektrophorese von synthetischen Trägerampholyten aufgebaut wird. Eine gezielte Beeinflussung der pH-Verhältnisse gelingt mit Hilfe von chaotropen Ionen, Nichtelektrolyten wie Harnstoff und nichtionischen Tensiden [825]. Die IF empfiehlt sich als Trenntechnik für die erste Dimension bei zweidimensionalen Elektrophoresen (s. o.).

Auch *immunelektrophoretische Methoden* nutzen die amphiphilen Eigenschaften nichtionischer und anionischer Tenside für den empfindlichen Nachweis von Antigenen. *Plumley* und *Schmidt* [826] konnten mit Erfolg das „berüchtigte" SDS in der Rocket[2])- und Crossed-Immunelektrophorese von Proteinsolubilisaten einsetzen. Sie solubilisierten Zellmaterial in 2% SDS und „maskierten" überschüssiges Tensid vor dem Auftragen der Probe mit Triton X-100 zur Verstärkung der Antigen-Antikörper-Präzipitation. Noch 5 ng Protein können quantitativ bestimmt werden. Dem Antikörpergel wurde zur Verstärkung der Präzipitatbildung Polyethylenglycol (PEG) zugegeben. Wird im Elektrophoresegel der Antikörper durch ein Lectin ersetzt, so gelingt der differenzierte Nachweis von Glycoproteinen. Nach der genannten Methode können sowohl lösliche als auch unlösliche Biopolymere untersucht werden.

Eine verbesserte Variante der auch als *Elektroimmunoassay* bezeichneten Rocket-Immunelektrophorese wird von *Fourcroy* und *Malfoy* [827] beschrieben. Im Gegensatz zu den o. g. Bedingungen [826] setzten sie dem Antikörpergel außerdem 0,1% SDS zu und erhielten sehr scharfe Rockets. Nach beiden Varianten kann auf aufwendige Proteinextraktionen, SDS-Abtrennungen oder chemische Modifizierung der beteiligten Antigene und Anti-

---

[1]) entspricht etwa dem Triton X-100
[2]) rocket (engl.) = Rakete, bildlicher Ausdruck für die entstehenden Elektrophoresebanden

körper, wie es in früheren Verfahren beschrieben wird [827 u. loc. cit.], verzichtet werden.

Eine Bewertung häufig benutzter nichtionischer und ionischer Tenside im Hinblick auf ihren Einfluß auf die Immunpräzipitationsreaktionen bei der Immunelektrophorese geben *Shapsack* et al. [828]. Nach ihren Angaben sind auf die Bestimmung von IgG und Albumin folgende Tensidkonzentrationen ohne störenden Einfluß: 4% Triton X-100, 4% Tween 80, 1% NP-40, 0,5% Natriumdesoxycholat (s. **15b**), 0,5% Zwittergent TM 3–12[1]) und 0,1% SDS. Diese Reihe spiegelt die unterschiedlichen Solubilisationseigenschaften der einzelnen Tensidklassen wieder. Die solubilisierende Wirkung auf Immunpräzipitate ist bei ionischen Tensiden am stärksten, bei nichtionischen weniger deutlich ausgeprägt.

Abschließend ist festzustellen, daß gegenwärtig die potentiellen Möglichkeiten, die Tenside als solche oder in Kombination mit nichtmizellaren Solubilizern für die Optimierung elektrophoretischer Methoden bieten, noch nicht umfassend genutzt werden.

3.11. Tenside und immunologische Nachweisverfahren

Immunoassays und *immunologische Tests* sind unentbehrliche Routine- und Forschungsmethoden für die quantitative Bestimmung und Charakterisierung einer Vielzahl von biologisch relevanten Stoffen. *Tenside* erfüllen dabei mehrere wichtige *Funktionen*. Sie *unterdrücken unspezifische Reaktionen* zwischen Antikörpern, Antigenen und Fremdmolekülen und ermöglichen dadurch überhaupt erst den Aufbau vieler Immunoassays. Die Mehrzahl der Assays würde ohne Anwendung von Tensiden als „Hilfsstoff" nicht funktionieren. Tenside erhöhen die Empfindlichkeit vieler Nachweis- bzw. Indikatorreaktionen, die quantitativ den Ablauf immunologischer Reaktionen anzeigen (mizellare Verstärkung von Fluoreszenzemmission, Beschleunigung bestimmter enzymatischer Reaktionen). Die Möglichkeiten der Tensidanwendung sind jedoch mit der Nutzung ihrer mizellaren Assoziate nicht erschöpft. *Vesikel* ermöglichen als besonders stabile Tensidassoziate den Aufbau *hochempfindlicher Immunoassays*, wobei sie als Mikroreaktoren an ihrer Oberfläche immunologische Reaktionen ermöglichen und für deren Nachweis in eingekapselter Form auf „Abruf" Reagentien bereithalten. Die Liposomen und ihre synthetischen Analoga empfehlen sich als vielseitige und vielversprechende Reagentien und Reagentienträger für weitere analytische Aufgaben.

Immunoassays

Der Nachweis einer ständig wachsenden Zahl biologisch aktiver Substanzen im klinisch-chemischen Labor stellt immer höhere Anforderungen an die Empfindlichkeit, Spezifität und Praktikabilität der Analysenmethoden.

[1]) entspricht **22**, s. Tab. 2

Besonders bei der Bestimmung von Substanzen, die nur in *kleinsten* Konzentrationen vorkommen, z. B. Hormone, Pharmaka, diagnostisch signifikante Biopolymere, gerichtsmedizinisch interessante Stoffe (Opiate, Barbiturate), versagen herkömmliche Analysenverfahren [829, 830]. Gegenwärtig können nur *biospezifische Nachweisverfahren*, vor allem die Immunoassays, diesen hohen Anforderungen einer spezifischen Ultramikroanalytik für die genannte Substanzgruppe gerecht werden. Immunoassays beruhen auf der Fähigkeit der Antikörper, auch unter einer großen Zahl strukturverwandter Stoffe, „ihren" Bindungspartner, die Antigene oder Haptene, zu erkennen und mit ihnen eine Bindung unter Bildung löslicher oder unlöslicher Molekülkomplexe einzugehen. Antikörper sind Glycoproteine, deren Bildung im Organismus durch körperfremde Stoffe, die man als Antigene bezeichnet, veranlaßt wird. Antigene und Haptene werden vom zugehörigen Antikörper mit hoher Spezifität erkannt und gebunden. Nahezu alle hochmolekularen Substanzen besitzen einen mehr oder weniger ausgeprägten antigenen Charakter. Als Haptene werden niedermolekulare Verbindungen (Hormone, Arzneimittel) bezeichnet, die erst nach Kopplung an höhermolekulare Stoffe zum Vollantigen werden und die Antikörperbildung auslösen können.

Dem Immunoassay liegt eine nach dem Schlüssel-Schloß-Prinzip ablaufende biospezifische Reaktion zugrunde. Eine unbekannte Menge eines Probenantigens (AG; Analyt) konkurriert mit einer bestimmten Menge markiertem Antigen (AG*) um eine definierte Menge eines spezifischen Antikörpers bei der Bildung von Antigen-Antikörper-Komplexen [AG (Analyt) · AK und AG* · AK].

$$AG\ (Analyt) + AG^* + AK \quad \begin{array}{l} \rightleftharpoons\ AG\ (Analyt) \cdot AK + AG^* \\ \rightleftharpoons\ AG^* \cdot AK + AG\ (Analyt) \end{array}$$

Um mit Hilfe dieser Reaktion eine quantitative Aussage über den Analyten zu erhalten, ist entweder das entstandene Reaktionsprodukt (Antigen-Antikörper-Komplex) oder das verbrauchte Reagenz (Antikörper) zu messen. Deshalb wird eine der Komponenten (Antigen oder Antikörper) unter Erhalt der immunologischen Eigenschaften analytisch leicht erkennbar gemacht, d. h. markiert. Der Probe mit dem Analyten (Antigen) wird außer einer bestimmten Menge Antikörper noch markiertes Antigen zugegeben, welches dann mit dem (identischen) Probenantigen um eine begrenzte Zahl von Antikörpermolekülen konkurriert (Kompetitionstest). Nach der Einstellung des Gleichgewichtes wird der AG-AK-Komplex vom freien Antigen abgetrennt. Aus dem Anteil von markiertem Antigen im Komplex ist auf die Menge des Probenantigens zu schließen. Je nach *Art der Markierung* werden gegenwärtig folgende Assays (Abkürzung, Marker/Meßmethode) unterschieden:

— Radioimmunoassay (RIA, Radioisotope: ^{123}I, ^{3}H, ^{14}C/LSC u. a.)
— Enzymimmunoassay (EIA, Enzyme/Photometrie)
— Fluoroimmunoassay (FIA, fluoreszierende Verbindungen / Fluorimetrie)
— Chemilumineszenzimmunoassay (—/ chemilumineszierende Verbindungen/ Fluorimetrie)
— Spinimmunoassay (SIA, freie Radikale, paramagnetische Ionen / ESR-Spektroskopie)

— Metalloimmunoassay (MIA, Komplexe oder Organometallverbindungen/ AAS, Fluorimetrie).

Von jeder Methode existieren wiederum zahlreiche Varianten, die auf unterschiedliche Verfahren der Abtrennung von Antigen-Antikörper-Komplexen zurückzuführen sind. *Homogene Immunoassays* ohne notwendige Trennoperationen beruhen auf einer *Eigenschaftsänderung* von Markergruppen (Fluoreszenz-, ESR-Signal u. a.) nach erfolgter Antigen-Antikörper-Komplexbildung [831].

Eine *Grundvoraussetzung* für die Verwirklichung des Immunoassay-Prinzips ist die Unterdrückung der unspezifischen Bindung von markierten oder Probenantigen an den Antikörper und andere Probenbestandteile bzw. an die Gefäßwand. Dieses für das Funktionieren der Immunoassays *entscheidende* Problem konnte durch Anwendung amphiphiler Verbindungen gelöst werden. Vor allem nichtionische Tenside (Triton X-100, Brij 20, Tween 20 u. a.) können unspezifische Wechselwirkungen der beteiligten Reaktionspartner wirkungsvoll unterdrücken. Das wird beim *heterogenen Immunoassay* nach der Festphasentechnik besonders deutlich. Vor dem Ausfällen des AG-AK-Komplexes ist ein n-Tensid zuzusetzen (0,05%), um ein Mitfällen von unspezifisch gebundenem Antigen zu verhindern. Bei der Festphasentechnik wird der Komplex an die Wand des Reaktionsgefäßes (Plaste) oder an kleine Glaspartikel adsorptiv gebunden und anschließend durch Waschen mit tensidhaltigen Lösungen von unspezifisch gebundenem Antigen befreit [832, 833].

Hochempfindliche FIA-Verfahren nutzen die Fluoreszenzcharakteristik bestimmter Fluomarker für den Nachweis von Hormonen im Nano- bis Attomolbereich[1]) [834, 835]. Besonders gut eignen sich Europiumkomplexe für die Antikörpermarkierung. Nach Adsorption des AK-AG-Komplexes an eine feste Phase wird das antikörpergebundene Europium abgespalten, als ternärer Komplex mit β-Diketonen und Tri-n-octylphosphin-oxid in mizellarer Lösung solubilisiert und fluorimetrisch bestimmt (s. Kap. 3.6. „Mizellare Fluoreszenzverstärkung"). Für die AK-Markierung werden Eu(II)-Komplexe mit diazotierter 4-Aminophenyl-EDTA (vgl. **91**) eingesetzt [836].

Liposom-Immunoassays

Die Möglichkeiten der Tensidanwendung sind mit der Nutzung ihrer allgemeinen amphiphilen Eigenschaften nicht ausgeschöpft. Auch andere Tensidassoziate, die Liposomen (Vesikel), *ermöglichen* den Aufbau hochempfindlicher Immunoassays. Das Liposom übernimmt zwei Funktionen. Es dient als „analytical chemistry interface" für die *Bindung der Reaktionspartner* und den Ablauf der Antigen-Antikörper-Reaktion sowie als *„Vorratsgefäß" für Markermoleküle*, die durch Zerstörung (Lyse) der Liposommembran freigesetzt werden. Davon leitet sich die Bezeichnung LILA[2]) für diesen Immunoassay ab (Lyse von Liposomen durch immunologische Reaktionen). Die Anzahl der zerstörten Liposomen ist der Menge des dabei freigesetzten incorporierten Markers und des Analyten proportional [838—841].

[1]) nano = 10^{-5}, femto = 10^{-19}, atto = 10^{-18}
[2]) Liposome Immune Lysis Assay

Als Marker (Releasemarker) werden Enzyme, Enzymsubstrate, Spinsonden, fluoreszierende Verbindungen u. a. eingesetzt [838 u. loc. cit.]. In der Analysenlösung konkurrieren das Probenantigen[1]) und das vesikelgebundene Antigen um die Bindung an einen Antikörper. Dabei wird über das membranfixierte Antigen eine bestimmte Menge Antikörper an die Vesikeloberfläche gebunden. Nach Zugabe von Komplement[2]) entsteht mit dem AK ein multifunktioneller Komplex, der eine Membranlyse auslöst. Der freigesetzte Marker wird bestimmt und daraus die Menge des Probenantigens ermittelt. Als Releasemarker eignet sich besonders das 6-Carboxyfluoreszein, das bei hohen Konzentrationen eine Selbstlöschung der Fluoreszenz zeigt. Konzentrierte Lösungen dieses Markers im Wasserpool einer Vesikel fluoreszieren daher nicht. Erst nach Zerstörung der Vesikelmembran und Verdünnen des Fluoreszenzfarbstoffes in der wäßrigen Hauptphase wird eine starke Fluoreszenz beobachtet [839]. Das Antigen bzw. Hapten kann entweder an hydrophobe, leicht in die Vesikelmembran integrierbare Ankermoleküle oder direkt an reaktive Gruppen der Membranoberfläche chemisch gebunden werden. Nach dieser Methode konnten die Autoren noch 10^{-15} mol Human-IgG quantitativ bestimmen [839].

Der *komplementvermittelte LILA* besitzt gegenüber Enzymimmunoassays eine Reihe von Vorteilen. Die Inkubationszeiten reduzieren sich auf nur 1,5 Stunden, der Assay arbeitet homogen und verlangt daher keine Trennoperationen. Die Messungen lassen sich auch halbautomatisch durchführen. Bei Temperaturen um 4 °C sind die als analytische Mikroreaktoren eingesetzten Liposomen etwa 8 Monate stabil.

In jüngster Zeit wurden LILAs entwickelt, die *ohne Komplement* arbeiten und andere Mechanismen für die Membranlyse der Liposomen nutzen. Ein Analyt (z. B. ein Arzneimittel) konkurriert nach dieser Methode in Lösung mit einem Hapten-Cytolysin-Konjugat um die Bindungsstellen am zugehörigen Antikörper. Ein Teil dieses Konjugates wird in Abhängigkeit von der Menge des Analyten vom Antikörper gebunden und dadurch cytolytisch unwirksam. Freies Cytolysin-Hapten-Konjugat bewirkt die sofortige Freisetzung eines als Marker dienenden Enzyms aus den monolamellaren Liposomen. Die gemessene Enzymmenge ist der Haptenmenge in der Probe proportional. In diesen und anderen Liposomsystemen erhöhen nichtionische Tenside wie Brij 58[3]) deutlich die Enzymaktivität [840].

Eine *neue Variante* des LILA wird von *Ho* und *Huang* [841] vorgeschlagen. Sie gehen von der Tatsache aus, daß Phosphatidyletanolamine (PE) unter physiologischen Bedingungen keine stabilen Liposomen bilden, dies jedoch in Gegenwart bestimmter PE-Derivate, z. B. N-Dinitrophenylaminocaproyl-PE, tun. Aus Abbildung 25 geht hervor, wie dieser Effekt als Grundlage für den Nachweis von Antikörpern (Anti-Dinitrophenyl-Antikörper, anti-DNP) dienen kann. Antigenstabilisierte PE-Liposomen mit eingeschlossenem

[1]) Auch Haptene werden auf diese Weise nachgewiesen.
[2]) Gruppe von speziellen Blutproteinen, die mit Antikörpern multifunktionelle Komplexe bilden können, die wiederum die Lyse natürlicher und künstlicher Membranen bewirken.
[3]) Polyethylenglyco[20]-hexadecylether, HLB = 15,7

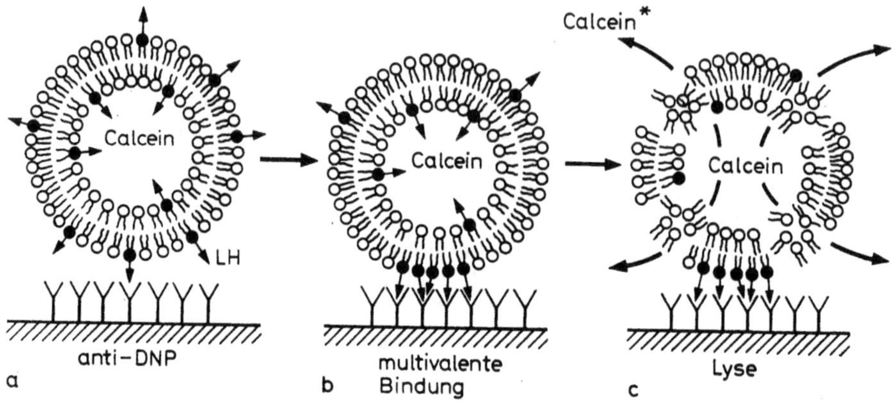

Abb. 25

Funktionsprinzip eines homogenen Festphasen-Immuno-Liposom-Assay
Calcein: Releasemarker (40 mM, gequencht)
Calcein*: Releasemarker nach Freigabe und Verdünnen fluoreszierend

a) durch Lipidhapten (LH) stabilisiertes Vesikel in Lösung
b) Bindung des Vesikels an den fixierten Antikörper (anti-DNP) bei gleichzeitiger
   Diffusion von Haptenmolekülen zur Bindungsstelle
c) Durch Bindung des Haptens verarmt das Vesikel an stabilisierend wirkenden
   Haptenmolekülen, und es wird zerstört. Der durch Selbstlöschung nicht
   fluoreszierende Releasemarker wird freigesetzt, mit der Außenphase verdünnt
   und damit die Fluoreszenz ermöglicht. Über Fluoreszenzmessung wird die
   Menge des Antigens (Haptens) oder Antikörpers bestimmt.

Releasemarker (Calcein) reagieren unter Lyse mit trägerfixierten Antikörpern. Die Autoren nehmen an, daß nach Bindung des Liposoms das membran-
integrierte Antigen zur Bindungsstelle diffundiert und damit große Membran-
bereiche an „Stabilisator" (das Antigen) verarmen. Als Folge davon werden
die Liposomen entsprechend der Antikörpermenge zerstört, und der Marker
wird freigesetzt.

Sonstige Immuntests

Immunologische Reaktionen und deren gezielte Beeinflussung durch amphiphile Verbindungen sind auch Grundlage zahlreicher immunologischer Tests
für die analytische Bestimmung von Antigenen und Antikörpern.
Liposomen (Vesikel), die an der Membranoberfläche Saccharidgruppen tragen,
reagieren mit Lectinen unter Agglutination. Aus diesem Grunde eignen sich
darauf aufbauende *Liposom-Agglutinationsassays* für die klinische Diagnostik
von bakteriellen Infektionen [842]. So können sich Bakterien über Oberflächenlectine an Wirtszellen, die entsprechend exponierte Zuckerreste aufweisen, binden. *Kiwada* et al. [843] präparierten unilamellare, große
Vesikel (LUV), in deren Membran sie nach außen gerichtete Disaccharid-
gruppen einbauten. Je nach Zuckertyp wurden die Vesikel spezifisch von
Escherichia-coli- oder Actinomyces-Bakterien agglutiniert und diese damit
nachgewiesen.

Zahlreiche, für die Praxis wichtige immunologische Agglutinationstests können durch Anwendung nichtionischer Tenside (Triton X-100, NP-40) in ihrer Aussagekraft oft wesentlich verbessert werden. Von *Dey* et al. [844] wird ein tensidinduzierter Agglutinationstest auf Objektträgern, der sich für den Routinenachweis von bestimmten Vibrio-cholerae-Stämmen eignet, beschrieben. Eine vorausgehende Tensideinwirkung auf das Bakterium erhöht seine Agglutinierbarkeit durch Anti-H-Serum beträchtlich. Wahrscheinlich werden durch das Tensid an der Zelloberfläche maskierte Antigen-Determinanten freigesetzt.

Viele immunologische Nachweisverfahren können dadurch verbessert werden, daß die *Löslichkeit* der Antigen-Antikörper-Komplexe durch wasserbindende Reagentien *verringert* wird. Sehr gut eignet sich dafür das *Polyethylenglycol* mit Molekülmassen zwischen 4000 und 6000 (s. Kap. 2.3.1.5.). Das hohe Wasserbindungsvermögen und der partielle Tensidcharakter dieser Verbindungen sind verantwortlich für die in vielen Fällen mögliche Ausfällung der genannten und anderer Assoziate [845]. Die PEG-Fällung ist als allgemeine Methode zur Bestimmung und Untersuchung der Assoziate zwischen Biopolymeren von großer Bedeutung [845].

An praktischer Bedeutung gewinnen in letzter Zeit *turbidimetrische Bestimmungsverfahren* für Antigene und Antikörper. Reproduzierbare Messungen sind ebenfalls nur in Gegenwart geringer Mengen von Tensiden oder PEG möglich [846].

3.12. Isolierung, Reinigung und Analytik von Membranbestandteilen

Für das Verständnis grundlegender biologischer Vorgänge hat die Untersuchung von *Membranen und ihren Bestandteilen* erstrangige Bedeutung. Biologische Membranen sind hochselektive Permeabilitätsschranken, die biologische Struktureinheiten mechanisch voneinander trennen, aber chemisch und biochemisch kontrolliert miteinander verbinden. Wichtige *Membranfunktionen* sind der gesteuerte Transport von Molekülen und Ionen sowie die Erkennung und Bindung von Molekülen durch sogenannte Oberflächenrezeptoren. Biologische Membranen sind so unterschiedlich wie die von ihnen zu bewältigenden Aufgaben. Sie besitzen jedoch eine Reihe wichtiger *Gemeinsamkeiten*: Die Membranen sind etwa 4—10 nm dick und aus Lipiden, Membranproteinen und vielen anderen Verbindungen aufgebaut, die mehr oder weniger ausgeprägte Tensideigenschaften aufweisen. Membranlipide sind wasserunlösliche Tenside, die sich in wäßriger Phase spontan zu bimolekularen Schichten (Bilayers) assoziieren. Der Zusammenhalt der Membranbestandteile erfolgt durch nichtkovalente Kräfte wie hydrophobe und Van-der-Waals-Wechselwirkungen, Ionenbeziehungen u. a., die auch zwischen Tensidmolekülen in Vesikeln oder Mizellen wirksam sind.

Nach dem bekannten Modell von *Singer* und *Nicholson* [847] sind biologische Membranen zweidimensionale Lösungen gerichtet angeordneter Proteine und Lipide (*„fluid mosaic modell"*), (Abb. 26).

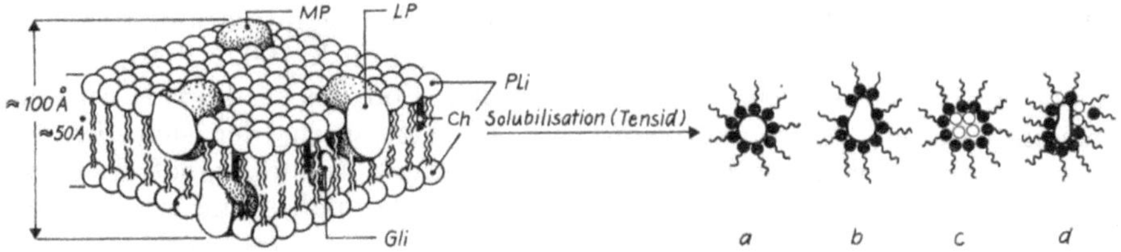

Abb. 26

„Fluid-Mosaik"-Membranmodell nach *Singer* und *Nicholson* und Solubilisation
von Membranbestandteilen durch Einwirkung von Tensidlösungen

a) mizellar solubilisierte Membranproteine (MP)
b) lösliches MP-Tensid-Assoziat, Übergang zu o/w-Mikroemulsionen
c) mizellar solubilisierte Pli, Ch, GLi
d) gemischt-mizellare Assoziate aus Tensid, Pli und MP

Ch: Cholesterol, GLi: Glycolipide, LP: Lipoproteine, MP: Membranproteine
(Lipo- und Glycoproteine u. a.), PLi: Phospholipide, Phospholipid-Doppelschicht

Besonderheiten der Isolierung von Membranbestandteilen

Allgemein wird zwischen *peripheren* (extrinsischen, membranassoziierten)
und *integralen* (intrinsischen) *Membranbestandteilen* unterschieden. Periphere
Membranbausteine sind meist relativ hydrophile, d. h. wasserlösliche Biomoleküle, die bereits durch Erhöhung der Ionenstärke oder Veränderung des
pH-Wertes im umgebenden Milieu von der Membran abgelöst werden können.
Im Gegensatz dazu sind integrale Membranbestandteile fest mit der Lipid-
matrix über hydrophobe und andere Wechselbeziehungen verbunden. Diese
hydrophoben und in der Regel wasserunlöslichen Substanzen können nur
mit organischen Lösungsmitteln [848], chaotropen oder amphiphilen Verbindungen unter mehr oder weniger vollständiger Zerstörung der Membran
herausgelöst werden. Ihre biologische Aktivität behalten integrale Membranbestandteile oft nur, wenn ihnen auch in Lösung eine „membranähnliche"
Umgebung geboten wird. Diese Bedingungen können weitgehend in gemischten Mizellen von natürlichen oder synthetischen Tensiden simuliert werden.
Eine der besten und vielseitigsten Methoden zur Isolierung von Membranbestandteilen unter weitgehendem Erhalt der biologischen Eigenschaften ist
daher ihre *Solubilisation in mizellaren Tensidlösungen.*
In der Membranchemie werden zu diesem Zweck Tenside vorwiegend nach
empirischen Gesichtspunkten ausgewählt und eingesetzt. Erst in jüngster
Zeit wurden Vorschläge über den Ablauf der komplexen Vorgänge bei der
Solubilisation von membranständigen Biomolekülen entwickelt. Fortschritte
auf allen Gebieten der Tensidchemie und bei der Entwicklung theoretischer
Vorstellungen über die Tensidassoziation sind unmittelbar für die Membranbiochemie von Bedeutung.
Die Solubilisation der Membranbestandteile in Tensidlösungen wird in zahlreichen Übersichtsarbeiten ausführlich dargestellt [132, 135, 136, 174, 178,
179, 849]. Das unterstreicht die dynamische Entwicklung auf diesem wichtigen Gebiet der Membranforschung.

Das vorliegende Kapitel kann daher nur, unter Betonung analytischer Aspekte, einen kurzen Einblick in die tensidvermittelte Solubilisation von Membranbestandteilen geben.

Mizellare Solubilisation von Membranbestandteilen

Für eine umfassende Charakterisierung von Membranproteinen und anderen Bestandteilen ist es notwendig, diese Verbindungen im möglichst nativen Zustand ohne Verlust von Untereinheiten und biologischen Funktionen zu isolieren, zu reinigen und zu analysieren. Das Solubilisationsmittel muß aus diesem Grund einer Reihe von *Anforderungen* genügen.

Ein für die Membransolubilisation ideal geeignetes Tensid würde die natürliche Phospholipidumgebung an den hydrophoben Bereichen des Membranproteins ersetzen und dessen hydrophilen Molekülteil frei lassen für Wechselwirkungen des Proteins in wäßriger Phase. Auf diese Weise bleiben biologische Eigenschaften maximal erhalten. Das Tensid soll dem integralen Membranbestandteil soviel Schutz wie nötig und soviel molekulare Bewegungsfreiheit wie möglich gewähren. Als Regeln für die *Tensidauswahl* wären zu formulieren:

— Das Tensid sollte bereits in niedrigen Konzentrationen *(niedriger CMC-Wert)* wirksam solubilisieren, sich aber vom Solubilisat leicht abtrennen oder gegen andere amphiphile Verbindungen austauschen lassen.
— Über das Tensid sollten möglichst umfassende Informationen bezüglich CMC-Wert, Aggregationszahl, Löslichkeit, Kompatibilität mit anderen Stoffen, HLB-Wert u. a. vorliegen.
— Im Tensid sollten keine UV-absorbierenden und gegenüber Biomolekülen reaktiven Verunreinigungen, wie z. B. Aldehyde oder Peroxide, enthalten sein. Anzustreben wäre auch die Anwendung homologenfreier Tenside. Aus Kostengründen ist dies nur in Sonderfällen möglich.

Die Wahl des Tensids richtet sich auch danach, ob ein Phospholipid bzw. ein integrales oder ein peripheres Rezeptorprotein zu solubilisieren ist. Es gilt etwa folgende Abstufung der solubilisierenden *Wirkung* der einzelnen Tensidklassen:

Sulfate, Sulfonate > Carboxylate ≥ Zwitterionen > n-Tenside.

Im Einzelfall kann sich diese Reihenfolge auch umkehren. Allgemein gilt aber, daß die anionischen Tenside (Sulfate und die weniger gebräuchlichen Sulfonate) Membranproteine oft vollständig denaturieren. Kationische Tenside eignen sich nur begrenzt als Membransolubilizer, da sie ebenfalls denaturierend wirken und außerdem viele Proteine ausfällen. Gegenwärtig werden folgende *Solubilizer* in der Membranchemie eingesetzt:

— *n-Tenside*
Triton X-100 (s. **27**), Triton N-100 (s. **29**), Luprol PX[1]), Tween 80 (s. **31**), Tween 20 (s. **32**), Brij 35 (s. **30**), Brij 58 (s. S. 160). Brij 99, Polyethylenglycol[20]-oleylester, $C_{12}E_8$ (Polyethylenglycol[8]-dodecylether), n-Octylglucosid und -thioglucosid (s. **35a**, **b**), Digitonin (s. **34**).

[1]) Polyethylenglycol[9-10]-dodecylether

164

— z-Tenside (einschließlich Betaine)
Zwittergent 3–12 (s. **22**; Sulfobetain SB 12) und 3–14[1]), N-Dodecyl-
betain[2]), Lysophosphatidylcholin (s. **26**), CHAPS (s. **24** S. 30), CHAPSO[3]).

— a-Tenside
Natriumcholat, Natriumdesoxycholat, Natriumtaurocholat (s. **15 a–c**),
SDS (s. **7c**), Natriumdodecanat (s. **13**, Natriumlaurat).

— k-Tenside
CTAB (s. **16 b**), Decyltrimethylammoniumchlorid, Dodecylammonium-
chlorid (s. **21 a**).

Mit Abstand am häufigsten angewendet werden nichtionische Tenside,
darunter vor allem das *Triton X-100*, seine *Analoga* und ähnliche Verbindungen vom *Brij- und Tween-Typ*. Diese preiswerten n-Tenside verbinden ein
meist ausreichendes Solubilisationsvermögen mit maximalem Erhalt der
biologischen Eigenschaften. Aufgrund ihrer niedrigen CMC-Werte bereiten
sie oft Schwierigkeiten bei der Abtrennung vom Solubilisat. Die meisten
dieser Amphiphile sind hinsichtlich der Anzahl der Ethylenoxidreste poly-
dispers. Auch die hydrophoben Steitenketten zeigen innerhalb enger Grenzen
eine bestimmte Häufigkeitsverteilung. So sind im Triton X-100 mit einem
Ethoxylierungsgrad von 9–10 auch Homologe mit 7, 8, 11 und 12 Ethylenoxidgruppen nachweisbar. Die Polydispersität beeinflußt Bildung, Gestalt
und Größe der während des Solubilisationsvorganges sich formierenden
gemischten Mizellen mit Phospholipiden und anderen Lipid-Tensid-Asso-
ziaten [850].
Durch Hydrierung wurde in jüngster Zeit aus Triton X-100 ein gesättigtes
Cyclohexanderivat (s. **28**) dargestellt, das keine die Proteinbestimmung störende UV-Absorption zeigt [140]. Obwohl der Unterschied zwischen beiden
Verbindungen gering erscheint – das Derivat **28** enthält sechs Wasserstoff-
atome zusätzlich – sind trotz ähnlicher CMC-Werte deutliche Unterschiede
im Solubilisationsverhalten zu erwarten. Das Cycloalkylsystem[4]) von **28** ist
bedeutend flexibler als das Alkarylsystem des Triton X-100. Erfahrungen
über die Eignung von **28** als Solubilizer für Lipide und Biopolymere liegen
noch nicht vor.
In den letzten Jahren wurden zahlreiche n-Tenside in die Membranchemie
eingeführt, die den Alkyl- und Alkaryl-polyethylenglycolethern im Solubilisationsvermögen, in der chemischen Beständigkeit und der Abtrennbarkeit
von Solubilisaten, allerdings nicht im Preis, überlegen sind. Das sind vor
allem *Glycoside von Mono- und Disacchariden* (z. B. **35a, b**), [138, 170].
Diese Tenside sind aufgrund ihres Solubilisationsvermögens, ihrer optischen
Transparenz und ihrer Monodispersität exzellente Solubilizer für die Mem-
branuntersuchungen. Das *n-Octyl-β-D-glucosid* (s. **35a**) ist auch kommerziell
erhältlich, allerdings zu einem hohen Preis [169, 170]. Deshalb wurden in

---

[1]) N-Tetradecyl-N,N-dimethylammonio-3-propansulfonat
[2]) N,N-Dimethyl-N-(carboxymethyl)-dodecylammonium-betain
[3]) 3-(3-Cholamidopropyl)-dimethylammonio-2-hydroxy-1-propansulfonat
[4]) 1,4-disubstituierte Cyclohexanderivate liegen als cis/trans- und als Stereoisomere vor.

jüngster Zeit die preisgünstigeren *Thioanaloga* (s. **35b**) als Membransolubilizer vorgeschlagen [171, 172]. Darüber hinaus bieten die Thioglucoside möglicherweise zusätzliche Vorteile für die Solubilisation. Sie sind in einem weiten pH-Bereich stabiler als die O-Glucoside, werden nicht durch β-Glucosidasen gespalten, sind bei niedrigen Temperaturen gut wasserlöslich und wahrscheinlich über einen erweiterten Konzentrationsbereich für die Rekonstitution von Membranproteinen einsetzbar. Außer O- und S-Glycosiden spielen *langkettige Amide des Glucosamins* und der *Glucuronsäure* als Membransolubilizer eine gewisse Rolle [567, 852], z. B. n-Octanoylglucosamid, Cholanolylgluconamid.

Natürliche, nichtionische Tenside wie das *Digitonin*[1]) und die erwähnten *Amide der Cholsäure* gehören zu der großen Gruppe amphiphiler Stoffe, die über ein starres, relativ ausgedehntes Kohlenwasserstoffgerüst verfügen. Als Folge davon liegen die CMC-Werte relativ hoch und die Aggregationszahlen sehr niedrig (s. Tab. 2), [848, 853]. Ihr Einsatz ist dort angezeigt, wo starke hydrophobe Wechselwirkungen des Solubilisationsmittels mit dem Solubilisat besonders stören und normale, langkettige Tenside die Ausbildung gemischter Mizellen (Tensid-Proteine) erschweren.

Amphotere und *zwitterionische Tenside* werden eingesetzt, wenn das Solubilisationsvermögen der n-Tenside nicht ausreicht und eine gewisse denaturierende Wirkung toleriert werden kann. Eine ganze Palette von z-Tensiden mit flexiblen oder starren Kohlenwasserstoffbereichen, z. B. das *Sulfobetain* (s. **22**) und *CHAPS* (s. **24** S. 30) bzw. *CHAPSO*, stehen zur Verfügung [159, 161, 854]. Ungeachtet ihrer elektrischen Neutralität sind z-Tenside über einen weiten pH-Bereich zu starken hydrophoben und ionischen Wechselwirkungen fähig, besonders die langkettigen Zwittergentien[2]).Das Solubilisationsvermögen der z-Tenside wird im allgemeinen von Ionenstärke, pH-Wert und Temperatur nur wenig beeinflußt. An Ionenaustauscher werden diese Tenside kaum gebunden. Gewisse Ausnahmen davon beschreiben *Hjelmland* et al. [160]. *Aminoxide* und *Betaine* als Hauptvertreter der amphoteren Tenside [127] spielen als Membransolubilizer eine untergeordnete Rolle. Sie verbinden zwar ein beträchtliches Solubilisationsvermögen mit nichtdenaturierender Wirkung, werden aber als schwache Elektrolyte von pH-Wert und Ionenstärke der Lösung stärker beeinflußt. Amphotere und zwitterionische Tenside vermögen in Einzelfällen Membranproteine (z. B. bestimmte Enzyme) vor der denaturierenden Wirkung von a-Tensiden (SDS) zu schützen [855]. Betaine liegen abhängig vom pH-Wert der Lösung als a- oder k-Tenside vor. Aminoxide verhalten sich in Gegenwart starker Säuren als k-Tenside.

Unter den anionischen Tensiden sind die *Gallensäuren* und *ihre Salze* (z. B. **15a—c**) für die Membranforschung von besonderer Bedeutung [132, 345, 856]. Sie besitzen ein gutes Solubilisationsvermögen für viele Membranbestandteile und wirken kaum denaturierend. Einschränkend ist zu vermerken, daß sie unter sauren Bedingungen zu wasserunlöslichen Säuren protonisiert werden und über einen großen pH-Bereich mit Ausnahme von **15c** mit

---

[1]) Saponin aus dem Fingerhut (Digitalis Purpurea)
[2]) zwitterionische Detergentien

mehrwertigen Ionen (Ca^{2+}, Mg^{2+} u. a.) unlösliche Niederschläge bilden. Zu den Solubilizern mit dem stärksten Solubilisationsvermögen für integrale Membranbestandteile zählen *SDS* (s. 7c) und *STS* (s. 8), [857, 858]. Membranproteine werden meist denaturiert. Aus Solubilisaten sind sie oft nicht vollständig abtrennbar. Fremdelektrolyte und Nichtelektrolyte beeinflussen die amphiphilen Eigenschaften der ionischen Tenside stärker als die der n- und z-Tenside. Dieser Umstand kann für die Optimierung von Solubilisationsverfahren genutzt werden. Die analytische Charakterisierung der Membranbestandteile ist ohne Anwendung von SDS und STS kaum möglich (s. Kap. 3.10.).

Analytische Charakterisierung solubilisierter Membranbestandteile

Nahezu alle Methoden der modernen instrumentellen Analytik, aber auch konventionelle Verfahren, werden eingesetzt, den Solubilisationsvorgang und das System Tensid–Solubilisat in wäßriger, gemischt wäßrig-organischer und organischer Phase zu untersuchen und Aussagen über Membranbestandteile zu erhalten. Das Studium der Membranproteine und -lipide im solubilisierten Zustand ist von so herausragender Bedeutung, weil diese Verbindungen in ihrer natürlichen Umgebung im Membranverband nur bestimmten physikalisch-chemischen Methoden zugänglich sind. Tenside vermögen in mancher Hinsicht für Membranproteine die natürliche Umgebung zu simulieren und die davon abhängige Funktionsweise zu erhalten. Besonders die Bestimmung der *hydrodynamischen Eigenschaften* der *gemischten Mizellen* aus Membranbestandteil und Tensid bzw. anderer löslicher Tensidassoziate führt zu wertvollen Informationen über die Eigenschaften z. B. eines Membranproteins in seiner natürlichen Umgebung [136]. Wichtige Eigenschaften einer gemischten Mizelle sind ihr *Stokscher Radius, Sedimentationskoeffizient, Reibungskoeffizient* und *partielles spezifisches Volumen*. Diese Größen können unter anderem mit Hilfe der *Gelchromatographie* und der *Dichtegradienten-Ultrazentrifugation* bestimmt werden [859]. Die für gemischte Mizellen ermittelten Werte lassen konkrete Rückschlüsse auf *Molekülmasse* und *-gestalt* des Solubilisates zu. Folgendes Beispiel (Tab. 24) aus einer Zusammenstellung von *Davis* [136] bestätigt die Eignung hydrodynamischer Daten für die Bestimmung von Molekülmassen.

Von vorrangigem Interesse ist natürlich die vergleichende Betrachtung der biologischen Eigenschaften von Membranbestandteilen im nativen und solubilisierten Zustand. Für Rezeptorproteine ist es oftmals schwierig, die *Bindungskonstanten* und *Anzahl der Bindungsstellen* für zugehörige Liganden in

Tabelle 24

Molekülmasse des Nicotinrezeptors aus Fischen (Torpedo- und Elektrophorus)

Methode	Werte			
Gelchromatographie	250000,	300000,	316000,	315000···470000
SDS-PAGE	250000···270000			
Strahleninaktivierung	230000···300000			

Tabelle 25
Methoden zur Abtrennung von Tensiden aus Lösungen von Solubilisaten

Solubilisat	Methode	Eignung der Methode	Lit.
Membran-proteine	HPLC, Abtrennung von Emulgen 911	Analytik von Membranbestand-teilen	867
Myoglobin, Enzyme	Extraktion von SDS als Ionen-paar mit TBA[1]) oder TMA[2]) in organischen Lösungsmitteln (nur für Lyophilisate)	Strukturanalyse, Renaturierung der antigenen und enzymatischen Eigenschaften möglich	868
Proteine	Tensidadsorption an hydrophobe Gele (Natriumcholat und -desoxycholat, TX-100): Toyapearl HW-40-F, Bio-Beads SM2	Bioassays	869, 870
Proteine	Abtrennung von SDS u. TX-100 durch Ausfällen der Proteine mit Methanol-Chloroform-Wasser	Protein-bestimmung SDS-PAGE	871
Proteine	SDS-Überschuß mit Kalium-phosphatpuffer als wenig lösliches Kaliumsalz fällen	Protein-bestimmung	872
Rezeptor-proteine	CHAPS (24) kann durch Filtra-tion der Proteinlösung über PEI-imprägnierte Filter entfernt werden	Analytik von Membranproteinen	873, 871
Proteine u. a. Biopolymere	Natriumcholat u. verwandte Verb. lassen sich durch Filtration über Octadecyl-Silikagel entfernen Renex 690, n-Tenside und Natriumcholat werden auch von normalem Silikagel P stark adsorbiert	Charakterisierung von Membran-bestandteilen Charakterisierung von Membran-bestandteilen	558 875
Proteine	Ionenretardationsharz[3]) AG 11 A 8, SDS	Abtrennung starker, nieder-molekularer Elektrolyte	876
Enzyme	Acetonfällung der Proteine, SDS	Enzymunter-suchung in SDS-PAGE-Eluaten	878
Polare Biopolymere	Abtrennung hydrophober Verbin-dungen, Flüssigchromatographie	allgemeine Reini-gung u. Analytik	879
Proteine	Extraktion von SDS mit Isopentanol	Analytik	880

Tabelle 25 Fortsetzung

Solubilisat	Methode	Eignung der Methode	Lit.
Reaktionslösungen der Synthesechemie	Alkylbenzolsulfonate werden an N-Benzyl-4-(polyvinyl)pyridiniumbromid-Träger absorbiert	mizellare Chemie	874

[1]) Tributylamin, [2]) Trimethylamin
[3]) In einer sphärischen polymeren Matrix sind sowohl Anionen- als auch Kationenaustauschergruppen gebunden. Dieses Harz verzögert selektiv die Elution niedermolekularer ionischer Verbindungen (geeignet für Entsalzung von Proteinen, Trennung ionischer Substanzen, Abtrennung ionischer Tenside aus Lösungen von Biopolymeren).

Gegenwart von Tensiden zu bestimmen. Beide Größen können durch Scatchard-Analyse ermittelt werden [860]. Eine Beurteilung der Ligandbindung von solubilisierten Rezeptoren ist in vielen Fällen durch Untersuchung der Stereospezifität und Reversibilität dieser Bindung möglich [861].

Das Studium der *Phospholipid-Tensid-Assoziate* konzentriert sich auf die Bestimmung physikalischer und physikalisch-chemischer Daten zum *Assoziationsverhalten* dieser Verbindungen [862].

Die Charakterisierung von Membransolubilisaten wird zunehmend durch die Anwendung *leistungsfähiger spektroskopischer Methoden* geprägt (s. Kap. 3.8. u. 3.9.). *Chiroptische Methoden* gestatten die Untersuchung *konformationeller Änderungen* von Solubilisaten. In diesem Fall müssen für die Solubilisation Tenside eingesetzt werden, die im fraglichen Spektralbereich nicht absorbieren [863]. Aussagen über das Assoziationsverhalten solubilisierter Membranproteine sind durch Vernetzungsexperimente mit bifunktionellen Reagentien erhältlich [864]. Mit elektrophoretischen Methoden (SDS-PAGE, isoelektrische Fokussierung) können Molekülmassen und isoelektrische Punkte von Proteinsolubilisaten ermittelt werden [178, 865]. Die Aktivität solubilisierter Enzyme kann in manchen Fällen auch in Gegenwart der Tenside untersucht werden. Elektronenmikroskopische Methoden ermöglichen Aussagen über das Assoziationsverhalten solubilisierter Proteine [867]. Eine der schwierigsten Aufgaben in der Membranchemie ist die *Abtrennung* des zur Solubilisation verwendeten Tensids vom Solubilisat [245]. Viele Membranbestandteile sind allerdings nur in Gegenwart von Tensiden löslich! Es werden mehrere Möglichkeiten experimentell genutzt. Relativ einfach ist es, einen Tensidaustausch vorzunehmen, d. h. ein stark solubilisierend wirkendes Tensid nach der Solubilisation durch ein nichtdenaturierendes und leichter abtrennbares zu ersetzen, z. B. SDS durch Octylglucosid. In einigen Fällen können auch *organische Lösungsmittel* und *chaotrope Salze* die Funktion der Tenside übernehmen oder modifizieren. Die von Membranforschern entwickelten Methoden der Tensidabtrennung sind von allgemeinem Interesse für die analytische Chemie, Enzymchemie und vor allem auch für die organische Synthesechemie unter Nutzung mizellar katalysierter Reaktionen. In Tabelle 25 wird ein Teil dieses Methodenpotentials der Membranchemie vorgestellt. Die Membranforschung ist ein sich dynamisch entwickelndes Gebiet interdisziplinärer Zusammenarbeit. Dabei gewonnene Erfahrungen über die Synthese funktionalisierter Tenside, ihr Assoziationsverhalten und der komplexe Einsatz moderner instrumenteller Analysenmethoden sollten verstärkt auf anderen Gebieten der Analytik, Biochemie und Chemie genutzt werden.

3.13. Tenside in der Histochemie und die elektronenmikroskopische Abbildung von Tensidassoziaten

Spezielle analytische Methoden und Arbeitstechniken sind notwendig, um von Zellen und biologischen Geweben die *chemische Zusammensetzung* sowie die *Verteilung* biologisch relevanter Stoffe zu ermitteln. Dabei werden die nachzuweisenden Substanzen in ihrer strukturellen Lokalisation mit licht- oder elektronenmikroskopischen Methoden erfaßt. Dieser Zweig der analytischen Chemie wird allgemein als Histochemie bezeichnet, die im weiteren Sinne als Histotopochemie verstanden werden kann [881, 882].

Der *ortsgerechte Nachweis* von Lipiden, Kohlenhydraten, sauren und basischen Biopolymeren sowie der biospezifische Nachweis von Enzymen, Lectinen und anderen Verbindungen stellt hohe Anforderungen an die Aufbereitung des biologischen Materials. Bei der Probenahme, Konservierung, Stabilisierung der biologischen Struktur (Fixierung), der Anfärbung mit histochemischen Reagentien und vielen weiteren Schritten spielen *Tenside als Hilfsstoffe* und *Reagentien* eine wichtige Rolle.

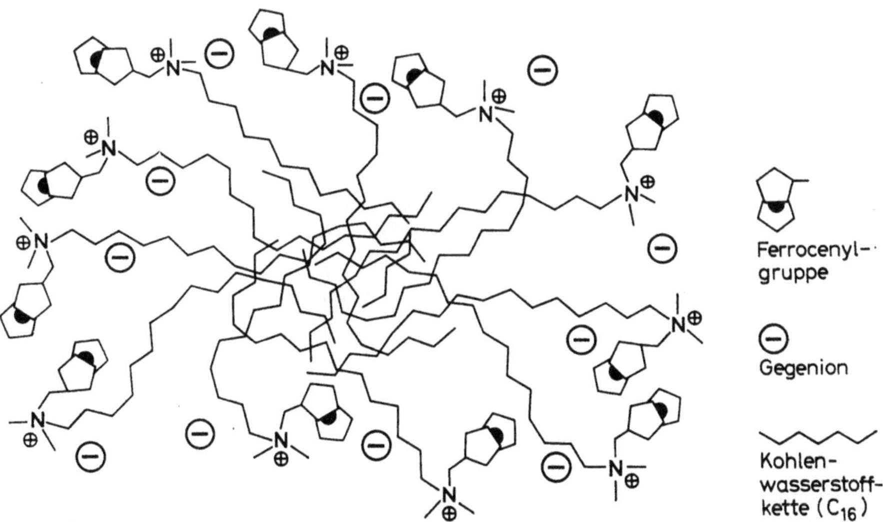

Abb. 27
Normale Mizelle einer Ferrocenylinvertseife (nach *Menger* [37])
Ferrocenylmethyl-hexadecyl-dimethylammoniumchlorid (s. **52**)

170

Für die ortsgerechte Fixierung einer Gruppe biologisch relevanter Verbindungen, der sauren Mucopolysaccharide, werden *k-Tenside (Invertseifen)* seit langem eingesetzt [883]. Bewährt haben sich CTAB(C), (s. **16, b**) und CPC(B), (s. **18a, b**). Diese Tenside bilden in Abhängigkeit von der Ionenstärke und dem pH-Wert stabile salzartige Assoziate entweder mit allen sauren Gruppen (O/N-SO$_3$Na, $-$COONa, ($-$O$-$)$_2$P(ONa)$_2$ u. a.) oder bei niedrigen pH-Werten nur mit O- oder N-Sulfaten (Prinzip der Pufferfärbung), [884]. Für die ortsgerechte Fixierung saurer Biopolymerer eignen sich nur Invertseifen, nicht aber großvolumige Kationen, wie Tetraphenylphosphoniumbromid. Werden übliche Invertseifen durch elektronendichte Analoga, z. B. die *Ferrocenylinvertseife* **52** (Abb. 27), ersetzt, so gelingt aufgrund des Elektronenstreuvermögens derartig funktionalisierter Tenside der elektronenmikroskopische Nachweis anionischer Biopolymerer. Ferrocenylinvertseifen sind daher wirksame *Kontrastmittel* für den ultrahistochemischen Polyanionennachweis [249, 885]. Der beobachtete hohe elektronenoptische Kontrast läßt sich nicht mit einer stöchiometrischen Anlagerung von Invertseifenkationen erklären. Quantitative ultrahistochemische Untersuchungen

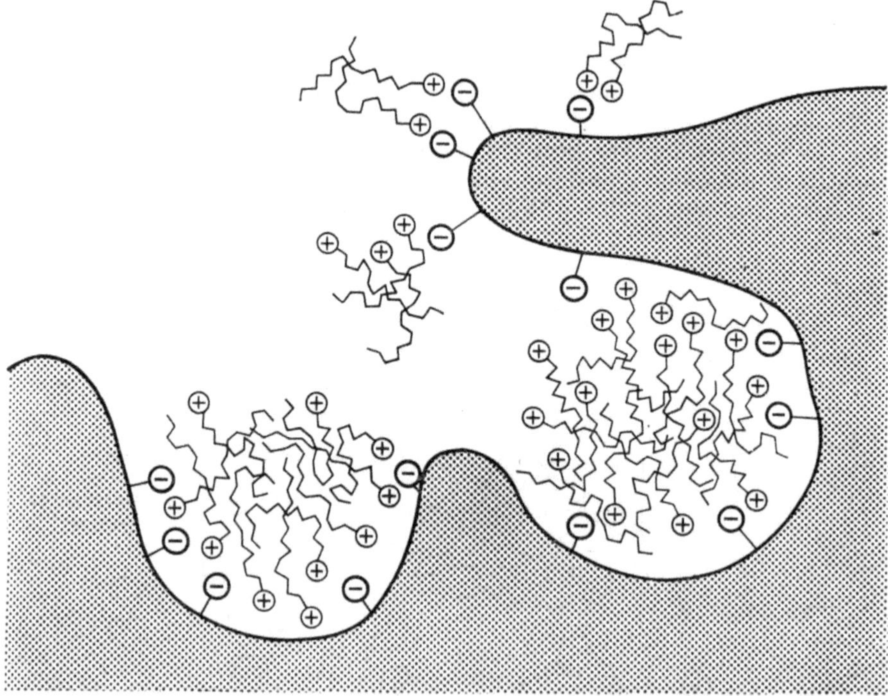

Abb. 28

Histochemisches Modell der Reaktion von ionischen amphiphilen Färbereagentien (Lichtmikroskopie) und Kontrastgebern (Elektronenmikroskopie) mit ionischen Biopolymeren am biologischen Präparat. Einige Oberflächenladungen sind ausreichend, um ein aus vielen Molekülen bestehendes Tensidassoziat über ionische und hydrophobe Wechselwirkungen zu binden

sowie das Studium von Modellreaktionen stützen das in Abbildung 28 vorgeschlagene Modell der histochemischen Reaktion von Polyanionen mit
amphiphilen Verbindungen. Während sich mit der quartären Ammonium-
verbindung **115** maximal 40% der nachgewiesenen sauren Gruppen blockieren
lassen, werden von der Invertseife **52** das 20- bis 30fache der stöchiometrisch
notwendigen Menge stabil gebunden. Es ist anzunehmen, daß aus mizellarer
Lösung die Bindung größerer Assoziate an die anionische Matrix begünstigt
wird [886]. Möglich ist außerdem die mehrschichtige Anlagerung von Invert-
seifenmolekülen. Für die elektronenoptische Darstellung negativer Oberflächenladungen im biologischen Gewebe sind auch *polymere Komplexe* mit
Tensidcharakter (**116**) sehr gut geeignet. In beiden Fällen genügen wenige
Bindungsstellen, um entweder ein mizellartiges Assoziat von Tensidmolekülen oder das intramolekulare Assoziat (Mizelle) eines polymeren Tensids
zu binden (s. Abb. 28). Polymere Komplexe mit amphiphilen Eigenschaften lassen sich von PEI oder anderen Polymeren in großer Vielfalt
„nach Maß" darstellen. Sie sind vorzügliche Kontrastgeber für Polyanionen [141].

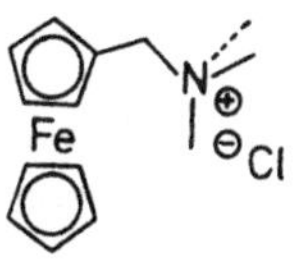

115

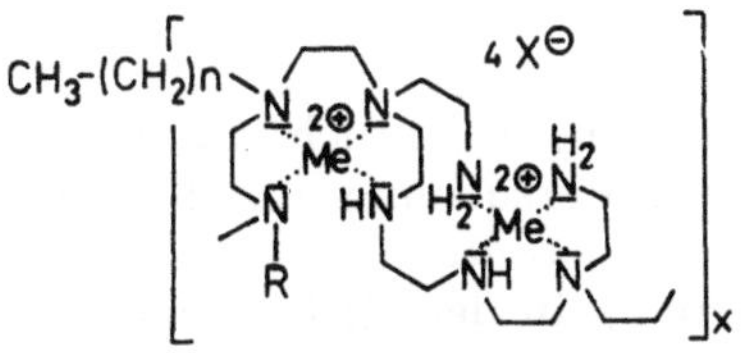

$n = 0{-}10$ $x = 8\ 25\ 100$
$Me = Cu, Zn, Cd$ u. a.
$R = H, C_6H_5CH_2{-}, \langle\rangle Fe\langle\rangle{-}$,
$COOH, CH_2COOH,$
$CSSNa$ u. a.
$X = Cl, BF_4, H_3CCOO, HCOO,$
$1/2 (SO_4, WO_4, CrO_4)$ u. a.

116

Zahlreiche in der Tensidchemie wohlbekannte *funktionalisierte Tenside*
(s. Kap. 2.3.1.7.) sind als ultrahistochemische Reagentien für den elektronen-
optischen Nachweis von Polyionen geeignet [887]. Das sind (117a—e): langkettige Xanthogenate, Dithiocarbaminate, Dithiophosphate [888 u. loc. cit.],
Isothiuroniumverbindungen [889, 890] Isothiosemicarbazoniumsalze [141]
u. a. Diese Substanzen zählen zu den ultrahistochemischen Reagentien, die
selbst keinen Kontrast geben, aber stark „*osmiophil*" sind und nach orts-
gerechter Ablagerung an Gewebeschnitte große Mengen Osmiumtetroxid
unter Reduktion zu OsO_2 oder Komplexbildung binden [891].
Eine interessante Verbindung für den elektronenmikroskopischen Nachweis
positiver Ladungen auf der *Vesikeloberfläche* wird von *Mann* et al. beschrieben
[892]. Es handelt sich um ein organisch (hydrophob) substituiertes *Salz einer
Heteropolysäure*, das Tetra-(tert.-butylammonium)-pentamolybdato-di-doco-
sylphosphat (**118**). Das Heteropolyphosphat **118** ist in organischen Lösungsmitteln löslich und als ein anionisches Tensid aufzufassen.

Vesikel mit incorporierten molekulardispers oder particular vorliegenden, anorganischen Verbindungen werden als potentielle Kontrastgeber für die Elektronenmikroskopie angesehen [18].
Nichtionische Tenside sind geeignet, um bestimmte Membranstrukturen freizulegen und deren histochemischen bzw. morphologischen Nachweis zu verbessern. Ein Beispiel dafür ist die tensidvermittelte Freisetzung membranassoziierter Mikrotubulae in Leberzellen [893].

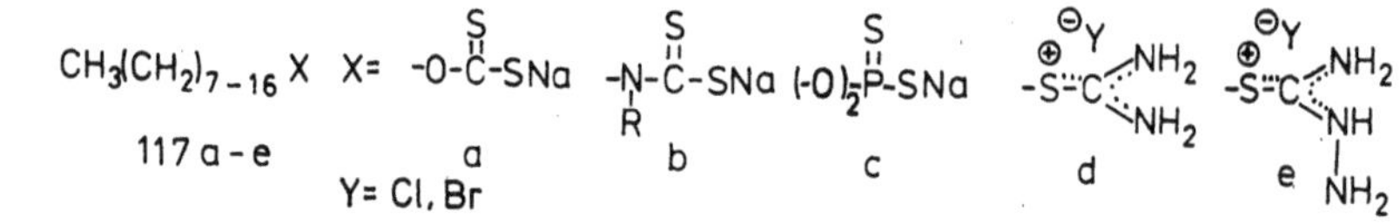

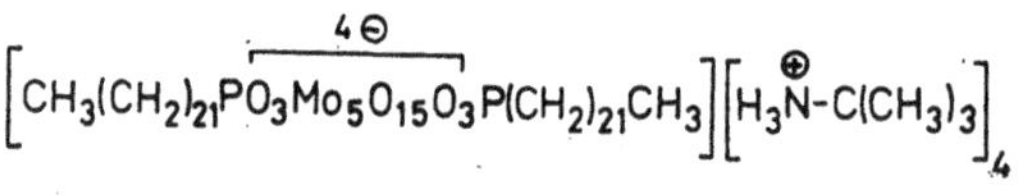

$$CH_3(CH_2)_{7-16}\ X \qquad X = \underset{a}{-O-\overset{S}{\overset{\|}{C}}-SNa} \qquad \underset{\underset{R}{\ }}{-\overset{S}{\overset{\|}{N}}-\overset{S}{\overset{\|}{C}}-SNa}_{\ b} \qquad \underset{c}{(-O)_2\overset{S}{\overset{\|}{P}}-SNa} \qquad \underset{d}{-S\!=\!C\!\!\begin{smallmatrix}\oplus\ ^\ominus Y\\ \diagup NH_2\\ \diagdown NH_2\end{smallmatrix}} \qquad \underset{e}{-S\!=\!C\!\!\begin{smallmatrix}\oplus\ ^\ominus Y\\ \diagup NH_2\\ \diagdown NH\\ \ \ |\\ NH_2\end{smallmatrix}}$$

117 a–e Y = Cl, Br

$$\left[CH_3(CH_2)_{21}PO_3Mo_5O_{15}O_3P(CH_2)_{21}CH_3\right]^{4\ominus}\left[H_3\overset{\oplus}{N}-C(CH_3)_3\right]_4$$

118

$$I\!-\!\bigcirc\!\!\begin{smallmatrix}\overset{O}{\overset{\|}{C}}-\bar{O}|^{\ominus}\ ^{\oplus}Li\\ OH\end{smallmatrix}\!-\!I$$

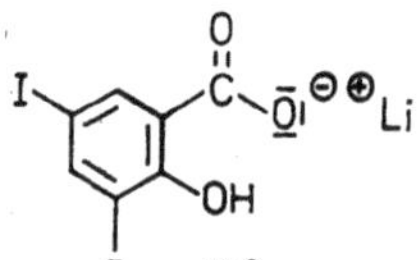

119

In diesem Zusammenhang soll auch die Anwendung der *nichtmizellaren Solubilisation* bei der Untersuchung mizellähnlicher Glycoproteinstrukturen erwähnt werden. Ein bekanntes Beispiel ist das *Lithium-3,5-diiodsalicylat* (**119**), dessen Anwendung in der Histochemie von *Dietl* und *Czuppon* [894] beschrieben wird. Der genaue Wirkungsmechanismus dieser Verbindung ist nicht bekannt. Es wird jedoch angenommen, daß dieses Lithiumsalz wahrscheinlich als hydrotrope Verbindung wirkt (s. Kap. 2.2.1.). *Marchesi* und *Andrews* [895] diskutieren eine tensidähnliche Wirkung dieses Salzes gegenüber Membranen und Membranbestandteilen. Möglicherweise treffen beide Erklärungen zu, da im Unterschied zu vielen anderen hydrotropen Verbindungen das Salz **119** bei vergleichsweise niedrigen Konzentrationen (0,3 bis 0,5 M) solubilisierend wirkt.
In den letzten Jahren werden auf allen Gebieten der Mikroskopie einschließlich Transmissions- und Scanning-Elektronenmikroskopie *kolloide Goldpartikel* von 5—150 nm Durchmesser (orange bis violette Goldsole) als Marker vor allem für Biomakromoleküle angewendet [230]. Diese Makromoleküle dienen als Schutzkolloide für monodisperse Goldsole, an die sie sich adsorbieren. Das auf diese Weise goldmarkierte Biopolymere vermag sich biospezifisch an bestimmte Zell- und Geweberegionen zu binden und dort ortsgerecht Oberflächenlectine, Antigene, Enzyme usw. durch das „mitgeschleppte" Gold zu kontrastieren. Die *Stabilität* der kolloiden Lösungen goldmarkierter Substanzen wird durch Zusätze an *PEG* wesentlich verbessert. Es zeigte sich, daß dieser Effekt hauptsächlich durch den *Tensidcharakter des verwendeten PEG* bestimmt wird. Nach Untersuchungen des Verfassers sind PEG (MM = 2000, 3000, 4000, 6000 und 12000), die mit Ferrocen-1,1'-dicarbonsäure-dichlorid dimerisiert wurden, hervorragende, stabilisierende Agentien (vgl. **120**) für goldmarkierte Verbindungen. Als Brückenköpfe für die Verknüpfung von zwei PEG-Ketten eignen sich weitere disubstituierte Ferrocen-, Terephthalsäure- und Benzoltricarbonsäurederivate. Die ursprünglich als

Träger von Biopolymeren bzw. als histochemische Reagentien vorgesehenen
Substanzen sind sehr leicht darstellbar. Der Tensidcharakter dieser Derivate
ist bedeutend stärker ausgeprägt als der des PEG. So bilden 1%ige wäßrige
Lösungen von **120** ebenso wie bestimmte handelsübliche PEG beim Schütteln
einen stabilen Schaum.

Tenside spielen nicht nur als Hilfsstoffe und Reagentien in der Histochemie
eine wesentliche Rolle. Ihre Assoziate sind auch *selbst* Gegenstand mikro-
skopischer und elektronenmikroskopischer Untersuchungen. Zinnorganische
Fettsäurederivate können in Vesikel eingebaut werden und fungieren dann
als Kontrastgeber für die elektronenmikroskopische Darstellung [272] dieser
Assoziate. Elektronenmikroskopische Methoden sind unentbehrlich für die
Charakterisierung von Vesikeln, lyotropen flüssig-kristallinen Phasen und
anderen Tensidassoziaten [895, 896]. *Amphiphile Verbindungen* sind aus
mehreren Gründen für die Histochemie wichtig. Ionische Tenside vermögen
biologisch relevante Verbindungen struktur- und ortsgerecht im biologischen
Material zu fixieren und gleichzeitig bestimmte Stoffe anzufärben bzw. zu
kontrastieren. Ihr ausgeprägtes Assoziationsverhalten führt dazu, daß am
histochemischen Präparat mehr Tensidmoleküle gebunden werden als stöchiometrisch erforderlich sind. Dieser im wesentlichen auf hydrophobe Wechselwirkungen zurückzuführende „Verstärkungseffekt" ergibt einen ausreichen-
den Kontrast (s. Abb. 28). Außerdem sind Vorstellungen über das Verhalten
der Tenside in Lösungen und an Grenzflächen von grundlegender Bedeutung
für die Histochemie, da die Mehrzahl der im biologischen Material nachzuweisenden Stoffe amphiphilen Charakter besitzt.

3.14. Tensidassoziate und ihre Anwendung in der medizinischen Diagnostik

Einige Verfahren der modernen instrumentellen Diagnostik, wie *Computertomographie* (CT) und *Szintigraphie,* zeigen ihre volle Leistungsfähigkeit
nicht zuletzt durch den Einsatz geeigneter Kontrastmittel oder Radiotracer.
Konventionelle Kontrastmittel lassen bei bestimmten Untersuchungen Nebenwirkungen erkennen oder sind mit anwendungstechnischen Nachteilen
behaftet. Als besonders erfolgversprechend werden *partikuläre Kontrastmittel*
eingeschätzt. Bewährt haben sich bereits Emulsionen von Kontrastmitteln
[897]. Eine andere Möglichkeit, partikuläre Kontrastgeber herzustellen, ist

ihre „Mikroverkapselung" in *Vesikeln* [32, 33 u. loc. cit.]. Die Tragfähigkeit dieses Konzeptes konnte mehrfach im Tierversuch bestätigt werden. Ein Beispiel ist die Incorporation des Kontrastmittels Iosefamat in Lipidvesikel aus Lecithin, Cholesterol und Stearylamin (Molverhältnis $4:1:1$). Diese röntgenopaken Vesikel gestatten eine kontrastreiche CT-Darstellung von Leber und Milz [32]. Erfolgreich wurden auch Vesikellösungen mit eingekapseltem Diatrizoat für die CT-Darstellung des Gefäßsystems und anderer Strukturen tierexperimentell geprüft [898].

In Phospholipidvesikeln eingeschlossene paramagnetische Ionen (Mn^{2+}) sind als Kontrastmittel für die *NMR-Tomographie* von Interesse [899].

Vesikel dienen weiterhin als nichttoxische, biologisch abbaubare Vehikel für *Radiotracer* (^{99m}Technetium, ^{125}Iod u. a.). Radiotracer werden in den Innenraum der Vesikel als Komplexe (^{99m}Tc) oder chemisch gebunden an Trägermoleküle (z. B. **91**) eingebracht. Derartige Vesikel werden für die Lymphoszintigraphie vorgeschlagen [33, 900].

Vesikel aus funktionalisierten synthetischen oder modifizierten natürlichen Tensiden, aber auch Emulsionen und Mikroemulsionen werden in Zukunft verstärkt als „*Container*" für Kontrastmittel, Radiotracer und Pharmaka (s. Kap. 4.4.4.) Anwendung finden.

Der ultrahistochemische Nachweis oberflächenaktiver Verbindungen im Lungengewebe (Phospholipide, als lung surfactant, d. h. *Lungentensid* bezeichnet) ist für die medizinische Diagnostik von Interesse [s. u. 900].

4. Spezielle Tensidanwendungen

In diesem Kapitel werden Tensidanwendungen aufgezählt oder kurz beschrieben, die außerhalb der analytischen Chemie liegen, jedoch beispielhaft interessante Möglichkeiten der Nutzung von Tensidassoziaten aufzeigen. Davon ausgehend sollen Anregungen für die weitere Anwendung von Tensiden und ihren Assoziaten in der analytischen Chemie vermittelt werden. Unter diesem Gesichtspunkt wurden aus der Fülle des vorliegenden Materials geeignete Beispiele ausgewählt. Sie verdeutlichen, daß Tenside mit ihren vielfältigen Assoziaten wie kaum eine andere Verbindungsklasse Gegenstand interdisziplinärer Forschung und vielschichtiger Anwendungen sind.

4.1. Mizellare Chemie

In den letzten Jahren wurde mit zunehmendem Interesse der Ablauf anorganischer, organischer und biochemischer Reaktionen in Gegenwart von Mizellen, Mikroemulsionen, Vesikeln, lyotropen flüssigen Kristallen und anderen Tensidassoziaten untersucht. Dabei zeigte es sich, daß amphiphile Verbindungen auf vielfältige Weise chemische Reaktionen beeinflussen können. Von größter Bedeutung sind die mizellare Reaktionsbeschleunigung *(mizellare Katalyse)*, die *mizellar induzierte Chemoselektivität* [901] und Regioselektivität [282, 902 u. loc. cit.]. Die mizellar-vermittelte anorganische, organische und biochemische Synthesechemie (engl.: micelle-mediated synthesis) nutzt ungewöhnliche Reaktionsmedien, um die Reaktionsausbeuten zu erhöhen, Reagentien vielseitiger einzusetzen und gleichzeitig neue Kenntnisse über Tensidassoziate zu erhalten.
Einige ausgewählte Beispiele mizellar oder durch Tenside beeinflußter Reaktionen, die auch für eine potentielle analytische Anwendung von Interesse sind, sollen einen Einblick in dieses Gebiet der präparativen Chemie geben.

Mizellare Katalyse

Tenside vermögen oberhalb ihrer CMC zahlreiche Reaktionen drastisch zu beschleunigen, andere auch zu inhibieren [1, 2, 6, 9, 10, 903]. Dabei sind *ionische Tenside* in der Regel am stärksten wirksam. Allgemein wird ange-

nommen, daß der mizellar-katalytische Effekt primär auf einer Konzentra-
tionserhöhung eines oder mehrerer Reaktanden an der Mizelloberfläche
beruht. Neben diesem Sammlereffekt sind der Polaritätsgradient beim Übergang von der Hauptphase (bulk phase) auf die Mizelloberfläche sowie in das
Innere der Mizelle und die oft drastisch veränderte mizellare Mikroumgebung
wesentliche Faktoren für die Katalyse. Mehrere Modelle werden diskutiert
[1, 2, 9 u. loc. cit.].

Nucleophile Substitutionsreaktionen werden durch *k-Tenside* oft um mehrere
Größenordnungen, bezogen auf wäßrige Lösungen, beschleunigt [904, 905].
Sehr wirksame Katalysatoren sind auch *polymere Tenside*, z. B. das N-Hexa-
decyl-PEI (s. Kap. 2.3.1.5.). Die Hydrolysegeschwindigkeit von Acetylsali-
cylaten wird um den Faktor 10^5, verglichen mit Methylamin, erhöht [906].
In *inversmizellaren* Systemen ist die mizellare Reaktionsbeschleunigung
meist noch deutlicher ausgeprägt [907 u. loc. cit.]. Mizellare Katalyse wurde
auch in *Mikroemulsionen*, die aufgrund ihrer hohen Solubilisationskapazität
für die organische Synthese besonders interessant sind, beobachtet [908].
Die katalytische Aktivität polymerer Verbindungen mit Imidazolgruppen
wird durch k-Tenside deutlich erhöht [909].

Funktionalisierte Tenside mit SH- oder OH-Substituenten im Kopfgruppen-
bereich sind effektive Katalysatoren für Hydrolyse- und nucleophile Substitutionsreaktionen [910].

Die breite Anwendung und Nutzung mizellar beschleunigter Reaktionen in
der organischen und anorganischen Synthesechemie wird eingeschränkt
durch Schwierigkeiten bei der restlosen Abtrennung der Tenside aus bestimmten Reaktionsgemischen. Für diesen Zweck wurden in der Literatur mehrfach
spaltbare Tenside vorgeschlagen [247, 254], vergleiche Kapitel 2.3.1.7.

Spektakuläre Beispiele für die mizellar-katalysierte Substitution an *anorganischen Komplexen* sind die Hydratisierung des Trisoxalato-chrom(III)-ions
in invers-mizellarer Lösung, die um den Faktor $5,4 \cdot 10^6$ beschleunigt wird.
Die Reaktion läuft im Wasserpool von inversen Mizellen des Octadecyl-
ammonium-tetradecanoats ab [6].

Den Einfluß der Tensidstruktur auf die Komplexbildungsreaktion von Ni^{2+}
mit Pyridyl-2-azo-4-dimethylanilin untersuchten *Jobe* und *Reinsborough*
[911]. Bemerkenswert ist auch die katalytische Wirksamkeit „*nackter*"
Metallionen in inversen Mizellen. Die Hydrolyse von Norleucin-4-nitrophenyl-
ester kann in 0,1 M AOT-Lösung in Tetrachlormethan durch Ni^{2+}-Ionen
stark beschleunigt werden. Wird die Wasserkonzentration der mizellaren
Lösung erhöht, so kommt es zu einem steilen Abfall der Beschleunigungsrate
[912 u. loc. cit.]. Selbst Magnesiumionen sind katalytisch aktiv. Im Unterschied zu nichtmizellaren Lösungen wird in Gegenwart von AOT im o. g.
Lösungsmittel die Cyclisierung Schiffscher Basen des Pyridoxals mit Histidin
durch Mg^{2+} katalytisch beschleunigt. Enzymatische Reaktionen in inversen
Mizellen werden im Kapitel 4.2. behandelt.

Tensidvermittelte Phasentransferkatalyse (PTK)

Nach dem Prinzip der PTK werden Reaktionen, die normalerweise nur in wasserfreien Medien ablaufen, in einem *wäßrig-organischen Zweiphasensystem* in Gegenwart sogenannter *Phasentransferkatalysatoren* durchgeführt. So lassen sich z. B. Alkylbromide in Gegenwart geringer Mengen CTAB (s. **16b**) mit einer Alkalicyanidlösung in die entsprechenden Nitrile überführen. Intermediär entsteht das $(CTA)^+CN^-$. Über dieses Ionenpaar kann das hydrophile Cyanid in die organische Phase transportiert werden und dort mit dem Alkylbromid unter Bildung des Nitrils reagieren. Das $(CTA)^+$-Ion wird als hydrophiles CTAB in die wäßrige Phase zurückgeführt, um erneut in die Phasentransferreaktion einzutreten. Einige PTK-Reaktionen werden auch mit stöchiometrischen Katalysatormengen durchgeführt.

Organische Phase

$$(CTA)^+Br^- + R-CN \rightleftharpoons R-Br + (CTA)^+CN^-$$

—————————————————————————————— Phasengrenze

$$(CTA)^+Br^- + CN^- \rightleftharpoons (CTA)^+CN^- + Br^-$$

H₂O-Phase

Besondere *Vorteile* dieser präparativ wichtigen Reaktionsführung sind höhere Ausbeuten, verbesserte Selektivität, mildere Bedingungen, billigere Reagentien und breitere Anwendungsmöglichkeiten. Es lassen sich auf diese Weise C-, O-, N-, S- und andere Alkylierungen bzw. Arylierungen unter Vermeidung der teuren, sonst notwendigen aprotischen Lösungsmittel[1]) durchführen. Aber auch Eliminierungs-, Oxidations-, Reduktions-, Wittig- und viele andere Reaktionen sind vorteilhaft in vielen Fällen selektiv unter den milden PTK-Bedingungen realisierbar [913, 914].
Die Zweiphasen-Oxidation von Alkylaromaten mit Ammonium-cer(IV)nitrat wird nur von a-Tensiden (SDS), nicht aber von kationischen oder nichtionischen Amphiphilen (CTAB bzw. ein Podand) katalysiert [915].
Das PTK-Prinzip läßt sich möglicherweise ebenfalls auf die chemische *Modifizierung von Proteinen* und die Bildung von Proteinkonjugaten übertragen [916].
Als *Phasentransferkatalysatoren* werden neben quartären Ammonium- und Phosphoniumsalzen, die nicht mizellar assoziieren, auch Kronenether und Kryptanden sowie normale und funktionalisierte Tenside eingesetzt. Geeignete Tenside sind CTAB und Cetyltributylphosphoniumbromid [917] sowie Polyethylenglycolether [918]. Das Phasentransferprinzip funktioniert ebenso mit Katalysatoren, die weder in Wasser noch in organischen Lösungsmitteln aufgrund zu kurzer oder räumlich symmetrisch angeordneter Alkylketten Mizellen bilden. Für den Ablauf von PTK-Reaktionen ist es wichtig, daß die Schranke an der Phasengrenze Wasser—Solvens für unlösliche Stoffe überwunden wird. Dafür ist die Salz- bzw. Ionenpaarbildung mit hydrophoben Kationen, wie [Tetrabutylammonium⁺], bereits ausreichend.

---

[1]) z. B. DMSO, Hexamethylphosphorsäuretriamid (HMPTA), Dimethylformamid (DMF) u. a.

178

Als eine *Variante* der (Zweiphasen-)PTK ist die sogenannte Triphasenkatalyse (T-PTK) zu betrachten [919]. Dem Zweiphasen-System wird noch ein *fester Katalysator* zugefügt, um die Produktaufarbeitung und die Katalysatorrückgewinnung zu erleichtern. Außerdem können in einigen Fällen niedrige Reaktionsraten in der PTK (wenigstens eine Komponente ist in einer Phase nur in geringen Konzentrationen vorhanden) durch die Anwesenheit des festen Katalysators erhöht werden. Als Katalysatoren werden makroporöse Polystyrenanionenaustauscher eingesetzt, die im Unterschied zum Normaltyp als *trägerfixierte k-Tenside* aufzufassen sind [267]. Nur Austauscher mit langen Spacern zwischen quartärem Ammoniumkation und der polymeren Matrix wirken katalytisch. Geeignete Katalysatoren sind auch immobilisierte Kronenether-Tenside und Polyethylenglycolether.

Trägerfixierte k-Tenside mit einem Spacerarm von 10 Methylengruppen eignen sich für nucleophile Austauschreaktionen in Ethanol oder Dioxan als Lösungsmittel [920]. Die Aufarbeitung ist nach der T-PTK sehr einfach, ebenso die Regenerierung des Katalysators.

Tensidreagentien

Für die organische Synthese ist es oft wünschenswert, von typischen hydrophilen anorganischen Ionen stabile hydrophobe Salze darzustellen, die in organischen Lösungsmitteln als Reagentien löslich sind.

Auf die Eignung von *Kronenethern* und *großvolumigen Kationen* als Solubilisationsmittel für Anionen in organischen Lösungsmitteln wurde bereits hingewiesen (s. Kap. 2.2.2.2. u. 3.2.3.). Von vielen, auch instabilen Anionen lassen sich durch doppelte Umsetzung mit *k-Tensiden*, vor allem mit CTAB und Hexadecyltributylammoniumbromid, relativ *stabile hydrophobe Salze* darstellen. Tabelle 26 gibt dazu einen Überblick.

Die genannten Verbindungen ermöglichen Oxidations- und Reduktionsreaktionen sowie basenkatalysierte Hydrolysen unter milden Bedingungen in *homogener organischer Lösung* (Benzen, Tetrachlormethan, Dichlormethan u. a.). Die Anionen sind meist nicht solvatisiert und daher außerordentlich reaktiv. *Anionische Tenside* können umgekehrt Kationen in organischen Lösungsmitteln solubilisieren. So sollten langkettige Alkylsulfonate von Cu^{2+} und Fe^{3+} Redoxreaktionen in organischen Lösungsmitteln eingehen können. Die freien Säuren der a-Tenside, allerdings nicht die autoprotolytisch leicht spaltbaren Alkylschwefelsäuren (s. 7a), sind in organischen Lösungsmitteln sehr starke, nichtoxidierende Säuren.

Einige der genannten Reagentien sind auch für analytische Anwendungen von Interesse.

Mizellar beeinflußte Photoreaktionen

Das Interesse an Photoreaktionen, die in Lösung oberhalb der CMC in Gegenwart von Tensiden ablaufen, ist in den letzten Jahren sprunghaft gestiegen. Über damit verbundene mechanistische Besonderheiten wurde mehrfach berichtet [loc. cit. 930—932].

Tenside und ihre Assoziate, vor allem *Mizellen*, nehmen auf verschiedene

Tabelle 26
Tenside als Reagentien der mizellaren Chemie

Tensid	Anwendung	Lit.
Trialkylsulfoniumsalze	mizellare Alkylantien	921
Hexadecyltrimethylammonium-permanganat	Oxidationsmittel für nichtwäßrige Systeme[1])	156, 926
Di-(hexadecyltrimethylammonium)-persulfat	Photooxidation in mizellarer Phase und in Mikroemulsionen	922
Hexadecyl-(2-hydrogenperoxyethyl)-dimethylammonium-trifluormethan-sulfonat	mizellare Katalyse, selektives Oxidationsmittel	923
Hexadecyltrimethylammonium-amalgam	„Tensid" mit metallischer Bindung, Reduktionsmittel	924
Hexadecyltrimethylammonium-fluorid	starke Base im nichtwäßrigen Milieu, mizellare Katalyse	158
Hexadecyltrimethylammonium-hydroxid und -alkoxide, Dioctadecyl-trimethyl-ammoniumhydroxid, -alkoxide	starke Basen und nucleophile Reagentien in wäßrigen und nichtwäßrigen Lösungs-mitteln	154, 155, 925
Trägerfixierte k-Tenside mit Cyanid als Gegenion	präparativ einfache Nitril-synthese	920
Trägerfixierte k-Tenside, n-Tenside und funktionalisierte Tenside (amphiphile Kronenether)	Katalysatoren für die Triphasenkatalyse	919
Langkettige Alkyl- oder Alkaryl-sulfonsäuren bzw. Perfluorsulfon-säuren	starke, nichtoxidierende Säuren, auch in organischen Lösungsmitteln	
Hexadecyltrimethylammonium-tetrahydridoborat	mizellares Reduktionsmittel	157
Optisch aktive Tenside	stereoselektive Synthese, mizellare Katalyse	296, 927—929

[1]) Die Löslichkeit des Permanganats in Wasser beträgt $1{,}48 \cdot 10^{-4}$ und in Trichlormethan $0{,}229$ mol l^{-1} (0,006 bzw. 9,2%)

Weise Einfluß auf den Ablauf photochemischer Reaktionen. In wäßriger oder nichtwäßriger Tensidlösung sind mehrere mizellar bedingte Faktoren wirksam. Die Verteilung von Reaktanden, Zwischen- und Reaktionsproduk-ten zwischen Hauptphase und mizellarer Pseudophase ist mit einer Aufnahme einzelner Reaktionspartner in die Mizelle oder mizellare Mikroumgebung bzw. deren Ausschluß verbunden. Die Stabilität reaktiver Zwischenstufen, auch der photoangeregte Zustand des Sensibilisators, werden in mizellarer Lösung beeinflußt. Vom Polaritätsgradienten an und in der Mizelle sind die Orientierung und die Angreifbarkeit von Elektronenakzeptoren und -dona-toren abhängig. Auch die Ladungstrennung im angeregten Komplex wird durch den mizellaren Polaritätsgradienten stark beeinflußt.
Als *Beispiele* für Photoreaktionen seien erwähnt: die Photochemie von

Aceton in ionischen Mizellen [933], die sensibilisierte Photoreduktion von Azofarbstoffen in Gegenwart nichtionischer Tenside [931], die Stabilisierung photoreduktiv erzeugter Anionenradikale [934], der photoinduzierte Elektronentransfer zwischen Diazoniumsalzen und aromatischen Kohlenwasserstoffen [935] sowie die Photolyse von Arendiazoniumsalzen [936]. Die Effizienz der Photoreduktion von Viologenen kann durch ihre Überführung in amphiphile, mizellbildende Moleküle erheblich gesteigert werden [937].

Chemie mit Vesikeln

In den letzten Jahren wurde begonnen, die mizellare Chemie auf andere geordnete Strukturen der Tenside, wie Mikroemulsionen und Vesikel, zu übertragen und vor allem zu erkunden, welche neuartigen Möglichkeiten letztere für die gesamte Chemie bieten [2, 5, 11, 18].
Vesikel sind als „chemische Maschinen" [11] apostrophiert worden, die einen relativ abgeschlossenen Innenraum (Wasserpool) aufweisen, der durch eine wirksame Permeabilitätsschranke von der Außenphase getrennt ist. Vesikelmembranen sind in der Regel nur für sehr kleine Ionen durchlässig. Die Natur der Membran, ihre Oberflächenladung und die Dimensionen der Vesikel können innerhalb weiter Grenzen variiert werden. Deutlicher als es solche dynamischen Gebilde wie Mizellen vermögen, können Vesikel entsprechend ihrer Oberflächenladung gleichnamig geladene Verbindungen „zurückweisen". So werden in *Di-tetradecylsulfosuccinat-Vesikeln* incorporierte Viologene von Natriumdithionit nicht reduziert. In *Lecithinvesikeln* mit elektroneutraler Oberfläche erfolgt jedoch die Reduktion eingeschlossener Viologenderivate zum farbigen Radikal [938]. Kalium-tetrachloroplatinat kann in polymerisierte und damit stabilisierte Vesikel eingeschlossen und zu kolloidalem Platin reduziert werden. Derartige Vesikel eignen sich als Hydrierkatalysatoren für extravesikuläre oder membransolubilisierte Verbindungen [939]. In Vesikelmembranen eingebaute, langkettige *Histidinderivate* katalysieren stereoselektiv die Hydrolyse von N-Acylaminosäure-4-nitrophenylestern [940]. Das hydrophobe Substrat wird an die Vesikeloberfläche adsorbiert oder in die Membran aufgenommen.
Thiol-Disulfid-Austauschreaktionen zwischen einem Disulfid und Vesikeln mit Thiolgruppen beschreibt *Bizzigotti* [941].
Diese und ähnliche Umsetzungen besitzen Modellcharakter für biochemische Reaktionen (biomimetische Chemie bzw. Katalyse).
Vesikel können in besonderer Weise als *sphärische Matrix* für die Synthese ultradünner, kugelförmiger, polymerer Membranen dienen. Im ersten Schritt werden Vesikel aus dem Diallylammoniumsalz der Di-Hexadecylphosphorsäure hergestellt. Dann wird gewissermaßen die aus dem Diallylammonium-Gegenion bestehende Hülle photochemisch polymerisiert. Es resultieren polyanionische Vesikel, die konzentrisch von einer polymer vernetzten Gegenionenhülle umgeben sind. Durch pH-Veränderung und Einwirkung organischer Lösungsmittel wird das Vesikelanion zerstört. Nach Extraktion der Dihexadecylphosphorsäure verbleiben *Ghost[1])-Vesikel* mit einem Durchmes-

---

[1]) engl.: Geist

ser von etwa 2300 Å und einer Membrandicke von 28—56 Å. Derartige mikroskopisch kleine Hohlkörper (microspheres, Ghost-Vesikel) sind geeignete Container für die Einkapselung von Metallkolloiden, Enzymen und anderen Katalysatoren. Die extrem dünnen Membranen ermöglichen hocheffektive Elektronen- bzw. Energietransferprozesse und einen effizienten Stofftransport [942].
Weitere Möglichkeiten einer organischen und bioorganischen Chemie in synthetischen bzw. polymer vernetzten Vesikeln werden von *Fuhrhop* und *Mathieu* beschrieben [5].
Eine faszinierende *anorganische* und *bioanorganische Chemie* in und mit Vesikeln wird in einer Übersichtsarbeit von *Mann* et al. vorgestellt [18]. Ausgehend von wichtigen biologischen Funktionen, die natürliche Vesikel im Organismus erfüllen — so als Schwerkraftsensoren (Innenohr), Richtungssensoren (Magnete), Speicherzentren (Muskeltrigger), Abfallkollektoren (Mollusken) — werden Möglichkeiten aufgezeigt, in Vesikeln eine ganze Palette amorpher, kolloidaler oder mikrokristalliner Stoffe zu erzeugen. Die so gefüllten Vesikel werden als *Kontrastgeber* für die Elektronenmikroskopie, als NMR-Sonden und Arzneimittelträger vorgeschlagen.

4.2. Biochemie in nichtwäßrigen Lösungsmitteln

Natürliche biochemische Vorgänge und Reaktionen sind gewöhnlich an wäßrige Lösungen sowie bestimmte pH- und Temperaturverhältnisse gebunden. Nachdem bekannt wurde, daß Lebensvorgänge bei extremen pH-Werten und bei Temperaturen über 100 °C möglich sind, überrascht es nicht, daß viele biochemische Reaktionen auch in nichtwäßrigen Lösungsmitteln ablaufen können. Schon lange ist bekannt, daß biologisch aktive Biopolymere, wie z. B. Antikörper, Enzyme [943] und Lectine [141], sich im Einzelfall ohne Aktivitätsverlust in flüssigem Fluorwasserstoff lösen und zurückgewinnen lassen. Von großem praktischen und theoretischen Interesse sind Umsetzungen biologisch aktiver Stoffe in Kohlenwasserstoffen und anderen organischen Lösungsmitteln [944]. Bestimmte *Enzyme*, z. B. Lipasen, katalysieren die Umesterung von Glyceroltributylester mit n-Heptanol in Lösungsmitteln, wie Hexan, Ethylether, Acetonitril, Tetrahydrofuran, Toluen, Pyridin, Tetrachlormethan und Aceton, nicht aber in DMSO oder Formamid. Der Wassergehalt dieser Lösungsmittel liegt unter 0,02%. An diesem Beispiel wird deutlich, daß enzymatische Reaktionen mit geringsten Wassermengen auskommen. Die Frage lautet daher nicht, *ob* biochemische Reaktionen an die Anwesenheit von Wasser gebunden sind oder nicht, sondern *wieviel* Wasser erforderlich ist [944]. Die *Enzymchemie* in nichtwäßrigen Lösungsmitteln ist für die chemische Abwandlung lipophiler Stoffe von außerordentlichem *biotechnologischen Interesse.*
Während enzymatische Reaktionen in wasserfreien Medien (zur Zeit) auf wenige Enzymsysteme begrenzt sind, ermöglichen Tensidassoziate eine umfassende Chemie biologisch aktiver Verbindungen, vor allem der Enzyme in nichtwäßrigem Milieu ohne Begrenzung hinsichtlich der Löslichkeit der Sub-

strate, Reaktanden und Endprodukte. Mehrere Übersichten beschreiben die erstaunlichen Möglichkeiten für den Ablauf enzymatischer Reaktionen in invers-mizellaren Lösungen [945—947]. Besonders gut untersucht ist das *System a-Tensid* (AOT s. **10**) — *aliphatischer Kohlenwasserstoff.* In Abhängigkeit von der Wasserkonzentration bezogen auf die molare Konzentration des Tensids (w_0-Wert) bilden sich inverse Mizellen unterschiedlicher Größe. Über den *w_0-Wert* können das Solubilisationsvermögen und die physikalisch-chemischen Eigenschaften des Wasserpools, insbesondere die Polarität des eingeschlossenen Wassers, in weiten Grenzen gesteuert werden. Nach *Levashov* et al. [1047] werden für AOT-Mizellen in Kohlenwasserstoffen die in Tabelle 27 genannten Beziehungen zwischen w_0-Wert, Aggregationszahl und Mizellmasse angenommen.

Tabelle 27

w_0	N	Mizellmasse
0	15—20	10 000
40—50	einige 100	1 000 000
50—60	Vorliegen von Mikroemulsionen u. a. Tensidassoziaten, maximale Solubilisation von Wasser	

Es ist sinnvoll, ab w_0-Werten von etwa 10 nicht mehr von inversen Mizellen, sondern von *w/o-Mikroemulsionen* zu sprechen. Typische Reaktionsbedingungen für enzymatische Reaktionen in Isooctan sind: 20—200 mM AOT (0,88—8,88% AOT w/v) und 0,5—4% Wasser. Neben dem durch den w_0-Wert charakterisierten Wasserpool ist das hydrophobe Milieu außerhalb der Mizelle vorteilhaft für den Massentransport und die Trennung von Reaktionsprodukten bei Umsetzungen, an denen polare und unpolare Stoffe beteiligt sind. In invers-mizellarer Lösung gelangen die enzymatische Synthese wasserunlöslicher hydrophober Peptide [947], die Oxidation ungesättigter Fettsäuren, die Reduktion von Ketosteroiden, die lichtinduzierte Wasserstoffbildung [945] und viele andere Reaktionen. Die Enzymaktivität kann in invers-mizellarer Lösung höher liegen als in Wasser (Peroxidase in AOT/Wasser/Isooctan), [945 u. loc. cit.]
Neben AOT eignen sich auch *andere Tenside* zum Aufbau invers-mizellarer Systeme für die Enzymchemie: Phospholipide [948], Tween 85[1]), Polyethylenglycol[8]-dodecylether, Natriumtaurodesoxycholat [949] u. a.
In jüngster Zeit wurde berichtet, daß *Bakterien* (Escherichia coli) länger als einen Tag in inversen Mizellen (Tween 85 und Wasser in Isopropylpalmitat) lebensfähig bleiben und eine β-Galactosidaseaktivität nachgewiesen werden konnte [433]. Bakterienkonzentrationen bis zu $10^8 \cdot ml^{-1}$ bilden klare, inversmizellare Lösungen, während analoge wäßrige Systeme als trübe Suspensionen vorliegen.
Die *Aufnahmekapazität inverser* Mizellen für Biomakromoleküle unter Erhalt der biologischen Aktivität scheint nahezu unbegrenzt zu sein. Sogar Nuclein-

---

[1]) Polyethylenglycol[20]-sorbitan-trioleat, HLB = 11,0

säuren bzw. Plasmide mit Molekülmassen von 2 000 000 werden inversmizellar solubilisiert [loc. cit. 945].

Inverse Mizellen sind geeignete *Modellsysteme* für viele Strukturen, die in natürlichen Membranen vorliegen, sowie für den Transfer von Makromolekülen bzw. niedermolekularen Stoffen durch Phasengrenzflächen. In unpolaren Lösungsmitteln werden sich weitere biologisch relevante Reaktionen mit ungewöhnlichen Reaktionspartnern durch Vermittlung von Tensidassoziaten, wie inversen Mizellen, Vesikeln und w/o-Mikroemulsionen, verwirklichen lassen.

4.3. Tensidassoziate als Modellsysteme in Chemie, Biochemie und Medizin

Gegenwärtig wird der Modellbegriff, vor allem die Bezeichnung „biologisches Modell", oft leichtfertig auf jede Art von Reaktion und System angewandt, die eine gewisse Ähnlichkeit zu natürlichen Vorgängen und Strukturen zeigen. Die verschiedenen Tensidassoziate sind tatsächlich geeignete Modelle für das Studium und die Simulation vieler biologisch und technisch wichtiger Vorgänge. Es sei daran erinnert, daß Mizellen und andere Tensidassoziate in geschmolzenen Salzen sowie polaren und unpolaren Lösungsmitteln stabil sind und mizellare Assoziation auch in wasserfreien Systemen, wie konzentrierte Schwefelsäure, nachgewiesen werden konnte. Tensidassoziate gestatten es, ohne Einschränkung durch Löslichkeitsprobleme für viele Reaktionen fast nach Belieben Zusammensetzung und Polarität des Milieus zu wechseln. Dabei ist es möglich, Einzelaspekte oder -schritte komplexer Vorgänge isoliert zu betrachten und zu untersuchen sowie Reaktionsparameter und Randbedingungen in weiten Grenzen zu variieren. In manchen Fällen gelingt es dann, von solchen Modellen praktisch interessante „chemische Maschinen", „Mikroreaktoren" und Transportsysteme abzuleiten. Tabelle 28 bringt eine Auswahl von Möglichkeiten, Tensidassoziate als Modellsysteme zu verwenden.

4.4. Tenside in der Medizin

4.4.1. Biologische Aktivität von Tensiden

Tenside gehören zu den Stoffen, denen der Mensch täglich in Gestalt einer Vielzahl von Reinigungsmitteln, Gesundheitspflegemitteln, Kosmetika, Zahnpflegemitteln und Arzneimitteln begegnet. Aus diesen und aus ökologischen Gründen werden die biologischen und toxischen Eigenschaften dieser Substanzklasse intensiv untersucht [964, 966].

Die *biologische Aktivität* der Tenside ist *je nach Tensidklasse* unterschiedlich ausgeprägt. Für alle Tenside gilt, daß sie an biologischen Membranen unspe-

Tabelle 28
Tensidassoziate als Modelle für die Simulation und das Studium biologischer
Prozesse

Tensidassoziat	Modell	Modelluntersuchung	Lit.
Vesikel	Zelle	Gefrierschädigung von Zellen, Geweben (Organtransplantaten)	946, 947
	Zelle	Fusion lebender Zellen (Bio- und Gentechnologie)	949, 950
	biologische Membran	Membranstruktur und -eigenschaften (Transportvorgänge, Permeabilität, mechanische Belastung, Resorption im Organismus)	951
	Mikrocontainer	geschützter passiver oder aktiver Transport von Arzneimitteln	952
	Zelle	histochemisches Modell für die Anfärbung von Lipiden	954
	biologische Membran	Photosynthese, Enzymreaktionen	955
	Erythrozyten	Gasaustauschreaktionen, Hämolyse, Denaturierung von Biopolymeren	961
	Zelle	Elementarvorgänge bei Infektionen, immunologische Abwehr	962
	Zelle	Stoffwechsel, künstliche Organe, Blutersatz, Wirkungsweise von Arzneimitteln	959
	biologische Membran	Wechselwirkung bakterieller Toxine mit Zellmembranen, Substrat-Rezeptor-Wechselwirkungen	963
Bilayers	biologische Membran	Transportvorgänge	953
Monolayer-Vesikel		Enzym-Substrat-Wechselwirkungen	960
Mizellen, inverse Mizellen	Lipide	Lipidtransport und -stoffwechsel im Organismus	956
	Zelle	biotechnologisches Modell für Bioconversionen, biomimetische Chemie	957
Flüssig-kristalline Phasen	biologische Membran	Membranstruktur und -instabilität	948
Immobilisierte Tenside	Lipide	histochemische Modelluntersuchung zum Ablauf histochemischer Reaktionen	958

zifisch die Durchlässigkeit beeinflussen [967, 968]. Vielfältig genutzt wird die
bakterizide Aktivität der kationischen und zwitterionischen Tenside (Aminoxide und Betaine [129, 969–972]. Ihr Wirkungsmechanismus ist teilweise
aufgeklärt [152]. Die *bakteriziden Wirkungen* anionischer Tenside sind weniger
ausgeprägt und meist nur gegen grampositive Bakterien gerichtet [151].
Nichtionische Tenside beeinflussen ebenfalls die Bakterienmembran und

erhöhen die Antibiotikaempfindlichkeit grampositiver Bakterien, sind aber selbst nicht bakterizid [151].

Bemerkenswert ist die kurareähnliche Wirksamkeit einiger mono- und diquartärer Ammoniumsalze [153]. Bestimmte kationische Tenside sind ausgesprochen toxisch.

Die Tenside zeigen darüber hinaus ein *breites Spektrum* biologischer Aktivitäten. Sie beeinflussen die Wundheilung, Entzündungen, Enzymaktivitäten, Blutgerinnung, Zell-Lyse [970, 971], physiologische Transportprozesse [972] und die Hautpermeabilität [973].

Stark beeinflußt werden z. B. der Organismus und das Verhalten der Fische. Subletale Tensiddosen bewirken bei ihnen auffällige Verhaltensänderungen, die als Indikator für die Wasserkontamination dienen können [974, 975].

Zahlreiche Arbeiten befassen sich mit den phytotoxischen Eigenschaften von Tensiden, da viele Herbizide und andere Zubereitungen Tenside als Hilfsmittel enthalten [976]. Je nach Typ und Konzentration können Tenside das Pflanzenwachstum auch positiv beeinflussen.

Die spermiziden Eigenschaften gewisser Tenside lassen sich mit Liposomen, die membranständige Spermatozoen-Lipide enthalten, umfassend untersuchen. Die Membranlyse kann durch vorherigen Einschluß von 6-Carboxyfluoreszein in das Liposom fluorimetrisch verfolgt werden [977].

4.4.2. Tenside in der Immunologie

Eine wichtige Aufgabe der Immunologie ist die Herstellung von Antiseren (Antikörpern) für therapeutische und diagnostische Zwecke. Das geschieht unter anderem durch Immunisierung von Versuchstieren mit entsprechenden Antigenen. Viele Antigene geben nur bei gleichzeitiger Verabreichung eines Adjuvans [978] eine ausreichende Immunantwort, d. h., es kommt zur Bildung von Antikörpern. Konventionelle Adjuvantien enthalten Verbindungen mit oberflächenaktiven Eigenschaften [979, 980]. Es lag nahe, weitere Tenside auf ihre potentielle *Eignung als Adjuvantien* zu prüfen.

Snippe et al. [981] untersuchten Dioctadecyl-dimethylammoniumbromid (s. **20 b**), dessen Tendenz zur Vesikelbildung später bekannt wurde [334]. Diese Verbindung erwies sich als ein Adjuvans, das den verzögerten Typ der Hyperempfindlichkeit gegenüber Proteinantigenen mit Haptengruppen verstärkt. Dem allgemein benutzten kompletten Freundschen Adjuvans gegenüber [978], das n-Tenside enthält[1]), zeigte es sich in mancher Hinsicht überlegen. Andererseits zählt dieses kationische Tensid zu den physiologisch aktiven Verbindungen.

Eine umfassende Studie über die Adjuvansaktivität von *nichtionischen polymeren Tensiden* liegt von *Hunter* und *Bennet* vor [979]. Sie testeten die Adjuvanseigenschaften von 17 Tensiden der Pluronic-Serie von Blockcopolymeren des Ethylen- und Propylenoxids im Molekülmassenbereich von 2250—6750. Die folgenden Tenside erwiesen sich als besonders effektive Adjuvantien:

---

[1]) z. B. Arlacel A = Mannitmonooleat, HLB = 4,3, Emulgator für w/o-Emulsionen

L 101, L 121 und T 1501 (s. Abb. 5). Alle drei Tenside sind nicht wasserlöslich. Die Verbindung T 1501 löst sich in Mineralöl (< 10 g · l^{-1}). Das Antigen (Rinderserumalbumin) wurde als Öl-in-Wasser-Emulsion dem Versuchstier (Maus) in den Fußballen injiziert. Neben einer erhöhten Antikörperproduktion wird durch die Tenside eine Komplementaktivierung und die Freisetzung chemotaktischer Faktoren bewirkt. Hohe Adjuvanswirkung und geringe Entzündungsneigung besitzen Tenside mit hohen Molekülmassen und einem großen Verhältnis von PO/EO-Einheiten. Die Adjuvanswirkung ist wahrscheinlich auf die guten adsorptiven Eigenschaften dieser Tenside zurückzuführen.

Ein *synergistischer Adjuvanseffekt* ergibt sich durch Kombination von *Tensiden* mit einem *Polyanion* (Dextransulfat), [980].

Auch *Liposomen* [981—983] und ihre Kombinationen [984] mit Lipid A und B. pertussis Vaccine sind effektive Immunadjuvantien. Die Immunogenität eines Testantigens (Tetanustoxoid) konnte durch Lecithin-Liposomen um ein Mehrfaches (4- bis 20fach) gesteigert werden. Die höchste Antikörperproduktion wurde mit Liposomen und einem Zusatzadjuvans, wie Lipid A, beobachtet.

Außer als Adjuvantien spielen Tenside als *Hilfsstoffe* in der Immunologie eine wichtige Rolle. Ihre solubilisierende und „modifizierende" Wirkung gegenüber biologischen Substanzen bzw. Vorgängen wird vielfältig ausgenutzt [985—986].

Im Verlauf der biotechnologischen Gewinnung monoclonaler Antikörper [987] ermöglichen *polymere Tenside* (PEG) die *Fusion* (Hybridisierung) lebender Zellen (z. B. antikörperproduzierende B-Lymphozyten und Myelomzellen der Maus), [988, 989]. Das Polyethylenglycol läßt man dabei kurzzeitig in $> 40\%$iger Lösung auf eine Mischung der genannten Zellen einwirken. Derartige Lösungen enthalten kein „freies" Wasser mehr. Sie verursachen offensichtlich einen Abbau der Hydrathüllen der zu fusionierenden Zellen und begünstigen ihre Annäherung, ohne die Membranen in größerem Ausmaß zu schädigen.

In der Pharmazie werden Tenside und ihre Assoziate seit Jahrzehnten als unentbehrliche Hilfsmittel bei der Herstellung, Formulierung und Verabreichung von Präparaten und Arzneimitteln genutzt [23—28]. Neben der verbesserten Haltbarkeit und Resorbierbarkeit von Wirkstoffen werden zunehmend auch therapeutische Effekte der Tenside selbst beschrieben (vgl. Kap. 4.4.3.). Eine zusammenfassende Darstellung dieses praktisch und theoretisch gleichermaßen wichtigen Anwendungsgebietes liegt von *Atwood* und *Florence* vor [52].

4.4.3. Therapeutisch interessante Tensidassoziate

Tenside können nicht nur wichtige Hilfsfunktionen bei der Verabreichung von Arzneimitteln übernehmen, sie sind auch als eigenständige Therapeutika interessant.

Natürliche und synthetische Tenside vom *Phospholipid-Typ* werden für die Behandlung des pränatalen Respiratorydistress[1])-Syndroms eingesetzt [990].

---

[1]) distress (engl.) = Bedrängnis

Polymere Tenside vom *Pluronic-Typ* sind als hypolipämische Pharmazeutika von Interesse. Polyoxyethylen-Polyoxypropylen-Blockcopolymere beeinflussen die Resorption von Cholesterol und Neutralfetten im Magen sowie deren Ausscheidung [991]. Durch Veresterung der polymeren Tenside mit Benzoesäure konnte bei Erhalt der therapeutischen Wirksamkeit die akute Toxizität gesenkt werden [992]. Eine weitgehende Klärung des Resorptions- und Ausscheidungsverhaltens dieser Tenside gelang mit ^{14}C-markierten Derivaten.

Einige langkettige Amine mit pK-Werten zwischen 5 und 9, sogenannte *lysosomotrope Tenside* [993], bewirken durch Zerstörung der Lysosomen den Tod bestimmter Zellen. Ein bekannter Vertreter dieser Tensidgruppe ist das N-Dodecylimidazol (**121**). Nach Meinung der Autoren sind lysosomotrope Tenside potentielle Therapeutika für die selektive Abtötung lysosomtragender Zellen neben Zellen, die frei von Lysosomen sind. Es wäre möglich, im Verlauf einer autologen Knochenmarktransplantation auf diesem Wege Krebszellen zu eliminieren. Für Dodecylmorpholin (120 µg · ml^{-1}, 1 h) und andere lysosomotrope Tenside wurde eine Abtötungsrate von 92% bei akuten myeloiden Leukämiezellen ohne nachweisbaren Verlust an Knochenmarkzellen [994] nachgewiesen.

Das nichtionische Tensid *Glyceryl-mono-octanoat* (**122**) ist ein sehr gutes *Lösungsmittel* für Cholesterol-Gallensteine, das mit Erfolg am Patienten angewandt wird und in 50—70% aller Fälle eine entsprechende Operation überflüssig macht [995]. *Flüssig-kristalline Systeme,* z. B. Lösungen von Cholesterol (1,6—11,8%) in Natriumoleat (1,2—14,8%)-Wasser, werden als potentielle Solubilizer für Cholesterol-Gallensteine angesehen [31].

Für die Fluorid-Zahnbehandlung wurden in jüngster Zeit selbstgelierende Systeme aus einem *Tensid*, einem *Gelbildner* (Tetraethoxysilan) und einer *wäßrigen Fluoridlösung* vorgeschlagen [29]. Im Verlauf der Gelbildung kommen mehrere Vorzüge der Tenside zur Geltung. In der ersten Phase wird der wasserunlösliche Gelbildner in eine o/w-Emulsion überführt, dann läuft an der Mizelloberfläche die katalytisch beschleunigte Hydrolyse des Tetraethoxysilans ab. Es entsteht Kieselsäure, die unter Gelbildung vernetzt wird. Das Tensid beeinflußt den Aufbau des Gels in mehrerer Hinsicht. Es senkt die Oberflächenspannung, hält die Wasserphase im Gerüst der polymeren Kieselsäure und reguliert den Vernetzungsprozeß. Nichtionische, zwitterionische, anionische und unter besonderen Bedingungen auch kationische Tenside fördern die Gelbildung. Außer Fluorid können weitere therapeutisch interessante Verbindungen in das Gel eingelagert werden.

Eine neue Strategie der verbesserten Applikation schwer wasserlöslicher Pharmaka besteht in ihrer Überführung in *wasserlösliche Vorstufen* (engl.: prodrugs), [996, 997]. Dem Arzneimittel, z. B. Methylprednisolon (**123a**) wird ein *temporärer Tensidcharakter* durch chemische Ankopplung amphiphiler Molekülgruppen verliehen (**123b, c**). Die Arzneimittelvorstufen **123a, b** sind gut wasserlöslich und mehr als 2 Jahre unter Normalbedingungen haltbar.

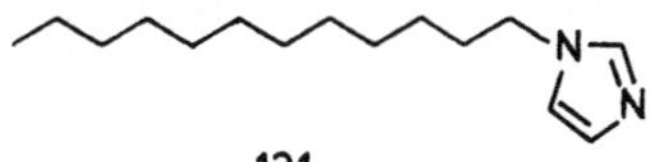

121

Unter In-vivo-Bedingungen werden die Vorstufen in Abhängigkeit vom Tensidrest in wenigen Minuten oder Stunden unter Freisetzung von **123a** gespalten. Die Mizellbildung schützt das Pharmakon vor vorzeitiger Hydrolyse und ermöglicht die mizellare Solubilisation von **123a** durch **b** oder **c**.

4.4.4. Tensidassoziate in der experimentellen Pharmazie und Medizin

Besitzt ein Arzneimittel nicht eine ausgesprochene selektive Aktivität gegenüber einem bestimmten Zielorgan oder -gewebe, so ist bei seiner Anwendung oft mit unerwünschten Nebenwirkungen zu rechnen. *Zielsuchende Arzneimittel-Systeme* können die Wirksamkeit des Therapeutikums erhöhen, die Allgemeintoxizität verringern und die Wirkungsdauer verlängern. *Liposomen* sind aus verschiedenen Gründen als *Arzneimittelträger* und für den Aufbau *zielsuchender Pharmaka-Systeme* besonders geeignet; denn Liposomen lassen sich leicht herstellen, sind biologisch abbaubar, nicht toxisch und im allgemeinen nicht immunogen [998, 999]. Ihre Organverteilung und Pharmakokinetik kann durch Variation der Tensidzusammensetzung, der Vesikelgröße, der Ladung und der Auswahl von Modifikatoren in weiten Grenzen beeinflußt werden [1000, 1001].

Grundsätzlich ist zu unterscheiden zwischen incorporierten Arzneimitteln in normalen und in zielsuchenden Liposomen (Vesikeln).

Allein die *Einkapselung* eines Arzneimittels in ein Liposom kann zu besseren Therapiemöglichkeiten führen. Einige Beispiele seien dafür genannt:

In der Dermatologie sind Liposomen für die kontrollierte Freisetzung von Wirkstoffen, die gegebenenfalls an geladene Carrierproteine gebunden sein können [1002], von Interesse. Eine Vielzahl von Arzneimitteln wurde in Liposomen eingeschlossen: Cytostatica [22, 1003—1005], Chemotherapeutica [1006—1008], Immunmodulatoren [1009], Chelatbildner [1010], Enzyme [1011] und radioaktive Verbindungen für die Nuclearmedizin [1012] sowie Arzneimittel gegen Infektionskrankheiten [1013, 1014].

Von größtem Interesse ist die Entwicklung von Arzneimittel-Vesikel-Systemen, die sich biospezifisch an ein bestimmtes Gewebe oder Organ binden und am Zielort ihren Wirkstoff freisetzen [1015—1020].

Langkettige Alkylglycoside bilden Vesikel, die sich von Phosphatidylcholin-Liposomen in ihrer Akkumulationsrate für bestimmte Organe und in der Stabilität unterscheiden. Sie bilden eine neue Gruppe vielversprechender Arzneimittelträger, auch für den Aufbau zielsuchender Systeme mit Kohlenhydrat-Oberflächenlectin-Wechselwirkungen [1021] gegenüber Zellen. Das

antivirale Acycloguanosin konnte mit N,N-Dioctadecyl-1,3-propandiamin
als Lipidkomponente über einen hydrolytisch spaltbaren Succinylrest in ein
zweiarmiges Tensid überführt werden. Damit ist ein Beispiel verwirklicht, in
dem der Wirkstoff nicht im Vesikel eingeschlossen wird, sondern diesen
selbst bildet [1022].
Durch Kombination verschiedener KW-Ketten innerhalb eines zwei- oder
dreiarmigen Tensids bzw. verschiedener natürlicher oder synthetischer
Vesikelbildner lassen sich Liposomen darstellen, die eine *temperaturkontrollierte Freisetzung* incorporierter Wirksubstanzen bei hyperthermischen Temperaturen ($\geqq$ 43 °C) im Serum ermöglichen [1023].
Die Kupplung monoclonaler Antikörper an chemisch aktivierte Liposomen
für den Aufbau zielsuchender Arzneimittelträger ist eine weitere Möglichkeit,
Arzneimittelwirkungen zu optimieren [1024, 1019].
In diesem Zusammenhang sei auf eine andere Art von Mikrosphären hingewiesen, die unter Mitwirkung von Tensiden gebildet werden, sich aber
prinzipiell von Vesikeln unterscheiden. Es sind dies sogenannte *Nanopartikel,*
die durch Vernetzung natürlicher oder synthetischer Polymerer meist in
Gegenwart von Tensiden unter bestimmten Bedingungen entstehen. Die
Größenordnung dieser Partikel liegt im µm-nm-Bereich. Sie eignen sich für
den Einschluß von Wirksubstanzen und für die Untersuchung von Kolloidphänomenen, wie Polyelektrolyt-Polyelektrolyt- sowie Polyelektrolyt-Tensid-Wechselwirkungen u. a. [1025, 1026].

5. Möglichkeiten und Grenzen der Tensidanwendung in der analytischen Chemie

Die Anwendung und Nutzung mizellarer Systeme hat in der analytischen Chemie methodische Verbesserungen und neuartige Verfahren ermöglicht. Weitere Tensidassoziate, vor allem die Herstellung, Handhabung und Charakterisierung von Vesikeln, haben in der Membranforschung, Pharmazie und experimentellen Chemie zu neuen Konzepten und in der analytischen Chemie zu nutzbaren Ergebnissen geführt. In diesem Kapitel soll die Vielfalt der möglichen *Tensidassoziate im Überblick* zusammengefaßt, und wichtig erscheinende *analytische Aspekte* sowie Trends sollen deutlich gemacht werden.

Abbildung 29 faßt alle bisher bekannten *Möglichkeiten der Assoziatbildung* von Tensiden zusammen. In Abhängigkeit von der *Tensidstruktur* und der dadurch bedingten Löslichkeit, dem gewählten Lösungsmittel sowie dem Zusatz von Reagentien, die die Wasser- bzw. Solvensstruktur beeinflussen, entstehen unterschiedliche Tensidassoziate. Tenside mit ausgewogenem amphiphilen Charakter bilden in Lösung Mizellen, während hydrophobe und somit meist wasserunlösliche Tenside mit zwei und mehr KW-Ketten in Lösung bevorzugt Vesikel und Bilayers ausbilden. Alle Tenside assoziieren in konzentrierter Lösung zu Emulsionen (Mikroemulsionen) und flüssig-kristallinen Phasen. Schließlich sind die Tenside in unterschiedlichem Maße fähig, sich in geordneter Weise ein oder mehrschichtig an Grenzflächen abzulagern und Suspensionen (Schaum u. a.) zu stabilisieren.

Das besondere *Assoziationsverhalten polymerer Tenside* ist gegenwärtig noch wenig untersucht. Es sind ähnliche Assoziate möglich. Bisher nicht beschrieben wurde die Vesikelbildung polymerer Tenside. Nur der umgekehrte Weg ist bekannt, die Polymerisation von Tensidmolekülen in Vesikeln (VV) zu ausgedehnten hochmolekularen Bereichen.

Die Tensidassoziation kann neben der Wahl des Lösungsmittels auf drei Wegen *beeinflußt* werden, durch

— chemische Modifizierung der Tenside (Funktionalisierung),
— ihre Kombination mit Wirtsmolekülen zu Hybridtensiden,
— chaotrope sowie strukturfördernde ionische und nichtionische Verbindungen.

Diese Möglichkeiten sind für die analytische Chemie bei weitem noch nicht ausgeschöpft.

LM < H₂O; CT
o/w-Emulsion
LM < H₂O; CT
LM > H₂O; CT
w/o-Emulsion
LM > H₂O; CT
LM; H₂O
Gele
LM; H₂O
Vesikel
QAH; H₂O, LM
BLM
H₂O; LM
wasserähnliche LM
Tenside
H₂O
Mizellen
chaotrope Ionen
geschmolzene Salze
lyotrope Salze
Gase; LM, H₂O
Schäume
Gase; LM, H₂O
LM
inverse Mizellen
LM
fl./f./g. Systeme, LM; H₂O
sonstige disperse Systeme
fl./f./g. Systeme, LM; H₂O
<30% LM; H₂O
flüssig-kristalline Phasen
<30% LM; H₂O
LM; H₂O
mono- u. multimol. Schichten
LM; H₂O

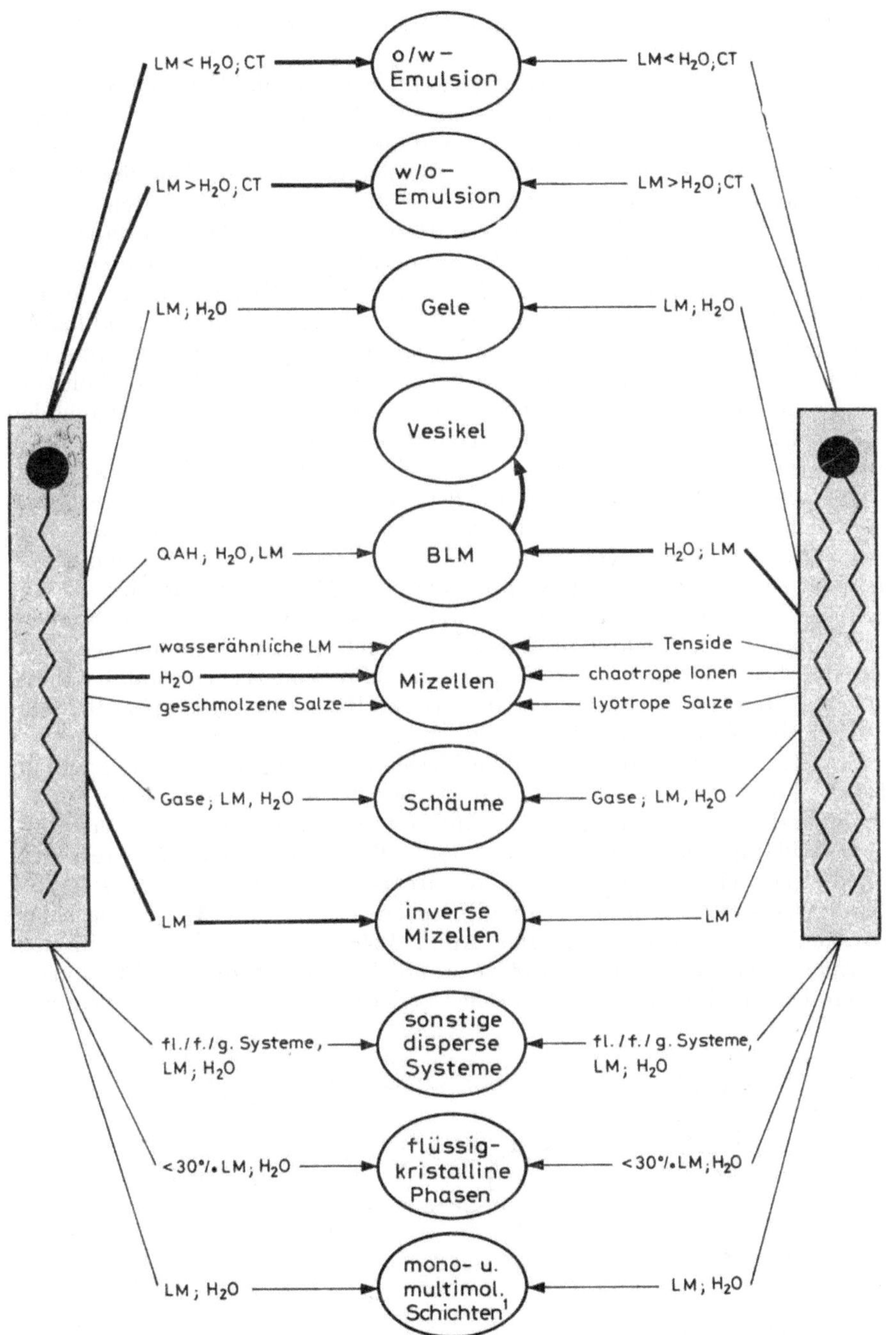

192

Der Einfluß des Lösungsmittels auf die Assoziation der Tenside geht aus Abbildung 29 hervor.

Über die *chemische Funktionalisierung* können Kopf- und Schwanzregion der Tenside gezielt verändert werden. Es lassen sich davon Mizellen, Vesikel u. a. Assoziate ableiten, die wiederum ein modifiziertes Assoziations- und Solubilisationsverhalten zeigen. Damit sollte es möglich sein, die Empfindlichkeit sensibilisierter photometrischer Nachweisreaktionen weiter zu steigern und die Selektivität zahlreicher tensidvermittelter Prozesse (Trennverfahren) zu verbessern. Ein Beispiel dafür ist der gezielte Einsatz bzw. Aufbau von Tensiden mit normalen *und perfluorierten* KW-Ketten. Mizellen dieser Tenside unterscheiden sich von analogen KW-Tensidmizellen durch modifizierte Solubilisationseigenschaften für stark polare/unpolare Verbindungen und für Gase. Teilfluorierte zweiarmige Tenside bilden Vesikel, die eine vollständige Trennung in zwei Phasenbereiche entsprechend den sie aufbauenden natürlichen und partiell fluorierten Tensiden zeigen.

Interessante, analytisch nutzbare Eigenschaften sind von *Hybridsolubilisationsmitteln* zu erwarten. Darunter sollen Verbindungen verstanden werden, die in sich die Eigenschaften eines Neutralliganden und eines Tensides vereinen. Diese Verbindungen sind in Abhängigkeit von der Konzentration entweder nur als Wirt-Gast-Komplexbildner oder — oberhalb der CMC — auch als mizellare Solubilisationsmittel wirksam. Bisher wurden Kronenether-Tenside, ein Cyclophan-Tensid und auch ein amphiphiles Cyclodextrin (**1c**) beschrieben (s. Kap. 2.2.2.1.–2.2.2.3.). Von Hybridsolubilisationsmitteln sollten sich hochselektive analytische Reagentien und spezielle Solubilizer für die Membranforschung ableiten lassen. Vielversprechend wäre auch ihr Einsatz als stationäre oder mobile Phasen in der Chromatographie und als Phasenbildner oder -modifikator in der Zweiphasentrennung (s. Kap. 3.2.2.). Einige diesbezügliche oder ähnliche Anwendungen wurden im Text erwähnt. Als Hybridamphiphile sind auch das 1,4,7,10-Tetrabenzyl-1,4,7,10-tetraazacyclododecan (**124**), [1027] sowie von *Menger* [1028] und *Suckling* ([1029] 1,3,5-Tris(11-pyridinium-undecanoyl)-benzen-trichlorid, **125**) beschriebene Tentakelmoleküle anzusehen. Das Amin **124** ermöglicht den spezifischen Transport von Aminosäuren und verwandten Anionen durch Flüssigmembranen. Dieser pH-sensitive spezifische Carrier bindet bei pH 7 zwei Protonen

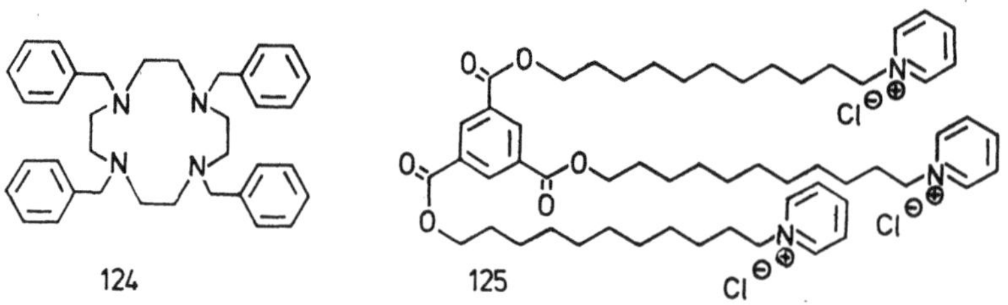

Abb. 29

Verschiedene Möglichkeiten der Assoziatbildung von Tensiden

CT: Cotensid, LM: Lösungsmittel, QAH: als quartäres Ammoniumhydroxid

[1]) an Grenzflächen

und wirkt als „verdichtetes" Diammoniumkation mit interessanten Anionenbindungseigenschaften. Die Benzylgruppen liefern zusammen mit den bei der Anionenfixierung nach außen gestülpten Methylengruppen den hydrophoben Beitrag zum amphiphilen Charakter. Das dreiarmige k-Tensid **125** vermag z. B. Phenol als Gastmolekül aufzunehmen und vor Chlorierungsmitteln zu schützen. Die in Wasser, Methanol und Acetonitril lösliche Verbindung kann zum Aufbau funktionaler Enzymmodelle dienen.

Von größtem Interesse für die *mizellare Katalyse* und die *organische Synthesechemie* sind funktionalisierte Tenside mit *chiralen* Gruppen für asymmetrische chemische Reaktionen. In einer vergleichenden Betrachtung wird auf die Eignung von Mizellen, Cyclodextrinen und amphiphilen Proteinen für asymmetrische Reaktionen hingewiesen [1030]. Die Anwendung natürlicher, zwitterionischer, optisch aktiver Tenside (Lecithine) für die asymmetrische Reduktion von Ketonen zu optisch aktiven Alkoholen [295] wurde bereits erwähnt. Nach Meinung der Autoren läuft die stereochemisch gesteuerte Reaktion in der mizellaren Mikroumgebung ab. Wahrscheinlich liegen o/w-Emulsionen und flüssig-kristalline Phasen vor.

Von großer theoretischer und praktischer Bedeutung ist die weitere Untersuchung der Tensidassoziatbildung und ihre Beeinflussung durch *chaotrope, strukturfördernde* und *lyotrope Verbindungen* (vgl. Kap. 2.2.1.). Typische vesikelbildende Tenside können durch chaotrope Ionen zur Mizellbildung in wäßriger Lösung „gezwungen" werden [55]. Nur auf diese Weise ist es möglich, normale Mizellen von Lipiden und mehrarmigen Tensiden in wäßriger Lösung zu untersuchen und sie als Medium für Reaktionen einzusetzen. Derartige Tenside lösen sich zwar auch in Gegenwart von Tensiden in Wasser unter Mizellbildung, es entstehen aber in jedem Fall gemischte Mizellen. *Chaotrope* Ionen können in einigen Fällen Tenside als Solubilisationsmittel ersetzen, oft aber *wirkungsvoll ergänzen*. Lipide, gelöst in chaotropen Salzlösungen, wie Guanidiniumthiocyanat und Natriumtribromacetat, bilden leicht Riesenvesikel (d = 10—20 μm) durch Verdünnen der Lösung [341 u. loc. cit.]. Einige chaotrope Salze lösen sich auch in nichtwäßrigen Lösungsmitteln und beeinflussen deren Struktur oder das Assoziationsverhalten gelöster Tenside. Ionische Tenside verhalten sich in polaren, nichtwäßrigen Lösungsmitteln, falls die Mizellbildung unterdrückt ist, wahrscheinlich als lyotrope Verbindungen und Solubilisationsmittel. Der *Salzeinfluß* auf das Tensidverhalten in wäßriger Lösung wurde ausführlich dargestellt. Nichtwäßrige Systeme sind allgemein weniger gut untersucht. Nichtionische und polymere Tenside können in ihrem amphiphilen Verhalten durch hydrotrope und lyotrope Salze in weiten Grenzen beeinflußt werden. Sehr stark abhängig von der Salzkonzentration ist der Trübungspunkt der n-Tenside. Auch der Existenzbereich für stabile Mikroemulsionen kann durch chaotrope und andere Ionen erweitert oder eingeengt werden [254].

Chaotrope Ionen sind als *Gegenionen* direkt am Aufbau ionischer Tenside beteiligt. Durch ihre gezielte Auswahl lassen sich tensidvermittelte Extraktions- und chromatographische Verfahren sowie andere analytische Methoden optimieren.

Insgesamt wenig untersucht, aber bedeutsam für die analytische Chemie und die Membranbiochemie, ist das Studium von Tensidsystemen *unterhalb der CMC*. In derartigen Lösungen sind die Solubilisationseigenschaften der Tenside „abgeschaltet", so daß andere Tensidwirkungen, z. B. gegenüber Membranbestandteilen [76], der Beobachtung zugängig werden.

Es ist zu erwarten, daß Tenside und ihre Assoziate — vor allem Mizellen, Vesikel und Mikroemulsionen — der analytischen Chemie in ihrer ganzen Vielfalt neue Möglichkeiten für die Verbesserung und Entwicklung von Methoden erschließen werden. Die gezielte Anwendung der amphiphilen Eigenschaften funktionalisierter und polymerer Tenside steht dabei erst am Anfang einer vielversprechenden Entwicklung.

6. Praktische Hinweise

6.1. Angaben zur Reinigung von Tensiden

Tensid	Reinigungsmethode	Lit.
SDS	Etherextraktion im Soxhlet, 2mal Kristallisation (Kr.) aus Ethanol, bis oberhalb 200 nm keine UV-Absorption mehr nachweisbar ist,	384
	stark verunreinigte Proben mit NaOH neutralisieren, lyophilisieren, mit Ether extrahieren und 2- bis 3mal Kr. aus Ethanol (1 g SDS/20 ml Ethanol),	451
	3mal Kr. aus 2-Propanol, 12 h Extraktion mit n-Hexan, Kr. aus Ethanol	1032
CTAB	3mal Kr. aus Aceton-Ethanol (85 : 10, v/v), Vakuumtrocknung, 2mal Kr. aus Ethanol	
CTAC	Extraktion mit Ether, Kr. aus Ethanol-Ether	1033
CPC	in heißem Ethylacetat lösen und bis zur Kr. mit Ethanol versetzen, abkühlen	
Hyamin 10X	Kr. aus Aceton, Filtration, Waschen mit absol. Ether, Vakuumtrocknung über P_2O_5	
DODAC	3mal Kr. aus Methanol-Wasser, 1mal Kr. aus Wasser	1034
Tetramethyl-ammonium-DS	2mal Kr. aus Ethanol (absol.)	
DSS[1]), SHS, STS	Extraktion mit Ether, Kr. aus Ethanol oder Ethanol-Wasser	
AOT	in Methanol lösen, mit Aktivkohle behandeln, Filtration, im Vakuum trocknen	
DHDP	3mal Kr. aus Methanol-Wasser, 1mal Kr. aus Wasser	786
Natrium-cholat	in Wasser lösen, als Cholsäure fällen, diese aus 90%igem Ethanol umkristallisieren, gereinigte Cholsäure in wäßriger Suspension mit NaOH neutralisieren	475
Natrium-desoxycholat	2mal Kr. aus Ethanol	
Natrium-taurodesoxy-cholat und -taurocholat	2mal Kr. aus Methanol-Ethanol, Vakuumtrocknung	949

Tensid	Reinigungsmethoden	Lit.
CHAPS	Kr. aus Methanol, abkühlen auf 0 °C	1035
Digitonin	2mal Kr. aus Ethanol	861
Natriumalkan-sulfonate	mit Petrolether (40—60 °C) 2 Tage extrahieren und aus Ethanol umkristallisieren	1036
Dodecylpyri-diniumchlorid	in Ethanol lösen und 12 h am Rückfluß erhitzen, 3mal aus Aceton umkristallisieren; in ethanolischer Lösung 12 h mit Aktivkohle am Rückfluß erhitzen, Filtration, eindampfen im Vakuum, 2mal Kr. aus Aceton	1037 471
Dodecyltri-methylammo-niumchlorid	aus Aceton 2mal umkristallisieren	1038

[1]) Natriumdodecylsulfonat

Reinigung von AOT (s. 10)

100 g Tensid werden in 500 ml Ether gelöst und mit 6 g Aktivkohle bei Raumtemperatur 24 h gerührt. Die filtrierte Lösung (Glasfritte G-5) wird am Rotationsverdampfer eingedampft und der Rückstand 3 Tage im Vakuum über Phosphorpentoxid getrocknet. Der w_0-Wert liegt unmittelbar nach der Reinigung bei 0,02—0,04 (Karl-Fischer-Titration).

Reinigung von z-Tensiden (Sulfobetaine mit Alkylketten C_{10}-C_{16})

In 200 ml Ethanol-Wasser (50%, v/v) werden 20 g z-Tensid gelöst und mit 8×100 ml Petrolether (60—80 °C) zur Entfernung lipophiler Verunreinigungen extrahiert. Anschließend sind ionische Verunreinigungen (nicht umgesetztes Amin, Hydroxypropansulfonsäure) mit 120 ml Mischbettaustauscher (je 60 ml Wofatit KPS-200 und Wofatit SBW in der H^+- bzw. OH^--Form oder mit dem Mischbettaustauscher Amberlite MB 1) 1,5 h zu rühren. Nach Filtration wird im Rotationsverdampfer im Vakuum eingedampft und der Rückstand 2mal aus Aceton umkristallisiert. Ausbeute 12—18 g nach Trocknung im Vakuum über Phosphorpentoxid nach [159].

Reinigung von PEG 6000

Unter Erwärmen auf 45 °C werden 100 g PEG in 2 l Aceton unter Rühren gelöst. Danach werden unter starkem Rühren 1,2 l Ether zugetropft. Die Mischung läßt man 12 h stehen. Der Niederschlag wird abgesaugt und auf der Fritte 3mal mit 250 ml Aceton-Ether (2 : 1) gewaschen. Anschließend wird im Vakuum über Phosphorpentoxid getrocknet [nach 228].

Reinigung von PEG 1500-3000

Polymere mit den genannten Molekülmassen werden 2mal aus Benzen in absol. Ether gefällt (Gewichtsverhältnisse s. o.). Gewaschen wird mit absol. Ether, getrocknet im Vakuum über P_2O_5 10 h.
PEG 1500 kann aus Aceton, PEG 4000–6000 aus Methylenchlorid durch Fällen mit n-Heptan gereinigt werden.

Entfernung von Peroxiden und Carbonylverbindungen aus PEG

In 100 ml Wasser werden 20 g PEG gelöst und unter Rühren mit 3 ml einer 0,5 M Lösung von Natriumborhydrid in 0,05 N NaOH versetzt. Nach 20 min sind 3 ml·6 N HCl hinzuzufügen (pH von 2,5–3,5) und 1,5 h zu rühren. Salze und überschüssige Säure werden im batch-Verfahren durch Rühren mit 5-ml-Portionen Mischbettaustauscher (s. u. „z-Tensid-Reinigung") entfernt. Der Mischbettaustauscher muß vor seiner Anwendung mit einer 20%igen wäßrigen PEG-Lösung 2 h gerührt und mit Wasser gewaschen werden, um Verunreinigungen aus dem Austauscher zu eluieren. Die Ionenaustauscherbehandlung kann entfallen, wenn anstelle von $NaBH_4$ das Trimethylamin-Boran-Addukt $(CH_3)_3N \cdot BH_3$ für die reduktive Zerstörung der Verunreinigungen eingesetzt wird. Die gereinigten PEG-Lösungen können direkt verwendet oder lyophilisiert werden.

Entfernen von Peroxiden und anderen Verunreinigungen aus Triton X-100

Nachweis von Peroxiden: 2,5 ml einer 0,5- bis 2%igen Triton X-100-Lösung werden mit dem gleichen Volumen Iodidreagenzlösung versetzt und 5 min bei 25 °C stehengelassen. Die Absorption ist bei 350 nm zu messen. Das Reagenz enthält in 10%iger Essigsäure 2% Natriumiodid.

Reinigung von Triton X-100: Zu 10 ml einer 25%igen (v/v) Lösung von Triton X-100 in 50 mM Kaliumphosphatpuffer (pH 7,4) werden unter Rühren 1 ml 0,5 M $NaBH_4$-Lösung in 0,1 N NaOH gegeben. Nach 10 min sind 0,1 ml 6 N HCl zu addieren (pH 2,7). Die Mischung ist 1 h stehenzulassen. Anschließend wird mit 5 N NaOH neutralisiert [1039]. Durch Behandeln mit Mischbettaustauschern (mit 5%iger Triton X-100-Lösung vorher extrahiert) können nach Verdünnen mit Wasser auf 5% die Salze entfernt werden.

6.2. Analysenvorschriften

Dünnschichtchromatographische Untersuchung von Tensiden

Tensid	DC-Platte	Laufmittel	Detektion	Lit.
SDS, a-Tenside	Silufol (Kieselgel)	Methylenchlorid-Methanol (8 : 1, v/v)	Ioddampf	456
k-Tenside	Silufol (Kieselgel)	Methylenchlorid-Methanol-Essigsäure (8 : 1 : 0,75, v/v)	Ioddampf	456

Tensid	DC-Platte	Laufmittel	Detektion	Lit.
n-Tenside	C_{18}-Kiesel-gel	Ethanol-2% Natriumtetra-phenylborat (8 : 2, v/v)	Ioddampf	456
Sulfo-betaine	Silikagel	Methanol-Wasser (9 : 1, v/v)	Dragendorff, mod.[1])	159
CHAPS	Silikagel	Methanol-Ammoniaklösung (95 : 5, v/v)	Ioddampf	160
Triton X-100	Silikagel	Ethylacetat-Essigsäure-Wasser (120 : 32 : 30, v/v)	Ioddampf	140
Polymere n-Tenside	Silikagel	Chloroform-Methanol (9 : 1, v/v)	Dragendorff-Reagenz	979
n- und a-Tenside	Silikagel	1. Chloroform-Methanol-Wasser (80 : 19 : 1, v/v) 2. Butanon, wassergesättigt	Pinakryptol-gelb, UV	447
k-Tenside	Silikagel	Chloroform-Methanol-Wasser (75 : 24 : 1, v/v)	Iodplatinat	447
PEG bis 4000	Silikagel	Chloroform-Ethanol (85 : 15, v/v)	$KMnO_4$	447
n-Tenside	Silikagel	Butanon, wassergesättigt	Dragendorff, s. o.	447

[1]) Lösung A: 1,7 g $Bi(NO_3)_3$ in 20 ml Essigsäure und 80 ml Wasser lösen, dazu eine Lösung von 40 g KI in 100 ml H_2O und 200 ml Essigsäure geben
Lösung B: 20 g $BaCl_2$-2 H_2O in 80 ml H_2O. Vor Gebrauch 2 Teile A mit 1 Teil B mischen

Extraktionsphotometrische Bestimmung von SDS [1040]

Prinzip: SDS bildet mit dem kationischen Farbstoff Acridinorange ein farbiges Assoziat (Ionenpaar), das mit Toluen extrahiert werden kann.

Reagentien: *Acridinorange:* 1%ige Lösung in 0,5 M $NaHSO_4$.

Vorschrift: In einem Reagenzglas (etwa 13 × 100 mm) wird die Probelösung (1–15 µg SDS) mit 100 µl Wasser verdünnt, mit 3 ml Toluen versetzt, mit einer Polyethylenkappe oder einem Silikonkautschukstopfen verschlossen und 3 min maschinell geschüttelt. Die Mischung ist 5 min bei 2000 U · min^{-1} zu zentrifugieren. Nach Phasentrennung wird direkt bei 499 nm photometrisch der Gehalt bestimmt (Spekol, VEB Carl Zeiss Jena). Die Nachweisgrenze liegt bei 0,001% SDS in 100 µl Probelösung. Im Bereich bis zu 15 µg SDS ist die Eichkurve linear.

Störungen: Trichloressigsäure (10%), Harnstoff (8 M), Natriumthiocyanat (2 M).

Es stören nicht: Alkalihalogenide (0,1 M), Aminosäuren (0,1 M), Saccharide (10%), Phenol (1%), Guanidinhydrochlorid (6 M), Mercaptoethanol (5%), Natriumdesoxycholat (1%), niedermolekulare Alkohole, Aceton (10%). Nichtionische Tenside erhöhen die SDS-Werte bis zu 30%.

Anmerkungen: Ein wesentlicher Vorteil dieser Methode ist die direkte Messung der gefärbten Extrakte im Reagenzglas, in dem die Extraktion vorgenommen wird. Der Farbstoff wurde durch Umkristallisieren aus Ethanol (absol.) gereinigt.

Zweiphasentitration von a- und k-Tensiden siehe Kapitel 3.3. [1041].

Prinzip: siehe Kapitel 3.3. [1041].

Reagentien:

Hyamin 10 X (s. **19 a**) *-Titrant:* 0,005 M in Wasser. Das bei 105 °C getrocknete, gegebenenfalls aus Ethanol umkristallisierte Produkt (2,240 g) wird in 1 l Wasser gelöst. Anstelle von Hyamin 10 X kann auch Zephiramin (s. **17**) verwendet werden.

Mischindikatorlösung: 200 ml dest. Wasser und 20 ml Farbstoffstammlösung werden mit 20 ml 2,5 M Schwefelsäure versetzt und mit Wasser auf 500 ml aufgefüllt (vor direktem Sonnenlicht geschützt aufbewahren). Die Stammlösung wird durch Lösen von 0,5 g Dimidiumbromid (Merck) in 30 ml heißem Ethanol-Wasser (1 : 10, v/v) und Zugabe einer Lösung von 0,25 g Disulfinblau VN 150 (Merck) in demselben Lösungsmittel und durch Auffüllen auf 250 ml bereitet.

SDS-Titrant: 0,004 M SDS-Lösung in Wasser.

Chloroform: z. Anal.

Bestimmung von Alkansulfaten und -sulfonaten: 50 ml Tensidlösung (5 bis 60 mg, pH 7), 15 ml Chloroform und 8 ml Mischindikatorlösung werden anteilweise mit Hyamin-Titrant-Lösung versetzt und kräftig gerührt. Die Phasentrennung wird abgewartet. Man titriert bis ein Farbumschlag von rosa nach graublau in der Chloroformphase das Ende der Titration anzeigt.

Bestimmung von k-Tensiden (quartären Ammonium- und Phosphoniumsowie tertiären Sulfoniumverbindungen): 50 ml Tensidlösung (pH 7) werden mit einer von der erwarteten k-Tensidkonzentration abhängigen bekannten Menge an SDS-Titrant-Lösung versetzt und nach Zugabe von 15 ml Chloroform und 8 ml Indikatorlösung wird wie beschrieben der SDS-Überschuß zurücktitriert.

Bestimmung von n-Tensiden durch Zweiphasentitration mit Tetra(fluorphenyl)borat und visueller Endpunktsanzeige

Prinzip: Polyethoxylierte n-Tenside können pro 12 EO-Einheiten ein Bariumion oder pro 8—10 EO-Einheiten ein Kaliumion unter Bildung von Komplexen binden, die sich als Ionenpaar mit Tetra(fluorphenyl)borat aus 1—2 M KOH mit Dichlormethan oder 1,2-Dichlorethan extrahieren lassen. Ein Indikatorfarbstoff reagiert am Endpunkt der Titration ebenfalls mit dem Titranten unter Ionenpaarbildung, und damit kommt es zu einer Blaufärbung der organischen Phase [463, 1042, 1043].

Reagentien:

Natrium-tetra(fluorphenyl)borat (dargestellt nach [1044]): Lösung in Wasser, $5 \cdot 10^{-4}$ mol (0,207 g, MM $= 414{,}18) \cdot l^{-1}$.
Victoria Blau B, Colour Index 44045, $C_{33}H_{32}N_3Cl$, MM $= 506{,}09$, (4-Phenyl-amino-naphthyl-1)- bis (4-dimethylaminophenyl)-methan-monohydrochlorid, wird als Farbstoff in der Histochemie und Bakteriologie verwendet: 0,04%ige Lösung in Ethanol.
Kaliumhydroxidlösung: 6 M in Wasser.

Vorschrift: In einem 300-ml-Erlenmeyerkolben werden zu 10 ml einer n-Tensidlösung (0,03–0,3 mg $\cdot$ ml^{-1}) 5 ml Kaliumhydroxidlösung, 1–2 Tropfen Indikatorlösung und 5 ml 1,2-Dichlorethan gegeben. Die Mischung wird anteilweise mit dem Titranten versetzt wirksam geschüttelt bis ein Farbwechsel von Rot (λ max $= 505$ nm) nach Blau (λ max $= 615$ nm) in der organischen Phase eintritt. Für 1 mg n-Tensid werden etwa 3,6 ml Titrant verbraucht.

Störungen: k-Tenside, a-Tenside in Konzentrationen $> 1 \cdot 10^{-3}$ mol $\cdot$ l^{-1}.

Es stören nicht: anorganische Ionen (Na^+, NH_4^+, Al^{3+}, Cl^-, NO_3^-, SO_4^{2-}) und Triethanolamin bis zu einer Konzentration von 10^{-3} mol $\cdot$ l^{-1} sowie a-Tenside ebenfalls bis 10^{-3} mol $\cdot$ l^{-1}. Oberhalb dieser Konzentration erschweren a-Tenside die Phasentrennung.

Anmerkungen: Nach dieser Methode ist auch die quantitative Bestimmung von PEG und PEO möglich. Pro mg PEG (MM $= 2000$–$20\,000$) werden 4,6–4,8 ml Titrant verbraucht. Es wurden folgende Werte ermittelt:

PEG (mittlere MM)	ml Titrant/mg PEG	[PEG]/[Titrant]
200	1,3	31,5
400	4,8	9,0
600	5,1	8,6
1 000	5,1	8,7
2 000	4,8	9,5
3 000	4,7	9,5
7 500	4,7	9,7
20 000	4,6	10,0
F-(PEG-6 000)₂[1])	5,1	9,2
T-(PEG-6 000)₂[2])	5,2	9,2

[1]) 1,1'-Ferrocendicarbonsäure-di-polyethylenglycol[136]-ester (s. *120*)
[2]) 1,4-Benzendicarbonsäure-di-polyethylenglycol[136]-ester, s. S. 174

Möglicherweise eignen sich anstelle von Tetraphenylborat-Reagentien auch andere anionische Ionenpaarbildner, wie sie zur Extraktion von Alkalimetall-Kronenether-Komplexen benutzt werden (Pikrinsäure, Dipikrylamin u. a.). Die n-Tenside vom PEG-Typ und das PEG selbst verhalten sich gegenüber Alkali- und Erdalkalimetallionen als Podanden (vgl. Kap. 2.2.2.2.).

Extraktionsphotometrische Bestimmung von Triton X-100 (s. 27)

Prinzip: n-Tenside vom PEG-Typ bilden mit Ammonium-tetrathiocyanatocobaltat-(II) Komplexe, die in organische Lösungsmittel extrahierbar sind und photometrisch bestimmt werden können. Die Methode [379] eignet sich für den quantitativen Nachweis von Triton X-100 und ähnlich aufgebauten Tensiden in Gegenwart von Proteinen.

Reagentien:

Triton X-100-Standard-Lösung: 200 mg Triton X-100 werden mit 50%igem Alkohol (v/v) auf 100 ml verdünnt. Die Lösung ist im Kühlschrank mindestens 4 Monate stabil.
Cobalt-Reagenz: 17,8 g Ammoniumthiocyanat und 2,8 g $Co(NO_3)_2 \cdot 6\ H_2O$ werden in Wasser gelöst, und die Lösung wird auf 100 ml aufgefüllt.
Proteinlösungen: Rinderserumalbumin, Mistellectin, Cytochrom C, Hämoglobin und IgG werden in 0,05 M NaCl-Lösung gelöst (2 mg $\cdot$ ml^{-1}).
1,2-Dichlorethan: z. Anal.

Vorschrift: Die tensidhaltige Probelösung (pH 6—7) wird mit 50%igem Alkohol auf 0,3 ml verdünnt, mit 0,4 ml Reagenzlösung versetzt, 5 min bei Raumtemperatur stehengelassen und der Niederschlag mit 1,5 ml 1,2-Dichlorethan extrahiert. Dazu wird 2 min maschinell geschüttelt, anschließend die Probe 2 min zentrifugiert. Mit einer Pipette werden 1 ml der organischen Phase entnommen und die Absorption bei 622 und 687 nm bestimmt. Die Differenz beider Werte ist der Tensidkonzentration proportional. Die Eichkurve zeigt bis 500 µg $\cdot$ ml^{-1} einen linearen Verlauf.

Störungen: ionische, besonders anionische Tenside sowie andere als Tetrathiocyanatocobaltate extrahierbare Kationen.

Es stören nicht: Natriumchlorid bis zu 0,4 mol $\cdot$ l^{-1} sowie die Mehrzahl der Proteine. Bei bekannter Proteinkonzentration kann durch entsprechende Blindwerte der geringfügige Fehler korrigiert werden.

Anmerkungen: In Gegenwart von Proteinen werden etwa um 5% zu niedrige Werte gefunden. Für jedes n-Tensid muß eine gesonderte Eichkurve ermittelt werden. Durch direkte UV-Messungen bei 283 nm können Triton X-100-Konzentrationen bis herab zu 0,005% bestimmt werden (280 nm, $\varepsilon = 2,10$ bzw. 274 nm, $\varepsilon = 2,32$). Allerdings versagt diese störanfällige Methode in Gegenwart von Proteinen u. a. UV-absorbierenden Verbindungen.

6.3. Sonstige Bestimmungen

Fluorimetrische Bestimmung der CMC ionischer und nichtionischer Tenside

Prinzip: In Tensidlösungen wird die Fluoreszenz des neutralen 1,6-Diphenylhexatriens-1,3,5 (DPH) bei Überschreiten des CMC-Wertes deutlich verstärkt [379]. Aufgrund des elektroneutralen Charakters ist die vorgeschlagene fluoreszierende Verbindung für die CMC-Bestimmung aller Tensidklassen geeignet.

Reagentien: *1,6-Diphenylhexatrien-1,3,5:* 10 mM in Tetrahydrofuran
(2,3232 g · l⁻¹). Das THF wurde durch Filtration über eine Säule mit basi-
schem Aluminiumoxid von Verunreinigungen befreit. Die Lösung wird bei
4 °C aufbewahrt.

Vorschrift: Es werden jeweils 2 ml Tensidlösung, die steigende Mengen an
Tensid enthalten, mit 1 µl Reagenzlösung versetzt (5-ml-Schliffreagenzglä-
ser). Die Proben werden 30 min im Dunkeln bei Raumtemperatur stehengelassen, dann ist die Fluoreszenz zu messen (Spekol mit Fluoreszenzzusatz-
teil, VEB Carl Zeiss Jena). Die Anregungswellenlänge beträgt 358 nm, die
des emittierten Lichtes 430 nm. Aus der Abhängigkeit der relativen Fluoreszenzintensität von der Tensidkonzentration wird der CMC-Wert graphisch
ermittelt.
Für SDS (s. **7**), Triton X-100 (s. **27**) und die Ferrocenylinvertseife (s. **53**)
ergeben sich folgende CMC-Werte (Mittelwerte aus Dreifachbestimmungen):
8,1; 0,31 und 0,91 mmol · l⁻¹ (Literaturwerte s. Tab. 2).

Anmerkungen: Es sollte die Intensität des Anregungslichtes so gering wie
möglich gehalten werden, da das Reagenz leicht photoisomerisiert wird. Die
Isomerisation ist im Dunkeln rückläufig, so daß „überbelichtete" Proben
erneut vermessen werden können. Aufgrund der außerordentlichen Intensi-
tätszunahme der Fluoreszenz am CMC-Punkt ist die geannte Fehlermöglich-
keit meist zu vernachlässigen.
Nach Untersuchungen des Verfassers eignen sich folgende fluoreszierende
Verbindungen (Anregungs- bzw. Emissionswellenlänge in Klammern) ebenfalls gut für CMC-Bestimmungen: 1,4-Di(5-phenyloxazolyl-2)benzen (POPOP,
in der LSC eingesetzte Verbindung; 360, 420), 1,4-Distyrylbenzen (360, 420)
und Pyren (360, 460).

CMC-Wert-Bestimmung für n-Tenside [142]

Prinzip: Das Absorptionsspektrum von Coomassie Brilliantblau G-250 ändert
sich in Abhängigkeit von der Konzentration nichtionischer Tenside in wäßriger Lösung. Der Farbstoff wird häufig für die Proteinbestimmung und Pro-
teinfärbung in der biochemischen Analytik genutzt.

Reagentien: *Farbstofflösung:* 0,01% in 10%iger Phosphorsäure. Das Reagens
ist mindestens 3 Monate im Kühlschrank haltbar.

Vorschrift: Zu 4,8 ml Farbstofflösung werden 0,2 ml n-Tensidlösung mit
einem Tensidgehalt von 0,01—0,3% in Wasser addiert. Die Lichtabsorption
ist bei 470 und 620 nm zu messen und gegen die Konzentration aufzutragen.
Der CMC-Wert wird durch Extrapolation ermittelt.
Die Methode ist sowohl für die CMC-Wert-Bestimmung als auch für den
quantitativen Nachweis nichtionischer Tenside oder ihrer Mischungen geeignet. Die CMC-Werte ionischer Tenside können nach dieser Methode nicht
ermittelt werden.

6.4. Probenaufbereitung durch Solubilisation

Solubilisation von Leberhomogenat in Solubilizer-8 oder Soluen-350

In 2 ml Solubilizer werden bis zu 180 mg Frischgewebe in einem Polyethylen-röhrchen unter Rühren in 2—3 h oder ohne Rühren in 24 h zu einer klaren Lösung solubilisiert. Die Solubilisation kann durch Temperaturerhöhung auf 40 bis maximal 50 °C stark beschleunigt werden. Die Solubilisate sind bei 4 °C über Monate stabil. Aus der Luft nehmen die Solubilizer CO_2 auf, außerdem greifen sie Glas stark an.

Solubilisation von Knorpel- und Haarproben sowie Zahnmaterial

Beide Proben von 50—100 mg lösen sich in 2 ml Solubilizer-8, dem Cetyltrimethylammonium-borhydrid (0,05 M) und 1% Mercaptoethanol zugefügt wurden. Die Solubilisation bei maximal 30 °C erfordert etwa 10—18 h. Für die Lösung von feinzerkleinerter Zahnsubstanz werden dem Solubilizer-8 Acetylaceton $(0,05 \text{ mol} \cdot \text{l}^{-1})$ sowie 8-Hydroxychinolin $(0,005—0,1 \text{ mol} \cdot \text{l}^{-1})$ zugefügt und 6 h bei 40—50 °C gehalten. Es resultieren klare bis opaleszi - rende Lösungen. In Abhängigkeit vom Zahnmaterial kann in Einzelfällen ein geringfügiger Rückstand bleiben.

„Solublisation" von vernetzten Silikonpolymeren

50 mg Silikonkautschuk werden in dünne Streifen geschnitten und in einem 5-ml-Schliffreagenzglas mit 1—2 ml Chloroform, das 1,5 Vol.-% Bortrifluoridetherat enthält, übergossen. Das Material löst sich bei 20 °C in etwa 24 h unter Rühren und bei 50 °C in 0,5—3 h. Die resultierenden opaleszierenden Lösungen können unmittelbar für die ETA-AAS-Analytik oder für die dünnschichtchromatographische Bestimmung einpolymerisierter Verbindungen (z. B. Steroide) verwendet werden.

6.5. Darstellung und Anwendung von Tensid-assoziaten

Methoden zur Solubilisation von Proteinen in inversmizellaren Tensid-lösungen (allgemeine Hinweise)

Phasentransfermethode: Eine 0,05—0,1 M Lösung von AOT in Isooctan wird mit einer 0,2—20 µM Proteinlösung (z. B. Concanavalin A u. a. Lectine, IgG, Enzyme) in 50 mM Boratpuffer (pH 8) unterschichtet. Durch leichtes Rühren wird der Stoffübergang aus der wäßrigen in die KW-Phase vorgenommen. Der Solubilisationsvorgang kann mehrere Stunden dauern, er wird photometrisch bei 280 nm verfolgt. Oft genügt auch ein kurzes intensives Schütteln (1—2 min). Die resultierenden invers-mizellaren Proteinlösungen sind in der Regel thermodynamisch stabil, d. h., die Proteinabsorption nimmt mit der Zeit kaum ab, da es nicht zu Ausfällungen kommt. Eine Ultraschallbehandlung kann die invers-mizellare Solubilisation beschleunigen.

Injektionsmethode: In die AOT-Kohlenwasserstofflösung werden 5–30 µl einer möglichst konzentrierten wäßrigen oder gepufferten Proteinlösung (20–40 mg · ml^{-1}, pH-Bereich 6–9) mit Hilfe einer Spritze mit dünner Kanüle injiziert. Man erhält sofort mizellare Lösungen, die im Einzelfall zur Abscheidung von Protein (sinkende UV-Absorption der KW-Phase bei 280 nm) neigen. Der Stabilitätsbereich der invers-mizellaren Lösung hinsichtlich pH-Wert und w_0-Wert ist durch Versuche zu ermitteln. Die Proteinlösungen sollten völlig durchsichtig und die optische Dichte des gestreuten Lichtes soll für 330 nm < 0,2 sein. Leicht getrübte Solubilisatlösungen sind jedoch für die chemische Modifizierung und für die Probenchemie, z. B. in der ETA-AAS, geeignet.

Direkte Methode: Vor allem wasserunlösliche Proteine und Biopolymere lassen sich als Feststoffe direkt in AOT-Isooctan-Lösungen (w_0 = 5–40), die bereits die vorgesehene Pufferlösung enthalten, unter Rühren solubilisieren. Nach dieser Variante werden Membranproteine, Caseine u. a. Proteine aufgelöst. Der Wassergehalt der organischen Phase sollte bei 0,6–2,5% liegen.

Allgemeine Vorschriften für die Darstellung von Vesikeln (Liposomen)

Liposomen aus Phoshpolipiden (d = 10–20 µm): 20 µmol Lecithin (s. **25**) werden in 1 ml 3 M Natriumtrichloracetatlösung gelöst. Anschließend wird gegen eine 300 mM Natriumtrichloracetat und 10 mM MOPS-Puffer[1]), pH 7,2 enthaltende Lösung 2 Tage dialysiert. Durch Verdünnen einer 20 mM Lipidlösung in 3 M Natriumtrichloracetat mit einer gepufferten (10 mM MOPS, pH 7,2) physiologischen Kochsalzlösung sind ebenfalls Liposomen erhältlich. Die Zugabe der Lipidlösung zur Pufferlösung erfolgt langsam (einige µl pro min), [341].

Vesikel aus Phospholipiden (d = 56–220 nm): 1 ml einer mizellaren Lösung von Lecithin (s. **25**, 15 mM) in Triton X-100 (150 mM) oder Octylglucosid (175 mM) wird über eine kurze Säule mit einem hydrophoben Adsorberharz (XAD-2) zur Entfernung der n-Tenside gegeben. Man läßt die Lösung mehrmals schnell durch die Adsorbersäulen laufen. Es bilden sich unilamellare Vesikel. Durch Gelfiltration über Sephadex G-200 kann das zur Solubilisation des Lipids in wäßriger Lösung dienende Tensid ebenfalls entfernt werden. Die Liposomenfraktion erscheint dann im Ausschlußvolumen.
Der Vesikeldurchmesser ist abhängig vom eingesetzten Tensid. Er liegt bei 50–60 nm (Triton X-100) bzw. 100–220 nm (Octylglucosid), [446].

Vesikel aus Natriumdihexadecyl-phosphat (DHP): 1 ml einer 1,2–4 mM DHP-Lösung in Chloroform (40 °C) wird in 4 ml Wasser von 70 ± 0,5 °C mit einer Geschwindigkeit von 0,2 ml · min^{-1} injiziert. Aliquote der DHP-Vesikeldispersion werden über eine G-25 Sephadex-Säule (2 × 14 cm) gereinigt. Mehr als 90% des DHP erscheint im Ausschlußvolumen als Vesikel mit einem mittleren Durchmesser von 0,27 µm und einer Haltbarkeit von mehreren Wochen [440].

---

[1]) 3-(N-Morpholino)propansulfonsäure

Große unilamellare Vesikel (LUV) aus Dipalmitoylphosphatidylcholin:

Eine Lösung von Lecithin und Cholesterol (im Molverhältnis 0,8 : 0,22) wird lyophilisiert und in eine Lösung mit 250 mM Saccharose, 0,55 mM EDTA, 5 mM Tris, 10 mM Imidazol, 5 mM 2-Mercaptoethanol, 235 mM KCl, 458 mM Natriumcholat von pH 7,4 gegeben. Die Endkonzentration an Lipid ist 20 mM. Die Vesikel werden im Verlauf einer Gelfiltration und der dabei erfolgenden Entfernung des Tensids (Bio-Rad-P-4-Gel; 1,3 · 20 cm) gebildet. Eluiert wird mit 20 mM Imidazol, 5 mM 2-Mercaptoethanol, 0,1 mM EDTA, 125 mM NaCl, 1,3 mM Natriumazid und 0,1 mM D-Glucose von pH 6,0. Anschließend wird zur Entfernung von Tensidresten die Vesikellösung noch 12 h gegen diese Lösung dialysiert [1045]. Der durchschnittliche Vesikeldurchmesser wurde mit 270 nm angegeben.

Darstellung unilamellarer Vesikel (LUV) mit einem Durchmesser von 1 000 nm:

Eine 10–30 mM Lipidlösung (Dipalmitoylphosphatidylcholin) in Chloroform/Methanol (2 : 1, v/v) wird unter Stickstoff und im Vakuum im Rotationsverdampfer eingedampft. Lösungsmittelreste sind im Vakuum (1 h) zu entfernen. Die einzukapselnden Verbindungen werden in Pufferlösung aufgenommen (10 mM HEPES[1]), pH 7,4, 1 mM EDTA, 150 mM NaCl). Nach dem Homogenisieren (Vortexmischer) wird die Mischung 30 min oberhalb der für das Lipid geltenden Übergangstemperatur gehalten und im Molverhältnis 10 : 1 bis 12 : 1 mit Octylglucosid als konzentrierte Lösung versetzt. Das Volumen ist mit Pufferlösung auf 0,625 ml zu bringen und intensiv 20 min maschinell zu schütteln. Anschließend wird die klare Lösung gegen 100 ml Pufferlösung, in die Bio-Beads (Polystyrenkügelchen, pro 0,04–0,1 μmol Tensid werden 1 mg Bio-Beads eingesetzt) suspendiert sind, 24 h dialysiert. Auf diese Weise gelingt eine schonende und quantitative Entfernung von Octylglucosid ohne Verluste an Lipiden. Der elektronenmikroskopisch bestimmte Vesikeldurchmesser liegt bei 200–500 nm (Phosphatidylcholin, PC), 100–240 nm (PC: Phosphatidylserin, PS = 1 : 1) bzw. 600–1100 nm (PC : PS : Cholesterol = 1 : 1 : 1).

Die Einkapselungsrate wird nach folgender Formel berechnet:

$$\% \text{ Einkapselung} = 37 \cdot M \cdot d \cdot 10^2$$
$$M = \text{Phospholipidkonzentration (mol} \cdot l^{-1})$$
$$d = \text{Vesikeldurchmesser } (\mu m).$$

Angenommen wird eine Moleküloberfläche von 75 Å^2 pro Lipidmolekül. Die Einlagerung von IgG, RNA und anderen Biopolymeren in die dargestellten unilamellaren Liposomen ist möglich [338].

Spontane Vesikelbildung
von langkettigen quartären Ammoniumhydroxiden (QAH)

Darstellung der (QAH)

3 g Didodecyldimethylammoniumbromid werden mit 50 ml Anionenaustauscher in der OH-Form (Rexyn 201 oder Wofatit SBW) vermischt, mit 50 ml

---

[1]) N-2-Hydroxyethylpiperazino-N'-2-ethansulfonsäure

Wasser versetzt und unter CO_2-Ausschluß 20 min gerührt. Sobald kein Bromid mit Silbernitrat in der angesäuerten Lösung mehr nachweisbar ist, wird die Mischung filtriert und mit 20–25 ml Wasser gewaschen. Es resultiert eine Lösung von etwa 1,5 g QAH ($\approx$ 0,05 M). Nach Gefriertrocknung liegt das QAH als feines weißes Pulver vor.

Darstellung der Vesikel

Durch Lösen in Wasser ($1,4 \cdot 10^{-2}$ M) entstehen spontan monodisperse Vesikel (d $=$ 300 $\pm$ 80 Å). Partielle Neutralisation mit Bromwasserstoffsäure führt zu Vesikeln mit 460 Å im Durchmesser. Neben Vesikeln liegen in Lösungen noch mizellare und flüssig-kristalline Assoziate vor [137, 155].

6.6. Ausgewählte Beispiele für die Anwendung von Tensiden

Kolloidtitration von Biopolymeren und Bakterien mit polymeren Tensiden

Prinzip: Polyionen lassen sich mit entgegengesetzt geladenen Polyelektrolyten, die in der Regel Tensidcharakter besitzen, im mmol/µmol-Bereich titrieren. Mit Hilfe metachromatischer Farbstoffe ist eine visuelle Endpunktsanzeige möglich. Kolloidtitrationen können im pH-Bereich von etwa 2–12 durchgeführt werden. Auf diese Weise gelingt die abgestufte Erfassung unterschiedlich saurer und basischer Gruppen. Bei pH-Werten $<$ 3 werden nur die dissoziiert vorliegenden $-O-SO_3^-$, $-NH-SO_3^-$ und die $-(O)_2P(O)O^-$-Gruppen titriert, oberhalb dieses Wertes zusätzlich noch die $-COOH$-Gruppen. Liegt das pH der Analytlösung über 11, so lassen sich in vielen Fällen auch Guanidinogruppen analytisch nachweisen. Nach Blockierung der Aminogruppen durch Formaldehyd ist es möglich, die Nettoladung von Polyelektrolyten, Bakterien und Vesikeln zu bestimmen.

Reagentien:

Polydiallyldimethylammoniumchlorid (PDAA): N/400, standardisiert mit N/400 Kaliumpolyvinylsulfatlösung (KPVS)
KPVS: N/400, eingestellt mit N/400 CPC-Lösung gegen Toluidinblau
Indikatorlösung: 0,1 g Toluidinblau in 100 ml Wasser

Beispiele [631]:

Titration von Gelatine
5 ml Gelatinelösung ($2\,g \cdot l^{-1}$) werden im Titrierkolben auf 20 ml mit Wasser verdünnt, mit 10 ml PDAA-Lösung versetzt und nach Einstellen des gewünschten pH-Wertes (2–12) 5 min gerührt. Unter Rühren wird mit KPVS-Lösung gegen Toluidinblau (1 Tropfen) zurücktitriert bis zum Farbumschlag von blau nach violett. Es werden 2,1 ml KPVS im pH-Bereich zwischen 7 und 9 und nach Blockierung der Aminogruppen 3,6 ml bzw. bei pH 11,5 (beginnende Deprotonisierung der Guanidinogruppen) 4,1 ml verbraucht.

Titration von Phosphatidylserin-Liposomen

2 ml einer Phosphatidylserin-Liposomen-Suspension in 4 M Glycerollösung
(0,4 mg · ml⁻¹) werden mit 2 ml N/400 PDAA-Lösung in 4 M Glycerol sowie
einem Tropfen Toluidinblaulösung versetzt. Mit 0,05 M HCl oder NaOH
wird der pH-Wert eingestellt. Die Rücktitration erfolgt mit N/400 KPVS-
Lösung (Mikroliterspritze) im pH-Bereich zwischen 2 und 12 vor und nach
Blockierung von Stickstoffunktionen mit Formaldehyd. Bei pH 7 werden
dabei 1,1 bzw. 1,6 ml Titrant verbraucht.

Titration von Bakterien (Micrccoccus luteus)

2 g Bakterien als Pellet werden in 50 ml Wasser suspendiert und 4 ml Aliquote
für die Trockenmassebestimmung (24 h bei 105—110 °C) verwendet. Nach
Verdünnen von 20 ml Suspension auf 100 ml mit Wasser werden 5 ml- Aliquote nach Einstellen des pH-Wertes mit 10 ml PDAA- sowie 2 Tropfen
Indikatorlösung versetzt und mit KPVS zurücktitriert. In Abhängigkeit vom
pH-Wert werden 2,0—3,4 ml (pH 7—9) oder 3,1—4,0 ml (pH 12) benötigt.
Die pH-abhängige Nettooberflächenladung ist je nach Bakterienstamm unterschiedlich. Tote und lebende Bakterien zeigen keine Unterschiede. Durch
Kontrollen muß gesichert sein, daß Polyelektrolyte des Zellinhaltes (Cyto-
plasma) nicht mit titriert werden (Vermeiden der Zellyse durch rasches
Arbeiten).

Schaumtrennung amphiphiler Stoffe
von oberflächeninaktiven Verbindungen

Prinzip: Wird die Lösung eines Stoffgemisches aus oberflächenaktiven und
-inaktiven Verbindungen zerschäumt, so reichern sich im Schaum die stark
amphiphilen Substanzen an, während ausgeprägt polare Komponenten im
Rückstand verbleiben.

Apparatur: Ein Glasrohr (l = 90 cm, d = 4 cm) wird am unteren Ende mit
einem Silikongummistopfen verschlossen, durch den ein Gaseinleitungsrohr
(mit Fritte aus einer Waschflasche) und ein Abflußrohr mit Schliffhahn
geführt sind. Kurz oberhalb des Kolonnenbodens können durch ein seitliches
Rohr über ein Septum (Silikongummi) Reagentien zugegeben werden. Am
Kolonnenkopf wird über ein seitliches Ansatzrohr (d = 2 cm) der Schaum
abgenommen und in einem Becherglas gesammelt. Über 2 Waschflaschen
(mit Wasser bzw. Glaswolle gefüllt) wird Luft oder Stickstoff der Kolonne
zugeführt.

Demonstrationsbeispiel:

Testlösung: Wasser mit 10⁻¹—10⁻⁷% (1‰ bis 1 ppb) der Farbstoffe Patentblau V (blauer amphiphiler Triphenylmethanfarbstoff) und Neucoccin
(orangeroter grenzflächeninaktiver Azofarbstoff).
In das Trennrohr werden 400—500 ml einer violetten Lösung, die beide Farbstoffe in gleicher Konzentration enthält, gefüllt. Dann wird Stickstoff hindurchgeleitet. Im gebildeten Schaum reichert sich der blaue Farbstoff an.
Nach kurzer Zeit kann am Kolonnenboden der reine orangerote Azofarbstoff

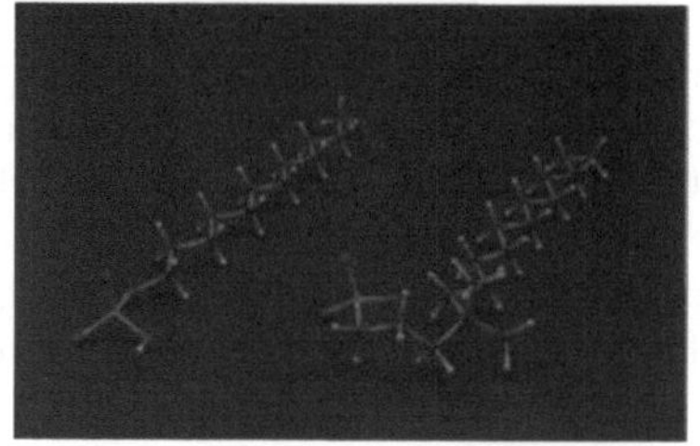

Abb. 30 SDS (freie Säure, **7a**)   (19,7; 4,1)
         Sulfobetain SB-12 (**22**)   (17,0; 4,5)

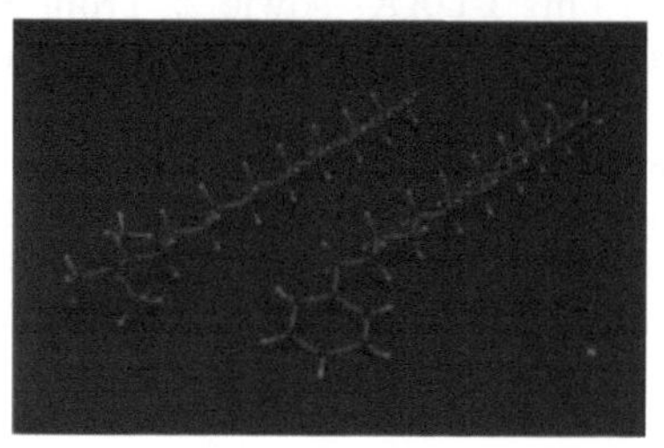
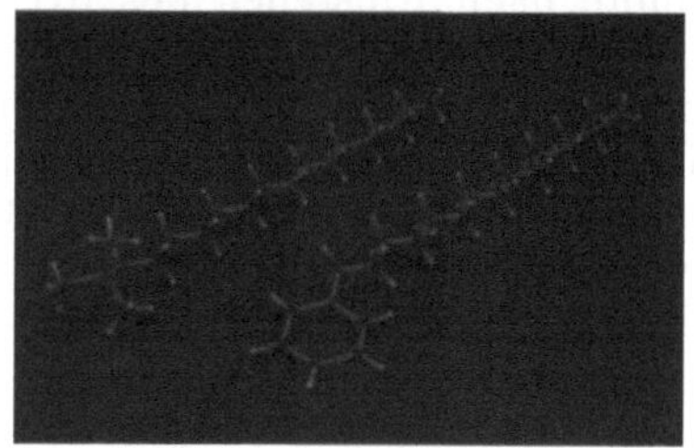

Abb. 31 CTAB (**16b**), nur Kation!   (23,0; 4,8)
         CPB (**18b**), nur Kation!   (24,0; 3,0)

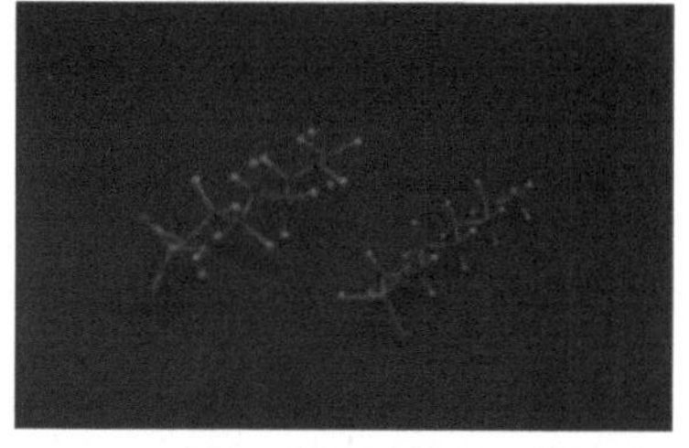
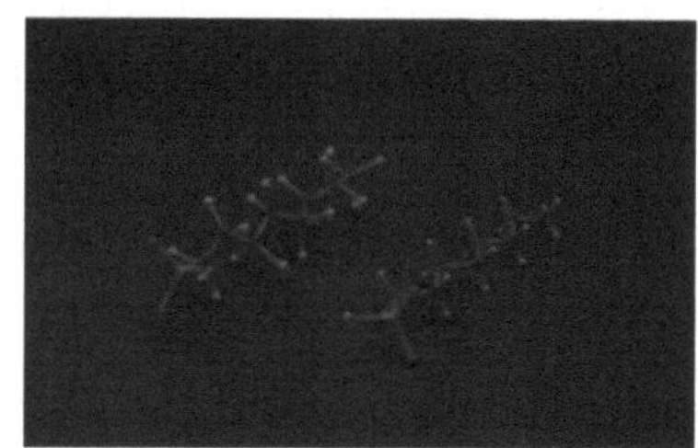

Abb. 32 Perfluoroctansulfonsäure   (15,1; 5,1)
         Octansulfonsäure   (14,0; 5,1)

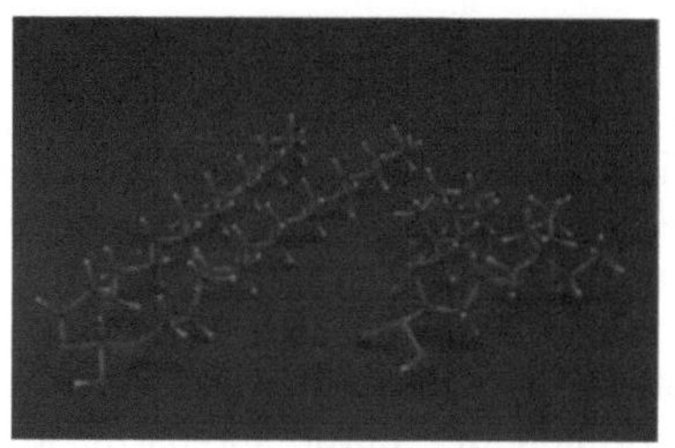

Abb. 33 Dihexadecylphosphorsäure (vgl. **11**)   (26,1; 4,0)
         AOT (**10**)   (15,1; 5,2)

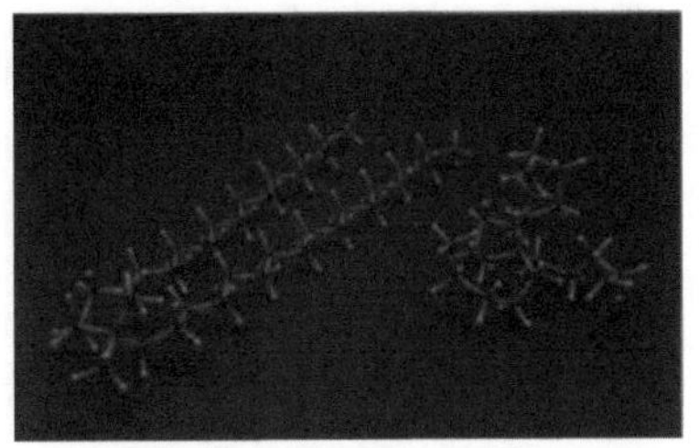 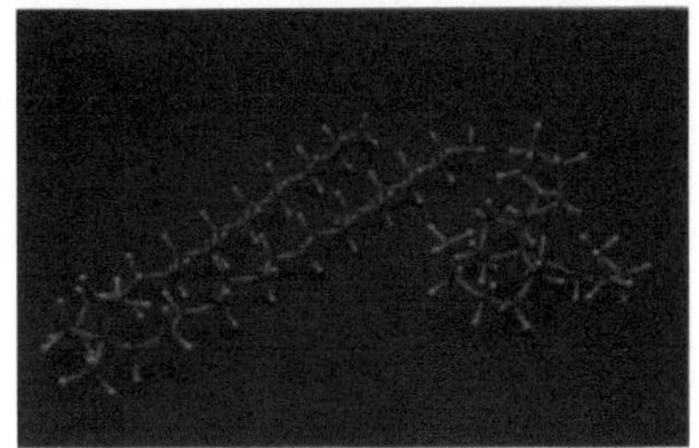

Abb. 34 DODAC (**20a**)   (30,5; 4,6)
Tetra-n-pentylammonium-salz (nicht mizellbildendes
großvolumiges Kation!)   (d = 15)

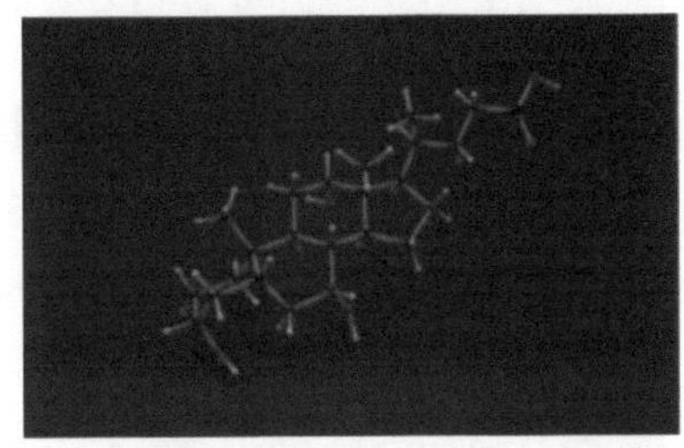 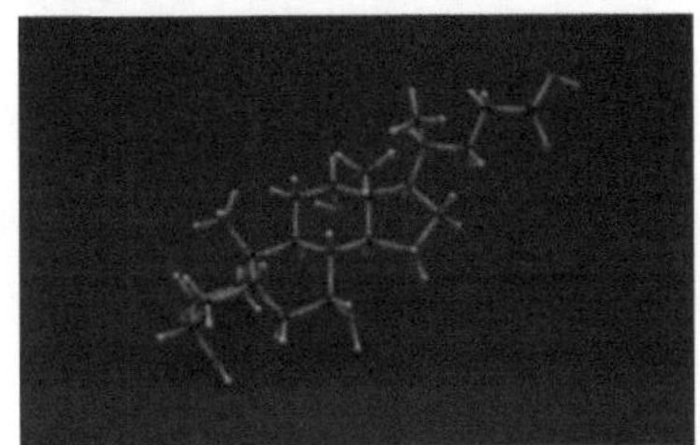

Abb. 35 Natriumcholat (Cholsäure), (**15a**)   (25,1; 14,2)

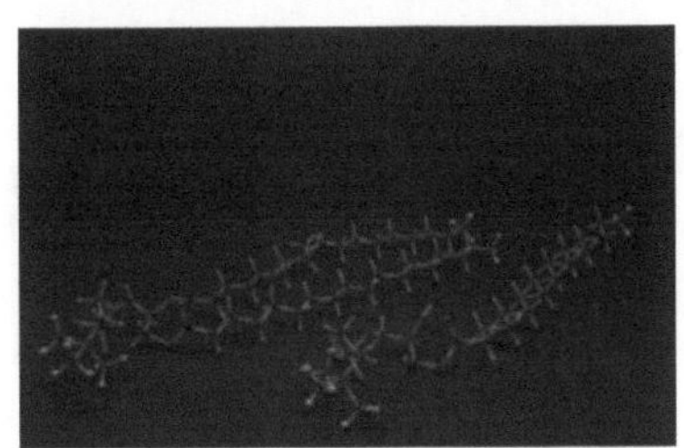 

Abb. 36 Lecithin (Ei), (**25**)   (34,0; 3,4)
Lysophosphatidylcholin (**26**)   (31,0; 3,4)

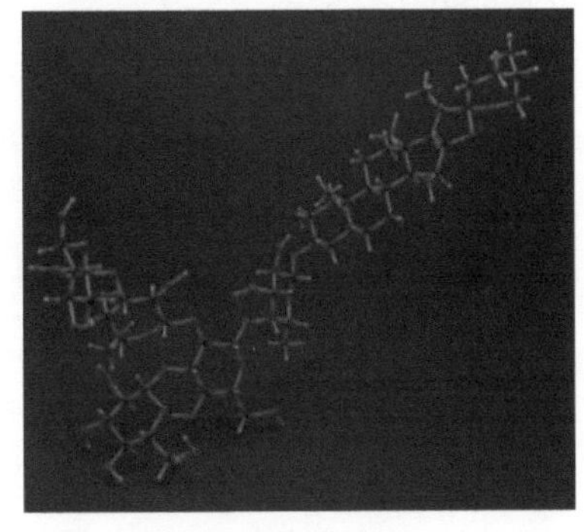 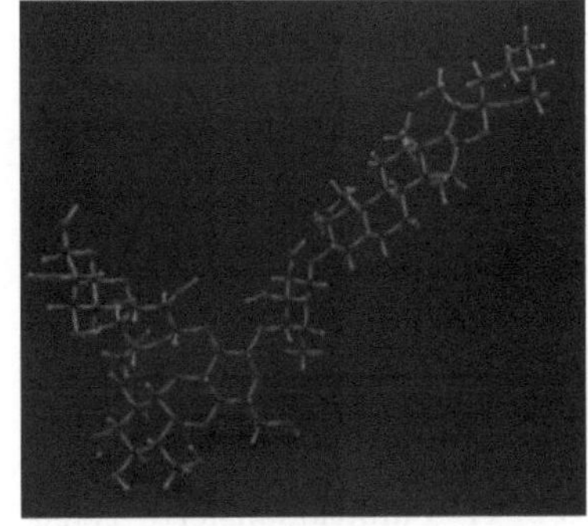

Abb. 37 Digitonin (**34**)   (48,4; 18,1)

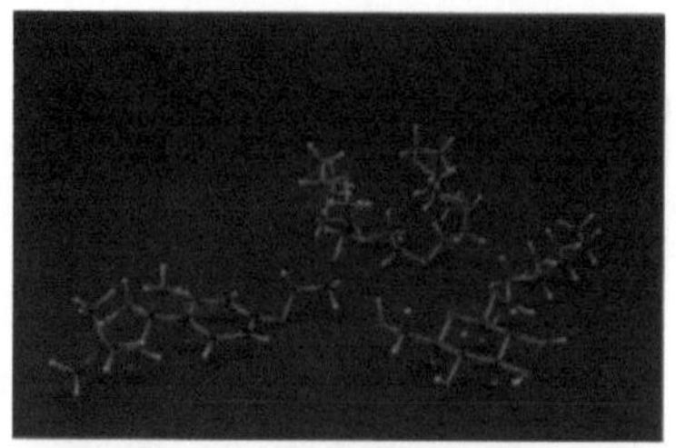 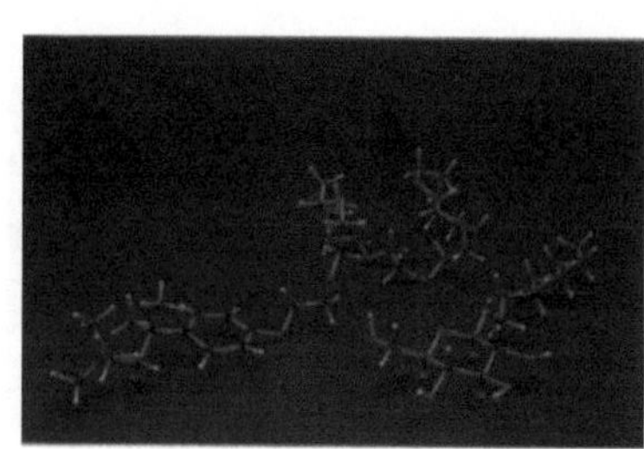

Abb. 38   Triton X-100 (**27**)   (42,1; 3,8)
n-Octylglucosid (**35 a**)   (15,2; 6,1)

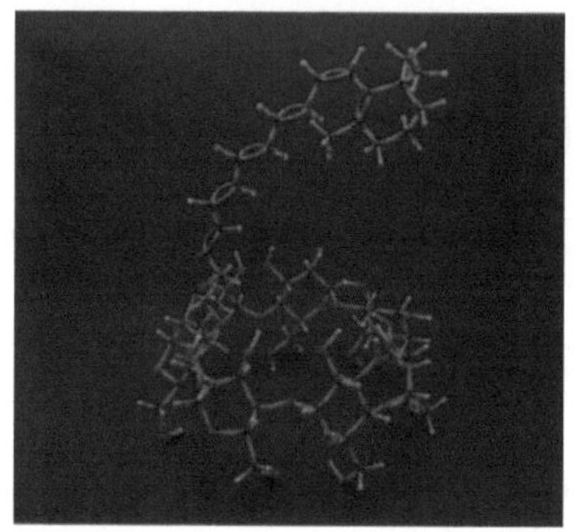 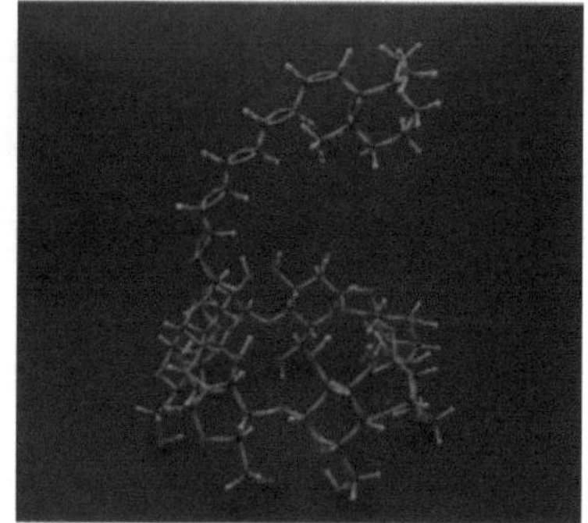

Abb. 39   Amphiphiles β-Cyclodextrin (**1 c**)   (16,0; 10,1)

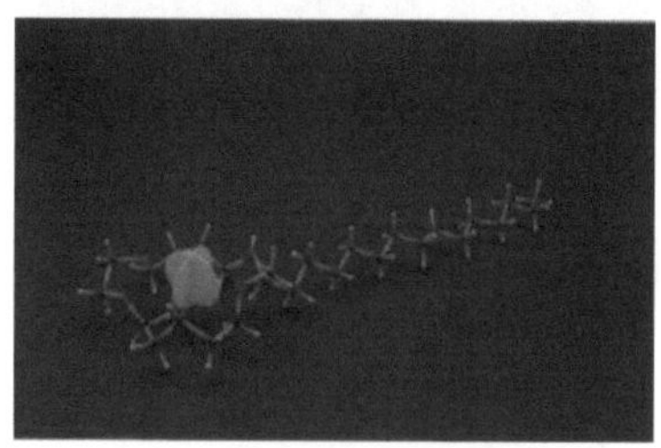

Abb. 40   Azakronenether-Tensid mit eingeschlossenem
Silberatom (Ag°), (**71**)   (24,2; 7,1)

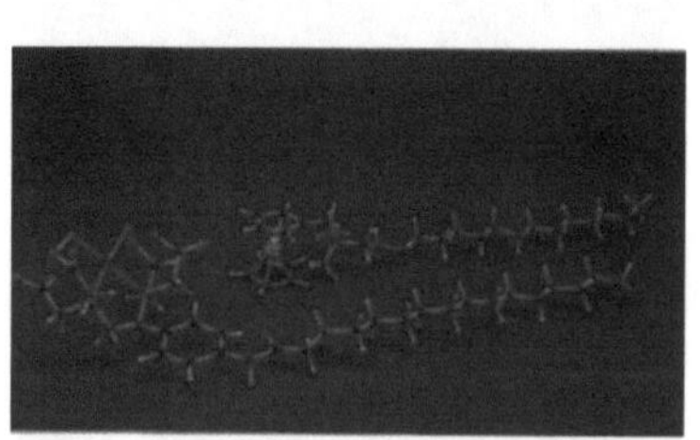 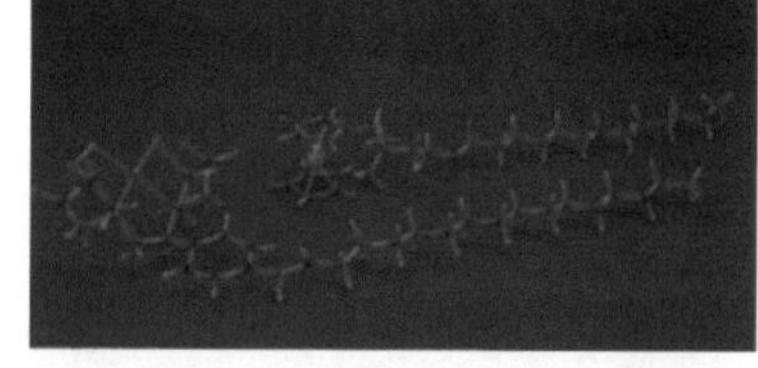

Abb. 41   Funktionalisierte Tenside:
Ferrocenylinvertseife (**52**)   (28,1; 4,8)
Palmitoylamidophenyl-EDTA-Kupferkomplex (vgl. **91**)

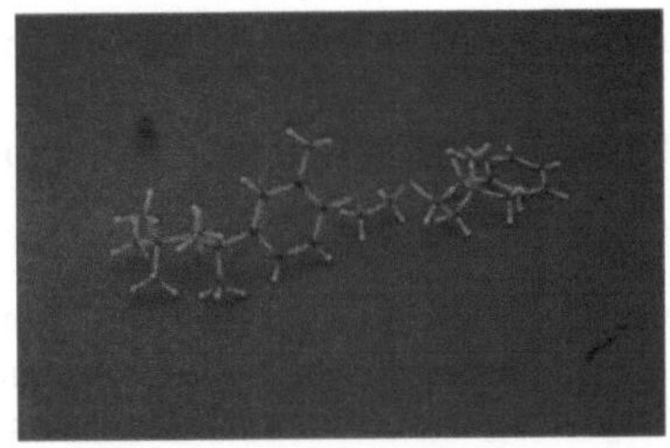

Abb. 42 Hyamin 10-X X (**19 a**)   (25,0; 4,0)

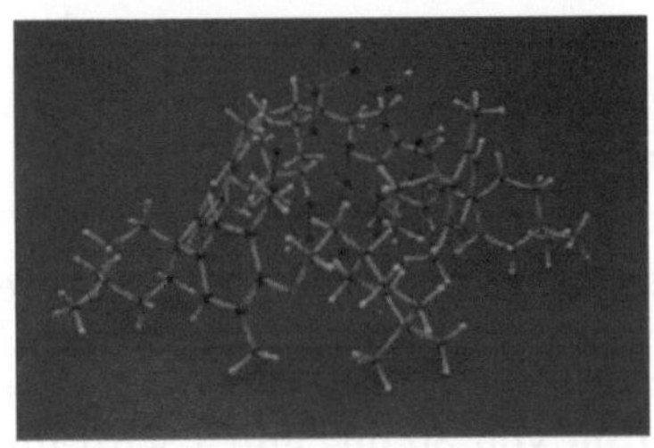
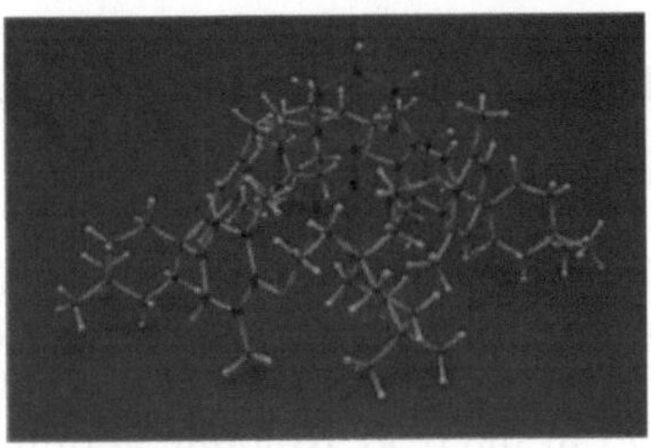

Abb. 43 Cyclophantensid (**6**) mit eingeschlossenem Pyren
      (Wirt-Gast-Komplex)   (26,0; $\approx$ 8,0)

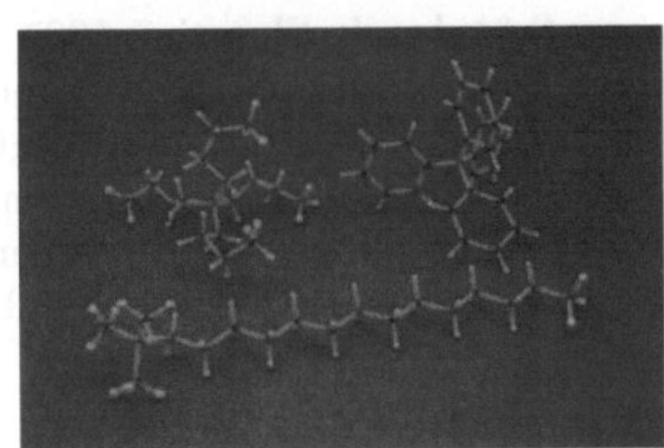
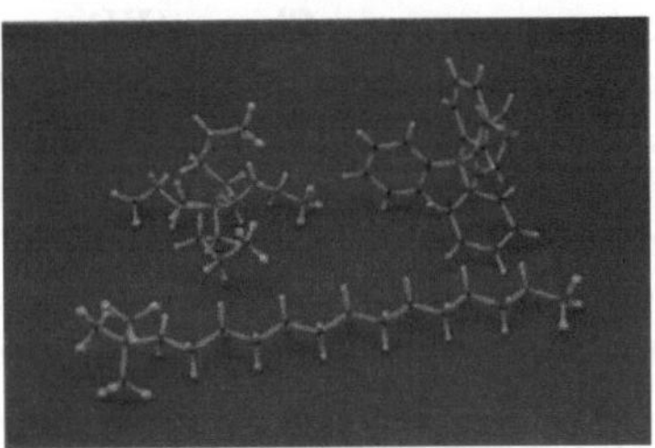

Abb. 44 Nichtmizellar und mizellar assoziierende Verbindungen:
      Tetrabutylammonium-, Tetraphenylphosphonium-   (d = 12,5)
      bzw. Tetradecyl-trimethylammonium-ionen   (20,0; 4,8)

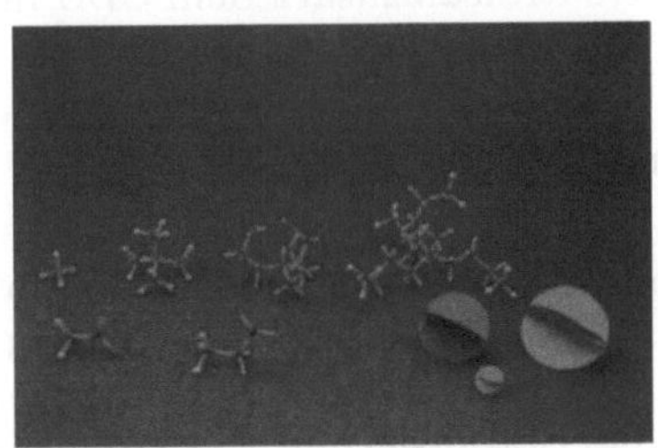
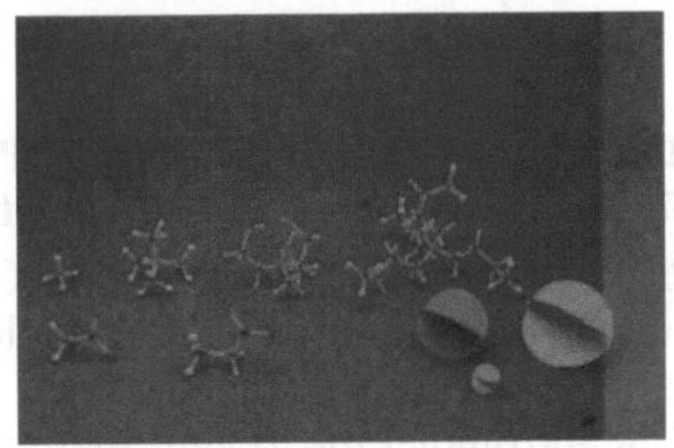

Abb. 45 Tensidgegenionen:
      $Ammonium^+$, $Tetramethylammonium^+$, $Tetraethylammonium^+$,
      $Tetrabutylammonium^+$ (hintere Reihe)
      $Acetat^-$, $Propionat^-$, Na^+, Li^+, K^+ (vordere Reihe)

abgenommen werden. Aus der kondensierten Schaumphase wird der amphiphile Farbstoff erhalten.

Das Patentblau kann noch aus höchstverdünnten Lösungen (< 1 ppb) abgetrennt und angereichert werden.

Anmerkungen: Die beschriebene Methode eignet sich zur Reinigung von Naturstoffen, Tensiden, Farbstoffen, polymeren Tensiden u. a. Wirksame Trennungen sind auch nach Zugabe von Hilfslösungsmitteln und Modifikatoren (Halogenkohlenwasserstoffe, Kohlenwasserstoffe u. a.) möglich. Der Trenneffekt kann durch kontinuierliche Arbeitsweise und Rückführen der Schaumphase weiter verbessert werden.

Flotation anorganischer Verbindungen

Prinzip: siehe Kapitel 3.2.4.

Abtrennung von Chrom(VI) aus Galvanikabwasser [605]: 250 ml Abwasser (89,4 ppm Cr^{VI}) werden mit 1400 ppm Fe^{3+} und 80 ppm Al^{3+} (beide als Nitrat) versetzt, das pH auf 5,0 eingestellt und nach Zugabe von 70 ppm SDS in die o. g. Kolonne gefüllt. Ein Luftstrom von 80 ml $\cdot$ min^{-1} wird hindurchgeleitet und der Schaum abgenommen. Gleichzeitig werden alle 5 min 70 ppm SDS addiert. Nach 10 min ist der Cr-Gehalt im Rückstand auf 0,54 ppm gesunken.

Abtrennung von Chrom(VI) nach Reduktion zu Cr^{3+} durch Flotation [605]: 250 ml Abwasser werden mit 0,374 g $FeSO_4 \cdot 7 H_2O$ (300 ppm Fe^{2+}) und 0,1736 g $Al(NO_3)_3 \cdot 9 H_2O$ (50 ppm Al^{3+}) versetzt. Der pH-Wert wird auf 5,0 gebracht, 5 min gerührt und nach Addition von 3 ml SDS-Lösung (60 ppm) unter den o. g. Bedingungen mit der Flotation begonnen. Nach 10 min haben sich etwa 10 ml kollabierter Schaum (Kollabat) angesammelt; der Cr-Gehalt im Rückstand liegt bei 0,46 ppm.

Abtrennung von Cu^{2+} aus Wasser in Gegenwart von Salzen: 300 ml Wasser mit 20 ppm Cu^{2+}, 50 ppm Fe^{3+} (beide als Nitrat) wird bei pH 8 mit 25 ppm Dodecyliminodiessigsäure (Na-Salz) versetzt. Bei einem Gasstrom von 60 ml $\cdot$ min^{-1} wird durch Flotation die Kupferkonzentration auf $<$ 1 ppm in 10 min gesenkt. Neutralsalze bis zu Konzentrationen von 1 M stören nicht. Das komplexbildende Tensid ist hinsichtlich Neutralsalzzusatz dem SDS im Trenneffekt überlegen.

Herstellung PEG-stabilisierter Protein-Goldpartikel als Reagentien für die Histochemie und Ultrahistochemie

Prinzip: [230 u. loc. cit.]: An der Oberfläche kolloider Goldteilchen (5—150 nm) können Proteine und andere biologische Makromoleküle zu stabilen „Konjugaten" adsorbiert werden (vgl. Kap. 3.13.). Die Schutzkolloidwirkung der Biomakromoleküle reicht in der Regel für die Stabilisierung des Goldsols nicht aus. Deshalb wird PEG als zusätzliches Schutzkolloid den Lösungen der goldmarkierten Substanzen zugefügt. Das PEG wirkt sicher in mehrfacher Hinsicht durch Regulierung der Wassersphäre um die Goldteilchen stabilisierend, vor allem gegenüber Elektrolytzusätzen.

Reagentien:

Natriumcitratlösung: 5% in Wasser
Goldchloridlösung: 0,01% ($HAuCl_4$) in Wasser
Biopolymerlösung: Concanavalin A, Mistellectin I, Human-IgG u. a.
PEG-Lösung: 1% in Wasser (s. Anmerkungen).

Gefäße: Alle normal gereinigten Glasgefäße wurden 2 h in 1%iger Chromschwefelsäure (1 g Kaliumdichromat auf 100 ml Schwefelsäure) bei 40–50 °C nachgereinigt. Die Goldmarkierung erfolgt in 10-, 50-, 100- und 250-ml-Teflonbechern, die vor der Benutzung 4 h bei Raumtemperatur mit o. g. Chromschwefelsäure und 2mal mit jeweils frischer konz. Schwefelsäure für 2 h gereinigt und entfettet wurden. Polyethylenzentrifugenröhrchen (besser Polypropylen- oder Teflonröhrchen) müssen 1 h in kalter (+4 °C) konz. Schwefelsäure gereinigt werden. Nach Ansicht des Verfassers sind Teflongefäße generell für die Durchführung der Goldmarkierung besser geeignet als die in der Literatur empfohlenen silikonisierten Glasgefäße. Zu beachten ist, daß sich einmal ausgefallene Goldpartikel nur schwer aus Teflongefäßen entfernen lassen (mit Königswasser oder konzentrierten Kaliumcyanidlösungen).

Allgemeine Vorschrift für die Goldmarkierung mit Au_{20}-Partikeln (d $\approx$ 20 nm):
Die folgende Vorschrift liefert in vielen Fällen gute Ergebnisse und stabile Biopolymer-Gold-Konjugate. Meist kann sie nur als Ausgangspunkt für die Markierung des jeweiligen Biomakromoleküls dienen, da die Adsorption stark von Größe und amphiphilem Charakter dieser Stoffe abhängig ist.
In einem 250-ml-Erlenmeyerkolben werden 10 ml Goldlösung und 90 ml Wasser zum Sieden erhitzt. Dann werden auf einmal 5 ml Natriumcitratlösung addiert. Zur Vervollständigung der Goldreduktion (Entwicklung einer Rotfärbung) wird noch 2–3 min erhitzt. Nach dem Abkühlen werden 50 ml Goldsol in das ultrareine Teflongefäß (150-ml-Becher) zu 2–3 ml Biopolymerlösung (3–8 mg · ml^{-1}) unter Magnetrühren (teflonbeschichteter Rührer) gegeben. Nach 2–6 min Kontaktzeit (meist genügen 4 min) werden 2,5 ml 1%ige PEG-Lösung zugefügt. Eventuell ist der pH-Wert nachzuregulieren (s. u.). Die Kolloidlösung wird die kürzest mögliche Zeit, die notwendig ist, um einen farblosen Überstand (bei farblosen Biopolymeren) zu erhalten, zentrifugiert (z. B. 8 min bei 12000 g). Der Überstand wird möglichst vollständig abgesaugt und das Pellet sofort in einem geeigneten Puffer, der 0,5 mg PEG · ml^{-1} enthält, resuspendiert. Die resultierenden Lösungen (Gesamtvolumen 50–100 ml) sind über mehrere Monate unter sterilen Bedingungen bei +4 °C stabil.

Anmerkungen: Unter den PEG und PEO des Handels eignen sich vor allem das Carbowachs 20 M (Sigma, Serva)[1] sowie die vom Verfasser dargestellten

[1] Herrn Dr. Holtzhauer danke ich für wertvolle Hinweise und Überlassung von PEG-Vergleichsproben.

halbseitig veresterten Polyethylenglycole [z. B. F-(PEG-6000)₂, (s. **120**), F-(PEG-8000)₂ und F-(PEG-12000)₂] sowie analoge 1,4-Benzendicarbonsäure-Derivate. Wirksame Stabilisatoren sind auch die an der Estergruppierung reduzierten Verbindungen. Das pH-Optimum muß ggf. für jedes zu markierende Biopolymere experimentell ermittelt werden, ebenso die maximal mögliche Beladung der Goldpartikel mit Biopolymeren.

6.7. Farbtafeln

Siehe Seite 209—212

In den Abbildungen 30—41 werden Tenside aller Klassen anhand praktisch wichtiger Vertreter als Molekülmodell-Stereophotographien im Vergleich vorgestellt. Zu beachten ist, daß es sich um Atomzentrenmodelle handelt, die eine anschauliche Darstellung aller Bindungen ermöglichen, die volle räumliche Größe eines Moleküls jedoch nicht wiedergeben — im Gegensatz zu Kalottenmodellen, die als Voll- oder Halbkugeln jeweils das ganze Atom symbolisieren (vgl. Abb. 6). Die Moleküle sind in einer stabilen Konformation abgebildet. In Klammern werden Näherungswerte für die Dimensionen der Moleküle (Länge l und Durchmesser d in Å) aufgeführt. Bei a- und k-Tensiden sind die freien Säuren bzw. die Kationen zu sehen, da ionische Verbindungen nur im Kristallgitterverband wiedergegeben werden können. Die Gegenionen sind vom Leser als Kugeln mit folgenden Durchmessern zu ergänzen (Å): Li⁺ (1,24, hydratisiertes Ion: 6,36), Na⁺ (1,9, hydratisiertes Ion: 4,84), K⁺ (2,66, hydratisiertes Ion: 3,8), NH₄⁺ (2,4), Tetramethylammonium⁺ (4,8), Tetrabutylammonium⁺ (9,8), Triethanolammonium⁺ (6,4), Ag⁺ (2,26), Ag⁰ (2,86); OH⁻ (1,2), F⁻ (2,66), Cl⁻ (3,62), Br⁻ (3,92), I⁻ (4,40), Acetat (3,6) und Propionat (5,1). Die jeweils erste Zahlenangabe bezieht sich auf das nichthydratisierte Ion!
Die Atomzentren sind mit folgenden Farben symbolisch dargestellt: C (schwarz), H (weiß), N (blau), P (violett), O (rot), S (gelb), Cu (grau). Ein Silberatom ist weiß abgebildet. Die Bindungen zwischen den Atomen sind grün, rot (komplex und metallorganische Bindung) sowie braun (N=C- und C=C-Doppelbindungen).
Um einen räumlichen Eindruck der abgebildeten Moleküle zu erhalten, können übliche Stereoskope oder (Linsen)-Stereobrillen benutzt werden. Mit etwas Übung gelingt meist auch ohne Hilfsmittel eine Stereobetrachtung. Man sehe sich die Stereoabbildung aus üblichem Leseabstand (etwa 30 cm) an und blicke durch die Papierebene „hindurch" in die Ferne. Dabei wird die linke Abbildung durch das linke Auge und die rechte durch das rechte Auge „unscharf" betrachtet. Beide Abbildungen wandern aufeinander zu, um sich scheinbar zu einer dritten — zwischen beiden — zu vereinigen. Erst jetzt bemüht man sich, „scharf" zu blicken und erhält so nach wenigen Sekunden einen räumlichen Eindruck (eventuell auch bei geringerem Leseabstand betrachten oder zwischen die Augen senkrecht zur Papierebene eine weiße Karte vom Format A 6 halten).

7. Literaturverzeichnis

[1] *Fendler, J. H. ; Fendler, E. J.:* Catalysis in micellar and macromolecular systems. — New York : Academic Press, 1975

[2] *Fendler, J. H.:* Membrane mimetic chemistry. — *Wiley* : New York, 1982

[3] *Fuhrhop, J. H.:* Bioorganische Chemie. — Stuttgart : Thieme Verl., 1982

[4] *Fendler, J. H.:* Interactions in reversed micellar systems. In: Acc. Chem. Res. **9** (1976) S. 153 — 161

[5] *Fuhrhop, J. H. ; Mathieu, J.:* Wege zu funktionalen Vesikelmembranen ohne Proteine. — In: Angew. Chemie. — Weinheim **96** (1984) S. 124 — 137; ibid Intern. Ed. (Engl.) **23** (1984) S. 100 — 113

[6] *Sudhölter, E. J. R. ; van de Langkruis, G. B. ; Engberts, J. B. F. N.:* Micelles, structure and catalysis. — In: Recl. J. Royal. Netherl. Chem. Soc. **99** (1980) S. 73 — 82

[7] *Kellog, R. M.:* Les enzymes artificielles. — In: La Recherche **15** (1984) S. 819 — 829

[8] *Purmal', A. P. ; Nikolaev, L. A.:* Modelirovanie biologičeskich katalizatorov. — In: Usp. Sovr. Chim. LIV (1985) S. 786 — 802

[9] *Peterka, V.:* Micelarni Katalyza. — In: Chemické listy (tschech.) **78** (1984) S. 834 — 854

[10] *Cordes, E. H.:* Reaction kinetics in micelles. — New York : Plenum Press, 1973

[11] *Moss, R. A. ; Bizzigotti, J. O.:* Fully funktionalized thiol vesicles. Structure and esterolytic properties. — In: J. Amer. Chem. Soc. **103** (1981) S. 6512 bis 6514

[12] *Fendler, J. H.:* Surfactant vesicles as membrane mimetic agents : characterization and utilization. — In: Acc. Chem. Res. **13** (1980) S. 7 — 13

[13] *Chang, T. M. S.:* Artificical cells in medicine and biotechnology. — In: Appl. Biochem. Biotechnol. — Berlin **10** (1984) S. 5 — 25

[14] *Ostro, M. J.:* Liposomes. — New York : M. Dekker Inc., 1983

[15] *Knight, C. G.:* Liposomes : From physical structures to therapeutic applications. — Amsterdam : Elsevier North Holl, Biomed. Press, 1981

[16] *Duncan, J. L.:* Liposomes as membrane models in studies of bacterial toxins. — In: J. Toxicol. Toxin Rev. **3** (1984) S. 1 — 51

[17] *Tricot, Y.-M. ; Fendler, J. H.:* Colloidal catalyst — coated semiconductors in surfactant vesicles : — In situ generation of Rh-coated CdS particles in dihexadecylphosphate vesicles and their utilization for photosensitized charge separation and hydrogen generation. — In: J. Amer. Chem. Soc. **106** (1984) S. 7359 — 7366

[18] *Mann, St. ; Skarnulis, J. ; Williams, R. J. P.:* Inorganic and bioinorganic chemistry in vesicles. — In: Israel J. Chem. **21** (1981) S. 3 — 7

[19] *Fuhrhop, J.-H.:* Bioorganische Chemie. — Stuttgart : Thieme Verl., 1982
[20] *Gregoriadis, G. ; Senior, J. ; Trouet, A.* (Eds.) — Targeting of drugs. — New York : Plenum Press, 1982
[21] *Weinstein, J. N.:* Liposomes as "targeted" drug carriers : A physical chemical perspective. — In: Pure Appl. Chem. **53** (1981) S. 2241
[22] *Weinstein, J. N.:* Liposomes as drug carriers in cancer therapy. — In: Cancer Treatment Reports **68** (1984) S. 127 — 135
[23] *Keipert, S. ; Becker, J. ; Schultze, H.-H. ; Voigt, R.:* Wechselwirkungen zwischen makromolekularen Hilfsstoffen und Arzneistoffen. — In: Pharmazie **28** (1973) S. 145 — 182
[24] *Thoma, K.:* Lösungsvermittlung von Arzneistoffen durch nichtionische Tenside. — In: Goldschmidt informiert **1** (1975) S. 22 — 31
[25] *Dubin, P. L. ; Oteri, R.:* Association of polyelectrolytes with oppositionelly charged mixed micelles. — In: J. Coll. Interface Sci. **95** (1983) S. 453 — 461
[26] *Wan, L. S. C.:* The limiting solubilizing capacity of some nonionic surfactants. — In: J. Coll. Interface Sci. **78** (1980) S. 401 — 406
[27] *Juliano, R. L.:* Drug delivery systems. — Oxford, New York : University Press, 1980. — S. 189 — 226
[28] *Ritschel, W. A.:* Sorptionsvermittler in der Biopharmazie. — In: Angew. Chem. — Weinheim **81** (1969) S. 757 — 769
[29] *Gron, P. ; Caslavska, V.:* Role of surfactants in a self-gelling liquid composition for use in the oral cavita. — In: Caries Research **18** (1984) S. 519 — 524
[30] *Teelmann, K. ; Schläppi, B. ; Schüpbach, M. ; Kistler, A.:* Preclinical safety evaluation of intravenously administered mixed micelles. — In: Arzneimittelforschung. — Aulendorf (BRD) **34** (1984) S. 1517 — 1523
[31] *Bogardus, J. B.:* Liquid crystal solubilization of cholesterol : Potential method for gallstone dissolution. — In: J. Pharm. Sci. **72** (1983) S. 338 — 341
[32] *Seltzer, St. E. ; Shulkin, P. M. ; Adams, D. F. ; Davis, M. A. ; Hoey, G. B. ; Hopkins, R. M. ; Bosworth, M. E.:* Usefulness of liposomes carrying Iosefamate for CT opacification of liver and spleen. — In: Amer. J. Roentgenol. — Springfield **143** (1984) S. 575 — 579
[33] *Patel, H. M. ; Boodle, K. M. ; Vaughan-Jones, R.:* Assessment of the potential uses of liposomes for lymphoscintigraphy and lymphatic drug delivery. — In: Biochim. et Biophys. Acta. — Amsterdam **801** (1984) S. 76 bis 86
[34] *Sixl, H.:* Molekulare Elektronik. — In: Umschau in Wissenschaft u. Technik. (1983) S. 474 — 478
[35] *Fendler, J. H.:* Polymerized surfactant vesicles : Novel membrane mimetic systems. — In: Science **223** (1984) S. 888 — 894
[36] *Kunkel, E.:* Die Analytik in der modernen Waschmittelchemie — Anforderungen und Lösungswege. — In: Tenside Detergents **18** (1981) S. 301 — 305
[37] *Dill, K. A.:* Molecular conformations in surfactant micelles. — In: Nature — London **313** (1985) S. 603 — 604
[38] *Dill, K. A. ; Koppel, D. E. ; Cantor, R. S. ; Dill, J. D. ; Bendedouch, D. ; Chen, S.-H.:* Molecular conformations in surfactant micelles. — In: Nature. — London **309** (1984) S. 42 — 45
[39] *Menger, F. M.:* Molecular conformation in surfactant micelles. — In: Nature. — London **313** (1985) S. 603
[40] *Menger, F. M. ; Doll, D. W.:* On the structure of micelles. — In: J. Amer. Chem. Soc. — New York **106** (1984) S. 1109 — 1113
[41] *Cline Love, L. J. ; Habarta, J. G. ; Dorsey, J. G.:* The micelle — analytical chemistry interface. — In: Analyt. Chem. — Washington **56** (1984) S. 1121 A bis 1141 A

[42] *Hinze, W. L.:* Use of surfactant and micellar systems in analytical chemistry.
— In: Solution chemistry of surfactants / *Mittal, K. L.* (Ed.). — New York :
Plenum Press, 1979. — Vol. 1. — S. 79 — 127

[43] *Mittal, K. L. ; Fendler, J. H.* / Eds.: Solution behavior of surfactants :
Theoretical and applied aspects. — New York : Plenum Press, 1982. —
pp. 1261 — 1313

[44] *Pfüller, U.:* Solubilisationsmethoden. In: Analytiker-Taschenbuch. — Bd. 3
/ Hrsg.: *Bock, R. ; Fresenius, W. ; Günzler, H. ; Huber, W. ; Tölg, G.* —
Berlin, Heidelberg, New York : Springer Verl., 1983, S. 123 — 137

[45] *Götte, E.:* Vorschläge zur Terminologie der grenzflächenaktiven amphiphilen
Verbindungen. — In: Fette, Seifen, Anstrichmittel. — Hamburg **62** (1960)
S. 789 — 790 ·

[46] *Matasa, C.:* Hydrotropie, Lyotropie, Einsalzung, Lösungsvermittlung,
Mischlösungsvermittlung, Synergismus oder Solubilisation ? — In: Chemiker-
Ztg. **95** (1971) S. 507 — 511

[47] *McBain, M. E. L. ; Hutchinson, E.:* Solubilization and related phenomena.
— New York : Academic Press, 1955

[48] *Elworthy, P. H. ; Florence, A. T. ; McFarlane, C. B.:* Solubilization by
surface active agents and its application to chemistry and the biological
science. — London : Chapman and Hall, 1968

[49] *Mittal, K. L.* / Ed.: Micellization, solubilization and microemulsions. — New
York : Plenum Press, 1977

[50] *Mittal, K. ; L. Kertes, A. S.* / Ed.: Solution chemistry of surfactants. —
New York : Plenum Press, 1979. — Vol. 1 u. 2

[51] *Peterka, V.:* Solubilisace ve vodnem prostredi (tschech.). — In: Che. Listy
70 (1976) S. 569 — 590

[52] *Attwood, D. ; Florence, A. T.:* Surfactant systems. — London : Chapman
and Hall, 1983

[53] *Mittal, K. L. ; Lindman, B.:* Surfactants in solution. — New York : Plenum
Press, 1984

[54] *Prince, L. M.* / Ed.: Micro-emulsions. — New York : Academic Press, 1977

[55] *Oku, N. ; MacDonald, C.:* Solubilization of phospholipids by chaotropic ion
solutions. — In: J. Biol. Chem. **258** (1983) S. 8733 — 8738

[56] *McBain, J. W.:* Colloid Science. — Boston : Heath, 1950. — Kapitel 9

[57] *Hippel, P. H. von ; Schleich, T.* / In: *Timasheff, S. N. ; Fasman, G. D.* /
Eds.: Structure and stability of biological macromolecules. — New York :
Marcell Dekker, 1969. — S. 417 — 574
(russ. Übers.: Structura i stabil'nost' biologičeskich makromolekul. —
Moskau : Mir, 1973. — S. 320 — 480)

[58] *Luck, W. A. P.:* Structure of water and aqueous solutions. — Weinheim :
Verl. Chemie, 1974

[59] *Zaikov, G. E. ; Iordanskij, A. L. ; Markin, V. S.:* Diffuzija élektrolitov v
polimerach. — Moskau : Chimija, 1984. — S. 44 — 50

[60] *Kavanau, J. L.:* Water and solute-water interactions. — San Francisco :
Holden — Day, 1964

[61] *Walrafen, G. E.:* Raman spectral studies of the effects of solutes and pressure on water structure. — In: J. Chem. Phys. **55** (1971) S. 768 — 792

[62] *Bender, M. L. ; Komiyama, M.:* Cyclodextrin Chemistry. — New York :
Springer Verl., 1978

[63] *Szejtli, J.:* Cyclodextrins and their inclusion complexes. — Budapest : Akademiai Kiado, 1982

[64] *Vögtle, F.* / Ed.: Host guest complex chemistry I and II : Topics in current
chemistry. — Vol. 98 and Vol. 101. — Berlin : Springer Verl., 1982

[65] *Murakami, Y.:* Cyclophanes II. — In: *Vögtle, F.* / Ed.: Topics in current chemistry. — Vol. 115 (1983) S. 107 — 155

[66] *Tabushi, S. I. ; Yamamura, K.* / In: Cyclophanes I : Topics in current chemistry. — Vol. 113 (1983) S. 145 — 182

[67] *Kemula, W.:* Importance of inclusion phenomena in chemistry. — In: Pol. J. Chem. **56** (1982) S. 243 — 247

[68] *Hofmeister, F.:* / In: Arch. exper. Pathol. u. Pharmakol. — Berlin **24** (1888) S. 247 (zit. nach Ref. 57)

[69] *Hatefi, Y, ; Hanstein, W. G.:* Solubilization of particulate proteins and non-electrolytes by chaotropic agents. — In: Proc. Nat. Acad. Sci. — Washington **62** (1969) S. 1129 — 1136

[70] *Miščenko, K. P. ; Poltorackij, G. M.:* Termodinamika i stroenie vodnych i nevodnych rastvorov ėlektrolitov. — 2. Aufl. — Leningrad : Chimija, 1976

[71] *Varviker, Dzh. O., Nabuchanie.* — In: Celljuloza i eé proizvodnye. — Bd. 1. / Hrsg. *Bajklz, N. ; Segal, L.* — Moskau : Mir, 1974. — S. 252 — 253 (engl. Ausg.: Cellulose and cellulose derivatives. — Part. IV. — New York : Wiley-Intersci., 1971 / Ed. *Bikales, N. N. ; Segal, L.*)

[72] *Smith, G. D.:* Commercial surfactants : An overview. — In: Ref. 42. — Vol. 1, S. 195 — 220

[73] *Saenger, W.:* Cyclodextrin — Einschlußverbindungen in Forschung und Industrie (loc. cit.). — In: Angew. Chemie — Weinheim **92** (1980) S. 343 — 361

[74] *Gokel, G. W. ; Durst, H. D.:* Principles and synthetic applications in crown ether chemistry. — In: Synthesis (1976) S. 168 — 184

[75] *Odell, B. ; Earlam, G.:* Dissolution of proteins in organic solvents using macrocyclic polyethers : Association constants of a cytochrome c-[1,2-^{14}C$_2$]-18-Crown-6 complex in methanol. — In: J. Chem. Soc. Chem. Commun. (1985) S. 359 — 361

[76] *Diederich, F. ; Dick, K.:* A new water-soluble macrocyclic host of the cyclophane type : Host-guest complexation with aromatic guests in aqueous solution and acceleration of the transport of arenes through an aqueous phase. — In: J. Amer. Chem. Soc. **106** (1984) S. 8024 — 8036

[77] *Toda, F. ; Tanaka, K. ; Ulibarri-Daumas, G. ; Sanchez, C.:* Novel host molecules which form inclusion complexes with alcohols: Extraction of ethanol from its aqueous solution by the complexation. — In: Chem. Lett. (1983) S. 1521 — 1524

[78] *Mancier, D. ; Vincendon, M.:* Les solvants organiques de la cellulose. — In: Bull. Soc. Chim. Fr. (1981) S II 319 — II 327

[79] *Norton, I. T. ; Morris, E. R. ; Rees, D. A.:* Lyotropic effects of simple anions on the conformation and interactions of kappa-carrageenan. — In: Carbohydr. Res. **134** (1984) S. 89 — 101

[80] *Nandi, P. K. ; Edelhoch, H.:* The effects of lyotropic (Hofmeister) salts on the stability of clathrin coat structure in coated vesicles and baskets. — In: J. Biol. Chem. **259** (1984) S. 11290 — 11296

[81] *Turkova, Ja.:* Affinity chromatography. — J. of Chromatography Library. — Vol. 12. — Amsterdam : Elsevier, 1978. — (russ. Ausg. — Mir, 1980, S. 262 ff.)

[82] *Hüttenrauch, R. ; Fricke, S.:* Abhängigkeit der kolligativen Eigenschaften von der Flüssigkeitsstruktur. — In: Pharmazie **37** (1982) S. 720 — 724

[83] *Pedersen, C. J.:* Cyclic polyethers and their complexes with metal salts. — In: J. Amer. Chem. Soc. **89** (1967) S. 7017 — 7036

[84] *Ovčinnikov, Ju, A. ; Ivanov, V. T. ; Škrob, A. M.:* Membrano-aktivnye kompleksony. — Moskau : Nauka, 1974
Masamune, S. ; Bates, G. S. ; Corcoran, J. W.: Makrolide : Neuere Fortschritte ihrer Chemie und Biochemie. — In: Angew. Chem. — Weinheim **89** (1977) S. 602 — 624

[85] *Menger, F. M. ; Dulany, M. A.:* Chemistry of a heptane-soluble cyclodextrin derivative. — In: Tetrah. Lett. **26** (1985) S. 267 — 270

[86] *Smolková-Keulemansová, E. ; Krysl, S.:* Inclusion compounds in chromatography. — In: J. Chromatogr. — Amsterdam **184** (1980) S. 347 — 361

[87] *Sybilska, D. ; Smolkova-Keulemansova, E.:* Applications of inclusion compounds in chromatography / In: Inclusion compounds / Eds.: *Atwood, J. L. ; Davies, J. E. D. ; MacNicol, D. D.* — Vol. 3. — London : Academic Press, 1985. — Kapitel 6

[88] *Kimura, K. ; Hayata, E. ; Shono, T.:* Convenient, efficient crown ether — containing stationary phases for chromatographic seperation of alkali metal ions : Dynamic coating of highly lipophilic crown ethers on octadecyl-silanized silica. — In: J. Chem. Soc. Chem. Comm. (1984) S. 271 — 272

[89] *Smolková-Keulemansová, E.:* Cyclodextrins as stationary phases in chromatography. — In: J. Chromatogr. — Amsterdam **251** (1982) S. 17 — 34

[90] *Grayeski, M., L. ; Woolf, E.:* Enhancement of lucigenin chemiluminescence with cyclodextrin. — In: Analyt. appl. of bioluminescence and chemiluminescence. — 3. Int. Symp. on analyt. and appl. bioluminescence and chemiluminescence / Hrsg.: *Kricko, L. J. ; Stanley, P. E. ; Thorpe, G. H. G. ; Whitehead, T. P.* — London : Academic Press, 1984. — S. 565 — 569

[91] *Kinoshita, T. ; Iinuma, F. ; Tsuji, A.:* Fluorometric assay of protein on a membrane filter using fluorescein isothiocyanate dissolved in cycloheptaamylose-guanidine System. — In: Bunseki kagaku (Japan Analyst) **23** (1974) S. 1543 — 1544

[92] *Wojcik, J. F.:* Binding to cyclodextrins: An interpretative model. — In: Bioorg. Chem. **12** (1984) S. 130 — 140

[93] *Komiyama, M. ; Bender, M. L.:* Cyclodextrins as enzyme models / In: *Page, M. I.* / Hrsg. — The chemistry of enzyme action. — Amsterdam : Elsevier, 1984

[94] *Sirlin, Cl.:* Catalyse supramoleculaire en series cyclodextrine et polyether macrocyclique. — In: Bull. Chem. Soc. Fr. (1984) S. II 5 — II 40

[95] *Croft, A. P. ; Bartsch, R. A.:* Synthesis of chemically modified cyclodextrins. — In: Tetrahedron **39** (1983) S. 1417 — 1474

[96] *Gokel, G. W. ; Korzeniowski, S. H.:* Macrocylic polyether synthesis. — Berlin : Springer Verl., 1982

[97] *Izatt, R. M. ; Lamb, J. D. ; Eatough, D. J. ; Christensen, J. J. ; Rytting, J. H.:* Design of selective ion binding macrocyclic compounds and their biological applications : Drug Design. — Vol. VIII. — New York : Academic Press, 1979. — S. 356 — 400

[98] *Bradshaw, J. S. ; Stott, P. E.:* Preparation of derivatives and analogs of the macrocyclic oligomers of ethylene oxide (crown compounds). — In: Tetrahedron **36** (1980) S. 461 — 510

[99] *Gokel, G. W. ; Dishong, D. M. ; Schultz, R. A. ; Gatto, V. J.:* Synthesis of aliphatic azacrown compounds. — In: Synthesis (1982) S. 997 — 1012

[100] *Nelson, G. A.:* Coordination chemistry of macrocyclic compounds. — New York : Plenum Press, 1979

[101] *Lehn, J.-M.:* Cryptates: The chemistry of macropolycyclic inclusion complexes. — In: Acc. Chem. Res. **11** (1978) S. 49 — 57

[102] *Jong, F. de ; Zon, A. van ; Reinhoudt, D. N. ; Torny, G. J. ; Tomassen, H. P. M.:* Chemistry of crown ethers XIX. Functionalized crown ethers for the solubilization of barium sulfate. — In: Recl. Trav. Chim. Pays-Bas. **102** (1983) S. 164 — 173

[103] *Hayward, R. C.:* Abiotic Receptors. — In: Chem. Soc. Rev. **12** (1983) S. 285 — 308

[104] *Shinkai, S. ; Inuzuka, K. ; Hara, K. ; Sone, T. ; Manabe, O.:* Redox-switched crown ethers, 1. : Redox-coupled control of metal-ionophore interactions and their application to membrane transport. — In: Bull. Chem. Soc. — Jpn. **57** (1984) S. 2150 — 2155

[105] *Shiga, M. ; Takagi, M. ; Ueno, K.:* Azo-crown ethers : The dyes with azo group directly involved in the crown ether skeleton. — In: Chemistry Lett. (1980) S. 1021 — 1022

[106] *Shinkai, S. ; Shigematsu, K. ; Honda, Y. ; Manabe, O.:* Photoresponsive crown ethers : 13. Synthesis of photoresponsive NS$_2$O crown ethers and application of the Cu(I) complexes to O$_2$-Binding. — In: Bull. Chem. Soc. — Jpn. **57** (1984) S. 2879 — 2884

[107] *Vögtle, F. ; Weber, E.:* Vielzähnige nichtcyclische Neutralliganden und ihre Komplexierung. — In: Angew. Chem. **91** (1979) S. 813 — 837

[108] *Zon, A. van ; Onwezen, Y. ; Tomassen, H. P. M.:* Chemistry of crown ethers. — Part. XXI. — Association constants of the complexes of 18-crown-6 with dimethyl sulfate, dimethyl carbonate and dimethyl oxalate. — In: Recl. Trav. Chim. Pays-Bas. **102** (1983) S. 290 — 292

[109] *Blasius, E. ; Janzen, K.-P.:* Analytical applications of crown compounds and cryptands. — In: Top. Curr. Chem. **98** (1981) S. 163 — 189

[110] *Burgard, M. ; Jurdy, L. ; Park, H. S. ; Heimburger, R.:* Liquid-liquid extraction and liquid membranes. — Analysis of transport rates of potassium and rubidium salts through a liquid membrane containing dibenzo-18-crown-6. — In: Nouv. J. Chim. **7** (1983) S. 575 — 578

[111] *Schanzer, A. ; Libman, J. ; Frolow, F.:* Macrocyclic carbonyl compounds as structural models of natural ion carriers. — In: Acc. Chem. Res. **16** (1983) S. 60 — 67

[112] *Löhr, H. G. ; Vögtle, F.:* Chromo- and fluoroionophores : A new class of dye reagents. — In: Acc. Chem. Res. **18** (1985) S. 65 — 72

[113] *Léveque, A. ; Rosset, R.:* Les cryptates en chimique analytique. — In: Analusis **2** (1973) S. 218

[114] *Kolthoff, I. M.:* Application of macrocyclic compounds in chemical analysis. — In: Analyt. Chem. **51** (1979) — 1 R

[115] *Heumann, H. G. ; Schiefer, H. P.:* Titrimetric determination of cryptands and cryptates. — In: Fres. Z. Anal. Chem. **298** (1979) S. 358

[116] *Abramzon, A. A. ; Gaevoj, G. M.* (Hrsg.): Poverchnostnoaktivnye veščestva. — (russ. Handb.) — Leningrad : Chimija, 1979, S. 319 — 339

[117] *Abramzon, A. A. ; Ščykina, E. D. /* Hrsg.: Poverchnostnye javlenija i poverchnostnoaktivnye veščestba. — Leningrad : Chimija, 1984, S. 302 — 391

[118] *Gawalek, G.:* Tenside. — Berlin : Akademie-Verl., 1975

[119] *Bueren, H. ; Großmann, H.:* Grenzflächenaktive Substanzen. — Weinheim : Verl. Chemie, 1971

[120] Welt-Tensid-Kongreß. — München, 1984. — Bericht, Natw. Rundsch. **37** (1984) S. 449 — 450

[121] *Griffin, W. C.:* Classification of surface-active agents by „HLB“. — In: J. Soc. Cosmet. Chem. **1** (1949) S. 311 — 326

[122] *Schott, H.:* Solubility parameter and hydrophilic — lipophilic balance of nonionic surfactants u. loc. cit. — In: J. Pharm. Sci. **73** (1984) S. 790 — 792

[123] *Barton, A. F. M.:* Solubility parameter. — In: Chem. Rev. **75** (1975) S. 731 — 753

[124] Ref. **116** — S. 14, 15 u. loc. cit.

[125] *Nakai, S.:* Structure — function relationships of food proteins with an emphasis on the importance of protein·hydrophobicity. — In: J. Agric. Food Chem. **31** (1983) S. 676 — 683

[126] *Schick, M. J.:* Nonionic surfactants. — New York : M. Dekker, Inc., 1967

[127] *Ernst, R. ; Miller, E. J., Jr.:* Surface active betaines / In: Amphoteric surfactants / Ed.: *Bluestein, B. R. ; Hilton, C. L.* — New York : M. Dekker, Inc., 1982, S. 71 — 173

[128] *Stache, H.* (Hrsg.): Tensid — Taschenbuch. — 2. Aufl. — München : C. Hanser Verl. 1981

[129] *Jungermann, E.:* Cationic surfactants. — New York : M. Dekker, Inc., 1970

[130] *Schönfeldt, N.:* Grenzflächenaktive Ethylenoxidaddukte. — Stuttgart : Wiss. Verlagsgesellsch., 1976 (ibid. 1984 Ergänzungsband)

[131] *Linfield, W. M.* (Ed.): Anionic surfactants. — Basel, New York : M. Dekker, Inc., 1978

[132] *Helenius, A. ; McCaslin, D. R. ; Fries, E. ; Tanford, Ch.:* Propertis of Detergents / In: Methods in Enzymology. — Vol. LVI. — New York : Academic Press, 1979, S. 734 — 749

[133] *Hauthal, H. G.* / Hrsg.: Alkansulfonate. — Leipzig : Dt. Verl. f. Grundstoffind., 1985

[134] *Hinze, W. L. ; Singh, H. N. ; Baba, Y. ; Harvey, N. G.:* Micellar enhanced analytical fluorimetry. — In: Trends analyt. Chem. 5 (1984) S. 193 — 199

[135] *Lichtenberg, D.; Robson, R. J.; Dennis, E. A.:* Solubilization of phospholipids by detergents — structural and kinetic aspects. — In: Biochim. et Biophys. Acta **737** (1983) S. 285 — 304

[136] *Davis, A.:* Determination of the hydrodynamic properties of detergent-solubilized proteins. — In: Molecular and chemical characterization of membrane receptors. — New York : A. R. Liss, Inc., 1984, — S. 161 — 178

[137] *Gaboriaud, R. ; Charbit, G. ; Dorion, F.:* Acidic lauryl sulfate synthesis : Degree of proton association measurement in alkyl sulfate micelles. — In: J. Coll. Interface Sci. **98** (1984) S. 583 — 584

[138] *Rosevear, P. ; van Aken, T. ; Baxter, J. ; Ferguson-Miller, Sh.:* Alkylglycoside detergents : A simpler synthesis and their effects on kinetic and physical properties of cytochrome c oxidase. — In: Biochemistry. — Easton (Pa) **19** (1980) S. 4108 — 4115

[139] *Tsuchiya, T. ; Saito, S.:* Use of n-Octyl-β-D-thioglucoside, a new nonionic detergent, for solubilization and reconstitution of membrane proteins. — In: J. Biochem. — Tokyo **96** (1984) S. 1593 — 1597

[140] *Tiller, G. E. ; Mueller, T. J. ; Dockter, M. E. ; Struve, W. G.:* Hydrogenation of Triton X-100 eliminates its fluorescence and ultraviolet light absorption while preserving its detergent properties. — In: Analyt. Biochem. — New York **141** (1984) S. 262 — 266

[141] *Pfüller, U.* — unveröffentlichte Ergebnisse

[142] *Rosenthal, K. S. ; Koussale, F.:* Critical micelle concentration determination of nonionic detergents with Coomassie Brillant Blue G-250. — In: Analyt. Chem. — Washington **55** (1983) S. 1115 — 1117

[143] *Funasaki, N. ; Hada, S.:* Electrostatic effects on comicellization of fluorocarbon and hydrocarbon surfactants. — In: J. Coll. Interface Sci. **78** (1980) S. 376 — 382

[144] *Kise, H. ; Iwamoto, K. ; Seno, M.:* An FT-IR study of micelle formation of ionic surfactants and water solubilization in nonpolar organic solvents. — In: Bull. Chem. Soc. — Jpn. **55** (1982) S. 3856 — 3860

[145] *Kunitake, T. ; Okahata, Y.:* A totally synthetic bilayer membrane. — In: J. Amer. Chem. Soc. **99** (1977) S. 3860 — 3861 [ibid. Chemistry Lett. (1977) S. 1337]

[146] *Bonilha, J. B. S. ; Foreman, Th. K. ; Whitten, D. G.:* Hydrophobic and entropic factors in the solubilization of ionic substrates in micelles : Effects

of temperature, surfactant chain length, and added surfactants. — In: J. Amer. Chem. Soc. **104** (1982) S. 4215 — 4220

[147] *Ahuja, S. ; Cohen, J.:* Dioctyl sodium sulfosuccinate. — In: Analytical profile of drug substances. — Vol. 12. — In: Amer. Pharm. Assoc. — New York (1983) S. 713 — 720

[148] *Eicke, H.:* Surfactants in nonpolar solvents — aggregation and micellization. — In: Topics in Current Chemistry. **87** (1980), S. 85 — 145

[149] *Yoshioka, H. ; Kazama, Sh.:* Spectral simulation study of the positional exchange of a spin probe in an Aerosol OT reversed micelle. — In: J. Coll. Interface Sci. **95** (1983) S. 290 — 246

[150] *Verbina, N. M.:* Vlijanie četvertičnych ammonievych soedinenij na mikroorganizm i ich praktičeskoe ispol'zovanie — In: Itogi Nauki i Techniki; Mikrobiologija. — Bd. 2 (1973) S. 46 — 108

[151] Autorenkollektiv: Dejstvie fiziologičeski aktivnych soedinenij na biologičeskie membrany. — Moskau : Nauka, 1974, — S. 196 — 197 u. loc. cit.

[152] *Devinski, F. ; Lacko. I. ; Mlynarcik, D. ; Racansky, V. ; Krasnec, L.:* Relationship between critical micelle concentration and minimum inhibitory concentration for some non aromatic quarternary ammonium salts and amine oxides. — In: Tenside / Detergents **22** (1985) S. 10 — 15

[153] *Agafonova, V. P. ; Ibadova, D. N. ; Smirnova, N. V. ; Solov'ev, V. M. ; Skoldinov, A. P. ; Charkevič, D. A.:* Lipofil'nost' radikalov i mechanizm kurarepodobnogo dejstvija nekotorych četvertičnych ammonievych solej. — In: Chim. — farmacevt. Ž. — Moskau **12** (1978) S. 46 — 49

[154] *Hashimoto, S. ; Thomas, J. K. ; Evans, D. F. ; Mukherjee, S. ; Ninham, B. W.:* Unusual behavior of hydroxide surfactants. — In: J. Coll. Interface Sci. **95** (1983) S. 594 — 596

[155] *Talmon, Y. ; Evans, D. F. ; Ninham, B. W.:* Spontaneous vesicles formed from hydroxide surfactants : Evidence from electron microscopy. — In: Science **221** (1983) S. 1047 — 1048

[156] *Bhushan, V. ; Rathore, R. ; Chandrasekaran, S.:* A simple and mild method for the cis-hydroxylation of alkenes with cetyl-trimethylammonium permanganate. — In: Synthesis (1984) S. 431 — 432

[157] *Menger, F. M.:* On the structure of micelles. — In: Acc. Chem. Res. **12** (1979) S. 111 — 117

[158] *Paleček, J. ; Šilhánek, J.:* Quaternary onium compounds as phase transfer catalysts. — In: Chem. Listy **77** (1983) S. 113 — 135

[159] *Gonenne, A. ; Ernst, R.:* Solubilization of membrane proteins by sulfobetaines, novel zwitterionic surfactants. — In: Analyt. Biochem. — New York **87** (1978) S. 28 — 38

[160] *Hjelmeland, L. M. ; Nebert, D. W. ; Osborne, J. C.,* Jr.: Sulfobetaine derivatives of bile acids : Nondenaturating surfactants for membrane biochemistry. — In: Analyt. Biochem. — New York **130** (1983) S. 72 — 82

[161] *Hein, H. ; Jaroschek, H. J. ; Melloh, W.:* Contribution to the structure of amphoteric surfactants. — In: Fette, Seifen, Anstrichmittel. — Hamburg **80** (1978) S. 448 — 453

[162] *Robson, R. J. ; Dennis, E. A.:* Micelles of nonionic detergents and mixed micelles with phospholipids. — In: Acc. Chem. Res. **16** (1983) S. 251 — 258

[163] *Schott, H. ; Royce, A. E.:* Effect of inorganic additives on solution of nonionic surfactants VI : Further cloud point relations u. loc. cit. — In: J. Pharmaceut. Sci. — Washington **73** (1984) S. 793 — 799

[164] *Nishikido, N. ; Matuura, R.:* The effect of added inorganic salts on the micelle formation of nonionic surfactants in aqueous solutions. — In: Bull. Chem. Soc. — Jpn. **50** (1977) S. 1690 — 1694

[165] *Nakanishi, T. ; Seimiya, T. ; Sugawara, T. ; Iwamura, H.:* Interaction of chloride ions with nonionic surfactants as mediated by inorganic cations incorporated in surfactant micelles. — In: Chem. Lett. (1984) S. 2135—2138

[166] *Lincoln, B. ; Friberg, S. ; Gravsholt, S.:* Infrared and NMR investigations of bonds between fatty acids and poly(oxyethylene) alkyl ethers. — In: Colloid Polym. Sci. **252** (1974) S. 39 — 45

[167] *Ziegler, D. M. ; Poulsen, L. L.:* In: Methods in enzymology / Ed. *Fleischer, S. ; Packer, L.* — New York : Academic Press, 1978. — Vol. 52. — S. 142 — 151

[168] *Miki, T. ; Orii, Y.:* The reaction of horseradish peroxidase with hydroperoxides derived from Triton X-100. — In: Analyt. Biochem. — New York **146** (1985) S. 28 — 34

[169] *Parries, G. S. ; Kokin-Neaverson, M.:* Phosphatidylinositol Synthase from Canine panoreas : Solubilisation by n-Octyl glycopyranoside and stabilization by manganese. — In: Biochemistry. — Easton (Pa.) **23** (1984) S. 4785 bis 4791

[170] *DeGrip, W. J. ; Bovee-Geurts, P. H. M.:* Synthesis and properties of alkylglucosides with mild detergent action : Improved Synthesis and purification of β-1-octyl-, -nonyl, and -decyl-glucose. Synthesis of β-1-undecylglucose and β-1-dodecylmaltose. — In: Chem. & Phys. Lipids. — Amsterdam **23** (1979) S. 321 — 325

[171] *Tsuchiya, T. ; Saito, S.:* Use of n-octyl-β-D-thioglucoside, a new nonionic detergent, for solubilization and reonstitution of membrane proteins. — In: J. Biochm. — Tokyo **96** (1984) S. 1593 — 1597

[172] *Saito, S. ; Tsuchiya, T.:* Synthesis of alkyl-β-D-thioglucopyranosides, a series of new nonionic detergents. — In: Chem. & Pharmaceut. Bull. — Tokyo **33** (1985) S. 503 — 508

[173] *Maier, L.:* Organophosphorus detergents. — In: Chimia **23** (1969) S. 323 bis 330

[174] *Duerden, M. ; Jones, M. N.:* Amphipaticity and aggregation in polypeptide and protein systems. — In: J. Theor. Biol. — New York **75** (1978) S. 1 — 19

[175] *Galanos, Ch. ; Lüderitz, O.:* Lipopolysaccharide : Properties of an amphipathic molecule / In: Handbook of endotoxin. — Vol. 1 : Chemistry of endotoxins / Ed. *Rietschel, E. T.* — Amsterdam : Elsevier Science Publ. B. V., 1984

[176] *Rooney, S. A.:* Lung surfactant. — In: Environm. Health Perspect. **55** (1984) S. 205 — 226

[177] *King, R. J.:* Isolation and chemical composition of pulmonary surfactant. — In: Pulmonary surfactant / Hrsg.: *Robertson, B. ; Golde, L. M. G. van ; Batenburg, J. J.* — Amsterdam : Elsevier, 1984

[178] *Hjelmeland, L. M. ; Chrambach, A.:* Solubilization of functional membrane —bound receptors. — In: Membrane, detergent, and receptor solubilization. — New York : A. R. Liss, Inc. 1984. — S. 35 — 46

[179] *Abrahamsson, S. ; Pascher, I.:* Structure of biological membranes. — New York, London : Plenum Press, 1979

[180] *McGann, T. C. A. ; Donnelly, W. J. ; Kearney, R. D. ; Buchheim, W.:* Composition and size distribution of bovine casein micelles. — In: Biochim. et Biophys. Acta. — Amsterdam **630** (1980) S. 261 — 270

[181] *Strauss, V. P.:* Intramacromolecular micelles / In: Solvent properties of surfactant solutions : Ed. Shinoda, K. — New York : M. Dekker, Inc, 1967. — S. 895 — 900

[182] *Price, C. ; McAdam, J. D. G. ; Calley, T. P. ; Woods, D.:* Determination

of the molecular weight and hydrodynamic dimensions of micelles formed from a block copolymer. — In: Polymer **15** (1974) S. 228 — 232

[183] *Bekturov, E. A.*: Rastvory difil'nych makromolekul v izbiratel'nych rastvoriteljach i ich smesjach. — In: Monomery i Polimery. — Akad. Nauk Kaz. SSR **37** (1973) S. 59 — 79

[184] *Askarov, M. A. ; Dzhalilov, A. T.*: Sintez ionogennych polimerov. — Taschkent : Fan, 1978. — S. 84 — 94

[185] *Bekturov, E. A. ; Bakauova, Z. Ch.*: Sintetičeskie vodorastvorimye polimery v rastvorach. — Alma-Ata : Nauka, 1981. — S. 193 — 205

[186] *Askarov, M. A. ; Muchitdinova, N. A. ; Nazarov, A.*: Polimerizacija aminoalkilakrilatov. — Taschkent : Fan, 1977. — S. 158 — 172

[187] *Tuzar, Z. ; Štepánek, P. ; Konak, C. ; Kratochvil, P.*: Block copolymer micelles near critical conditions. — In: J. Coll. Interface Sci. **105** (1985) S. 372 — 377

[188] *Bluhm, T. L. ; Whitmore, M. D.*: Styrene/butadiene block copolymer micelles in heptan. — In: Canad. J. Chem. **63** (1985) S. 249 — 253

[189] *Lundsted, L. G. ; Schmolka, I. R.*: Synthesis and properties of block copolymer surfactants / In: Block and graft copolymerization. — Vol. 2. / Ed.: *Cresa, R. J.* — London : John Wiley & Sons Ltd. — S. 1 ff.

[190] *Schmolka, I. R.*: A review of block polymer surfactants. — In: J. Amer. Oil Chemists Soc. **54** (1977) S. 110 — 116

[191] *Schmolka, I. R.*: Polyalkylene oxide block copolymeres / In: Surfactant series. — Vol. 1. — Nonionic surfactants / Ed.: *Schick, M. J.* — New York : Marcell Dekker, (1967) S. 300

[192] *Prasad, K. N. ; Luong, T. T. ; Florence, A. T. ; Paris, J. ; Vaution, C. ; Seiller, M. ; Puisieux, F.*: Surface activity and association of ABA polyoxyethylene-polyoxypropylene block copolymers in aqueous solution. — In: J. Coll. Interface Sci. **69** (1979) S. 225 — 231

[193] *Bailey, T. E. Jr. ; Koleske, J. V.*: Poly(ethyleneoxide). — New York, Academic Press, 1976

[194] *Nakamura, K. ; Endo, R. ; Takeda, M.*: Solution behavior of styrene — ethylene oxide block copolymers. — In: J. Polymer. Sci., Polymer. Phys. Ed. **14** (1976) S. 135 — 142

[195] *Nikolaev, A. F. ; Ochrimenko, G. I.*: Vodorastvorimye polimery. Leningrad : Chimija, 1979

[196] *Esumi, K. ; Ogihara, K. ; Meguro, K.*: Aqueous dispersion of iron oxide by acrylic oligomer surfactants. — In: Bull. Chem. Soc. — Jpn. **57** (1984) S. 1202 — 1204

[197] *Johnson, R. S. ; Klotz, I. M.*: Accelerated deacetylation of acyl salicylates and neighboring group effects in derivatives of poly(ethylenimine). — In: Biopolymers. — New York **18** (1979) S. 313 — 325

[198] *Pfüller, U.*: Amphiphile Polyethyleniminderivate und Polyethyleniminkomplexe. — In: Z. Chem. (1986) im Druck

[199] *Inoue, H.*: Polysoaps derived from poly-2-vinylpyridine. — Part 1. — Molecular dimensions in aqueous potassium bromide solution. — In: Koll. Z. Z. Polym. **195** (1964) S. 102 — 110

[200] *Nakagawa, T. ; Inoue, H.*: A statistical theory on the solution state of polysoaps (und loc. cit). — In: Koll. Z. Z. Polymere **195** (1964) S. 93 — 101

[201] *Johnson, T. W. ; Klotz, J. M.*: Preparation and characterization of some derivatives of poly(ethylenimine). — In: Macromolecules **7** (1974) S. 148 bis 152

[202] *Rembaum, A. ; Baumgartner, W. ; Eisenberg, A.*: Aliphatic Ionenes. — In: Polymer Letters **6** (1968) S. 159 — 171

[203] *Razvodovskij, E. F.:* Sintetičeskiе polimery v farmakologii / In: Uspechi chimii i fiziki polimerov. — Moskau : Chimija, 1973. — S. 302 bis 328

[204] *Dieterich, D. ; Keberle, W. ; Witt, H.:* Polyurethan — Ionomere, eine neue Klasse von Sequenzpolymeren. — In: Angew. Chemie — Weinheim **82** (1970) S. 53 — 63

[205] *Schneider, H. ; Wolf, F.:* Zur Wechselwirkung zwischen Polymer-Tensid-Komplexen und Metachrombrillantblau BL sowie Kaolin. — In: Tenside/ Detergents **18** (1981) S. 328 — 332

[206] *Philipp, B. ; Dawydoff, W. ; Linow, K.-J.:* Polyelektrolytkomplexe — Bildungsweise, Struktur und Anwendungsmöglichkeiten. — In: Z. Chem. **22** (1982) S. 1 — 13

[207] *Roland, B. ; Kimura, K. ; Smid, J.:* Interaction of neutral arenes with poly(vinylbenzo-18-crown-6) and poly(vinylbenzoglyme) in aqueous media (und loc. cit). — In: J. Coll. Interface Sci. **97** (1984) S. 392 — 400

[208] *Roland, B. ; Smid, J.:* Clustering of hydrophobic ions in the presence and absence of the polysoap poly(vinylbenzo-18-crown-6). — In: J. Amer. Chem. Soc. **105** (1983) S. 5269 — 5271

[209] *Smid, J. ; Shah, S. C. ; Sinta, R. ; Varma, A. J. ; Wong, L.:* Macrocyclic ligands on polymers. — In: Pure & Appl. Chem. **51** (1979) S. 111 — 122

[210] *Arai, S. ; Watanabe, M. ; Fuji, N.:* Physicochemical properties of enzymatically modified gelatin as a proteinaceous surfactant. — In: Agric. Biol. Chem. **48** (1984) S. 1861 — 1866

[211] Ref. 195. — S. 103

[212] *Saez, R. ; Alonso, A. ; Villena, A. ; Goni, F. M.:* Detergent-like properties of polyethylene glycols in relation to model membranes. — In: FEBS Letters. — Amsterdam **137** (1982) S. 323 — 327

[213] *Davidson, R. L. ; Sitting, M.* (Eds.): Water-Soluble Resins. — New York : Reinhold Publ., 1962. — S. 209

[214] *Tager, A. A. ; Všivkov, S. A. ; Andreeva, V. M. ; Sekačeva, T. V.:* Issledovanie struktury rastvorov polioksiétilena s nishnimi kritičeskimi temperaturami smešenija. — In: Vysokomol. Soed. **A. 16** (1974) S. 9 — 14

[215] *Tilcock, C. P. S. ; Fisher, D.:* Interaction of phospholipid membranes with poly(ethylene glycol)s. — In: Biochim. et Biophys. Acta. — Amsterdam **577** (1979) S. 53 — 61

[216] *Bailey, F. E. ; Callard, R. W.:* Thermodynamic parameters of poly-(ethylene oxide) in aqueous solution. — In: J. Appl. Polym. Sci. **1** (1959) S. 373 — 374

[217] *Mank, V. V. ; Solomenceva, I. M. ; Baran, A. A. ; Kyrilenko, O. D.:* Izučenie gidratacii poliétilenoksidov metodom NMR. — In: Ukr. chim. Zh. **40** (1974) S. 28 — 32

[218] *Ahsanullah, A. K. M.:* Effect of a very small quantity of long-chain polymer on the point of maximum density of water. — In: Pakistan J. Sci. Ind. Res. **12** (1969) S. 307 — 308

[219] *Bailey, F. E. ; Callard, R. W.:* Some properties of poly(ethylene oxide) in aqueous solution. — In: J. Appl. Polym. Sci. **1** (1959) S. 56 — 62

[220] Ref. 195. — S. 101 f.

[221] *Herrmann, A. ; Pratsch, L. ; Arnold, K. ; Lassmann, G.:* Effect of poly-(ethyleneglycol) on the polarity of aqueous solutions and on the structure of vesicle membranes. — In: Biochim. et Biophys. Acta. — Amsterdam **733** (1983) S. 87 — 94

[222] *Furukava, Dzh. ; Saegusa, T.:* Polimerizacija al'dehidov i okisej. — Moskau : Mir, 1965. — S. 480

[223] *Platé, N. A. ; Litmanovič, A. D. ; Noa, O.:* Makromolekuljarnye reakcii. — Moskau : Chimija, 1977. — S. 233 — 241

[224] Ref. 195. — S. 109 — 117

[225] *Tokiwa, F. ; Tsujii, K.:* Solubilization behavior of the surfactant — polyethylene glycol complex in relation of the degree of polymerization. — In: Bull. Chem. Soc. — Jpn. (1973) S. 2684 — 2686

[226] *Schulte, E.:* Praxis der Kapillar-Gas-Chromatographie. — Berlin, Heidelberg, New York : Springer Verl., 1983. — S. 35 — 38 u. S. 45 — 47

[227] Ref. 195, — S. 116

[228] *Albertsson, P.-Å.:* Partition of cell particles and macromolecules. — 2. Ed. — Stockholm : Almquist & Wiksell. 1971
(russ. Übersetzung. — Moskau : Mir, 1978)

[229] *Vernikova, L. M. ; Zhukovskaja, S. A.:* Obrabotka flokkuljantami — novyj ėffektivnyj metod očiski rastvorov. — In: Antibiotiki. — Moskau 14 (1969) S. 658 — 684

[230] *Horisberger, M.:* Colloidal Gold: A cytochemical marker for light and fluorescent microscopy and for transmission and scanning electron microscopy. — In: Scanning Electron Microscopy 11 (1981) S. 9 — 31
[SEM Inc., AMF O'Hare (Chicago)]

[231] *Ochiai, K. ; Ikeda, T.:* Effect of polyethylene glycol molecular weight and concentration on hybridization of mouse myeloma and spleen cells. — In: IRCS Medical Sciences, Biochem. — Lancaster 13 (1985) S. 322 — 324

[232] *Aljušin, M. T. ; Artem'ev, A. I. ; Trakman, Ju, G.:* Sintetičeskie polimery v otečestvennoj farmacevtičeskoj praktike. — Moskau : Medicina, 1974. — S. 14 — 16

[233] *Meußdoerffer, J. N. ; Niederprüm, H.:* Fluortenside und fluorhaltige Phobiermittel — grenzflächenaktive Perfluorverbindungen. — In: Chemiker Ztg. 104 (1980) S. 45 — 52

[234] Ref. 116. — S. 241 — 266

[235] *Funasaki, N. ; Hada, S.:* Coexistence of two kinds of mixed micelles. — In: J. Phys. Chem. 84 (1980) S. 736 — 744

[236] *Selve, C. ; Castro, B. ; Leempoel, P. ; Mathis, G. ; Gartiser, T. ; Delpuech, J.-J.:* Synthesis of homogeneous polyoxyethylene perfluoralkyl surfactants. — In: Tetrahedron 39 (1983) S. 1313 — 1316

[237] *Treiner, Cl. ; Chattopadhyay, A. K.:* The partition coefficient of various alcohols between water and alkaliperfluorooctanoate micelles. — In: J. Coll. Interface Sci. 98 (1984) S. 447 — 458

[238] *Shinoda, K. ; Hato, M. ; Hayashi, T.:* Physicochemical properties of aqueous solutions of fluorinated surfactants. — In: J. Phys. Chem. 76 (1972) S. 909 — 914

[239] *Suzuki, T. ; Esumi, K. ; Meguro, K.:* The study of the micelle structure of nonionic surfactant by using a keto-enolic tautomerism. — In: J. Coll. Interface Sci. 93 (1983) S. 205 — 214

[240] *Shinoda, K. ; Hato, M. ; Hayashi, T.:* Physicochemical properties of aqueous solutions of fluorinated surfactants. — In: J. Phys. Chem. 76 (1972) S. 909 — 914

[241] *Elbert, R. ; Folda, T. ; Ringsdorf, H.:* Saturated and polymerizable amphiphiles with fluorocarbon chains : Investigation in monolayers and liposomes. — In: J. Amer. Chem. Soc. 106 (1984) S. 7687 — 7692

[242] *Funasaki, N. ; Hada, S. ; Neya, S.:* Effects of the oxyethylene chain length of fluorocarbon surfactants on demixing of micelles of fluorocarbon and hydrocarbon surfactants. — In: Bull. Chem. Soc. — Jpn. 56 (1983) S. 3839 bis 3840

[243] *Robert, A. ; Tondre, C.:* Solubilization of water in binary mixtures of fluorocarbons and nonionic fluorinated surfactants : Existence of domains of reverse microemulsions. — In: J. Coll. Interface Sci. **98** (1984) S. 515—522

[244] *Fielding, H. C.:* — In: Organofluorine chemicals and their industrial applications / Ed.: Banks, R. E. — Chichester, Ellis Horwood Ltd., 1979. — S. 214 ff.

[245] *Furth, A. J.:* Removing unbound detergent from hydrophobic proteins. — In: Analyt. Biochem. — New York **109** (1980) S. 207 — 215

[246] *Weter, K. ; Kuter, D. J.:* Reversible denaturation of enzymes by sodium dodecyl sulfate. — In: J. Biol. Chem. — Baltimore **246** (1971) S. 4504 — 4509

[247] *Jaeger, D. A. ; Martin, C. A. ; Golich, T. G.:* „Destructible" surfactants based on a ketal group. — In: J. Org. Chem. **49** (1984) S. 4545 — 4547

[248] *Cuomo, J. ; Merrifield, J. H. ; Keana, J. F. W.:* Synthesis and properties of unsymmetrical aryl glucosyl disulfides : Models for a new class of cleavable nonionic detergents. — In: J. Org. Chem. **45** (1980) S. 4216 — 4219

[249] *Pfüller, U.:* Ferrocenylsubstituierte kationische Tenside : Amphiphile und histochemische Eigenschaften. — In: Z. Chem. **26** (1986) im Druck

[250] *Bodor, N.:* Soft drugs. 1. Labile quaternary ammonium salts as soft antimicrobials. — In: J. Med. Chem. — Easton **23** (1980) S. 469 — 474

[251] *Szymanowski, J. ; Biniakiewicz, D.:* Products of tetradecyloxymethyl chloride reaction with sucrose. — In: Roczniki chemii (Ann. Soc. Chim. Polonorum) **50** (1976) S. 215 — 220

[252] *Jaeger, D. A. ; Ward, D. D.:* Destructible surfactants based on a silicon-oxygen bond. — In: J. Org. Chem. **47** (1982) S. 2221 — 2223

[253] *Epstein, W. W. ; Jones, D. S. ; Bruenger, E. ; Rilling, H. C.:* The synthesis of a photolabile detergent and its use in the isolation and characterization of proteins. — In: Analyt. Biochem. — New York **119** (1982) S. 304 — 312

[254] *Martin, C. A. ; Golich, T. G. ; Jaeger, D. A.:* Design of microemulsions based on "Destructible" surfactants for use in organic synthesis. — In: J. Coll. Interface Sci. **99** (1984) S. 561 — 567

[255] *Keana, J. F. W. ; Guzikowski, A. P. ; Morat, Cl. ; Volwerk, J. J.:* Detergents containing a 1,3-diene group in the hydrophobic segment. Facile chemical modification by a Diels-Alder reaction with hydrophilic dienophiles in aqueous solution. — In: J. Org. Chem. **48** (1983) S. 2661 — 2666

[256] *Keana, J. F. W. ; Guzikowski, A. P. ; Ward, D. D. ; Morat, Cl. ; Nice, F. L. van:* Potent hydrophilic dienophiles : Synthesis and aqueous stability of several 4-aryl- and sulfonated 4-aryl-1,2,4-triazoline-3,5-diones and their immobilization on silicagel. — In: J. Org. Chem. **48** (1983) S. 2654 bis 2660

[257] *LeMoigne, J. ; Gramain, Ph. ; Simon, J.:* Fast cation transfer at a micelle surface : Synthesis and properties of an amphiphilic macrocycle. — In: J. Coll. Interface Sci. **60** (1977) S. 565 — 567

[258] *Weber, E.:* Neutralliganden mit Tensidstruktur — Synthese, Komplexierung, Ionentransfer. — In: Liebigs Ann. Chem. (1983) S. 770 — 801

[259] *Czech, B. ; Son, B. ; Bartsch, R. A.:* Novel lipophilic crown carboxylic acids. — In: Tetrahedron Letters **24** (1983) S. 2923 — 2926

[260] *Weber, E.:* Tenside mit neuer Strukturcharakteristik. — In: Angew. Chemie. — Weinheim **95** (1983) S. 632

[261] Reagentien Merck „Kryptofix". — Darmstadt : Merck, 1980

[262] *Landini, D. ; Maia, A. ; Montanari, F. ; Tundo, P.:* Lipophilic [2.2.2.]-cryptands as phase-transfer catalysts. Activation and nucleophilicity of anions in aqueous-organic solvents of low polarity. — In: J. Amer. Chem. Soc. **101** (1979) S. 2526 — 2530

[263] *Tsukube, H.:* "Double armed" crown ethers with specific cation transport ability. — In: J. Chem. Soc. Chem. Commun. (1984) S. 315 — 316

[264] *Ping-Lin Kuo ; Tsuchiya, K. ; Ikeda, I. ; Okahara, M.:* Salt effects on the surface properties of long chain alkyl substituted crown compounds. — In: J. Coll. Interface Sci. **92** (1983) S. 463 — 468

[265] *Weber, E.:* Progress in crown ether chemistry. — Part IV C. — In: Kontakte (Merck) **1** (1982) S. 24 — 35

[266] *Vögtle, F. ; Weber, E.:* Neutrale organische Komplexliganden und ihre Alkalikomplexe. — Kronenether, Cryptanden, Podanden als Reagenzien und Katalysatoren. — In: Kontakte (Merck). — Teil I, IIA, IIB, IIC, IIIA, IIIB, IVA—D.
(Heft 1., 2., 3. — 1977, Heft 2. — 1978, Heft 2. — 1980, Heft 1. — 1981, Heft 1 — 1982, Heft 1. — 1983)

[267] *Hüttinger, K. J.:* Trägerfixierte Desinfektionsmittel. — In: Chemiker Ztg. **106** (1982) S. 415 — 420

[268] *Harttig, H. ; Hüttinger, K.-J.:* Modification of wettability of carbon by grafting reactive surfactants. — In: J. Coll. Interface Sci. **78** (1980) S. 295 bis 303

[269] *Regen, St. L. ; Singh, M. ; Samuel, N. K. P.:* Functionalized polymeric liposomes : Efficient immobilization of alpha chymotrypsin. — In: Biochem. & Biophys. Res. Commun. — New York **119** (1984) S. 646 — 651

[270] *Brunner, J.:* Labelling the hydrophobic core of membranes. — In: Trends in Biochem. Sci. (1981) S. 44 — 46

[271] *Radhakrishnan, R. ; Costello, C. E. ; Khorana, H. G.:* Sites of intermolecular crosslinking between fatty acyl chains in phospholipids carrying a photoactivable carbene precursor. — In: J. Amer. Chem. Soc. **104** (1982) S. 3990 — 3997

[272] *Andrews, S. B. ; Faller, J. W. ; Barrnett, R. J. ; Mizuhira, V.:* Organometallic fatty acid and phospholipid analogs : Synthesis and incorporation and detection in model membranes and biomembranes. — In: Biochim. et Biophys. Acta. — Amsterdam **506** (1978) S. 1 — 17

[273] *Lisičkin, G. V. ; Juffa, A. Ja. ; Denisov, F. S.:* Metallorganičeskie poverchnostno-aktivnye veščestva. — In: Fiziko-chimičeskie osnovy primenenija poverchnostno-aktivnych veščestv / Hrsg.: Sadykow, A. S. — Taschkent : Fan, 1977. — S. 297 — 303

[274] *Sonneck, G. ; Haage, K. ; Reinheckel, H. ; Korneva, L. M. ; Rybinskaja, M. I.:* Synthese von Cyclopentadienyl-mangantricarbonyl-alkyl-ammoniumchlorid als Kationtensid. — In: Z. Chemie **21** (1981) S. 331 — 332

[275] *Reed, W. ; Guterman, L. ; Tundo, P. ; Fendler, J. H.:* Polymerized surfactant vesicles : Kinetics and mechanism of photopolymerization. — In: J. Amer. Chem. Soc. **106** (1984) S. 1897 — 1907

[276] *Holladay, L. A. ; Temple, L. M.:* Peptide binding by a micellar polymer of 10-Undecenoate. — In: Internat. J. Pept. & Protein Res. — Copenhagen **25** (1985) S. 254 — 257

[277] *Regen, St. L. ; Czech, B. ; Singh, A.:* Polymerized Vesicles. — In: J. Amer. Chem. Soc. **102** (1980) S. 6638 — 6640

[278] *Hupfer, B. ; Ringsdorf, H. ; Schupp, H.:* Liposomes from polymerizable phospholipids. — In: Chem. & Phys. Lipids. — Amsterdam **33** (1983) S. 355 — 374

[279] *Menger, F. M. ; Chow, J. F.:* Testing theoretical models of micelles : The acetylenic probe. — In: J. Amer. Chem. Soc. **105** (1983) S. 5501 — 5502

[280] *Eglington, G. ; Makrae, V.:* Kondensacija acetilenovych soedinenij. — In: Uspechi organičeskoj chimii. — Bd. 4. — Moskau : Mir, 1966. — S. 239 — 342

Advances in organic chemistry / Ed.: *Raphael, R. A. ; Taylor, E. C. ; Wynberg, H.* — Vol. 4. — London, New York : Interscience Publ., 1966 (Übers. d. engl. Ausg.)

[281] *Regen, St. L. ; Yamaguchi, K. ; Samuel, N. K. P. ; Singh, M.:* Polymerized-depolymerized vesicles : A reversible phosphatidylcholine — based membrane. — In: J. Amer. Chem. Soc. **105** (1983) S. 6354 — 6355

[282] *Moss, R. A. ; Chang, Y. ; Hui, Y. :* Origins of micellar diastereoselectivity. — In: J. Amer. Chem. Soc. **106** (1984) S. 7506 — 7513

[283] *Fuhrhop, J. H. ; Fritsch, D. ; Tesche, B. ; Schmiady, H.:* Water-soluble α,ω-Bis(paraquat) amphiphiles form monolayer membrane vesicles, micelles, and crystals by stepwise anion exchange or photochemical reduction. — In: J. Amer. Chem. Soc. **106** (1984) S. 1998 — 2001

[284] *Korenman, I. M.:* Organičeskie reagenty v neorganičeskom analize (Handbuch). — Moskau : Verl. Chimija, 1980. — S. 440

[285] *Clarke, A. N. ; Wilson, D. J.:* Foam Flotation : Theory and Applications. — New York : M. Dekker, Inc., 1983

[286] *Allen, W. D. ; Jones, M. M. ; Mitchell, W. C. ; Wilson, D. J.:* Adsorbing colloid flotation of Cu(II) with a chelating surfactant. — In: Sep. Sci. Technology **14** (1979) S. 769 — 776

[287] *Wensel, T. G. ; Meares, C. F.* / In: Radioimmunoimaging and Radioimmunotherapie / Eds.: *Bürchiel, S. ; Rhodes, B. A.* — New York : Elsevier, 1983. — S. 185 ff.

[288] *Meares, Cl. F. ; Wensel, U. G.:* Metal chelates as probes of biological systems. — In: Acc. Chem. Res. **17** (1984) S. 202 — 209

[289] *Fuhrhop, J. H. ; Lehmann, Th.:* Metalloporphyrins in polymeric matrices, micelles, and vesicles, VI. Hydrophobic and hydrophilic derivatives of 3,8-diformyldeuteroporphyrin dimethylester and their interaction with vesicles. — In: Liebigs Ann. Chem. (1984) S. 1057 — 1067

[290] Ref. 284. — S. 280, 377 f., 394, 400

[291] *Koide, Y. ; Takamoto, H. ; Matsukawa, K. ; Yamada, K.:* Studies of collectors V : The preparation of amideoximetype surfactants and the flotation of a trace amount of uranium. — In: Bull. Chem. Soc. — Jpn. **56** (1983) S. 3364 — 3369

[292] *Chevalier, Y. ; Chachaty, Cl.:* Influence of micellization on complexing properties of amphiphilic ligands toward metal-ions. — In: J. Amer. Chem. Soc. **107** (1985), S. 1102 — 1107

[293] *Gembickij, P. A. ; Zhuk, D. S. ; Kargin, V. A.:* Poliėtilenimin. — Moskau: Nauka, 1971. — S. 97 — 105 u. S. 144 — 146

[294] *Tsuchida, E. ; Nishida, H.:* Polymer metal complexes and their catalytic activity. — In: Adv. Polymer Sci. — Vol. 24. — Berlin—Heidelberg—New York : Springer Verl., 1977. — S. 1 — 87

[295] *Doiuchi, T. ; Minoura, Y.:* Asymmetric reduction of ketones with $NaBH_4$ in the presence of lecithin. — In: Israel J. Chem. **15** (1976/77) S. 84 — 88

[296] *Fornasier, R. ; Tonellato, U.:* Functional micellar catalysis. — Part 7. / Cleavage of activated enantiomeric substrates by chiral functional surfactant systems. — In: J. Chem. Soc. Perkin Trans. II (1984) S. 1313 bis 1316

[297] *Kleinsorgen, R. von ; List, P. H.:* Emulsionen mit Lecithin. — In: Pharmazie in unserer Zeit **10** (1981) S. 8 — 17

[298] *Eckert, Th. ; Cramer, W. R.:* Flüssig-kristalline Mesophasen. — In: Pharmazie in unserer Zeit **1** (1972) S. 117 — 121

[299] *Abramovič, S. Š. ; Mingazova, R. A. ; Prjachina, M. S. ; Tichonov, V. P. ; Fuks, G. I.:* Metody izučenija processa micello-obrazovanija i associacij

poverchnostno-aktivnych veščestvo v nepoljarnych zhidkostjach / In: Ref. 273. — S. 201 — 217

[300] *Fuks, G. I. ; Abramovič, S. Š. ; Tichonov, V. P.:* Associacija i micello-obrazovanie poverchnostno-aktivnych veščestv v nepoljarnych zhidkost-jach / In: Ref. 273. — S. 155 — 173

[301] *Shinoda, K.:* Solvent properties of surfactant solutions. — New York : Acad. Press, 1967

[302] *Eriksson, F. ; Eriksson, J. C. ; Stenius, P.:* Thermodynamics of micelle formation : Model calculations for sodium octanoate / In: Ref. 50. — Vol. 1, S. 297 — 310
(ibid. Ref. 415. — S. 533)

[303] *Ostrovsky, M. V. ; Good, R. J.:* Mechanism of microemulsion formation in systems with low interfacial tension : Occurence, properties, and behavior of microemulsions. — In: J. Coll. Interface Sci. **102** (1984) S. 206 — 226

[304] *Danielsson, I. ; Hakala, M. R. ; Jorpes-Friman, M.:* Inverted micellar systems and their relation to microemulsions / In: Ref. 50. — S. 659 — 671

[305] *Zana, R. ; Yiv, S. ; Strazielle, C. ; Lianos, P.:* Effect of alcohol on the properties of micellar systems. — Part I. — In: J. Coll. Interface Sci. **80** (1981) S. 208 — 223
Part II. — In: ibid. *Yiv, S. ; Zana, R.* — S. 224 — 236

[306] *Hartley, G. S.* / zit. nach *Winsor, P. A.:* Binary and multicomponent solutions of amphiphilic compounds. Solubilization and the formation, structure, and theoretical significance of liquid crystalline solutions. — In: Chem. Rev. **68** (1968) S. 1 — 40

[307] *Tanford, C.:* The hydrophobic effect : Formation of micelles and biological membranes. — 2. Ausg. — New York : J. Wiley & Sons, 1980

[308] Ref. 116. — S. 20 — 21

[309] *Delville, A. ; Herwarts, L. ; Laszlo, P.:* Condensation of sodium counterions around micelles in the framework of the Poisson — Boltzmann theory. — In: Nouv. J. Chim. **8** (1984) S. 557 — 562

[310] *Akisada, H.:* Thermodynamics of ionic surfactant micelle. — In: J. Coll. Interface Sci. **97** (1984) S. 105 — 114

[311] *Beunen, J. A. ; Ruckenstein, E.:* A model for counterion binding to ionic micellar aggregates. — In: J. Coll. Interface Sci. **96** (1983) S. 469 — 487

[312] *Berthod, A. ; Georges, J.:* Influence de l'effet micellaire sur l'ionisation des indicateurs acide-base. — In: Nouv. J. Chim. **9** (1985) S. 101 — 108

[313] *Jentsch, Ch. :* Chemische Zusätze in Motorenölen. — In: Chemie in unserer Zeit. — Weinheim **12** (1978) S. 57 — 62

[314] *Klinkenberg, A. ; Minne, J. L. van der* / Eds.: Electrostatics in the petro-leum industry. — Amsterdam : Elsevier, 1958
Klinkenberg, A. ; Poulston, B. V. — In: J. Inst. Ind. Petrol. **44** (1958) S. 380 ff.

[315] *Ravey, J. C. ; Buzier, M. ; Picot, C.:* Micellar structures of nonionic sur-factants in apolar media. — In: J. Coll. Interface Sci. **97** (1984) S. 9 — 25

[316] *Kerks, A. S.:* In: Ref. 49. — S. 45 — 54 and *Eicke, A. F.:* — In: ibid. — S. 429 — 443

[317] *Christenson, H. ; Friberg, S. E. ; Larsen, D. W.:* NMR investigation of aggregation of nonionic surfactants in a hydrocarbon medium. — In: J. Phys. Chem. **84** (1980) S. 3633 — 3638

[318] *Luisi, P. L. ; Straub, B.:* Reverse micelles. — New York : Plenum Press, 1984

[319] *Thompson, K. F. ; Gierasch, L. M.:* Conformation of a peptide solubilizate in a reversed micelle water pool. — In: J. Amer. Chem. Soc. **106** (1984) S. 3648 — 3652

[320] *Keh, E. ; Valeur, B.:* Investigation of water-containing inverted micelles by fluorescence polarization determination of size and internal fluidity. — In: J. Coll. Interface Sci. **79** (1981) S. 465 — 478

[321] *Geladé, E. ; Schryver, F. C. de:* Energy transfer in inverse micelles. —In: J. Amer. Chem. Soc. **106** (1984) S. 5871 — 5875

[322] *Tsuji, K. ; Sunamoto, J. ; Fendler, J. H.:* Microscopic viscosity of the interior water pool in dodecylammonium propionate reversed micelles. — In: Bull. Chem. Soc. — Jpn. **56** (1983) S. 2889 — 2893

[323] *Bunton, C. A.:* Reaction in micelles and similar self-organized aggregates in chemistry of enzyme action. — In: New Comprehensive Biochemistry / Ed.: *Page, M. I.* — Amsterdam : Elsevier Sci. Publ., 1984. — Vol. 6. — S. 461 — 505

[324] *Sunamoto, J. ; Kondo, H.:* Reversed micelles to mimic the active site of metalloenzymes. — In: Inorganic Chim. Acta **92** (1984) S. 159 — 163

[325] *El Seoud, A. ; Vidotti, G. J.:* Kinetics of the reversible hydratation of 1,3-dichloroacetone in the presence of Triton X-100 reversed micelles in carbon tetrachloride. — In: J. Org. Chem. **47** (1982) S. 3984 — 3986

[326] *Eicke, H. F. ; Denss, A.:* Micellar catalysis and concept in apolar media. — In: Croatica Chem. Acta **52** (1979) S. 105 — 113

[327] *Shibata, T. ; Uzawa, J. ; Sugiura, Y.:* Selective ^{31}P $\{^1H\}$ nuclear Overhauser effect study on the polar headgroup conformation of phospholipids in micelles in organic solvents. — In: Chem. & Phys. Lipids. — Amsterdam **33** (1983) S. 1 — 10

[328] *Smith, R. E. ; Luisi, P. L.:* Micellar solubilization of biopolymers in hydrocarbon solvents : III. Empirical definition of an acidity scale in reverse micelles. — In: Helv. Chim. Acta **63** (1980) S. 2302 — 2311

[329] *Luisi, P. L.:* Enzyme als Gastmoleküle in inversen Mizellen. — In: Angew. Chem. — Weinheim **97** (1985) S. 449 — 460

[330] *Leserman, L. D. ; Barbet, J.* / Eds. — Liposome methodolog in pharmacology and cell biology. — Paris : Inserm. 1982

[331] *Kim, S. ; Jacobs, R. E. ; White, St. H.:* Preparation of multilamellar vesicles of defined size-distribution by solvent-spherule evaporation. — In: Biochim. et Biophys. Acta. — Amsterdam **812** (1985) S. 793 — 801

[332] *Fendler, J. H.:* Reactivity control in membrane mimetic systems. — In: Pure Appl. Chem. **54** (1982) S. 1809 — 1817

[333] *Bangham, A. D. ; Hill, M. W. ; Miller, N. G. A.:* Preparation and use of liposomes as models of biological membranes / In: Methods in Membrane Biology / Ed.: *Korn, E. D.* — New York : Plenum Press, 1974. — Vol. 1. — S. 1 — 68 u. *Bangham, A. D.:* Introduction in liposomes : From physical structure to therapeutic applications / Ed. *Knight, L.* — Elsevier : Biomed. Press, **1981**. — S. 1 — 17

[334] *Kunitake, T. ; Okahata, Y.:* A totally synthetic bilayer membrane. — In: J. Amer. Chem. Soc. **99** (1977) S. 3860 — 3861

[335] *Kunitake, T. ; Okahata, Y. ; Tawaki, S.-I.:* Bilayer characteristics of 1,3-Dialkyl- and 1,3-Diacyl-rac-glycero-2-phosphocholines. — In: J. Coll. Interface Sci. **103** (1985) S. 190 — 201

[336] *Fuhrhop, J. H.:* Synthetische Vesikel mit Mono- oder Doppelschichtmembranen. — In: Nachr. Chem. Techn. Lab. **28** (1980) S. 792 — 797

[337] *Szoka, F. ; Papahadjopoulos, D.:* Comparative properties and methods of preparation of lipid vesicles (liposomes). — In: Ann. Rev. Biophys. Bioengn. **9** (1980) S. 467 — 508

[338] *Philippot, J. ; Mutaftschiev, S. ; Liautard, J. P.:* A very mild method allowing the encapsulation of very high amounts of macromolecules into

very large (1 000 nm) unilamellar liposomes (und loc. cit.) — In: Biochim. et Biophys. Acta — Amsterdam **734** (1983) S. 137 — 143

[339] *Schurtenberger, P. ; Mazer, N. ; Waldvogel, S. ; Känzig, W.:* Preparation of monodisperse vesicles with variable size by dilution of mixed micellar solutions of bile salt and phosphatidylcholine. — In: Biochim. et Biophys. Acta — Amsterdam **775** (1984) S. 111 — 114

[340] *Gabriel, N. E. ; Roberts, M. F.:* Spontaneous formation of stable unilamellar vesicles. — In: Biochemistry. — Easton (Pa.) **23** (1984) S. 4011 bis 4015

[341] *Oku, N. ; Mac Donald, R. C.:* Formation of giant liposomes from lipids in chaotropic ion solutions. — In: Biochim. et Biophys. Acta. — Amsterdam **734** (1983) S. 54 — 61

[342] *Roks, M. F. M. ; Visser, H. G. J. ; Zwikker, J. W. ; Verkley, A. J. ; Nolte, R. J. M.:* Polymerized vesicles derived from an isocyano amphiphile. Electron microscopic evidence of the polymerized state. — In: J. Amer. Chem. Soc. **105** (1983) S. 4507 — 4510

[343] *Kippenberger, D. ; Rosenquist, K. ; Odberg, L. ; Tundo, P. ; Fendler, J. H.:* Polymeric surfactant vesicles. Synthesis and characterization by nuclear magnetic resonance spectroscopy and dynamic laser light scattering. — In: J. Amer. Chem. Soc. **105** (1983) S. 1129 — 1135

[344] *Crommelin, D. J. A. ; Bommel, E. M. G. van:* Stability of liposomes on storage : Freeze dried, frozen or as an aqueous dispersion. — In: Pharmaceutical Res. (1984) S. 159 — 163

[345] *Rupert, L. A. M. ; Hoekstra, D. ; Engberts, J. B. F. N.:* Fusogenic behavior of didodecyl-dimethylammonium bromide bilayer vesicles. — In: J. Amer. Chem. Soc. **107** (1985) S. 2628 — 2631

[346] *Shew, R. L. ; Deamer, D. W.:* A novel method for encapsulation of macromolecules in liposomes. — In: Biochim. et Biophys. Acta. — Amsterdam **816** (1985) S. 1 — 8

[347] *Fuhrhop, J. H. ; Liman, U. ; David, H. H.:* Sealing and opening porous monolayer vesicle membranes. — In: Angew. Chemie — Weinheim **24** (1985) S. 339 — 340

[348] *Lindman, B.:* Micelles and microemulsions in ionic surfactant and bile salt systems studied by self-diffusion. — In: Hepatology **4** (1984) S. 103 — 109

[349] *Sherman, Ph.* (Ed.): Emulsion Science. — London, New York : Academic Press, 1968
(russ. Ausg. — Leningrad : Chimija, 1972)

[350] *Langevine, D. ; Meunier, J. ; Cazabat, A. M.:* Microemulsions. — In: La Recherche **16/167** (1985) S. 720 — 730

[351] *Robb, I. D.* (Ed.): Microemulsions. — New York, London : Plenum Press, 1982

[352] *Angel, L. R. ; Evans, D. F. ; Ninham, B. W.:* Three-component ionic microemulsions. — In: J. Phys. Chem. **87** (1983) S. 538 — 540

[353] *Smith, G. D. ; Donelan, C. E. ; Barden, R. E.:* Oil-continuous microemulsions composed of hexane, water and 2-propanol. — In: J. Coll. Interface Sci. **60** (1977) S. 488 — 496

[354] *Rico, I. ; Lattes, A.:* Waterless microemulsions. — In: Nouv. J. Chim. **8** (1984) S. 429 — 431

[355] *Friberg, E. ; Podzimek, P.:* A nonaqueous microemulsion. — In: Coll. Polym. Sci. **262** (1984) S. 252 — 253

[356] *Biais, J. ; Barthe, M. ; Clin, B. ; Lalanne, P.:* The pseudophase model for microemulsions : Phase diagrams in pseudo-phase-space. — In: J. Coll. Interface Sci. **102** (1984) S. 361 — 369

[357] *Breslow, R. ; Maitra, U. ; Rideout, D.:* Selective Diels-Alder reactions in aqueous solutions and suspensions. — In: Tetrahedron Lett. **24** (1983) S. 1901 — 1904

[358] *Angell, C. A. ; Kadiyala, R. K. ; MacFarlane, D. R.:* Glass-forming Micro-emulsions. — In: J. Phys. Chem. **88** (1984) S. 4593 — 4596

[359] *Mathis, G. ; Leempoel, P. ; Ravey, J. Cl. ; Selve, Cl. ; Delpuech, J.-J.:* A novel class of nonionic microemulsions : Fluorocarbons in aqueous solutions of fluorinated poly(oxyethylene) surfactants. — In: J. Amer. Chem. Soc. **106** (1984) S. 6162 — 6171

[360] *Rosen, M. J. ; Zhi-Ping Li:* The nature of the middle phase in three-phase-micellar systems at phase behavior optimal salinity (und loc. cit.) — In: J. Coll. Interface Sci. **97** (1984) S. 456 — 464

[361] *Brown, G. H.:* Liquid crystals. — In: Chemistry **40** (1967) S. 10 — 18

[362] *DeGennes, P. G.:* The physics of liquid crystals. — Oxford : Clarendon Press, 1974

[363] *Reeves, L. W.:* The study of bilayers in the micelles of lyotropic nematic mesophases. — In: Israel J. Chem. — Jerusalem **23** (1983) S. 363 — 369

[364] *Müller-Goymann, C.:* Liquid crystals in emulsions, creams, and gels containing ethoxylated sterols as surfactant. — In: Pharmaceut. Res. (1984) S. 154 — 158

[365] *Ratner, B. D. ; Hoffmann, A. S.* / In: *Andrade, J.* (Ed.): Hydrogels for medical and related applications. — Series 31, ACS Symposium, 1976

[366] *Eckert, Th. ; Dörr, N. ; Reimann, I.:* Flüssig-kristalline Mesophasen und Gelbildung bei Folsäure. — In: Kolloid Z. u. Zeitschr. f. Polymere **239** (1970) S. 613 — 614

[367] *Funt, B. L.:* Scintillation counting with organic phosphor. — In: Canad. J. Chem. **39** (1961) S. 711 — 716

[368] *Murray, J.:* Liquid scintillation counting of $^{14}CO_2$ in a toluene/Triton X-100 system. — In: Intern. J. Appl. Radiat. & Isotopes. — New York **22** (1971) S. 209 — 212

[369] *Glazman, Yu.:* The mechanism of stabilization of hydrophobic sols by non-ionic surface-active agents. — In: Croatica Chemica Acta **52** (1979) S. 115 — 123

[370] *Al-Saden, A. A. ; Florence, A. T. ; Whateley, T. L.:* Crosslinked hydrophilic gels from ABA block copolymeric surfactants. — Intern. J. Pharmaceutics **5** (1980) S. 317 — 327

[371] *Tichomirov, V. K.:* Peny (Schäume, Foams); Teorija i praktika ich polučenija i razrušenija. — Moskau : Chimija, 1975

[372] *Bikerman, J. J.:* Foams — Berlin, Heidelberg, New York : Springer Verl., 1973

[373] *Braun, D. ; Günther, P.:* Untersuchungen zur Verschäumbarkeit von Tensidlösungen. — In: Chemiker Ztg. **109** (1985) S. 129 — 133

[374] *Kotsaridu, M. ; Gehle, R. ; Schügerl, K.:* Foam behavior of biological media IX. pH and salt effects. — In: Eur. J. Appl. Microbiol. Biotechnol. **18** (1983) S. 60 — 63

[375] *Friberg, S. E. ; Wohn, C. S. ; Greene, B. ; van Gilder, R.:* A nonaqueous foam with excellent stability. — In: J. Coll. Interface Sci. **101** (1984) S. 593 — 595

[376] Ref. 116. — S. 11 — 22. — Ref. 117. — S. 303 — 391

[377] *Hess, K. ; Preston, H.:* J. Phys. Coll. Chem. **52** (1948) S. 85 (zit. nach Ref. 371. — S. 10)

[378] *Anghel, D. ; Ciocan, N.:* Critical micelle concentration (CMC) determination with the aid of liquid membrane electrode sensitive to dodecyl sulfate anions. — In: Colloid & Polymer Sci. **254** (1976) S. 114 — 115

[379] *Chattopadhyay, A. ; London, E.:* Fluorimetric determination of critical micelle concentration avoiding interference from detergent charge. — In: Analyt. Biochem. — New York **139** (1984) S. 408 — 412

[380] *Underwood, A. L. ; Anacker, E. W.:* Organic counterions and micellar parameters : Methyl-, chloro-, and phenylsubstituted acetates. — In: J. Coll. Interface Sci. **100** (1984) S. 128 — 135

[381] *Moroi, Y. ; Ikeda, N. ; Matuura, R.:* Anionic surfactants with methyl-viologen or cupric ions as divalent cationic gegenion : solubility and micelle formation. — In: J. Coll. Interface Sci. **101** (1984) S. 285 — 288

[382] *Karocki, A. ; Wieniewska, T. ; Szymonska, J.:* Influence of organic counter ions on CMC of ionic detergents in aqueous solution. — In: Pol. J. Chem. **53** (1979) S. 2343 — 2348

[383] *Thoma, K. ; Stumpf, H.:* Mizellare Aggregation und chemische Stabilität von α-Aescin : 2. Mitteilung: Beziehungen zwischen Assoziationseigenschaften und Milieubedingungen. — In: Pharmaceut. Acta Helvet. — Zürich **52** (1977) S. 188 — 195
(ibid. S. 148 — 151, S. 197 — 201, S. 202 — 209, S. 229 — 232)

[384] *Malliaris, A. ; Binana, W.:* Micellization of sodium dodecyl sulfate in water-aceton mixed solution. — In: J. Coll. Interface Sci. **102** (1984) S. 305 — 307

[385] *Lianos, P. ; Lang, J.:* Static and dynamic properties of sodium p-(1-Propylnonyl)benzenesulfonate micelles. — In: J. Colloid Interface Sci. **96** (1983) S. 222 — 228

[386] *Tuzar, Z. ; Stepanek, P. ; Konak, C.:* Properties of block copolymer micelles near the CMC and Cmt / In: Physical Optics of dynamic phenomenon and processes in macromolecular systems / Ed.: *Sedlack, E. B.* — Berlin : W. de Gruyter, 1985. — S. 405 — 408

[387] *Lake, M. ; Organisciak, D. T.:* Determination of the composition of mixed micelles of bile salts by kinetic dialysis. — In: Lipids. — Chicago **19** (1984) S. 553 — 557

[388] *Filipovic-Vincekovic, N.:* On the mechanism of ions decontamination (und loc. cit.) — In: Tenside Detergents **22** (1985) S. 16 — 18

[389] *Porte, G. ; Poggi, Y. ; Appell, J. ; Maret, G.:* Large micelles in concentrated solution : The second critical micellar concentration. — In: J. Phys. Chem. **88** (1984) S. 5713 — 5720

[390] *Nagarajan, R. ; Ruckenstein, E.:* Aggregation of amphiphiles as micelles or vesicles in aqueous media. — In: J. Coll. Interface Sci. **71** (1979) S. 580 bis 604

[391] *Haisman, H. F.:* Proc. Kon. Ned. Akad. van Wetensch. **B 67** (1964) S. 367 (zit. nach Ref. 279)

[392] *Nakagawa, T. ; Shinoda, K.:* Nonionic surface active agents. In: Colloidal surfactants. — New York, London Academic Press, 1963. — S. 97 — 178

[393] *Kuriyama, K.:* Temperature dependence of micellar weight of nonionic surfactant in the presence of various additives / II. Addition of Sodium chloride and calcium chloride. — In: Kolloid.-Z. u. Z. Polymere **181** (1962) S. 144 — 149

[394] *Roelants, E. ; Gelade, E. ; van der Auweraer, M. ; Croonen, Y. ; Schryver, F. C. de:* Fluorimetric determination of the aggregation number of cetyltrimethylammonium chloride (CTAC). — In: J. Coll. Interface Sci. **96** (1983) S. 288 — 292

[395] *Adair, D. A. W. ; Hicks, J. R. ; Jobe, D. J. ; Reinsborough, V. C.:* Micellar aggregation number of short-chained ionic surfactants through viscosity measurements. — In: Austral. J. Chem. **36** (1983) S. 1021 — 1025

[396] *Nagarajan, R. ; Shah, Kh. M. ; Hammond, S.:* Viscosimetric detection of sphere to cylinder transition and polydispersity in aqueous micellar solutions. — In: Coll. Surfaces 4 (1982) S. 147 — 162

[397] *Tanford, Ch. ; Nozaki, Y. ; Rohde, M. F.:* Size and shape of globular micelles formed in aqueous solution by n-alkyl polyoxyethylene ethers. — In: J. Phys. Chem. **81** (1977) S. 1555 — 1560

[398] *Basri, M. ; Kreshek, G. C.:* Relationships between micellar properties and the cloud point of aqueous dimyristoyl phosphatidylcholine — dimethyldecylphosphine oxide solutions (und loc. cit.) — In: J. Coll. Interface Sci. **99** (1984) S. 507 — 514

[399] Ref. 392. — S. 148

[400] Ref. 349. — S. 132 — 143

[401] *Becher, P.:* Emulsification. — In: Surfactant science series. — Vol. 1: Nonionic Surfactants / Ed.: *Schick, M. T.* — New York : M. Dekker, Inc., 1967. — S. 604

[402] *Ono, H. ; Jidai, E.:* Stability of polymethyl methacrylate latex dispersions prepared by using mixtures of anionic and nonionic surfactants. — In: Colloid & Polym. Sci. **254** (1976) S. 17 — 24

[403] *Haruiawa, F. ; Nakajima, H. ; Tanaka, M.:* The hydrophile-lipophile balance of mixed nonionic surfactants. — In: J. Soc. Cosmet. Chem. **33** (1982) S. 115 — 129

[404] *Schurtenberger, P. ; Hauser, H.:* Characterization of the size distribution of unilamellar vesicles by gel filtration, quasi-elastic-light scattering and electron microscopy. — In: Biochim. et Biophys. Acta. — Amsterdam **778** (1984) S. 470 — 480

[405] *Adler, K. ; Schiemann, J.:* Characterization of liposomes by scanning electron microscopy and the freezefracture technique. — In: Microchim. and Microscop. Acta **16** (1985) S. 109 — 114

[406] *Selser, J. C. ; Yeh, Y. ; Baskin, R. J.:* A light-scattering measurement of membrane vesicle permeability. — In: Biophys. J. **16** (1976) S. 1357 bis 1371

[407] *Reynolds, J. A. ; Nozaki, Y. ; Tanford, Ch.:* Gel-exclusion chromatography on S 1000 sephacryl : Application to phospholipid vesicles. — In: Analyt. Biochem. — New York **130** (1983) S. 471 — 474

[408] *Carmona-Ribeiro, A. M. ; Yoshida, L. S. ; Sesso, A. ; Chaimovich, H.:* Permeabilities and stabilities of large dihexadecylphosphate and dioctadecyldimethylammonium chloride vesicles. — In: J. Coll. Interface Sci. **100** (1984) S. 433 — 443

[409] *Guo, L. S. S. ; Hamilton, R. L. ; Goerke, H. J. ; Weinstein, J. N. ; Havel, R. J.:* Interaction of unilamellar liposomes with serum lipoproteins and apolipoproteins. — In: J. Lipid Res. — Memphis **21** (1980) S. 993 — 1003

[410] *Clement, N. R. ; Gould, J. M.:* Pyranine (8-hydroxy-1,3,6-pyrenetrisulfonate) as a probe of internal aqueous hydrogen ion concentration in pospholipid vesicles. — In: Biochem. **20** (1981) S. 1534 — 1538

[411] *Yoss, N. L. ; Popescu, O. ; Pop, V. I. ; Porutiu, D. ; Kummerow, F. A. ; Benga, Gh.:* Comparison of liposome entrapment parameters by optical and atomic absorption spectrophotometry. — In: Bioscience Reports **5** (1985) S. 1 — 5

[412] *Ueno, M. ; Tanford, Ch. ; Reynolds, J. A.:* Phospholipid vesicle formation using nonionic detergents with low monomer solubility : Kinetic factors determine vesicle size and permeability. — In: Biochemistry. — New York **23** (1984) S. 3070 — 3076

[413] *Brown, G. H. ; Doane, J. W. ; Neft, V. D.:* A Review of the structure and

236

physical properties of liquid crystals. — London, Washington : Butterworth, 1971

[414] *Evans, D. F. ; Kaler, E. W. ; Benton, W. J.:* Liquid crystals in a fused salt! β,γ-Distearoylphosphatidylcholine in N-Ethylammonium nitrate. — In: J. Phys. Chem. **87** (1983) S. 533 — 535

[415] *Kelker, H. ; Hatz, R.:* Handbook of liquid crystals. — Weinheim: Verl. Chemie, 1980. — Kap. 10 u. 11

[416] *Siano, D. B. ; Bock, J.:* A polymer-microemulsion interaction : The coacervation model. — In: J. Coll. Interface Sci. **90** (1982) S. 359 — 372

[417] Ref. 371 — S. 84 — 112

[418] *Akers, R. J.:* Foams. — New York : Academic Press, 1976

[419] *Pilpel, N.:* Foams in pharmacy. — In: Endeavour.-London **9** (1985) S. 87 bis 91

[420] *Burkey, T. J. ; Giller, D. ; Lindsay, D. A. ; Scaiano, J. C.:* Simple method for quantifying the distribution of organic substrates between the micellar and aqueous phases of sodium dodecyl sulfate solution. — In: J. Amer. Chem. Soc. **106** (1984) S. 1983 — 1985

[421] *Spink, Ch. H. ; Colgan, St.:* Comparison of solubilizing ability for heptanol of bile salts and sodium dodecyl sulfate. — In: J. Coll. Interface Sci. **97** (1984) S. 41 — 47

[422] *Chaiko, M. A. ; Nagarajan, R. ; Ruckenstein, E.:* Solubilization of single-component and binary mixtures of hydrocarbons in aqueous micellar solutions. — In: J. Coll. Interface Sci. **99** (1984) S. 168 — 182

[423] *Laughlin, R. G. ; Munyon, R. L.:* The determination of polar lipid solubilization boundaries in dilute solutions by light scattering. — In: Chem. & Phys. Lipids. — Amsterdam **35** (1984) S. 133 — 142

[424] *Carlfors, J. ; Stilbs, P.:* Solubilization in sodium perfluorooctanoate micelles : A multicomponent selfdiffusion study. — In: J. Coll. Interface Sci. **103** (1985) S. 332 — 336

[425] *Robins, D. C. ; Thomas, I. L.:* The effect of counterions on micellar properties of 2-dodecylaminoethanol salts, p. 407 — 411
I. Surface tension and electrical conductance studies
II. Viscosity and light-scattering studies. — p. 415 — 421
III. Solubilization studies. — p. 422 — 433. — In: J. Coll. Interface Sci. **26** (1968)

[426] *Bates, T. R. ; Gibaldi, M. ; Kanig, J. L.:* Solubilizing properties of bile salt solutions I : Effect of temperature and bile salt concentration on solubilization of glutethimide, griseofulvin, and hexestrol. — In: J. Pharm. Sci. **55** (1966) S. 191 — 199

[427] *Saito, H. ; Shinoda, K.:* The solubilization of hydrocarbons in aqueous solutions of nonionic surfactants. — In: J. Coll. Interface Sci. **24** (1967) S. 10 — 15

[428] *Mankowich, A. M.:* Selection of surface active agents for detergent applications : Suspending power and micellar solubilization. — In: Indian. Engn. Chem. **44** (1952) S. 1151 — 1159

[429] *Escoula, B. ; Hajjaji, N. ; Rico, I. ; Lattes, A.:* A new type of water insoluble surfactant : Molecular aggregation of long chain phosphonium salts ($Ph_3P^+ — CH_2 — CH_2 — R$, I^-; R = alkyl or fluoroalkyl) in formamide. — In: J. Chem. Soc. Chem. Commun. (**1984**) S. 1233 — 1234

[430] *Mirejovsky, D. ; Arnett, E. M.:* Heat capacities of solution for alcohols in polar solvents and the new view of hydrophobic effects. — In: J. Amer. Chem. Soc. **105** (1983) S. 1112 — 1117

[431] *O'Connor, C. J. ; Lomax, T. D.:* The reactivity of p-nitrophenyl esters with surfactants in apolar solvents. Part 8 : Application of the sequential

237

self association model to esterolysis reactions in alkylamine carboxylate/
benzene solution. — In: J. Coll. Interface Sci. 95 (1983) S. 204 — 217

[432] *Grandi, Cl. ; Smith, R. E. ; Luisi, P. L.*: Micellar solubilization of biopolymers in organic solvents. — In: J. Biol. Chem. 256 (1981) S. 837 — 843

[433] *Häring, G. ; Luisi, P. L. ; Meussdoerffer, F.*: Solubilization of bacterial cells in organic solvents via reverse micelles. — In: Biochem. & Biophys. Res. Commun. — New York 127 (1985) S. 911 — 915

[434] *Güveli, D. E.*: The association of some novel cationic surfactants in benzene. — In: J. Coll. Interface Sci. 101 (1984) S. 344 — 355

[435] *Czapkiewicz, J.*: Cation structure effect on aggregation of long-chain quaternary ammonium bromides in chloroform. — In: J. Coll. Interface Sci. 104 (1985) S. 370 — 374

[436] *Lüthi, P. ; Luisi, P. L.*: Enzymatic synthesis of hydrocarbon-soluble peptides with reverse micelles. — In: J. Amer. Chem. Soc. 106 (1984) S. 7285 — 7286

[437] *Kljačko, N. L. ; Levašov, A. V. ; Martinek, K.*: Kataliz fermentami, vključennymi v obraščennye micelly poverchnostnoaktivnych veščestv v organičeskich rastvoriteljach. Peroksidaza v sisteme aerozol'-voda-oktan. — In: Molek. Biol. — Moskva 18 (1984) S. 1019 — 1031

[438] *Visser, A. J. W. G. ; Santema, J. S.*: A luminol-mediated assay for oxidase reactions in reversed micellar systems : Analytical applications of bioluminescence and chemiluminescence. — London, 1984. — p. 559 — 563

[439] *Jobe, D. J. ; Reinsborough, V. C.*: Micellar properties of sodium alkyl sulfoacetates and sodium dialkyl sulfosuccinates in water. — In: Canad. J. Chem. 62 (1984) S. 280 — 284

[440] *Kunitake, T. ; Higashi, N.*: Bilayer membranes of triplechain, fluorocarbon amphiphiles. — In: J. Amer. Chem. Soc. 107 (1985) S. 692 — 696

[441] *Mukerjee, P. ; Moroi, Y. ; Murata, M. ; Yang, A. Y. S.*: Bile salts as atypical surfactants and solubilizers. — In: Hepatology 4 (1984) S. 61S bis 65S

[442] *Cross, J. T.*: A critical review of techniques for the identification and determination of cationic surfactants. — In: Ref. 129. — S. 455

[443] *König, H.*: Neuere Methoden zur Analyse von Tensiden. — Berlin, Heidelberg, New York : Springer Verl., 1971

[444] *Rosen, M. J. ; Goldsmith, H. A.*: Systematic analysis of surface active agents. — New York : Wiley Interscience, 1972

[445] *Longman, C. F.*: The analysis of detergents and detergent products. — London, New York : Wiley and Sons, 1975

[446] *Wickbold, R.*: Die Analytik der Tenside. — Marl : Chemische Werke Hüls, 1977

[447] *Zakupra, V. A.*: Metody analiza i kontrolja v proizvodstve poverchnostno — aktivnych veščestv. — Moskau : Chimija, 1977

[448] *Cross, J.* (Ed.): Anionic surfactants — chemical analysis. — New York : M. Dekker, 1977

[449] *König, H.*: Zur Analyse kosmetischer Präparate. — Teil I u. II
Ref. 44. — S. 213 — 228. — ibid Bd. 4 / Ed.: *Fresenius, W. ; Gunzler, H. ; Huber, W.*; Lüderwald I.; Tölg, G. — S. 377 — 387

[450] *Hellmann, H.*: Degradation of alkyl-phenol-ethoxylates in detergents — detection by infrared spectroscopy / thin layer chromatography. — Part I. — Analytics. — In: Fresenius Z. Anal. Chem. 321 (1985) S. 159 — 163

[451] *Czichocki, G. ; Vollhardt, D. ; Seibt, H.*: Zur Herstellung und Charakterisierung von grenzflächenchemisch reinem Natrium-dodecylsulfat. — In: Tenside Detergents 18 (1981) S. 320 — 327

[452] *White, I.:* A general, sensitive method for detecting surfactants. — In: J. Coll. Interface Sci. **56** (1976) S. 613 — 617

[453] *Berndt, P. ; Richter, J.:* Beitrag zur Feststellung, Identifizierung und Bestimmung von in Arzneimitteln verwendeten nichtionogenen oberflächenaktiven Lösungsvermittlern. — In: Pharmazie. — Berlin (1965) S. 359 bis 364

[454] *Petrowitz, H. J.:* — In: Dünnschicht-Chromatographie. — Ein Laboratoriumshandbuch / Hrsg.: *Stahl, E.* — Berlin, Heidelberg, New York : Springer Verl., 1967. — S. 643 — 644

[455] *Hellmann, H.:* Kieselgelschichten als Ionenaustauscher bei der Tensidanalytik. — In: Fresenius Z. Anal. Chem. **315** (1983) S. 612 — 617

[456] *Armstrong, D. W. ; Stine, G. Y.:* Separation and quantitation of anionic, cationic and nonionic surfactants by TLC. — In: J. Liquid Chrom. **6** (1983) S. 23 — 33

[457] *Kawase, J. ; Ueno, H. ; Tsuji, K.:* Analysis of amphoteric surfactants by liquid chromatography with postcolumn detection. — I. Mono- and dialanine type surfactants./ — In: J. Chromatogr. — Amsterdam, **264** (1983) S. 415 bis 422 — ibid. **267**, S. 133 — 148 u. S. 149 — 166

[458] *Parris, N.:* Reversed-Phase HPLC : Determination of ionic surfactant as UV-absorbing ion pairs. — In: J. Liquid Chrom. **3** (1980) S. 1743 — 1751

[459] *Escott, R. E. A. ; Brinkworth, S. J. ; Steedman, T. A.:* The determination of ethoxylate oligomer distribution of non-ionic and anionic surfactants by high-performance liquid chromatography. — In: J. Chrom. **282** (1983) S. 655 — 661

[460] *Carunchio, V. ; Liberatori, A. ; Messina, A. ; Petronio, B. M.:* Ligand exchange techniques in analytical methods for non-ionic surfactants. — In: Annali di Chimica **69** (1979) S. 165 — 169

[461] *Vavrouch, Z. ; Kuban, V.:* Stanoveni aniontových tenzidu ve vodách metodou dvoufázové titrace (tschech.) — In: Chemické listy **78** (1984) S. 563 — 586

[462] *Korenman, I. M.:* Novye titrimetričeskie metody. — Moskau : Chimija, 1983. — S. 34 u. 69

[463] *Tsubouchi, M. ; Yamasaki, N. ; Yanagisawa, K.:* Two-phase titration of poly(oxyethylene) nonionic surfactants with tetrakis (4-fluorophenyl)-borate. — In: Analyt. Chem. — Washington **57** (1985) S. 783 — 784

[464] *Xenakis, A. ; Tondre, C.:* A simple method for determining the anionic surfactant content in microemulsion phases. — In: J. Coll. Interface Sci. **95** (1983) S. 589 — 591

[465] *Waite, J. H. ; Wang, C. Y.:* Spectrophotometric measurement of dodecyl sulfate with basic fuchsin. — In: Analyt. Biochem. — New York **70** (1976) S. 279 — 280

[466] *Hirai, Y. ; Tomokuni, K.:* Extractions-spectrophothometrical determination of surfactant with a flow-injection system. — In: Analyt. Chim. Acta. — Amsterdam **167** (1985) S. 409 — 413

[467] *Motomizu, S. ; Toei, K.:* Extraction behavior of ion-pairs of azo-dye cations and their analytical applications. — In: Analyt. Chim. Acta. — Amsterdam **120** (1980) S. 267 — 277

[468] *Zapiór, B. ; Kellner, A. ; Czapkiewicz, J.:* Fluorymetryczne oznaczanie zwiazków kationoczynnych (pol.). — In: Chemia Analityczna **20** (1975) S. 823 — 827

[469] Ion-selective electrode reviews. — Vol. 3. — Analysis of ionic surfactants in the detergent industry using ion-selective electrodes. : Ed. *Thomas, I. D. R., Birch, B. J., Cockcroft, R. N.* — Oxford : Pergamon Press Ltd., 1981

[470] *Davis, S. S. ; Olejnik, O.:* The determination of free long-chain quaternary ammonium species with an ionselective electrode based on a cetyltrimethylammonium ion pair. — In: Analyt. Chim. Acta. — Amsterdam **132** (1981) S. 51 — 58

[471] *Satake, I. ; Noda, S. I. ; Maeda, T.:* The selectivity characteristics of surfactant ion-sensitive nitrobenzene-membrane electrode. — In: Bull. Chem. Soc. — Jpn. **56** (1983) S. 2581 — 5583 ; ibid. **123** (1981) S. 355

[472] *Crisp, P. T. ; Eckert, J. M. ; Gibson, N. A.:* An atomic absorption spectrometric method for the determination of non-ionic surfactants, — In: Analyt. Chim. Acta. — Amsterdam **104** (1979) S. 93 — 98 — ibid. **123** (1981) S. 355

[473] *Hassan, S. S. M.:* Organic analysis using absorption spectrometry. — New York : E. Horwood Ltd. / J. Wiley, 1984

[474] *Hodgson, P. K. G. ; Tinley, E. J.:* Synthesis of ^{14}C-labelled propanesulphonates — application to surfactants and hydrophilic polymers. — In: J. Labelled Compounds and Radiopharmaceuticals XXII. (1985) S. 101 bis 108

[475] *Robinson, N. C. ; Wiginton, D. ; Talbert, L.:* Phenylsepharose-mediated detergent-exchange chromatography : Its application to exchange of detergents bound to membrane proteins. — In: Biochemistry. — Easton (Pa.) **23** (1984) S. 6121 — 6126

[476] *Sabo, M. ; Gross, J. ; Rosenberg, I. E.:* Quantitation of anionic surfactants in aqueous systems via Fourier transform infrared spectroscopy. — In: J. Soc. Cosm. Chem. **35** (1984) S. 207 — 220

[477] *Mathias, A. ; Mellor, N.:* Analysis of alkylene oxide polymers by nuclear magnetic resonance spectrometry and by gas-liquid chromatography. — In: Analyt. Chem. — Washington **38** (1966) S. 472 — 477

[478] *Lyon, P. A. ; Stebbings, W. L. ; Crow, F. W. ; Tomer, K. G. ; Lippstern, D. L. ; Gross, M. L.:* Analysis of anionic surfactants by mass spectrometry with fast atom bombardement. — In: Analyt. Chem. — Washington **56** (1984) S. 8 — 13

[479] *Wie, S. I. ; Hammock, B. D.:* The use of enzyme-linked immunosorbent assays (ELISA) for the determination of Triton X nonionic detergents. — In: Analyt. Biochem. — New York **125** (1982) S. 168 — 176

[480] *Matissek, R.:* Combination of thin-layer chromatography and infrared spectrometry for the identification of ethoxylated and non-ethoxylated alkylsulfate surfactants. — In: Parfümerie und Kosmetik **64** (1983) S. 59 — 64

[481] *Hashimoto, S. ; Tokuwaka, H. ; Nagai, T.:* Determination of α-olefin sodium sulfonate, linear alkylbenzene sodium sulfonate and sodium alkyl sulfate in detergents by infrared spectroscopy. — In: Bunseki Kagaku **22** (1973) S. 559 — 563

[482] *Jenkins, J. W. ; Kellenbach, K. O.:* Identification of anionic surface active agents by infrared absorption of the barium salts. — In: Anal. Chem. **31** (1959) S. 1056 — 1059

[483] *Arpadjan, S. ; Stojanova, D.:* Anwendung von Detergentien zur direkten Bestimmung von Fe, Zn und Cu in Milch mit Hilfe der Flammen-Atomabsorptionsspektralphotometrie. — In: Fresenius Z. Anal. Chem. **302** (1980) S. 206 — 208

[484] *Priesner, D. ; Sternson, L. A. ; Repta, A. J.:* Analysis of total platinum in tissue samples by flameless atomic absorption spectrophotometry. Elimination of the need for sample digestion. — In: Analyt. Letters **14** (B 15) (1981) S. 1255 —1268

[485] *Peng, C. T.:* Sample preparation in liquid scinitillation counting. — Review 17. — Amersham : Buchler GmbH, 1977. — S. 42 — 79

[486] Soluene — 350. — Soluene — 100 . . . tissue solubilizers. — Packard Instrument Comp., Inc. 1974

[487] *Pfüller, K.:* Isolierung, Analytik und Biochemie toxischer Inhaltsstoffe der Luzerne (Medikago sativa L.). — Leipzig : Karl-Marx-Universität 1977. — Diss.

[488] *Soini, E.:* Radioisotope counting techniques for analytical applications in biology and medicine. — In: Sci. Tools **25** (1978) S. 38 — 48

[489] *Stanley, P. E. ; Scoggins, B. A.* (Eds.): Liquid scintillation counting : Recent developments. — New York : Academic Press, 1974

[490] *Rapkin, E.:* Guide to preparation of samples for liquid scintillation counting. — Amersham : NEN Chemicals Ltd., 1972. — S. 5 — 8 u. 12 — 19.

[491] *Ref.* 485. — S. 47 — 50

[492] *Bransome, E. D. ; Grower, M. F./* In: The current status of liquid scintillation counting/Ed.: *Bransome, E. D.* — New York : Grune and Stratton, 1970. — S. 342, 394 ff.

[493] *Murthy, L. ; Menden, E. E. ; Eller, P. M. ; Petering, H. G.:* Atomic absorption determination of zinc, copper, cadmium, and lead in tissues solubilized by aqueous tetramethylammonium hydroxide. — In: Anal. Biochem. **53** (1973) S. 365 — 372

[494] *Dittrich, K.:* Atomabsorptionsspektralphotometrie. — Berlin : Akademie-Verl., 1982

[495] *Natchon, S.:* Organic analysis using atomic absorption spectrometry. — New York: Chichester/Wiley, 1984

[496] *Jackson, A. J. ; Michael, L. M. ; Schumacher, H.-J.:* Improved tissue solubilization for atomic absorption spectrometry. — In: Anal. Chem. **44** (1972) S. 1064 — 1065

[497] *Eichelberger, P. ; Kühnert, M. ; Pfüller, U.:* Rationelle direkte Bestimmung toxikologisch wichtiger Elemente in biologischem Material mit Hilfe der Atomabsorptionsspektralphotometrie. — In: Arch. exper. Vet. med. — Leipzig **27** (1973) S. 675 — 681

[498] *Luyten, S. ; Smeyers-Verbeke, J. ; Massart, D. L.:* A comparison of fast destruction methods for the determination of trace metals in biological materials. — In: Atomic Absorption Newsletter **12** (1973) S. 131 — 132

[499] *Keplan, P. D. ; Blackstone, M. ; Richdale, N.:* — In: Arch. Env. Health **27** (1973) S. 387 ff.

[500] *Pramauro, E. ; Pelizzetti, E. ; Saini, G. :* — In: Ann. Chim. — Rom **74** (1984) S. 673 (zit. n. Ref. 1046)

[501] *Gross, S. B. ; Parkinson, F. S.:* Analysis of metals in human tissues using base (TMAH) digests and graphite furnace atomic absorption spectrophotometry. — In: Atomic Absorption Newsletter **13** (1974) S. 107 — 108

[502] *Barlow, P. J. ; Khera, A. K.:* Sample preparation using tissue solubilization by Soluene 350 for lead determinations by graphite furnace atomic absorption spectrophotometry. — In: At. Absorpt. Newsl. **14** (1975) S. 149 bis 150

[503] *Julshamn, K. ; Andersen, K.-J.:* A study on the digestion of human muscle biopsies for trace metal analysis using an organic tissue solubilizer. — In: Anal. Biochem. **98** (1979) S. 315 — 318

[504] *Pfüller, U.:* Direkte Bestimmung von Spurenelementen in solubilisierten pharmazeutischen Grundstoffen mit der flammenlosen Atomabsorptionsspektralphotometrie. — In: Pharmazie 1986, im Druck

[505] *Pfüller, U. ; Pfüller, K. ; Ebert, E.:* Bestimmung von Spurenelementen in Siliconpolymeren mit der flammenlosen AAS unter Anwendung neuer Aufschlußmethoden. — Analytikertreffen 1978, Finsterbergen (s. Ref. 44)

[506] *Pfüller, U. ; Fuchs, V. ; Golbs, S. ; Ebert, E. ; Pfeifer, D.*: Zur Anwendung
der Solubilisierung als Probenvorbereitungsverfahren für die Bestimmung
von Schwermetallen im biologischen Material mit Hilfe der flammenlosen
Atomabsorptionsspektralphotometrie. — In: Arch. exper. Vet. med. —
Leipzig **34** (1980) S. 367 — 372

[507] *Stevens, B. J.*: Electrothermal atomic absorption determination of aluminium in tissues dissolved in tetramethyl ammonium hydroxide. — In:
Clin. Chem. **30** (1984) S. 745 — 747

[508] *Hernandez-Mendez, J. ; Polo-Diez, L. ; Bernal-Melchor, A.*: Analytical
applications of emulsions : Determination of lead in lubricating oils by
atomic absorption spectrometry. In: Analyt. Chim. Acta. — Amsterdam
108 (1979) S. 39 — 44

[509] *Polo-Diez, L. ; Hernandez-Mendez, J. ; Pedraz-Penalva, F.*: Analytical
applications of emulsions : Determination of lead in gasoline by atomic-
absorption spectrophotometry. — In Analyst. — London **105** (1980) S. 37 — 42

[510] *Salvador, A. ; de La Guardia, M. ; Berenquer, V.*: Determination of the
total iron content of used lubricating oils by atomic-absorption with use
of emulsions. — In: Talanta **30** (1983) S. 986 — 988

[511] *Polo-Diez, L. ; Hernandez-Mendez, J. ; Rodriguez-Gonzales, J. A.*: Analytical applications of emulsions in atomic-absorption spectrophotometry:
Determination of zinc in undecenoate ointments using aqueous anorganic
standards. — In: Analyst. — London **106** (1981) S. 737 — 742

[512] *La Guardia, M. de ; Vidal, M. T.*: The use of emulsions in the preparation
of samples and standards for analysis by atomic-absorption spectroscopy :
Determination of Cu and Fe in MIBK extracts of their APDC complexes. —
In: Talanta **31** (1984) S. 799 — 803

[513] *Reuther, H.*: Eigenschaften von Silikonen sowie deren Einsatzmöglich-
keiten in der Medizin. — In: Pharmazeut. Praxis. — Berlin **8/9** (1977)
S. 187 — 189

[514] *Haleblian, J. ; Runkel, R. ; Mueller, N. ; Christopherson, J. ; Ng, K.*:
Steroid release from silicone elastomer containing excess drug in suspension.
— In: J. Pharmaceut. Sci. — Washington **60** (1971) S. 541 — 545

[515] *Bock, R.*: Aufschlußmethoden der anorganischen und organischen Chemie. —
Weinheim : Verl. Chemie, 1972. — S. 80 u. 145

[516] *Pfüller, U.*: Dünnschichtchromatographische Bestimmung von Steroiden,
Lipidfarbstoffen und Ferrocenderivaten in solubilisierten Implantaten aus
Silikonkautschuk. — In: Pharmazie 1986. — im Druck

[517] *Armstrong, D. W. ; Henry, S. J.*: Use of an aqueous micellar mobile phase
for separation of phenols and polynuclear aromatic hydrocarbons via
HPLC. — In: J. Liquid Chromatogr. **3** (1980) S. 657 — 662

[518] *Yarmchuk, P. ; Weinberger, R. ; Hirsch, R. F. ; Cline Love, L. J.*: Effects
of restricted mass transfer on the efficiency of micellar chromatography. —
In: J. Chromatogr. — Amsterdam **283** (1984). S. 47 — 60

[519] *Berezin, I. V. ; Martinek, K. ; Yacimirskij, S.*: Fiziko-chimičeskie osnovy
micelljarnogo kataliza. — In: Uspechi Chimii **42** (1973) S. 1729 — 1756

[520] *Armstrong, D. W. ; Stine, G. Y.*: Evaluation of partition coefficients to
micelles and cyclodextrins via planar chromatography. — In: J. Amer.
Chem. Soc. **105** (1983) S. 2962 — 2964

[521] *Armstrong, D. W. ; Stine, G. Y.*: Evaluation and perturbation of micelle-
solute interactions. — In: J. Amer. Chem. Soc. **105** (1983) S. 6220 — 6223

[522] *Armstrong, D. W. ; Nome, F.*: Partitioning behaviour of solutes eluted
with micellar mobile phases in liquid chromatography. — In: Analyt.
Chemie. — Washington **53** (1981) S. 1662 — 1666

[523] *Yarmchuk, P. ; Weinberger, R. ; Hirsch, R. F. ; Cline Love, L. J.:* Selectivity in liquid chromatography with micellar mobile phases. — In: Analyt. Chem. — Washington **54** (1982) S. 2233 — 2238

[524] *Dorsey, J. G. ; Khaledi, M. G. ; Landy, J. S. ; Lin, J.-L.:* Gradient elution micellar liquid chromatography. — J. Chromatogr. — Amsterdam **316** (1984) S. 183 — 191

[525] *Landy, J. S. ; Dorsey, J. G.:* Rapid gradient capabilities of micellar liquid chromatography. — In: J. Chrom. Sci. **22** (1984) S. 68 — 70

[526] *Arunyanart, M. ; Cline Love, L. J.:* Model for micellar effects on liquid chromatography capacity factors and for determination of micelle-solute equilibrium constants. — In: Analyt. Chem. — Washington **56** (1984) S. 1557 — 1561

[527] *Mittal, K. L. ; Lindman, B.* (Ed.): Surfactants in Solution. — New York : Plenum Press, 1984

[528] *Pramauro, E. ; Pelizzetti, E.:* The use of a micellar mobile phase in the high-performance liquid chromatographic separation of hydroxybenzene derivatives. — In: Analyt. Chim. Acta. — Amsterdam **154** (1983) S. 153 bis 158

[529] *Armstrong, D. W. ; Stine, G. Y.:* Selectivity in pseudophase liquid chromatography. — In: Analyt. Chem. — Washington **55** (1983) S. 2317 — 2320

[530] *Weinberger, R. ; Yarmchuk, P. ; Cline-Love, L. J.:* Liquid chromatographic phosphorescence detection with micellar chromatography and postcolumn reaction modes. — In: Analyt. Chem. — Washington **54** (1982) S. 1552 — 1558

[531] *Graglia, R. ; Pramauro, E. ; Pelizetti, E.:* Electron-transfer reactions of quinols and catechols in aqueous micellar systems. — In: Ann. Chim. — Rom **74** (1984) S. 41ff.

[532] *Terabe, S. ; Otsuka, K. ; Ichikawa, K. ; Tsuchiya, A. ; Ando, T.:* Electrokinetic separations with micellar solutions and open-tubular capillaries. — In: Analyt. Chem. — Washington **56** (1984) S. 111 — 113

[533] *Kirkbright, G. F. ; Mullins, F. G. P.:* Separation of dithiocarbamates by high-performance liquid chromatography using a micellar mobile phase. — In: Analyst. — London **109** (1984) S. 493 — 496

[534] *Barford, R. A. ; Sliwinski, B. J.:* Micellar chromatography of proteins. — In: Analyt. Chem. — Washington **56** (1984) S. 1554 — 1558

[535] *Levin, S. ; Grushka, E.:* Reverse-phase-liquid-chromatographic separation of amino acids with aqueous mobile phase containing copper-ions and alkylsulfonates. — In: Analyt. Chem. — Washington **57** (1985) S. 1830 — 1834

[536] *Deluccia, F. J. ; Arunyanart, M. ; Cline-Love, L. J.:* Direct serum injection with micellar liquid chromatography for therapeutic drug monitoring. — In: Analyt. Chem. — Washington **57** (1985) S. 1564 — 1567

[537] *Mullins, F. G. P. ; Kirkbright, G. F.:* Determination of inorganic anions by high-performance liquid chromatography using a micellar mobile phase. — In: Analyst **109** (1984) S. 1217 — 1221

[538] *Debowski, J. ; Jurczak, J. ; Sybilska, D. ; Zukowski, J.:* Separation of some aromatic amino acids by reversed-phase high-performance liquid chromatography using α-or β-cyclodextrin as mobile phase component. — In: J. Chromatogr. — Amsterdam **329** (1985) S. 206 — 210

[539] *Armstrong, D. W. ; Terrill, R. Q:* Thin layer chromatographic separation of pesticides, decachlorobiphenyl, and nucleosides with micellar solutions. — In: Analyt. Chem. — Washington **51** (1979) S. 2160 — 2163

[540] *Armstrong, D. W. ; McNeeley, M. I.:* — In : Anal. Lett. **12** (1979) S.1255 ; vgl. *Hernandez-Toores, M. A. ; Landy, J. S. ; Dorsey, J. G.* — In: Reversed

micellar phases for normale-phase chromatography. — In: Anal. Chem. **58** (1986) S. 74ff.

[541] *Armstrong, D. W. ; Bui, K. H.:* Use of aqueous micellar mobile phases in reverse phase TLC. — In: J. Liquid. Chrom. **5** (1982) S. 1043 — 1050

[542] *Knox, J. H. ; Laird, G. R.:* Soap chromatography — a new high-performance chromatographic technique for separation of ionizable materials : Dyestuff Intermediates. — In: J. Chromatogr. — Amsterdam **122** (1976) S. 17 — 34

[543] *Brüssau, R.:* Gel-Permeations-Chromatographie von Polymeren. — In: Analytiker-Taschenbuch. — Bd. 4. — Berlin, Heidelberg : Springer Verl., 1984. — S. 415 — 442

[544] *Engelhardt, H. ; Ahr, G. M.:* HPLC, Schnelle Flüssigkeitschromatographie / In: Analytiker Taschenbuch. — Bd. 2 / Hrsg.: *Bock, R.* u. a. — Berlin, Heidelberg, New York : Springer Verl., 1981. — S. 139 — 160

[545] *König, B. ; Sandermann, Jr., H.:* β-D-Galactoside transport in Escherichia coli : Solubilization in organic solvent and reconstitution of binding. — In: Eur. J. Biochem. **145** (1984) S. 397 — 402 u. loc. cit. Ref. 848

[546] *Lüdi, H. ; Hasselbach, W.:* State of aggregation of detergent-solubilized sarcoplasmic reticulum adenosine triphosphatase investigated by High-Performance Liquid Chromatography. — In: J. Chromatogr. — Amsterdam **297** (1984) S. 111 — 117

[547] *Baron, C. ; Thompson, T. E.:* Solubilization of bacterial membrane proteins using alkyl glucosides and dioctanoyl phosphatidylcholine. — In: Biochim. et Biophys. Acta. — Amsterdam **382** (1975) S. 276 — 285

[548] *Marklik, E. ; Rais, J. ; Kyrs, M.:* Use of oxyethylene compounds in extraction and chromatographic methods. — In: Chemicke listy **75** (1981) S. 816 — 832

[549] *Arakawa, T.:* The mechanism of increased elution volume of proteins by polyethylene glycol. — In: Analyt. Biochem. — Washington **144** (1985) S. 267 — 268

[550] *Yan, S. B. ; Tuason, D. A. ; Tuason, V. B. ; Frey, W. H.:* Polyethylene glycol interferes with protein molecular weight determinations by gel filtration. — In: Analyt. Biochem. — Washington **138** (1984) S. 137 — 140

[551] *Goto, A. ; Endo, F. ; Higashino, T.:* Gel-filtration of solubilized systems. : VII. Temperature effect on the solubilization of ethylparaben in hexaoxyethylene lauryl ether micelles. — In: Chem. & Pharmaceut. Bull. Ppn. **32** (1984) S. 2905 — 2909

[552] *Brümmer, W.:* Affinitätschromatographie / In: Analytiker Taschenbuch. — Bd. 2 / Hrg.: *Bock, R. ; Fresenius, W. ; Günzler, H. ; Huber, W. ; Tölg, G.* — Berlin, Heidelberg, New York: Springer Verl., 1981. — S. 63 — 96

[553] *Hoffmann-Ostenhof, O. ; Breitenbach, M. ; Koller, F. ; Kraft, D. ; Scheiner, O.* (Eds.): Affinity chromatography. — Oxford : Pergamon, 1978

[554] *Goheen, S. C. ; Engelhorn, S. C.:* Hydrophobic-interaction high-performance liquid chromatography of proteins. — In: J. Chromatogr. — Amsterdam **317** (1984) S. 55 — 65

[555] *Chang, J. P.:* Effect of surfactants on the separation of proteins by reversed-phase high-performance liquid chromatography. I. Non-ionic surfactants (Tween). — In: J. Chromatogr. — Amsterdam **317** (1984) S. 157 — 163

[556] *Schmuck, M. N. ; Gooding, K. M. ; Gooding, D. L.:* Preparative chromatography of proteins. — In: J. Liquid Chrom. **7** (1984) S. 2863 — 2873

[557] *Shaltiel, S.:* Hydrophobic chromatography and its relevance to biological recognition / In: Affinity chromatography and biological recognition / Hrsg. *Chaiken, I. M. ; Wilchek, M. ; Parikh, I.* — Academic Press, 1983. — S. 229 — 239

[558] *Anzenbacher, P. ; Šipal, Z. ; Hodek, P.:* Purification of rat liver microsomal cytochrome P-450 by chromatography on immobilized adamantane with a new method of detergent removal. — In: Biomed. Biochim. Acta **43** (1984) S. 1343 — 1349

[559] *Mann, D. F. ; Moreno, R. O.:* Mechanism of protein hydrophobic chromatography : Protein unfolding and its contribution to effective hydrophobicity. — In: Prep. Biochem. **14** (1984) S. 91 — 98

[560] *Carson, S. D. ; Konigsberg, W. H.:* Phenyl-sepharose chromatography of membrane proteins solubilized in Triton X-100. — In: Analyt. Biochem. — New York **116** (1981) S. 398 — 401

[561] *Imamura, S. ; Horiuti, Y.:* Purification of phospholipase B from *Penicillium notatum* by hydrophobic chromatography on palmitoyl cellulose. — In: J. Lipid Res. — Memphis **21** (1980) S. 180 — 185

[562] *Ochoa, J. L. ; Kristiansen, T. ; Påhlman, S.:* Hydrophobicity of Lectins : I. The hydrophobic character of concanavalin A. — In: Biochim et Biophys. Acta. — Amstrdam **577** (1979) S. 102 — 109

[563] *Smith, M. ; Jungalwala, F. B.:* Reversed-phase high performance liquid chromatography of phosphatidylcholine : a simple method for determining relative hydrophobic interaction of various molecular species. — In: J. Lipid Res. — Memphis **22** (1981) S. 697 — 704

[564] *Rekker, R. F.:* The hydrophobic fragmental constant. — Amsterdam : Elsevier, 1977 *Yamashiro, D.:* The purification of peptides by partition chromatography based on a hydrophobicity scale. — In: Int. J. Peptide Protein Res. **13** (1979) S. 5 — 11

[565] *Welling, G. W. ; Nijmeijer, J. R. J. ; van der Zee, R. ; Groen, G. ; Wilterdink, J. B. ; Welling-Wester, S.:* Isolation of detergent-extracted sendai virus proteins by gel-filtration, ion-exchange and reversed-phase high-performance liquid chromatography and the effect on immunological activity — J. Chromatogr. — Amsterdam **297** (1984) S. 101 — 109

[566] *Lüdi, H. ; Hasselbach, W.:* State of aggregation of detergent-solubilized sarcoplasmic reticulum adenosine triphosphatase investigated by high-performance liquid chromatography. — In: J. Chromatogr. — Amsterdam **297** (1984) S. 111 — 117

[567] *Lundahl, P. ; Greijer, E. ; Lindblom, H. ; Fägerstam, L. G.:* Fractionation of human Red cell membrane proteins by ion-exchange chromatography in detergent on Mono Q, with special reference to the glucose transporter. — In: J. Chromatogr. — Amsterdam **297** (1984) S. 129 — 137

[568] *Smith, R. L. ; Pietrzyk, D. J.:* Retention of inorganic and organic cations on a poly(styrene-divinylbenzene) adsorbent in the presence of alkylsulfonate salts. — In: Analyt. Chem. — Washington **56** (1984) S. 1572 — 1577

[569] *Giebelmann, R.:* Ionenpaaranalytik. — Teil 1. — Ionenpaarbildung. — In: Pharamzie **40** (1985) S. 507 — 511

[570] *Terabe, S. ; Otsuka, K. ; Ando, T.:* Electrokinetic chromatography with micellar solution and open-tubular capillary. — In: Analyt. Chem. Washington **57** (1985) S. 834 — 841

[571] *Bordier, C.:* Phase separation of integral membrane proteins in Triton X-114 solution. — In: J. Biol. Chem. **256** (1981) S. 1604 — 1607

[572] *Clemetson, K. J. ; Bienz, D. ; Zahno, M.-L. ; Lüscher, E. F.:* Distribution of platelet glycoproteins and phosphoproteins in hydrophobic and hydrophilic phases in triton X-114 phase partition. — In: Biochim. et Biophys. Acta. — Amsterdam **778** (1984) S. 463 — 469

[573] *Flaim, T. ; Friberg, S. E.:* A reversible separation method process using nonionic surfactants. — In: Sep. Sci. & Technol. **16** (1981) S. 1467 — 1473

[574] *Shinoda, K.:* The correlation between the dissolution state of a nonionic surfactant and the type of dispersion stabilized with the surfactant. — In: J. Coll Interface Sci. **24** (1967) S. 4 — 9

[575] Ref. 228. — S. 18 u. 64

[576] *Albertsson, P.-Å:* Separation of particles and macromolecules by phase partition. — In: Endeavour, New Ser. — London **1** (1977) S. 69 — 74

[577] *Hustedt, H. ; Kroner, K. H. ; Kula, M. R.:* Extraction in aqueous two-phase systems — a new method for the large scale purification of enzymes. — In: Kontakte **1** (1980) S. 17 — 21

[578] *Lou, I.:* Separation of protein and polyethylene glycol in water solutions by a desalting technique. — In: Acta Chem. Scand. — Kopenhagen B **37** (1983)

[579] *Chaabouni, A. ; Dellacherie, E.:* Affinity partition of proteins in aqueous two-phase systems containing polyoxyethylene glycol-bound ligand and charged dextrans. — In: J. Chromatogr. — Amsterdam **171** (1979) S. 135 bis 143

[580] *Shanbhag, V. P. ; Axelsson, C. G.:* Hydrophobic interaction determined by partition in aqueous two-phase systems : Partition of Proteins in systems containing fatty-acid esters of poly(ethylene glycol). — In: Eur. J. Biochem. — Berlin (W) **60** (1975) S. 17 — 22

[581] *Birkenmeier, G. ; Usbeck, E. ; Kopperschläger, G.:* Affinity partitioning of albumin and α-fetoprotein in an aqueous two-phase system using poly-(ethylene glycol)-bound triazine dyes. — In: Analyt. Biochem. — New York **136** (1984) S. 264 — 271

[582] *Johansson, G. ; Joelsson, M.:* Preparation of Cibracron blue F 3 G-A (Poly-ethylene glycol) in large scale for use in affinity partitioning. — In: Biotechn. & Bioengin. — New York **27** (1985) S. 621 — 625

[583] *Spence, L. R. ; Chung, A. ; Moore, B. P. L.:* Use of watersoluble polymers in the preparation of blood group diagnostic reagents. — In: Med. Lab. Sci. **42** (1985) S. 115 — 117

[584] *Pilipenko, A. T. ; Tananajko, M. M.:* Raznoligandnye i raznometall'nye kompleksy i ich primenenie v analitičeskoj. chimii. — Moskau : Chimija, 1983. — S. 101 — 125

[585] *Sato, T. ; Yamamoto, M.:* The extraction of bivalent transition metals from aqueous chloride solution by longchain alkyl quaternary ammonium carboxylates. — In: Bull. Chem. Soc. — Jpn. **55** (1982) S. 90 — 94

[586] *Pelizzetti, E. ; Pramauro, E. ; Barni, E. ; Savarino, P. ; Corti, M. ; Degiorgio, V.:* Micellar properties of 4-alkylamido-2-hydroxybenzoic acids. — In: Ber. Bunsenges. Phys. Chem. **86** (1982) S. 529 — 532

[587] *Smidt, V. S.:* Ekstrakcija aminami. — 2. Aufl. — Moskau : Atomizdat, 1980

[588] *Mazurenko, E. A.:* Spravocnik po ekstrakcii. — Kiew : Verl. Technika, 1972

[589] *Schade, W.* et al *:* Synthesen hydroxy- und chloralkylierter Amine — Struktureinfluß auf die Extraktion von Zinkionen aus salzsauren Lösungen. — In: J. prakt. Chem. **325** (1983) S. 364 — 374

[590] *Janini, G. M. ; Attari, S. A.:* Determination of partition coefficients of polar organic solutes in octanol/micellar solutions. — In: Analyt. Chem. — Washington **55** (1983) S. 659 — 661

[591] *Tagashira, S.:* Determination of partition equilibria of alkyl dithiocarbamic acids in nonionic surfactant micellar systems from the decomposition rates of the reagents. — In: Analyt. Chem. — Washington **55** (1983) S. 1918 — 1922

[592] *Fourré, P. ; Bauer, D. ; Lemerie, J.:* Microemulsions in the extraction of gallium with 7-(1-Ethenyl-3,3,5,5-tetramethylhexyl)-8-quinolinol from

aluminate solutions. — In: Analyt. Chem. — Washington **55** (1983) S. 662
bis 667

[593] *Schroeder, F.*: Fluorescent sterols: Probe molecules of membrane structure
and function. — In: Progr. Lipid Res. **23** (1984) S. 97 — 113

[594] *Hoshino, H. ; Saitoh, T. ; Taketomi, H. ; Yotsuyanagi, T.*: Micellar solubilization equilibria for some analytical reagents in aqueous non-ionic surfactant solutions. — In: Analyt. Chim. Acta. — Amsterdam **147** (1983)
S. 339 — 345

[595] *Clement, D. ; Damm, F. ; Lehn, J. M.*: Lipophilic cryptates, salt solubilization and anion activation. — In: Heterocycles **5** (1976) S. 477

[596] *Penova, M. ; Trandafiloff, T.*: Intensivierung der Extraktionsprozesse mit
Tensiden. — In: Pharmazie — Berlin **26** (1971) S. 489 — 490

[597] *Minkov, E. ; Mihailova, D. ; Trandafilov, T.*: Stabilisierung von Flüssig-
keitssystemen mittels oberflächenaktiver Substanzen. — In: Pharmazie. —
Berlin **21** (1966) S. 611 — 613

[598] *Neilson, M. J. ; Marlett, J. A.*: A comparison between detergent and
nondetergent analyses of dietary fiber in human foodstuffs, using high-
performance liquid chromatography to measure neutral sugar composition. — In: J. Agric Food Chem. **31** (1983) S. 1342 — 1347

[599] *Clarke, A. N. ; Wilson, D. J.*: Foam flotation : Theory and applications. —
New York : M. Dekker, 1983

[600] *Richmond, P.*: Some fundamental concepts in flotation. — In: Chem. Ind. —
London **19** (1977) S. 792 — 796

[601] *Wilson, D. J. ; Carter, K. N.*: Electrical aspects of adsorbing colloid flotation. XVII. Quasichemical method for adsorption of mixed surfactants. —
In: Sep. Sci. Technol. **18** (1983) S. 657 — 681

[602] *Grieves, R. B.*: / In: Treatise on analytical chemistry. — Part I. — Vol 5. /
Ed.: *Elving, P. J.* — New York : Wiley, 1982. — Chap. 9

[603] *Kobayashi, K.*: Effects of anionic and cationic surfactants on the ion flotation of Cu^{2+}. — In: Bull. Chem. Soc. — Jpn. **48** (1975) S. 1180 — 1185

[604] *Lemlich, R.*: „Adsorptive bubble separation techniques. ". — New York,
London : Academic Press, 1972

[605] *Huang, S.-D. ; Fann, C.-F. ; Hsieh, H.-S.*: Foam separation of chromium
(VI) from aqueous solution. — In: J. Colloid Interface Sci **89** (1982) S. 504
bis 513

[606] *Leja, J.*: The scientific basis of flotation / Ed.: *Ives, K. J.* — Boston, London : Nijhoff, 1985. — S. 597

[607] *Lemlich, R.*: Adsorptive bubble separation techniques. — New York :
Academic Press, 1972

[608] *Maas, K.*: Zerschäumungsanalyse. — In: Methodicum Chimicum Ed.:
Korte, F. — Bd. 1. — Teil 1. — Stuttgart : Thieme Verl., 1973. — S. 170 ff.

[609] *Brasch, D. J. ; Ngeh, N. N. L. ; Robilliard, K. R.*: The foam separation of
some polysacharide mixtures. — In: Carbohydr. Res. — Amsterdam **116**
(1983) S. 1 — 19

[610] *Kennedy, J. F. ; Barker, S. A. ; Bradshaw, I. J.*: The precipitation of
xanthan as the cetyltrimethylammonium salt — a warning. — In: Carbohydr.
Res. — Amsterdam **122** (1983) S. 178 — 180

[611] *Nagarajan, R. ; Ruckenstein, E.*: Solubilization as a separation process. —
In: Sep. Sci & Techn. **16** (1981) S. 1429 — 1465

[612] *Izatt, R. M. ; Dearden, D. V. ; McBride, D. W. ; Oscarson, J. L. ; Lamb,
J. D. ; Christensen, J. J.*: Metal separations using emulsion liquid membranes. — In: Sep. Sci & Technol. **18** (1983) S. 1113 — 1129

[613] *Plucinski, P.*: The effect of the solubilization on the permeation of aromatic

hydrocarbons through liquid membranes. — In: Tenside Detergents **22** (1985) S. 18 — 21

[614] *Underwood, A. L:* Dissociation of acids in aqueous micellar systems. — In: Analyt. Chim. Acta. — Amsterdem **140** (1982) S. 89 — 97

[615] *Underwood, A. L.:* Acid-based titration in aqueous micellar systems. — In: Analyt. Chim. Acta. — Amsterdam **93** (1977) S. 267 — 273

[616] *Gyenes, J.:* Titrovanie v nevodnych sredach. — Moskau : Mir, 1971. — S. 155
(übers. aus dem Ungar.)

[617] *Pelizzetti, E. ; Pramauro, E.:* Acid-base titrations of substituted benzoic acids in micellar systems. — In: Analyt. Chim. Acta. — Amsterdam **117** (1980) S. 403 — 406

[618] *Pramauro, E. ; Saini, G. ; Pelizzetti, E.:* Interactions of halophenols with aqueous micellar systems. — In: Analyt. Chim. Acta. — Amsterdam **166** (1984) S. 233 — 241
Pelizzetti, E. ; Pramauro, E.: Titrations of sulphonamides in cationic micellar systems. — In: Analyt. Chim. Acta. — Amsterdam **128** (1981) S. 273 — 275

[619] *Lippold, B. C.:* Ionenpaare — ihre Bildung, Bestimmung und Bedeutung. — In: Pharmazie. — Berlin **28** (1973) S. 713 —720

[620] *Selig, W.:* Analytical applications of quaternary ammonium halides using ion — selective electrodes : A Review. — In: Fresenius Z. Anal. Chem. **312** (1982) S. 419 — 427 ; ibid. **320**. — S. 562 — 565

[621] *Epton, S. R.:* A rapid method of analysis for certain surface-active agents. — In: Nature — London **160** (1947) S. 795 — 796

[622] *Schmidt, V. ; Mayer, W. D.:* Indikatoren und ihre Eigenschaften / In: Analytiker-Taschenbuch. — Bd. 3. — Hrsg.: *Bock, R. ; Fresenius, W. ; Günzler, H. ; Huber, W. ; Tolg, G.* — Berlin, Heidelberg, New York : Springer Verl., 1983. — S. 37 — 86

[623] *Korenman, I. M.:* Ekstrakcija v analize organičeskich veščestv. — Moskau : Chimija, 1977. — S. 168 — 175

[624] *Ashworth, M. R. F.:* Titrimetričeskie metody analiza organičeskich soedinenij — metody prjamogo titrovanija. — Moskau : Chimija, 1968. — S. 446 bis 455
(Übersetzung aus dem Engl.: Titrimetric organic analysis — Direct methods. — Interscience Publ. — New York, London : J. Wiley & Sons, 1964)

[625] *Terayama, H.:* Method of colloid titration (a new titration between polymer ions). — In: J. Polymer. Sci **8** (1952) S. 243 — 253

[626] *Schempp, W. ; Tran, H. T.:* Die Polyelektrolyttitration — Methode, Aussage, Einschränkung. — In: Wochenbl. f. Papierfabr. **109** (1981) S. 726 — 732

[627] *Ono, T. ; Miyata, H. ; Tôei, K.:* Polysoap as a new titrant for determination of sodium dodecylbenzene-sulfonate by colloid titration. — In: Bull. Chem. Soc. — Jpn. **52** (1979) S. 425 — 427

[628] *Horn, D. ; Heuck, Cl.-Ch. :* Charge determination of proteins with polyelectrolyte titration. — In: J. Biol. Chem. — Baltimore **258** (1983) S. 1665 bis 1670

[629] *Katayama, T. ; Takai, K.-I. ; Kariyama, R. ; Kanemasa, Y.:* Colloid titration of heparin using cat-floc (polydiallyl-dimethylammonium chloride) as standard polycation. — In: Analyt. Biochem. — New York **88** (1978) S. 382 — 387

[630] *Nash, P. V. ; Bjornsson, T. D.:* Determination of plasma heparin by polybrene neutralization. — In: Anal. Biochem. — New York **138** (1984) S. 319 — 323

[631] *Noda, Y. ; Kanemasa, Y.:* Determination of surface charge of some bacteria by colloid titration. – In: Physiol. Chem. Physics & Medical NMR **16** (1984) S. 263 – 274

[632] *Sugarawa, M. ; Isazawa, K. ; Kambara, T.:* Surface-tension titration of metal ions by using metal salts of fatty acids as surface-active indicators. – In: Fresenius. Zeitschr. f. Analyt. Chem. Berlin (W) **308** (1981) S. 17 – 20

[633] *Diaz Garcia, M. E. ; Blanco Gonzales, E. ; Sanz-Medel, A.:* On the surfactant-sensitized analytical reaction of titanium with bromopyrogallol red. – In: Microchem J. – Wien **30** (1984) S. 211 – 220

[634] *Suk, V.:* Chemical indicators : VI. The acid-base properties of pyrogallol and bromopyrogallol red. – In: Collect. Czech. Chem. Commun. **31** (1966) S. 3127 – 3139

[635] *Borowiec, J. A. ; Boorn, A. W. ; Dillard, J. H. ; Cresser, M. S. ; Browner, R. F.:* Interference effects from aerosol ionic redistribution in analytical atomic spectrometry. – In: Analyt. Chem. – Washington **52** (1980) S. 1054 bis 1059

[636] *Kodama, M. ; Shimizu, S. ; Sato, M. ; Tominaga, T.:* Atomic absorption spectrophotometry of chromium using an enhancing effect of sodium dodecyl sulfate. – In: Anal. Lett. **10** (1977) S. 591 – 598

[637] *Kornahrens, H. ; Cook, K. D. ; Armstrong, D. W.:* Mechanism of enhancement of analyte sensitivity by surfactants in flame atomic spectrometry. – In: Analyt. Chem. – Washington **54** (1982) S. 1325 – 1329

[638] *Černova, P. K.:* Effect of some collodal surface-active materials on the spectrophotometric characteristics of metal chelates with chromophoric organic reagents. – In: Zh. Analyt. Chim. **32** (1977) S. 1477 – 1486 ibid. **33** (1978) S. 1934 – 1939 (russ.) ; ibid. Ref. 584. – S. 109

[639] *Rudi, V. P. ; Denisenko, V. P.:* – In: Zh. Obšč. chim. **140** (1970). – S. 212 – 215 [zit. nach Ref. 584]

[640] Ref. 584. – S. 112

[641] *Callahan, J. H. ; Cook, K. D.:* Mechanism of surfactant-induced changes in the visible spectrometry of metal-Chrome azurol S complexes. – In: Analyt. Chem. **56** (1984) S. 1632 – 1640

[642] *Matocevskova, E. ; Nemcova, I. ; Suk, V.:* The spectrophotometric determination of gold with bromopyrogallol red. – In: Mikrochem. J. **25** (1980) S. 403 – 408

[643] *Pčelin, V. A.:* Gidrofobnoe vzaimodejstvie v dispersnych sistemach. – In: Novoe v nauke, zhizni i technike. – Ser. Chimija **5** (1976) S. 64 ff. [zit. nach Ref. 584. – S. 207]

[644] *Horiuchi, Y. ; Nishida, H.:* Spectrophotometric determination of manganese with Chrome Azurol S (CAS). – In: Iwate Daigku Kogakubu Kenkyu Hokoku **20** (1967) S. 35 – 42

[645] *Matsushita, T. ; Kaneda, M. ; Shono, T. :* Synergic effects of poly (vinylbenzyltriphenylphosphonium chloride) on the spectrophotometric det. of La, Al and Be. – In: Analyt. Chim. Acta **104** (1979) S. 145 – 151
Horiuchi, Y. ; Nishida, H.: Spectrophotometric determination of copper with Chrome Azurol S and Zephiramin. – In: Bunseki Kagaku **18** (1969) S. 694 – 698

[646] *Serdjuk, L. S. ; Karasewa, L. B. ; Al'bota, L. A. ; Denisenko, V. P.:* Reactions between rare earth and borocatechol-violett complex in the presence of some surface-active substances. – In: Zh. Analit. Chim. **32** (1977) S. 2361 – 2367

[647] *Martynov, A. P. ; Novak, V. P. ; Reznik, B. E:* Chromazurol S-properties and purification method. – In: Deposited Doc. (1976) S. 515 – 576

[648] *Nemodruk, A. A. ; Arevadze, N. G. ; Supotašvili, G. D.:* Reaction between aluminium and Chromazurol S in presence of non-ionic surface-active substances. — In: Zh. Analit. Chim. **35** (1980) S. 1511 — 1519

[649] *Martynov, A. P. ; Koval, V. P. ; Reznik, B. E.:* — In: Ukr. Chim. Zh. **44** (1978) S. 203 — 208
Nemodruk, A. A. ; Arevadze, N. G. ; Supotašvili, G. D.: — In: Zh. Analit. Chim. **35** (1980) S. 1511 — 1519

[650] *Černova, P. K.:* Effect of some colloidal surface-active materials on the spectrophotometric characteristics of metal chelates with chromophoric organic reagents. — In: Zh. Analyt. Chim. **32** (1977) S. 1477 — 1486. ibid. **33** (1978) S. 1934 — 1939 (russ.)

[651] *Pčelin, V. A.:* Gidrofobnoe vzaimodejstvie v dispersnych sistemach. — In: Novoe v nayke, zhizni i technike. — Serija Chimija. — Moskau **5** (1976) S. 64 ff.

[652] Ref. 584. — S. 107

[653] *Němcová, I. ; Pešinová, H. ; Suk, V.:* Spectrophotometric study of the reaction of bismuth with bromopyrogallol red in the presence of tensides : The determination of bismuth and EDTA. — In: Microchem. J. **30** (1984) S. 27 — 32

[654] *Bailey, B. W. ; Chester, J. E. ; Dagnall, R. M. ; West, T. S.:* Analytical applications of ternary complexes. VII. Elucidation of mode of formation of sensitized metal-chelate systems and determination of molybdenum and antimony. — In: Talanta **15** (1968) S. 1359 — 1369

[655] *Bunton, C. A. ; Minch, M. J.:* Micellar effects on the ionization of carboxylic acids and interactions between quaternary ammonium ions and aromatic compounds. — In: J. Phys. Chem. **78** (1974) S. 1490 — 1498

[656] *Ishii, H. ; Koh, H. ; Mizoguchi, T.:* Spectrophotometric determination of ultramicro amounts of copper with $\alpha,\beta,\gamma,\sigma$-tetraphenylporphine in the presence of a surfactant. — In: Anal. Chim. Acta **101** (1978) s. 423 — 427

[657] *Zhe, T. ; Wu, S.-S.:* Spectrophotometric determination of zinc with 2-(3,5-dibromo-2-pyridylazo)-5-diethylamino-phenol in the presence of anionic surfactant. — In: Talanta **31** (1984) S. 624 — 626

[658] *Karalova, Z. K. ; Mjasoedov, B. F.:* Puti i perspektivy ispol'zovanija èkstrakcii èlementov iz ščeločnoj sredy. — In: Zh. Analyt. Chim. XXXIX (1984) S. 119 — 128

[659] *Korenaga, T. ; Motomizu, S. ; Toei, K.:* Extraction — spectrophotometric determination of aluminium in river water with pyrocatechol violet and a quaternary ammonium salt. — In: Talanta **27** (1980) S. 33 — 38

[660] *Tichonov, V. N.:* Different-ligand complexes of the metals with thiphenyl-methane dyes and quaternary ammonium salts. — In: Zh. Analyt. Chim. **32** (1977) S. 1435 — 1477
[ibid. **19** (1964) S. 1204 — 1209; **31** (1976) S. 465 — 469; **33** (1978) S. 2267 bis 2269; **34** (1979) S. 426 —431; **45** (1980) S. 1264 — 1272; **36** (1981) S. 242 bis 247]

[661] *Perkampus, H.-H.:* Analytische Anwendungen der UV-VIS-Spesktroskopie. — In: Ref. 44. — S. 279 — 316

[662] *Callahan, J. H. ; Cook, K. D.:* Salt effects on the surfactant-sensitized spectrophotometric determination of beryllium with chrome azurol S. — In: Analyt. Chem. — Washington **54** (1982) S. 59 — 62

[663] *Mise, T.:* Dn solvent extraction of bismuth(III)-chlorophosphonazo III chelate with cetylpyridiniumchloride. — In: Res. Rept. Miyakonojo Techn. Coll. **14** (1980) S. 73 — 77

[664] *Mori, I. ; Fujita, Y. ; Sakaguchi, K. ; Tsuji, H. ; Enoki, T.:* Spectrophoto-

metric determination of Zinc(II) and cadmium(II) with methylthymol
blue oxine derivatives and cetylpyridinium chloride. — In: Bunseki
Kagaku **29** (1980) S. 723 — 726

[665] *Al'bota, L. A. ; Koldar, L. V.:* Complex formation by cadmium ions with
dithizone in the presence of surfactants. — In: Ukr. Chim. Zh. **47** (1981)
S. 35 — 37

[666] *Nonova, D. ; Parlova, S.:* Extraction-spectrophotometric determination
of traces of cadmium with 4-(2-pyridylazo)resorcinol and a long-chain
quaternary ammonium salt. — In: Analyt. Chim. Acta. — Amsterdam
123 (1981) S. 289 — 296

[667] *Mise, T.:* Extraction spectrophotometric determination of cobalt with
chlorophosphonazoIII and zephiramine. — In: Res. Rept. Miyakonojo
Techn. Coll. Jpn. **15** (1981) S. 35 — 39

[668] *Kuban, V. ; Gotzmannova, D. ; Koch, S.:* Spectrophotometric study of the
interaction of ferric ions with chromazurol S in the presence of cetylpyridinium bromide. — In: Collect. Czech. Chem. Commun. **45** (1980) S. 3320
bis 3331
(ibid. Ref. 584, S. 124)

[669] *Marczenko, Z. ; Kalowska, H.:* Spectrophotometric determination of
iron (III) with chrome azurol S or eriochrome cyanine and some cationic
surfactants. — In: Analyt. Chim. Acta. — Amsterdam **123** (1981) S. 279 — 287

[670] *Ganago, L. I. ; Iščenko, N. N.:* Izučenie raznoligandnych kompleksnych
soedinenij gallija i indija s brompirogallovym krasnym i bromidom cetil-
piridinija. — In: Zh. Neorganič. Chim. **24** (1979) S. 2626 — 2632

[671] *Černova, R. K.:* Effect of some colloidal surface-active materials on the
spectrophotometric characteristics of metal chelates with chromophoric
reagents. — In: Zh. Anal. Chim. **32** (1977) S. 1477 — 1486 ; ibid. **33** (1978)
S. 1934 — 1939

[672] *Al'bota, L. A. ; Zaverač, M. M. ; Serdjuk, L. S.* / In: Dokl. Akad. Nauk
Ukr. SSR 1974. — S. 437 — 439
(nach Ref. 584. — S. 116)
Al'bota, L. A. ; Serdjuk, L. S. ; Zaverach, M. M.: Photometric determina-
tion of copper and nickel in steels. — In: Zh. Analit. Chim. **29** (1974)
S. 590 — 591

[673] *Martynov, A. P. ; Novak, V. P. ; Reznik, B. E.:* Formation of complex
compounds of aluminium, iron(III), and copper(II) with Chromazurol S
in the presence of surfactants and their use in analytical chemistry. — In:
Org. Reagenty Anal. Khim., Tezisy Dokl. Vses. Konf. 4th. — Bd. 2 / Ed.:
Pilipenko, A. T. — Kiew : Naukowa Dumka. — 1976. — S. 76 — 77

[674] *Vekhande, C. H. ; Munski, K. N.:* Complexing behavior of methyl thymol
blue in presence of micelles. — In: J. Ind. Chem. Soc. **50** (1973) S. 384 bis
386

[675] *Hasete, K. ; Mori, H. ; Kambasa, T.:* — In: J. Chem. Soc. — Jpn. **12** (1973)
S. 2305 — 2308

[676] *Hasebe, K. ; Mori, H. ; Kambasa, T.:* In: J. Chem. Soc. — Jap. ; Chem.
and Ind. Chem. (1973) S. 2305 — 2308

[677] *Wyganowski, C.:* Sensitive spectrophotometric determination of molyb-
denum(VI) with pyrogallol red and cetyltrimethylammonium ions. — In:
Microchem. J. **15** (1980) S. 147 — 152

[678] *Ščerdov, D. P. ; Ivankova, A. I. ; Lisicyna, D. I. ; Voedenskij, I. D.:*
Colour and fluorescence reactions of palladium with heterocyclic amines
and fluorescein halogen derivatives. — In: Zh. Analit. Chim. **32** (1977)
S. 1932 — 1936 ; ibid. **30** (1975) S. 1384 — 1388

[679] *Sanz-Mendel, A. ; Camara-Rica, C. ; Perez-Bustamante, J. A.:* Determination of niobium with p-arsonophenylazo-chromotropic acid and cetylpyridinium bromide. — In: Analyt. Chem. — Washington **52** (1980) S. 1035 bis 1039

[680] *Kojima, M.* et al. : — In: J. Nat. Chem. Lab. Ind. **73** (1978) S. 289 — 293

[681] *Fantowa, I. ; Klir, Z. ; Cermakova, Z. ; Suk, V.:* Spectrophotometric determination of palladium in an alloy with silver by means of pyrogallol red. — In: Chem. Listy **74** (1980) S. 291 — 294

[682] *Sabartova, J. ; Herrmannova, M. ; Malat, M. ; Cermakova, L.:* Spectrophotometric determination of platinum metals. IV. Determination of rhodium and platinum with Chromazurol S in the presence of cationic-active tensides. — In: Chem. Zvesti **34** (1980) S. 111 — 117

[683] *Némcová, I. ; Hrachovská, J. ; Miková, J. ; Suk, V.:* Spectrophotometric study of the reactions of bromopyrogallol red with antimony and cationic tensides: Determination of antimony. — In: Microchem. J. **30** (1984) S. 39 — 46

[684] *Prasada Rao, T. ; Ramakrishna, T. V.:* Spectrophotometric determination of traces of lead with bromopyrogallol red and cetyltrimethylammonium or cetylpyridinium bromide. — In: Talanta **27** (1980) S. 439 bis 441

[685] *Jurkevicinte, J. ; Malat, M.:* Study of the interaction of scandium and Chromazurol S with cetylpyridinium, cetyltrimethylammonium or carbethoxypentadecyltrimethylammoniumbromide. — In: Collect. Czech. Chem. Commun. **44** (1979) S. 3236 — 3240

[686] *Con Tran Hong* et al. / In: Analyt. Chim. Acta **115** (1980) S. 279 — 284 / vergl.: *Wyganovski, C.:* Sensitive spectrophotometric determination of tin with pyrogallol red and cetyldimethyl-benzyl ammonium ion. — In: Microchem. Acta 1979 (I) S. 399 — 403

[687] *Vijayakumar, M. ; Ramakrishna, T. V. ; Aravamudan, G. G.:* Fluorometric determination of trace quantities of mercury as an ion-association complex with Rhodamine 6G in the presence of iodide. — In: Talanta **27** (1980) S. 911 — 913
Vijayakumar, M. ; Ramakrishna, T. V. ; Aravamudan, G. G.: Spectrophotometric determination of tellurium in trace quantities by use of an ion-association complex. — In: Talanta **26** (1979) S. 323 — 325

[688] *Ramakrishna, T. V. ; Shreedhara Murthy, R. S.:* Spectrophotometric determination of thorium with Xylenol Orange and cetyltrimethylammonium bromide. — In: Talanta **26** (1979) S. 499 — 501

[689] *Kanicky, V. ; Havel, J. ; Sommer, L.:* The reaction of UO_2^{2+} with Chromazurol S and the spectrophotometric determination of uranium in the presence of septonex. — In: Collect. Czech. Chem. Commun. **45** (1980) S. 1525 — 1554

[690] *Naguyen Trunog Son ; Kotoucek, M. ; Ruzicka, E.:* Study of reaction of 5-hydroxy-6(2-hydroxy-5-sulfophenylazo)benzo(a)-phenazine with vanadates in the presence of septonex. — In: Collect. Czech. Chem. Commun. **45** (1980) S. 819 — 825

[691] *Korenaga, T. ; Motomizu, S. ; Toei, K.:* Extraction-spectrophotometric determination of aluminium in river water with Pyrocatechol Violet and a quaternary ammonium salt. — In: Talanta **27** (1980) S. 33 — 38

[692] *Novak, V. P. ; Martynov, A. P. ; Maltsev, V. F.:* Spectrophotometric study of optimum conditions for the formation of a ternary complex in the aluminium-Chromazurol S/OP-10 (mono-(alkylphenyl)ether of polyethylene glycol)system. — In: Zh. Analit. Chim. **28** (1983) S. 657 — 660

[693] Ref. 584. — S. 119 u. *Ishibashi, N. ; Kina, K.:* Sensitivity enhancement of the fluorimetric determination of aluminium by the use of surfactant. — In: Analyt. Lett. **5** (1972) S. 637 — 641

[694] *Hsu, C.-G. ; Hsu, C.-S. ; Jing, J.-H.:* Spectrophotometric determination of micro amounts of cadmium in waste water with Cadion and Triton X-100. — In: Talanta **27** (1980) S. 676 — 678

[695] *Hayashi, K. ; Doukan, H. ; Yamamoto, A.:* Spectrophotometric determination of copper(II) with l-pyrrolidinecarbodithioate and nonionic surfactant. — In: Bunseki Kagaku. — (Jpn. Analyst) **27** (1978) S. 405 — 409

[696] *Taketatsu, T. ; Sato, A.:* In: Analyt. chim Acta **108** (1979) S. 429 — 432 (Ref. 584. — S. 117)

[697] *Watanabe, H. ; Tanaka, H.:* Dual-wavelength spectrophotonmetric determination of magnesium(II) with Xylidyl Blue I and a nonionic surfactant. — In: Bunseki Kagaku **26** (1977) S. 635 — 639

[698] *Anjaneyulu, Y. ; Chandra Mouli, P. ; Ravi Prakasa Reddy, M. ; Purapa Chandra Seher, K.:* Extraction-spectrophotometric determination of mercury(II) with 4-(2-pyridylazo) resorcinol and a lomg-chain quaternary ammonium salt. — In: Analyst **110** (1985) S. 391 — 395

[699] *Sakai, Y.:* In: Bunseki kagaku **28** (1979) S. 10 — 14 (zit. nach Ref. 584. — S. 125)

[700] *Kirillov, A. I. ; Šaulina, L. P. ; Alakseeva, Q. D.:* Spectrofotometričeskie ižucenie kompleksoobrazovanija lantanoidov s glicintimolovym sinim v prisutstvii cetilpiridinaja — benziltiomočeviny. — In: Zh. Analit. Chim. XXXIX (1984) S. 161 — 163

[701] *Hayashi, K. ; Doukan, H. ; Yamamoto, A* / In: Bunseki kagaku **27** (1978) S. 204 — 208, S. 338 — 343, S. 405 — 409 (vergl. Ref. 460 u. 472)

[702] *Sato, S.:* Spectrophotometric determination of sulfate by solvent extraction with the non-ionic surfactant Span 20 and crystal violet. — In: Analyt. Chim. Acta — Amsterdam **142** (1982) S. 319 — 324

[703] *Tsao, F. P. ; Underwood, A. L.:* Spectrophotometric determination of nitrite with p-nitroaniline and 2-methyl-8-quinolinol in hexadecyltrimethyl-ammonium bromide solution. — In: Analyt. Chim. Acta. — Amsterdam **136** (1982) S. 129 — 134

[704] *Yu-Rui, Z. ; Fu-Sheng, W. ; Fang, Y.:* Indirect spectrophotometric determination of cyanide by means of the colour reaction of silver with Cadion 2B in presence of Triton X-100. — In: Talanta **30** (1983) S. 795 — 797 *Fu-Sheng, W. ; Bai, H. ; Nai-Kui, S.:* Application of the Copper-Cadion 2B-Triton X-100 system to the spectrophotometric determination of micro-amounts of cyanide in waste water. — In: Analyst. — Cambridge **109** (1984) S. 167 — 169

[705] *Fu-Sheng, W. ; En-Jiang, T. ; Kui-Sheng, R.:* Dualwavellength spectrophotometric determination of trace sulphide in domestic water through its ligand-exchange reaction with Silver-Cadion 2B-Triton X-100. — In: Talanta **31** (1984) S. 1024 — 1026

[706] *Kodama, M. ; Shimizu, S. ; Sato, M. ; Tominaga, T.:* Atomic absorption spectrophotometry of chromium using an enhancing effect of sodium dodecyl sulfate. — In: Anal. Letters. **10** (1977) S. 591 — 598 (ibid. Analyt. Chem. **52** (1980) S. 2358 — 2362

[707] *Borowiec, J. A. ; Boorn, A. W. ; Dillard, J. H. ; Cresser, M. S. ; Browner, R. F.:* Interference effects from aerosol ionic redistribution in analytical atomic spectrometry. — In: Analyt. Chem. — Washington **52** (1980) S. 1054 bis 1059

[708] *Kornahrens, H. ; Cook, K. D. ; Armstrong, D. W.:* Mechanism of enhancement of analyte sensitivity by surfactants in flame atomic spectrometry. — In: Analyt. Chem. — Washington **54** (1982) S. 1325 — 1329

[709] *Turro, N. J.:* Modern molecular photochemistry. — Menlo Park (Calif.) : Benjamin / Cummings, Publ. Co., Inc., 1978 u. *Zander, M.:* Fluorimetrie und Phosphorimetrie. — In: Ref. 44. — Bd. 4, S. 134

[710] *Ishibashi, N. ; Kina, K.:* Sensitivity enhancement of the fluorometric determination of aluminium by the use of surfactant. — In: Analyt. Letters **5** (1972) S. 637 — 641

[711] *Taketatsu, T.:* Spectrophotofluorimetric determination of terbium, europium and samarium with pivaloyltrifluoroacetone and tri-n-octylphosphine oxide in micellar solution of nona-oxyethylene dodecyl ether. — In: Talanta **29** (1982) S. 397 — 400

[712] *Kina Kenyu ; Hironata Konichi ; Ishibashi Notuchiko.* — In: Bunseki Kagaku **24** (1977) S. 246 — 252
(ibid. Ref. 284. — S. 204 — 205 ; Ref. 584. — S. 191

[713] *Alak, A. ; Heilweil, E. ; Hinze, W. L. ; Oh, H. ; Armstrong, D. W.:* Effects of different stationary phases and surfactant or cyclodextrin spray reagents on the fluorescence densitometry of polycyclic aromatic hydrocarbons and dansylated amino acids. — In: J. Liquid Chrom. **7** (1984) S. 1273 — 1288

[714] *Zawieja, D. ; Barber, B. J. ; Roman, R. J.:* Analysis of picogram quantities of protein in subnanoliter-size samples. — In: Analyt. Biochem. — New York **142** (1984) S. 182 — 188

[715] *Grases, F. ; Genestar, C. ; Gil, J. J.:* Effect of surfactants on the fluorescence intensity of organic reagents. — In: Microchem. J. **31** (1985) S. 44 — 49

[716] *Patonay, G. ; Rollie, M. E. ; Warner, I. M.:* Sample preparation considerations for measurement of fluorescence enhancement using cyclodextrins and micelles. — In: Analyt. Chem. — Washington **57** (1985) S. 569 — 571

[717] *Hinze, W. L. ; Riehl, T. E. ; Singh, H. N. ; Baba, Y.:* Micelle-enhanced chemiluminescence and application to the determination of biological reductants using lucigenin. — In: Analyt. Chem. — Washington **56** (1984) S. 2180 — 2191

[718] *Herejk, J. ; Holzbecher, Z.:* Application of electrochemiluminescence in analytical chemistry (tschech.). — In: Chem. Listy **78** (1984) S. 1254 bis 1264

[719] *Nikokavouras, J. ; Vassilopoulas, G. ; Paleos, C. M.:* Chemiluminescence in oriented systems. Chemiluminescence of lucigenin in model-membrane structures. — In: J. Chem. Soc. Chem. Commun. (1981) S. 1082 — 1083

[720] *Paleos, C. M. ; Vassilopoulas, G. ; Nikokavouras, J.:* Chemiluminescence in oriented systems : Chemiluminescence of 10,10′-dimethyl-9,9′-biacridinium nitrate in micellar media. — In: J. Photochem. **18** (1982) S. 227 — 234

[721] *Klopf, L. L. ; Nieman, T. A.:* Use of surfactants to improve analytical performance of lucigenin chemiluminescence. — In: Analyt. Chem. **56** (1984) S. 1539 — 1542

[722] *Zander, M.:* Fluorimetrie und Phosphorimetrie / In: Analytiker — TB. — Bd. 4 / Ed.: *Fresenius, W. ; Günzler, H. ; Huber W. ; Lüderwald, I. ; Tölg, G.* — Berlin, Heidelberg, New York, Tokyo : Springer Verl., 1984. — S. 123 — 158

[723] *Miller, J. N.:* Room-temperature phosphorimetry. — In: Trends in Analyt. Chem. **1** (1981) S. 31 — 34

[724] *Cline Love, L. J. ; Skrilec, M. ; Habarta, I. G.:* Analysis by micelle-stabilized room temperature phosphorescence in solution. — In: Analyt. Chem. — Washington **52** (1980) S. 754 — 759

[725] *Cline Love, L. J. ; Habarta, I. G. ; Skrilec, M.:* Influence of analyte-heavy atom micelle dynamics on room — temperature phosphorescence lifetimes and spectra. — In: Analyt. Chem. — Washington **53** (1981) S. 437 — 444

[726] *Ward, I. L. ; Walden, G. L. ; Winefordner, J. D.:* A review of recent uses of phosphorimetry for organic analysis. — In: Talanta **28** (1981) S. 201 bis 206

[727] *Femia, R. A.   ;   Cline Love L. J.:* Micelle-stabilized room-temperature phosphorescence with synchronous scanning. — In: Analyt. Chem. — Washington **56** (1984) S. 327 — 331

[728] *Scypinski, S. ; Cline Love, L. J.:* Room-temperature phosphorescence of polynuclear aromatic hydrocarbons in cyclodextrins. — In: Analyt. Chem. — Washington **56** (1984) S. 322 — 327

[729] *McIntire, G. L. ; Chiappardi, D. M. ; Casselberry, R. L. ; Blount, H. N.:* Electrochemistry in ordered systems. 2. Electrochemical and spectroscopic examination of the interactions between nitrobenzene and anionic, cationic, and nonionic micelles. — In: J. Phys. Chem. **86** (1982) S. 2632 — 2640

[730] *Maeda, T. ; Satake, I.:.* The micellar properties of 1-dodecylpyridinium chloride as studied by the ionselective electrodes. — In: Bull. Chem. Soc. — Jpn. **57** (1984) S. 2396 — 2399

[731] *Birch, B. J. ; Clarke, D. E. ; Lee, R. S. ; Oakes, J.:* Surfactant-selective electrodes. Part III. Evaluation of a dodecyl sulphate electrode in surfactant solutions containing polymers and a protein. — In: Analyt. Chim. Acta. — Amsterdam **70** (1974) S. 417 — 423

[732] *Kresheck, G. C. ; Constantinidis, I.:* Ion-selective electrodes for octyl and decyl sulfate surfactants. — In: Analyt. Chem. — Washington **56** (1984) S. 152 — 156

[733] *Vollhardt, D.:* Die Bedeutung der kritischen Micellkonzentration bei der Elektrosorptionsanalyse von Aniontensiden mit der Wechselstrompolarographie. — In: Colloid & Polymer Sci. **254** (1976) S. 64 — 81

[734] *Malik, W. U.   ;   Chand, P.   ;   Saleem, S. M.:* Determination of critical micelle concentration of non-ionic surfactants by electrocapillary curves. — In: Talanta **15** (1968) S. 133 — 136

[735] *Kraft, G.:* Elektrochemische Analysenverfahren. — In: Analytiker Tb. — Bd. 1. — . Berlin, Heidelberg, New York : Springer Verl., 1980. — S. 103 bis 147

[736] *Skoog, D. A. ; Focht, R. L.:* Polarographic analysis of lead driers. — In: Analyt. Chem. — Washington **25** (1953) S. 1922 — 1924

[737] *Issa, R. M. ; Hindawey, A. M. ; Issa, Y. M. ; Issa, F. M.:* Polarographische Untersuchungen an Solochromviolett RS in Pufferlösungen in Abwesenheit und in Gegenwart oberflächenaktiver Stoffe (SAS). — In: Monatsh. f. Chem. **109** (1978) S. 961 — 973

[738] *Hayano, S. ; Shinozuka, N.:* The solubilization of orange OT in Anionic surfactant solutions: A polarographic study. — In: Bull. Chem. Soc. — Jpn. **44** (1971) S. 1503 — 1506

[739] *Westmoreland, P. G. ; Day, R. A. ; Underwood, A. L.:* Electrochemistry of substances solubilized in micelles : Polarography of azobenzene in aqueous surfactant solutions. — In: Analyt. Chem. — Washington **44** (1972) S. 737 —740

[740] *Erabi, T. ; Hiura, H. ; Tanaka, M.:* Polarographic reduction of ubiquinone 10 solubilized in micelles. — In: Bull. Chem. Soc. — Jpn. **48** (1975) S. 1354 bis 1356

[741] *Eddowes, M. J. ; Grätzel, M.:* Rotating-disc electrode kinetic studies of the electron-transfer reactions of tetrathiofulvalene and its mono- and di-

cations in aqueous/micellar media. — In: J. Electroanal. Chem. **163** (1984) S. 31 — 64

[742] *Ohsawa, Y. ; Aoyaqui, S.:* A correlation between the halfwave potential and the micelle-solubilization equilibrium of ferrocene in cationic micellar solutions. — In: J. Electroanal. Chem. **136** (1982) S. 353 — 360

[743] *Fujihira, Y. ; Kuwana, T. ; Hartzell, R.:* Reversible redox titrations of cytochrome c and cytochrome c oxidase using detergent solubilized electrochemically generated mediator-titrants. — In: Biochem. & Biophys. Res. Commun. — New York **61** (1974) S. 538 — 543

[744] *Franklin, T. C. ; Iwunze, M.:* Oxidative voltammetry of organic compounds at platinum electrodes in micelle and emulsion systems. — In: Analyt. Chem. — Washington **52** (1980) S. 973 — 976

[745] *Jacobsen, E.:* Alternating current polarography of some complexes in presence of ionic surfactant. — In: Analyt. Chim. Acta. — Amsterdam **35** (1966) S. 447 — 452

[746] *Kolthoff, I. M. ; Okinaka, Y.:* Effects of surface active substances on pólarographic waves of copper (II) ions. — In: J. Amer. Chem. Soc. **81** (1959) S. 2296 — 2302

[747] *Jacobsen, E. ; Lindseth, H.:* Effects of surfactants in differential pulse polarography. — In: Analyt. Chim. Acta. — Amsterdam **86** (1976) S. 123 bis 127

[748] *Hoff, H. K. ; Jacobsen, E.:* Utilization of ionic surfactants in the a. c. polarographic determination of titanium. — In: Analyt. Chim. Acta. — Amsterdam **54** (1971) S. 511 — 519

[749] *Jacobsen, E. ; Kalland, G.:* Polarographic determination of thallium. — In: Anal. Chim. Acta. — Amsterdam **29** (1963) S. 215 — 219

[750] *Ohsawa, Y. ; Shimazaki, Y. ; Aoyagui, S.:* The half-wave potential and homogeneous electron-transfer rate constant in sodium dodecyl sulphate micellar solution. — In: J. Electroanalyt. Chem. **114** (1980) S. 235 — 246

[751] *Jacobsen, E. ; Kalland, G.:* Effects of surface-active substances on polarograhic waves of some complexes. — In: Analyt. Chim. Acta. — Amsterdam **30** (1964) S. 240 — 247

[752] *Jacobsen, E. ; Tandberg, G.:* Effects of ionic surfactants on the electroreduction of indium oxalate complexes. — In: J. Electroanalyt. Chem. / Interfacial Elcetrochem. **30** (1971) S. 161 — 167

[753] *Gundersen, N. ; Jacobsen, E.:* Effects of ionic surfactants on polarographic waves. — In: J. Electroanal. Chem. Interfacial Electrochem. **20** (1969) S. 13 — 22

[754] *Cosack, E. ; Umland, F.:* Polarographische Bestimmung von Nickel in Gegenwart von Tensiden. — In: Fresenius Z. Anal. Chem. **316** (1983) S. 774 — 776

[755] *Modolo, R. ; Vittori, O.:* Determination of cadmium in the presence of indium by polarography with addition of an electroinactive surfactant. — In: Analyt. Chim. Acta. — Amsterdam **151** (1983) S. 483 — 486

[756] *Meyer, G ; Nadjo, L. ; Saveant, J. M.:* Electrochemistry in micellar media-effect of cationic surfactants on the stability of electrogenerated anion radicals in water. — In: J. Electroanal. Chem. **119** (1981) S. 417 — 419

[757] *Kulakovskaya, S. I. ; Efimov, O. N. ; Didenko, L. P.:* The effect of phosphatidylcholine in the electroreduction of Mo(V) in methanol. In: Bioelectrochemistry and Bioenergetics **13** (1984) S. 7 — 13

[758] *Schumacher, E. ; Umland, F.:* Neue Titrationen mit elektrochemischer Endpunktsanzeige : Analytiker-Tb. — Bd. 2. — Berlin, Heidelberg, New York : Springer-Verl., 1981. — S. 197 — 209

[759] *Cammann, K.:* Fehlerquellen bei Messungen mit ionenselektiven Elektroden : Analytiker Tb. — Bd. 1. — Berlin, Heidelberg, New York : Springer Verl., 1980. — S. 245 — 267

[760] *Camman, K.:* Das Arbeiten mit ionenselektiven Elektroden. — 2. Aufl. — Berlin, Heidelberg, New York : Springer, 1977 u. *Moody, G. J. ; Thomas, J. D. R.:* Selective ion — sensitive electrodes. — Merrow : Watford (Engl.). — 2. Aufl. 1977

[761] *Morf, W. E.:* The principles of ion-selective electrodes and of membrane transfer. — Budapest : Akademiai Kiado, 1981

[762] *Kitasawa, S. ; Kimura, K. ; Yano, H. ; Shono, T.:* Lithium-selective polymere membrane electrodes based on dodecylmethyl-14-crown-4. — In: Analyst. — Cambridge **110** (1985) S. 295 — 301

[763] *Hulanicki, A. ; Trojanowicz, M.:* Applications of ion-selective electrodes in water analysis / In: Ion-selective electrode reviews — applications, theory and development / Ed.: Thomas, J. D. R. — Pergamon Press, 1979. — Vol. 1

[764] *Frend, A. J. ; Moody, G. J. ; Thomas, J. D. R. ; Birch, B. J.:* Flow injection analysis with tubular membrane ion-selective electrodes in the presence of anionic surfactants. — In: Analyst. — Cambridge **108** (1983) S. 1357 — 1364
(— ibid. — S. 1072 — 1081)

[765] *Craggs, A. ; Moody, G. J. ; Thomas, J. D. R. ; Birch, B. J.:* Effect of anionic surfactants on calcium ion-selective electrodes. — In: Analyst. — London **105** (1980) S. 426 — 431

[766] *Cosofret, V. V.:* Analytical control of drug-type substances with membrane electrodes / In: Ion-selective electrode reviews — applications, theory and development / Ed.: *Thomas, J. D. R.* — Pergamon Press, 1980. — Vol. 2

[767] *Moody, G. J. ; Thomas, J. D. R.:* The applications of ion-selective electrodes in dental health and mineralized tissue programmes / In: Ion-selective electrode reviews — applications, theory and development / Ed.: *Thomas, J. D. R.* — Pergamon Press, 1979. — Vol. 1

[768] *Gomathi, H. ; Subramanian, G. ; Chandra, N. ; Rao, G. P.:* Solid-state halide ion-selective electrodes. Studies of quaternary ammonium halide solutions and determination of surfactants. — In: Talanta **30** (1983) S. 861 — 863

[769] *Montgomery, D. D. ; Shigehara, K. ; Tsuchida, E. ; Anson, F. C.:* Novel Polyelectrolyte composites that yield polycationic electrode coatings with large ion exchange capacities and exceptionally high effective diffusion coefficients for incorporated counterions. — In: J. Amer. Chem. Soc. **106** (1984) S. 7991 — 7993

[770] *Schulthess, P. ; Ammann, D. ; Simon, W. ; Caderas, C. ; Stepanek, R. ; Kräutler, B.:* A lipophilic derivative of vitamin B_{12} as a selective carrier for anions. — In: Helv. Chim. Acta **67** (1984) S. 1026 — 1032

[771] *Beyer, K.:* A ^{31}P- and ^{2}H-NMR study on lecithines in liquid crystalline polyoxyethylene detergents. — In: Chem. & Phys. Lipids. — Amsterdam **34** (1983) S. 65 — 80

[772] *Fromherz, P.:* The surfactant-block structure of micelles, synthesis of the droplet and of the bilayer concept. — In: Ber. Bunsenges. Phys. Chem. **85** (1981) S. 891 — 899

[773] *Prestegard, J. H. ; Miner, V. W. ; Tyrell, P. M.:* Deuterium NMR as a structural probe for micelle-associated carbohydrates : D-Mannose. — In: Proc. Natl. Acad. Sci. — Washington **80** (1983) S. 7192 — 7196

[774] *Dennis, E. A. ; Plückthun, A.:* Phosphorus-31 NMR of phospholipids in micelles / In: Phosphorus-31 NMR — Principles and applications / ed. by *Gorenstein, D. G.* — Acad. Press, 1984. — Chapter 14. — p. 423 — 446

[775] *Wydler, Ch.*: Elektronenspinresonanz organischer Radikale in Lösung / In: Analytiker Tb. — Bd. 2. — Berlin, Heidelberg, New York : Springer Verl., 1981. — S. 97 — 138

[776] *Janzen, E. G. ; Coulter, G. A.*: Spin trapping in SDS micelles. — In: J. Amer. Chem. Soc. **106** (1984) S. 1962 — 1968

[777] *Tajima, K. ; Ishikawa, Y. ; Mukai, K. ; Ishizu, K. ; Sakurai, H.*: Optical and ESR studies on the micellar formation with surfactant Cu(II)-porphyrin. — In: Bull. Chem. Soc. — Jpn. **57** (1984) S. 3587 — 3588

[778] *Murakami, Y. ; Nakano, A. ; Yoshimatsu, A. ; Uchitomi, K. ; Matsuda, Y.*: Characterization of molecular aggregates of peptide amphiphiles and kinetics of dynamic processes performed by single-walled vesicles. — In: J. Amer. Chem. Soc. **106** (1984) S. 3613 — 3623

[779] *Zelig, I.*: Anizotropnoe dvizhenie v zhidkokristalličeskich strukturach / In: Metod spinovych metok / Ed.: *Berliner, L. J.* — Moskau : Mir, 1979. — S. 404 — 443

[780] *Lichtenštejn, G. I.*: Metod spinovych metok v molekuljarnoj biologii. — Moskau : Nauka, 1974

[781] *Szajdzinska-Pietek, E. ; Maldonado, R. ; Kevan, L. ; Jones, R. R. M. ; Coleman, M. J.*: Electron spin-echo modulation studies of doxylstearic acid spin probes in sodium and tetramethylammonium dodecyl sulfate micelles : Interaction of the spin probe with D_2O and with deuterated terminal methyl groups in the surfactant molecules. — In: J. Amer. Chem. Soc. **107** (1985) S. 784 — 788

[782] *Cafiso, D. S. ; Hubbell, W. L.*: Electrogenic H^+/OH^- movement across phospholipid vesicles measured by spin-labeled hydrophobic ions. — In: Biophys. J. — New York **44** (1983) S. 49 — 57

[783] *Yeh, S. M. ; Meares, C. F.*: Amphiphilic spectroscopic probes utilizing metal chelates. — In: Experentia. — Basel **35** (1979) S. 715 — 716

[784] *Lakowicz, J. R. ; Bevan, D. R. ; Maliwal, B. P. ; Cherek, H. ; Balter, A.*: Synthesis and characterization of a fluorescence probe of the phase transition and dynamic properties of membranes. — In: Biochemistry **22** (1983) S. 5714 — 5722

[785] *Falck, J. R. ; Krieger, M. ; Goldstein, J. L. ; Brown, M. S.*: Preparation and spectral properties of lipophilic fluorescein derivatives : Application to plasma lowdensity lipoprotein. — In: J. Amer. Chem. Soc. **103** (1981) S. 7396 — 7398

[786] *Barni, E. ; Savarino, P. ; Pelizzetti, E.*: Organization and properties of cyanine dyes interacting with synthetic vesicles. — In: Nouv. J. de Chim. **7** (1983) S. 711 — 718

[787] *Donchi, K. F. ; Robert, G. P. ; Ternai, B. ; Derrik, P. J.*: A surface-active merocyanine dye as a probe of micellar environments. — In: Aust. J. Chem. **33** (1980) S. 2199 — 2206

[788] *Richards, F. M. ; Brunner, J.*: General labeling of membrane proteins. — In: Ann. N. Acad. Sci. — New York **346** (1980) S. 144 — 164

[789] *Guillory, R. J. ; Jeng, St. J.*: Photoaffinity labeling : theory and practice. — In: Federation proceedings **42** (1983) S. 2826 — 2830

[790] *Sun, J. D. ; Dent, P.J. G.*: A new method for measuring covalent binding of chemicals to cellular macromolecules. — In: Chem. Biol. Interac. **32** (1980) S. 41 — 61

[791] *Wasylewski, Z.*: Protein-cationic detergent interaction. — In: Acta biochim. Pol. — Warszawa **26** (1979) S. 195 — 203 (ibid. — S. 205 — 214 u. S. 215 — 227)

[792] *Bjerrum, O. J. ; Bhakdi, S. ; Rieneck, K.*: Monitoring of detergent binding

to amphiphilic proteins by means of micelles containing the hydrophobic dye Sudan Black B. — In: J. Biochem. & Biophys. Methods **3** (1980) S. 355 bis 366

[793] *Franz, H. ; Pfüller, U. ; Glöckner, R.:* Ein Verfahren zur Reindarstellung der beiden blauen Hauptkomponenten von Sudanschwarz B. — In: Zbl. allg. Pathol. Anat **121** (1977) S. 489 — 494

[794] *Pfüller, U. ; Franz, H. ; Preiß, A.:* Sudan Black B : Chemical structure and histochemistry of the blue main components. — In: Histochemistry **54** ·(1977) S. 237 — 250

[795] *Laemmli, U. K.:* Cleavage of structural proteins during the assembly of the head of bacteriophage T$_4$. — In: Nature — London **227** (1970) S. 680 — 685

[796] *Neville, D. M.:* Molekular weight determination of protein — dodecyl sulfate complexa by gel electrophoresis in a discontinuous buffer systems. — In: J. Biol. Chem. — Baltimore **246** (1971) S. 6328 — 6334

[797] *Weber, K. ; Osborn, M.:* The reliability of molecular weight determination by dodecylsulfate polyarcrylamide gel electrophoresis. — In: J. Biol. Chem. — Baltimore **244** (1969) S. 4406 — 4412

[798] *Blasius, E. ; Wagner, H.* (Eds.): Praxis der elektrophoretischen Trennmethoden. — Berlin : Springer Verl., 1985

[799] *Harkvoort, T. B. M. ; Veyron, P. ; Mÿlerman, H. G. ; Duk, W. van ; Tager, J. M.:* Identification of denatured enzyme proteins in sodium dodecyl sulfate polyacrylamide gels. — In: Biochem. Med. **33** (1985) S. 327 — 333

[800] *Blaich, R.:* Analytische Electrophoreseverfahren. G.-Thieme-Verlag, Stuttgart 1978

[801] *Takagi, T. ; Kubo, K. ; Isemura, T.:* Solubilization of oil-soluble dyes by sodium dodecyl sulfate-protein polypeptide complexes with reference to SDS-polyacrylamide gel electrophoresis. — In: Biochim. et Biophys. Acta. — Amsterdam **623** (1980) S. 271 — 279

[802] *Weil, J. K. ; Stirton, A. J.:* Biodegradation of some tallow-based surface-active agents in river water. — In: J. Am. Oil Chemists' Soc. **41** (1964) S. 355 — 358

[803] *Kubo, K. ; Takagi, T.:* Polyacrylamide gel electrophoresis in the presence of lithium dodecyl sulfate. — In: Membrane Biochem. **5** (1985) S. 117 — 122

[804] *Margulies, M. M. ; Tiffany, H. L.:* Importance of sodium dodecyl sulfate source to electrophoretic separations of thylakoid polypeptides. — In: Analyt. Biochem. — New York **136** (1984) S. 309 — 313

[805] *Hodges, S. C. ; Hirata, A. A.:* Effect of heat and sodium dodecyl sulfate on solubilization of proteins before two-dimensional polyacrylamide gel electrophoresis. — In: Clin. Chem. — New York **30** (1984) S. 2003 — 2007

[806] *Ochs, D.:* Protein contaminants of sodium dodecyl sulfate-polyacrylamide gels. — In: Analyt. Biochem. — New York **135** (1983) S. 470 — 474

[807] *Batteiger, B. ; Newhall, W. J. ; Jones, R. B.:* The use of Tween 20 as a blocking agent in the immunological detection of proteins transferred to nitrocellulose membranes. — In: J. Immunol. Meth. — Amsterdam **55** (1982) S. 297 — 307

[808] *Rohringer, R. ; Holden, D. W.:* Protein Blotting: Detection of proteins with colloidal gold, and of glycoproteins and lectins with biotin-conjugated and enzyme probes. — In: Analyt. Biochem. — New York **144** (1985) S. 118 — 127

[809] *Carter, M. J. ; Baczko, K.:* Determination of measles virus protein molecular weights on high percentage, highly cross-linked SDS polyacrylamide gels. — In: Z. Naturforsch. — Tübingen **38c** (1983) S. 887 — 889

[810] *Lambin, P.:* Analyt. Biochem. **85** (1978) S. 114 — 125

[811] *Hearing, V. J. ; Klingler, W. G. ; Ekel, T. M. ; Montague, P. M.:* Molecular weight estimation of Triton X-100 solubilized proteins by polyacrylamide gel electrophoresis. — In: Analyt. Biochem. **72** (1976) S. 113 — 122

[812] *Akin, D. T. ; Shapira, R. ; Kinkade, J. M.:* The determination of molecular weights of biologically active proteins by cetyltrimethylammonium bromide-polyacrylamide gel electrophoresis. — In: Analyt. Biochem. — New York **145** (1985) S. 170 — 176

[813] *Eley, M. H. ; Burns, P. C. ; Kannapell, C. C. ; Campbell, P. S.:* Cetyltrimethylammonium bromide polyacrylamide gel electrophoresis : Estimation of protein subunit molecular weights using cationic detergents. — In: Analyt. Biochem. — New York **92** (1979) S. 411 — 419

[814] *Mac Farlane, D. E.:* Use of benzyldimethyl-n-hexadecylammonium chloride ("16-BAC"), a cationic detergent, in an acidic polyacrylamide gel electrophoresis system to detect base labile protein methylation in intact cells. — In: Analyt. Biochem. — New York **132** (1983) S. 231 — 235

[815] *Penin, F. ; Godinot, C. ; Gautheron, D. C.:* Two-dimensional gel electrophoresis of membrane proteins using anionic and cationic detergents — application to the study of mitochondrial F_0-F_1-ATPase. — In: Biochim et Biophys. Acta. — Amsterdam **775** (1984) S. 239 — 245

[816] *Ruegg, U. Th. ; Rudinger, J.:* Reductive cleavage of cystine disulfides with tributylphosphine. — In: Meth. Ezymol. — New York **Part E** (1977) S. 111 — 116

[817] *Basch, J. J. ; Farrell, H. M.:* Charge separation of proteins complexed with sodium dodecyl sulfate by acid gel electrophoresis in the presence of cetyltrimethylammonium bromide. — In: Biochim. et Biophys. Acta. — Amsterdam **577** (1979) S. 125 — 131

[818] *Martinez-Izquierdo, J. A. ; Ludevid, M. D. ; Puigdomenech, P. ; Palau, J.:* Two-dimensional gel electrophoresis of zein proteins from normal and opaque-2 maize with nonionic detergent acid urea — polyacrylamide gel electrophoresis in the first dimension. — In: Plant Sci. Letters **34** (1984) S. 43 — 50

[819] *Satta, D. ; Schapira, G. ; Chafey, P. ; Righetti, P. G. ; Wahrmann, J. P.:* Solubilization of plasma membranes in anionic, non-ionic and zwitter-ionic surfactants for iso-dalt analysis : A critical evaluation. — In: J. Chromatogr. — Amsterdam **299** (1984) S. 57 — 72

[820] *Perdew, G. H. ; Schaup, H. W. ; Selivonchick, D. P.:* The use of a zwitterionic detergent in two-dimensional gel electrophoresis of trout liver microsomes. — In: Analyt. Biochem. — New York **135** (1983) S. 453 — 455

[821] *Klose, J.:* High resolution of complex protein solutions by two-dimensional electrophoresis / In: Modern methods in protein chemistry — Review articles / Ed.: *Tschesche, H.* — Berlin, New York : Walter de Gruyter & Co., 1983. — S. 49 — 78

[822] *Stiefel, T.:* Isotachophorese / In: Analytiker Tb. — Berlin, Heidelberg, New York : Springer Verl., 1983. — Bd. 3. — S. 139 — 165

[823] *Bog-Hansen, T. C. ; Bjerrum, O. J. ; Svendsen, P. J.:* Isotachophoresis of membrane proteins. — In: Sci. Tools, The LKB Instrument Journal. — Vol. **21** (1974) S. 33 — 34

[824] *Oka, S. ; Hirotsune, M. ; Shigeta, S.:* Isotachophoresis for periodate oxidation analysis of a small amount of carbohydrate. — In: Analyt. Biochem. — New York **98** (1979) S. 417 — 428

[825] *Gianazza, E. ; Artoni, G. ; Righetti, P. G.:* Isoelectric focusing in immobilized pH gradients in presence of urea and neutral detergents. — In: Electrophoresis **4** (1983) S. 321 — 326

[826] *Plumley, F. G. ; Schmidt, G. W.:* Rocket and crossed immunelectrophoresis of proteins solubilized with sodium dodecyl sulfate. — In: Analyt. Biochem. — New York **134** (1983) S. 86 — 95

[827] *Fourcroy, P. ; Malfoy, B.:* An electroimmunoassay for sodium dodecyl sulfate-solubilized proteins in presence of the detergent. — In: Electrophoresis **6** (1985) S. 30 — 34

[828] *Shapshak, P. ; Tourtellotte, W. W. ; Staugaitis, S. ; Cowan, T. ; Ingram, T. ; Weil, M. L. ; Bliss, D. ; Tourtellotte, W. G.:* Quantitation of human immunoglobulin G and albumin in electroimmunodiffusion gels containing ionic and nonionic detergents. — In: Analyt. Biochem. — New York **132** (1983) S. 305 — 311

[829] *Strecker, H. ; Hachmann, H. ; Seidel, L.:* Der Radioimmunoassay (RIA), eine hochspezifische, extrem empfindliche quantitative Analysenmethode. — In: Chemiker Ztg. **103** (1979) S. 53 — 68

[830] *Oellerich, M.:* Enzyme immunoassays in clinical chemistry : Present status and trends. — In: J. Clin. Chem. Clin. Biochem. **18** (1980) S. 197 — 208

[831] *Boguslaski, R. C. ; Li, T. M.:* Homogeneous immunoassays. — In: Appl. Biochem. Biotechnol. **7** (1982) S. 401 — 414

[832] *Wood, W. G. ; Stalla, G. ; Müller, O. A. ; Scriba, P. C.:* A rapid and specific method for separation of bound and free antigen in radioimmunoassay systems. — In: J. Clin. Chem. Clin. Biochem. **17** (1979) S. 111 — 114

[833] *Schuurs, A. H. W. M. ; Van Weemen, B. K.:* Enzyme-Immunoassay. — In: Clin. Chim. Acta **81** (1977) S. 1 — 40

[834] *Soini, E. ; Hemmilä, I.:* Fluoroimmunoassay: Present status and key problems. — In: Clin. Chem. **25** (1979) S. 353 — 361

[835] *Hemmilä. I.:* Fluoroimmunoassays and immunofluorometric assays. — In: Clin. Chem. **31** (1985) S. 359 — 370

[836] *Sundberg, M. W.: Meares, C. F.; Goodwin, D. A.; Diamanti, C.L.:* Selective binding of metal ions ot macromolecules using bifunctional analogs of EDTA. — In: J. Med. Chem. — Easton **17** (1974) S. 1304 — 1307 (ibid. Biochem. Biophys. Res. Commun. **75** (1977) S. 149 ff.)

[837] *Jansons, V. K. ; Mallett, P. L.:* Targeted liposomes : A method for preparation and analysis. — In: Analyt. Biochem. — New York **111** (1981) S. 54 — 60

[838] *Janoff, A. S. ; Carpenter-Green, S. ; Weiner, A. L. ; Seibold, G. ; Weissmann, G. ; Ostro, M. J.:* Novel liposome composition for a rapid colorimetric test for systemic lupus erythematosus. — In: Clin. Chem. **29** (1983) S. 1587 — 1592

[839] *Ishimori, Y. ; Yasuda, T. ; Tsumita, T. ; Notsuki, M. ; Koyama, M. ; Tadakuma, T.:* Liposome immune lysis assay (LILA) : A simple method to measure anti-protein antibody using protein antigen-bearing liposomes. — In :J. Immunol. Meth. — Amsterdam **75** (1984) S. 351 — 360

[840] *Litchfield, W. J. ; Freytag, J. W. ; Adamich, M.:* Highly sensitive immunoassays based on use of liposomes without complement. — In: Clin. Chem. **30** (1984) S. 1441 — 1445

[841] *Ho, R. J. Y. ; Huang, L.:* Interactions of antigen-sensitized liposomes with immobilized antibody : A homogeneous solid-phase immunoliposome assay. — In: J. Immunol. — Baltimore **134** (1985) S. 4035 — 4040

[842] *Vlasov, G. F. ; Tochlin, V. P. ; Gremyakova, T. A. ; Likhoded, V. G. ; Korosteleva, M. D. ; Ivanov, N. N.:* Detection of antibodies, neutralizing the endotoxins of gram-negative bacteria by the liposomal potentiometric method. — In: Zh. Mikrobiol. Epidemiol. Immunobiolog. **8** (1985) S. 87 — 91

[843] *Kiwada, H.* et al.: Application of synthetic alkyl glycoside vesicles as drug

carriers : I. Preparation and physical properties. — In: Chem. Pharm. Bull.
— Tokio **33** (1985) S. 753 — 759

[844] *Dey, S. K.:* Detergent induced agglutination test to identify vibrio cholarea
non-01 strains by any on serotype of Vibrio cholerae non-01 antisera. — In:
IRCS J. Med. Sci. — London **12** (1984) S. 826 — 827

[845] *Falkeswerden, L.-J. ; Lundblad, G.:* Ion exchange and polyethylenglycol
precipitation of immunoglobulin G. — In: Mikrochem. J. — New York **20**
(1975) S. 93 — 105

[846] *DaCol, P. ; Kostner, G. M.:* Immunoquantification of total apolipoprotein
B in serum by nephelometry: Influence of lipase treatment and detergents.
— In: Clin. Chem. — New York **29** (1983) S. 1045 — 1050

[847] *Kreutz, W.:* Biomembranen — eine Grundvoraussetzung allen Lebens. —
In: Umschau in Wiss. u. Technik **78** (1978) S. 138 — 146

[848] *Soda, K.:* Bioconversion of lipophilic compounds by immobilized bio-
catalysts in organic solvents. — In: Trends in Biochem. Sci. (1983) S. 428

[849] *Grant, D. A. W. ; Hjerten, S.:* Some observations on the choice of detergent
for solubilization of the human erythrocyte membrane. — In: The Biochem.
J. **164** (1977) S. 465 — 468

[850] *Shinoda, K. ; Nakagawa, T. ; Tamamushi, B. ; Isemura, T.:* Colloidal
surfactants. — New York, London : Academic Press, 1963. — S. 163 bis
173

[851] *Hanatani, M. ; Nishifuji, K. ; Futai, M. ; Tsuchiya, T.:* Solubilization and
reconstitution of membrane proteins of Escherichia coli using alkanoyl-N-
methylglucamides. — In: J. Biochem. — Tokyo **95** (1984) S. 1349 — 1353

[852] *Hjelmland, L. M. ; Klee, W. A. ; Osborne, Jr., J. C.:* A new class of
nonionic detergents with a gluconamide polar group. — In: Analyt. Biochem.
— New York **130** (1983) S. 485 — 490

[853] *Small, P. M. ; Penkett, S. A. ; Chapman, D.:* Studies on simple and mixed
bile salt micelles by nuclear magnetic resonance spectroscopy. — In:
Biochim. et Biophys. Acta. — Amsterdam **176** (1969) S. 178 — 189

[854] *Cesura, A. M. ; Müller, K. ; Peyer, M. ; Pletscher, A.:* Solubilization of
imipramine-binding protein from human blood platelets. — In: Eur. J.
Pharmacol. — Amsterdam **96** (1983) S. 235 — 242

[855] *Ernst, R.:* Surface active betaines as protective agents against denaturation
of an enzyme by alkyl sulfate detergents. — In: J. Amer. Oil Chem. Soc.
57 (1980) S. 93 — 98

[856] *Markina, Z. N. ; Cikurina, N. N.:* Soli zhělčnych kislotkak associirovanye
kolloidy i ich rol'v processe assimiljacii zhirov : Uspechi biol. chim. — Bd. 12.
— Moskau: Nauka, 1971. — S. 119 — 135

[857] *Sen, M. ; Mitra, S. P. ; Chattoraj, D. K.:* Thermodynamics of binding of
anionic detergent to bovine serum albumin. — In: Indian J. Biochem. &
Biophys. — New Dehli **17** (1980) S. 370 — 376

[858] *Valentin, E. ; Herrero, E. ; Javier Pastor, F. I. ; Sentandreu, R.:* Solubilization and analysis of mannoprotein molecules from the cell wall of sac-
charomyces cere visiae. — In: J. gen. Microbiol. — London **130** (1984)
S. 1419 — 1428

[859] *Jones, M. N. ; Midgley, P. J. W.:* Low-angle laser light scattering from
surfactant solubilized biological macromolecules. — In: Biochem. Soc.
Trans. **12** (1984) S. 625 — 627

[860] *Tsuchiya, T.:* New plot showing the existence of cooperativity, antico-
operativity, and an arbitrary value of the neighbor-exclusion parameter in
systems of ligand binding to linear lipopolymers. — In: Biopolymers. —
New York **22** (1983) S. 1967 — 1978

[861] *Lew, J. Y. ; Goldstein, M.:* Solubilization and characterization of striatal dopamine receptors. — In: J. Neurochem. — London **42** (1984) S. 1298 — 1305

[862] *Hauser, H.:* Phospholipid — from model membrane to industrial applications. — Chimia **9** (1985) S. 252 — 264

[863] *Neer, D. de ; Jem, R.* et al.: New class of chiral detergents, the formation of single micelles from N,N-Dimethyl-1-dodecyl-2,4-dimethyl-3-carbamoyl-pyridinium bromide, A CD study. — In: J. Org. Chem. **49** (1984) S. 3413

[864] *Avissar, S. ; Amitai, G. ; Sokolovsky, M.:* Oligomeric structure of muscarinic receptors is shown by photoaffinity labelling : Subunit assembly may explain high- and low-affinity agonist states. — In: Proc. Natl. Acad. Sci. — USA **80** (1983) S. 156 — 159

[865] *Tanford, C. ; Nozaki, Y. ; Reynolds, J. A. ; Makino, S.:* Molecular characterization of proteins in detergent solutions. — In: Biochemistry. — Easton. (Pa.) **13** (1974) S. 2369 — 2376

[866] *Williams, J. G. ; Gratzer, W. B.:* Limitations of the detergent-polyacrylamide gel electrophoresis methode for molecular weight determinations of proteins. — In: J. Chromatogr. — Amsterdam **57** (1971) S. 121

[867] *Pearson, J. D. ; Mitchell, M. ; Regnier, F. E.:* Removal of nonionic detergent Emulgen 911 from solubilized microsomes by HPLC. — In: J. Liquid Chrom. **6** (1983) S. 1459 — 1474

[868] *Henderson, L. E. ; Oroszlan, S. ; Konigsberg, W.:* A micromethod for complete removal of dodecyl sulfate from proteins by ion — pair extraction. — In: Analyt. Biochem. — New York **93** (1979) S. 153 — 157

[869] *Loten, E. G.:* Detergent solubilisation of rat liver particulate cyclic AMP phosphodiesterase. — In: Internat. J. Biochem. — Bristol **15** (1983) S. 923 bis 928 (u. loc. cit.)

[870] *Horigome, T. ; Sugano, H.:* Rapid method for removal of detergents and salts from protein solutions using Toyopearl HW-40 F. — In: J. Chromatogr. — Amsterdam **283** (1984) S. 315 — 322.
(ibid. Analyt. Biochem. — New York **130** (1983) S. 393 — 396)

[871] *Wessel, D. ; Flügge, U. I.:* A method for the quantitative recovery of protein in dilute solution in the presence of detergents and lipids. — In: Analyt. Biochem. — New York **138** (1984) S. 141 — 143

[872] *Zaman, Z. ; Verwilghen, R. L.:* Quantitation of proteins solubilized in sodium dodecyl sulfate mercaptoethanol-tris electrophoresis buffer. — In: Analyt. Biochem. — New York **100** (1979) S. 64 — 69

[873] *Bruns, R. F. ; Lawson-Wendling, K. ; Pugsley, T. A.:* A rapid filtration assay for soluble receptors using polyethyleneimine-treated filters. — In: Analyt. Biochem. — New York **132** (1983) S. 74 — 81

[874] *Kawabata, N. ; Natsuhara, E. ; Higuchi, I. ; Yoshida, J.:* Selective adsorption of alkylbenzenesulfonates on quaternized crosslinked poly(-4-vinylpyridine). — In: Bull. Chem. Soc. — Jpn. **56** (1983) S. 1012 — 1015

[875] *Dykes, P. J. ; Williams, D. L. ; Marks, R.:* Analysis of the non-ionic detergent soluble lipids of human stratum corneum. — In: British J. Derm. **110** (1984) S. 283 — 292

[876] *Kapp, O. H. ; Vinogradov, S. N. :* Removal of sodium dodecyl sulfate from proteins. — In: Analyt. Biochem. — New York **91** (1978) S. 230 — 235

[877] *Roche, P. C. ; Bergert, E. R. ; Ryan, R. J.:* A simple and rapid method using polyethylenimine-treated filters for assay of solubilized LH/hCG receptors. — In: Endocrinology **117** (1985) S. 790 — 792

[878] *Hager, D. A. ; Burgess, R. R.:* Elution of proteins from sodium dodecyl sulfate-polyacrylamide gels, removal of sodium dodecyl sulfate, and renaturation of enzymatic activity: Results with sigma subunit of Esche-

richia coli RNA polymerase, wheat germ DNA topoisomerase, and other enzymes. — In: Analyt. Biochem. **109** (1980) S. 76 — 86

[879] *Whitney, J. O. ; Thaler, M. M.:* A simple liquid chromatographic method for quantitative extraction of hydrophobic compounds from aqueous solutions. — In: J. Liquid Chromat. **3** (1980) S. 545 — 546

[880] *Salcedo, R. ; Celis, H.:* Removing of detergents from proteins by extraction with isopentanol. — In: Analyt. Biochem. **132** (1983) S. 324 — 328

[881] *Geyer, G.:* Elektronenmikroskopische Histochemie. — Teil 1 : Nachweis und Kontrastierungsmethoden für Kohlenhydrate, Proteine und Aminosäuren, Nucleinsäuren, Lipide und Mineralstoffe / In: Handbuch der Histochemie. — Bd. I. — Teil 3 / Ed.: *Graumann, W. ; Neumann, K.* — Stuttgart, New York : Gustav Fischer Verl., 1977

[882] *Luppa, H.:* Grundlagen der Histochemie. — Berlin : Akademie-Verl., 1977. — Teil I u. II

[883] *Scott, J. E. ; Stockwell, R. A.:* On the use and abuse of the critical electrolyte concentration approach to the localization of tissue polyanions. — In: J. Histochem. Cytochem. — Baltimore **15** (1967) S. 111 — 113

[884] *Lev, R.:* Histochemistry / In: The glycoconjugates. — New York, San Francisco, London : Academic Press, Inc., 1977. — Vol. 1. — S. 35 — 50

[885] *Franz, H. ; Pfüller, U. ; Glöckner, R.:* Elektronenmikroskopische Darstellung saurer Mukopolysaccharide mit ferrocenhaltigen Kationen. — In: Acta histochem. — **61** (1978) S. 64 — 71

[886] *Pfüller, U.:* Neue Reagentien für die Ultrahistochemie : Synthese und Charakterisierung metallorganischer und osmiophiler Tenside sowie polymerer Salze und Komplexe mit amphiphilen Eigenschaften. [Histochemistry, in Vorbereitung]

[887] *Pfüller, U.:* Osmiophile Tenside : Struktur, amphiphiler Charakter und Redoxverhalten. — In: Z. Chem. — in Vorbereitung

[888] *Pol'kin, S. L.:* Obogaščenie rudo i rossypej redkich metallov. — Moskau : Nedra, 1967

[889] *Cabezas, J. M. ; Mata-Segreda, J. F.:* S-Alkylthiuronium ions. Partial molal volumenes and viscometric behavior of methanolic solutions. — In: Res. Latinoamer. Quim. **13** (1982) S. 97 — 100

[890] *Ardon, R. ; Cabezas, J. M. ; Chaverri, G.:* Cloruros de S-alquiltiouronio, preparacion y propiedades tensoactivas. — In: Ing. Cienc. Quim. **1** (1977) S. 33 — 38

[891] *Behrman, E. J.:* The chemistry of osmium tetroxide fixation : Science of biolog. specimen preparation. — Chicago : SEM Inc. AMF O'Hare, 1984. — S. 1 — 5

[892] *Mann, St. ; Williams, R. J. P.:* New organo-metallic reagents for electron microscopy. — In: J. Chem. Soc. Chem. Commun. 1981, S. 1083 — 1084

[893] *Mesland, D. A. M. ; Spiele, H.:* Brief extraction with detergent induces the appearance of many plasma membrane-associated microtubules in hepatocytic cells. — In: J. Cell Sci. — Cambridge **68** (1984) S. 113 — 137

[894] *Dietl, J. ; Czuppon, A. B.:* Ultrastructural studies of the porcine zona pellucida during the solubilization process by Li-3,5-diiodosalicylate. — In: Gamete, Res. **9** (1984) S. 45 — 54

[895] *Marchesi, V. T. ; Andrews, E. P.* — In: Science **174** (1971) S. 1247 — 1248

[896] *Talmon, Y.:* Staining and drying-induced artifacts in electron microscopy of surfactant dispersions. — In: J. Coll. Inferface Sci. **93** (1983) S. 366 bis 382

[897] *Miller, D. L. ; Rosenbaum, R. C. ; Sugarbaker, P. H. ; Vermess, M. ; Willis, M. ; Doppman, J. L.:* Detection of hepatic metastases: Comparison

of EDE-13 computed tomography and scintigraphy. – In: Amer. J. Radiol. **141** (1983) S. 931 – 935

[898] *Seltzer, St. E. ; Davis, M. A. ; Adams, D. F. ; Shulkin, P. M. ; Landis, W. J. ; Havron, A.:* Liposomes carrying diatrizoate characterization of biophysical properties and imaging applications. – In: Invest. Radiol. – Philadelphia **19** (1984) S. 142 – 151

[899] *Parassani, T. ; Bautieri, G. ; Couti, F. ; Crvatto, U.:* Paramagnetic ions trapped in phospholipid vesicles as contrast agents in NMR-imaging. 1. Mn-citrate in phosphatidylcholine and phosphatidylserine vesicles. – In: Inorg. Chim. Acta. **106** (1985) S. 135 – 141

[900] *Perez-Soler, R. ; Lopez-Berestein, G. ; Kasi, L. P. ; Catanillas, H. ; Johun, G. ; Hersh, E. M. ; Haynie, Th.:* Distribution of technetium-99^m labeled multilammelar liposomes in patients with Hodgkins Disease. – In: J. nucl. Med. – Chicago **26** (1985) S. 743 – 749

[901] *Sutter, J.-K. ; Sukenik,. Ch. N.:* Micelle-induced chemoselectivity : A probe for sites of solubilization and water penetration. – In: J. Org. Chem. **47** (1982) S. 4174 – 4176

[902] *Ohkubo, K.* et al.: Enatioselectivity enhancement in the deacylation of N-Acyl amino esters by vesicular systems of long chain dipeptide nucleo philes and a cationic double chain surfactant. – In: Bull. Chem. Soc. Jpn. **57** (1984) 214 – 219

[903] *Fadnavis, N. ; Engberts, J. F. N.:* Surfactant-polymer interactions and their effects on the micellar inhibition of the neutral hydrolysis of 1-benzoyl-1,2,4,-triazole. – In: J. Amer. Chem. Soc. **106** (1984) S. 2636 – 2640

[904] *Bunton, C. A. ; Mhalla, M. M. ; Moffatt, J. R. ; Monarres, D. ; Savelli, G.:* Micellar effects upon dephosphorylation by peroxy anions. – In: J. Org. Chem. **49** (1984) S. 426 – 430

[905] *Bunton, C. A. ; Moffatt, J. R. ; Rodenas, E.:* Abnormally high nucleo philicity of micellar-bound azide ion. – In: J. Amer. Chem. Soc. **104** (1982) S. 2653 – 2655

[906] *Eckert, T.; Zander, M.:* Zum Mechanismus der Umesterung des Aspirins mit Polyäthylenglykolen. – In Arch. Pharm. – Weinheim **310** (1977) S. 136 – 141

[907] *O'Connor, Ch. J. ; Ramage, R. E.:* The reactivity of p-nitrophenyl esters with surfactant in nonaqueous solvents. I. p-Nitrophenyl acetate in benzene solutions of dodecylammonium propionate. – In: Aust. J. Chem. **33** (1980) S. 757 – 770

[908] *Mackay, R. A.:* Chemical reactions in microemulsions. – In: Adv. Colloid Interface Sci. **15** (1981) S. 131 – 156

[909] *Isè, N.:* Polimery, obladajuščie kataličeskoj aktivnost'ju / In: Polimery special'nogo naznačenija / Ed.: *Isè, N* u. *Tabusi, I.* – Moskau: Mir, 1983. – S. 62 – 110. (Übers. aus d. Japan. : Speciality polymers, Iwanami Shoten, Publ. – Tokio, 1980)

[910] *Broxton, T. J.:* Trapping of the intermediate formed in the E1cB hydrolysis of some alkyl and aryl N-(4-nitrophenyl)-carbamates in a hydroxy functionalized micelle. – In: Aust. J. Chem. **38** (1985) S. 77 – 83

[911] *Jobe, D. J. ; Reinsborough, V. C.:* Surfactant structure and micellar rate enhancements : Comparison within a related group of one-tailed, two-tailed and two-headed anionic surfactants. – In: Aust. J. Chem. **37** (1984) S. 1593 – 1599

[912] *Sunamoto, J. ; Kondo, H. ; Kikuchi, J. ; Yoshinaga, H. ; Takei, S.:* Intramolecular cyclization of the pyridoxal-histidine Schiff base controlled in reversed micelles. – In: J. Org. Chem. **48** (1983) S. 2423 – 2424 (ibid.) Chem. Lett. **1978**, S. 821)

[913] *Schacht, E.:* Phasentransferkatalyse — ein neues Reaktionsprinzip. — In Kontakte (Merck) **3** (1976) S. 3 — 15

[914] *Weber, W. P. ; Gokel, G. W.:* Phase transfer catalysis in organic synthesis Springer Verlag Berlin, Heidelberg, New York 1977 (Russ. Übers.: Mir, Moskau 1980)

[915] *Skrzewski, J. ; Cichacz, E.:* The two-phase oxidation of some aromatic compounds with cerium ammonium nitrate in the presence of surfactants. — In: Bull, Chem. Soc. — Jpn. **57** (1984) S. 271 — 274

[916] *Myers, D. A. ; Murdoch, W. J. ; Villemez, C. L.:* Proteine-peptide conjugation by a two-phase reaction. — In: Biochem. J. — London **227** (1985) S. 343

[917] *Venturello, C. ; Alneri, E. ; Ricci, M.:* A new, effective catalytic system for epoxidation of olefins by hydrogen peroxide under phase-transfer conditions. — In: J. Org. Chem. **48** (1983) S. 3831 — 3833

[918] *Gibson, T.:* Phase-transfer synthesis of monoalkyl ethers of oligoethylene glycols. — In: J. org. Chem. **45** (1980) S. 1095 — 1098

[919] *Regen, St. L.:* Triphase catalysis. — In: Angew. Chem. Intern. Ed. **18** (1979) S. 421 — 429

[920] *Castells, J. ; Dunach, E.:* Polymer-supported quaternary ammonium cyanides and their use as catalysts in the benzoin condensation. — In: Chem. Letters (1984) S. 1859 — 1860

[921] *Yamauchi, K. ; Hisanaga, Y. ; Kinoshita, M.:* Micellar methylating agents : (long-chain-alkyl)-dimethylsulfonium iodides. — In: J. Chem. Soc., Perkin Trans. I 8 (1983) S. 1941 — 1942

[922] *Graetzel, C. K. ; Jirousek, M. ; Graetzel, M.:* Light — induced oxidation of aromatic hydrocarbons in functionalized microemulsions. — In: J. Phys. Chem. **88** (1984) S. 1055 — 1058

[923] *Moss, R. A. ; Alwis, K. W.:* A surfactant peroxide. — In: Tetrahedron Lett. **21** (1980) S. 1303 — 1306

[924] *Bratu, C. ; Balaban, A. T.:* Some properties of electrolytically generated cetyltrimethylammonium amalgame, a metallic-covalent surface agent. — In: Rev. Roum. Chim. **13** (1968) S. 625 — 629

[925] *Cipiciani, A. ; Germani, R. ; Savelli, G. ; Bunton, C. A.:* Nucleophilic aromatic substitution in twin-tailed hydroxide ion surfactants. — In: Tetrahedron Lett. **25** (1984) S. 3765 — 3768

[926] *Karaman, H. ; Barton, R. J. ; Robertson, B. E. ; Lee, D. G.:* Preparation and properties of quaternary ammonium and phosphonium permanganates. — In: J. Org. Chem. **49** (1984) S. 4509 — 4516

[927] *Fendler, J. H.* / In: "Membrane Mimetic Chemistry" — New York : Wiley, 1982. — S. 309 — 322

[928] *Fendler, J. H.:* Membrane mimetic chemistry. — In: Chem. Eng. News **62** (1984) S. 25 — 38

[929] *Fendler, E. ; Fendler, J.:* Micellare Katalyse in organischen Reaktionen : Kinetik und Mechanismus — In: Advances in Physical Chemistry. — Vol. 8 — New York : Academic Press, 1970. — S. 271 — 406

[930] *Nicholas, J. T. ; Grätzel, M. ; Braun, A. M.:* Photophysikalische und photochemische Prozesse in micellaren Systemen. — In: Angew. Chem. — Weinheim **99** (1980) S. 712 — 734

[931] *Nakagaki, M. ; Sakai, M. ; Handa, T.:* Effect of micellar environment on the photoreduction of azo dyes sensitized by tetraphenyl porphyrin derivatives. — In: Chem. & Pharmaceut. Bull. **32** (1984) S. 4241 — 4251

[932] *Thoma, J. K.:* Radiation-induced reactions in organized assemblies. — In: Chem. Rev. **80** (1980) S. 283 — 299

[933] *Leigh, W. J. ; Scaiano, J. C.:* Photochemistry of acetone in surfactant solutions. — In: J. Amer. Chem. Soc. **105** (1983) S. 5652 — 5657

[934] *Dainty, Ch. ; Bruce, D. W. ; Cole-Hamilton, D. J. ; Camilleri, P.:* The photochemical reduction of 2,1,3-benzothiadiazole-4,7-dicarbonitrile by ethylendiaminetetra acetic acid in the presence of micelles. — In: J. Chem. Soc. Chem. Commun. (1984) S. 1324 — 1325

[935] *Israel, G. ; Timpe, H. J.:* Photoinduzierter Elektronentransfer zwischen Diazoniumsalzen und aromatischen Kohlenwasserstoffen in kationischen Mizellen. — In: Z. Chem. **24** (1984) S. 214

[936] *Ortmann, W. ; Fanghänel, E.:* Photochemische Primärprozesse von Xanthenfarbstoffen; zum Mizelleinfluß auf die sensibilisierte Photolyse von Arendiazoniumsalzen. — In: Z. Chem. **25** (1985) S. 951 u. loc. cit.

[937] *Nagamura, T. ; Takeyama, N. ; Matsuo, T.:* Cooperative sensitization in photoreduction of viologens by metal complexes and charge-transfer complexes on amphipathic viologen micelles. — In: Chem. Letters. (1983) S. 1341 — 1344

[938] *Fuhrhop, J. H. ; Wanja, U. ; Bünzel, M.:* 5-(1'-Methyl-4,4'-bipyridinium-1-yl)octaethylporphyrin dichloride, a meso-Viologenporphyrinate. — In: Liebigs Ann. Chem. (1984) S. 426 — 432

[939] *Kurihara, K. ; Fendler, J. H.:* Electron-transfer catalysis by surfactant vesicle stabilized colloidal platinum. — In: J. Amer. Chem. Soc. **105** (1983) S. 6152 — 6153

[940] *Ohkubo, K. ; Matsumoto, N. ; Nagasaki, M. ; Yamaki, K. ; Ogata, H.:* Enantioselectivity enhancement in the deacylation of N-acyl-amino acid esters by vesicular systems of long chain dipeptide nucleophiles and a cationic double chain surfactant. — In: Bull. Chem. Soc. — Jpn. **52** (1984) S. 214 — 218

[941] *Bizzigotti, G. O.:* Thiol-disulfide interchange reaction between Ellman's reagent (5,5'-dithio-bis(2-nitrobenzoic acid) and functionalized thiol vesicles. — In: J. Org. Chem. **48** (1983) S. 2598 — 2600

[942] *Regen, St. L. ; Shin, J.-S.:* Ghost vesicles. — In: J. Amer. Chem. Soc. **106** (1984) S. 5756 — 5757

[943] *Lenard, J.:* Reactions of protein carbohydrates, and related substances in liquid hydrogen fluoride. — In: Chem. Rev. **69** (1969) S. 625 — 642

[944] *Zaks, A. ; Klibanov, M.:* Enzyme-catalyzed processes in organic solvents. — In: Proc. Natl. Acad. Sci. USA **82** (1985) S. 3192 — 3196

[945] *Luisi, P. L.:* Enzyme als Gastmoleküle in inversen Micellen. — In: Angew. Chem. — Weinheim **97** (1985) S. 449 — 460

[946] *Förster, Th. ; Aurich, F.:* The effect of cryoprotectants on subzero phase transitions of liposome membranes. — In: Cryo-Letters **6** (1985) S. 163 bis 170

[947] *Fujikawa, S.:* In: Effects of low temperature on biological membranes / G. J. Morris u. A. Clark (Eds.). — London : Academic Press, 1981. — S. 323 — 334

[948] *Ohshima, A. ; Narita, H. ; Kito, M.:* Phospholipid reverse micelles as a milieu of an enzyme reaction in an apolar system. — In: J. Biochem. **93** (1983) S. 1421 — 1425

[949] *Garcia, L. A. M. ; Schenkman, S. ; Araujo, P. S. ; Chaimovich, H.:* Fusion of small unilamellar vesicles induced by bovine serum albumin fragments — In: Brazilian J. Med. Res. **16** (1983) S. 89 — 96

[950] *Grätzl, M. C. ; Schudt, R. ; Dahl, G.:* Fusion of isolated biological membranes / In: E. Bittar (Ed.) Membrane structure and fusion. — New York : J. Wiley and Sons, Inc. — Vol. 3. — S. 59 — 92

[951] *Lever, J. E.:* The use of membrane vesicles in transport studies. — In: CRC Crit. Rev. Biochem. 1980, S. 187 — 246

[952] *Alving, C. R. ; Richard, R. L.:* Immunological aspects of liposomes / In: The liposome / Ed.: *Ostro, M.* — New York : *M. Dekker,* Inc., 1983

[953] *Bangham, A. D.:* Membrane modells with phospholipids. — In: Prog. Biophys. Mol. Biol. **18** (1968) S. 29 — 95

[954] *Tas, J. ; Frederiks, W. M. ; Frank, J. J.:* A new approach to the staining of lipids with Sudan Black B : A study by means of polyacrylamide model films containing liposomes. — In: Acta histochem. Suppl. Bd. XXI (1980) S. 123 — 129

[955] *Benešova, H. ; Hladik, J. ; Kaplanova, M. ; Sofrova, D.:* Photochemical activity of photosynthetic pigments in thylakoid membranes in Triton X-100 micelles. — In: Photobiochem. Photobiophysics **7** (1984) S. 15 — 24

[956] *Barclay, L. R. C. ; Locke, St. J. ; MacNeil, J. M.:* The autoxidation of unsaturated lipids in micelles. Synergism of inhibitors vitamins C and E. — In: Canad. J. Chem. **61** (1983) S. 1288 — 1290

[957] *Ohshima, A. ; Narita, H. ; Kito, M.:* Phospholipid reverse micelles as a milieu of an enzyme reaction in an apolar system. — In: J. Biochem. — Tokyo **93** (1983) S. 1421 — 1425

[958] *Pfüller, U.:* Histochemische Modelluntersuchung zur Bindung von Invertseifen an anionische Biopolymere. — In: Acta histochem. — Jena (1986) im Druck

[959] *Chang, T. M. S.:* Artificial kidney, artificial liver, and artificial cells. — New York : Plenum Press, 1978

[960] *Murakami, Y. ; Nakano, A. ; Yoshimatsu, A.:* Biphasic substrate — incorporation by synthetic membrane vesicles. — In: Chemistry Letters (1984) S. 13 — 16

[961] *Szebeni, J. ; Breuer, J. H. ; Szelenyi, J. G. ; Bathori, G. ; Lelkes, G. ; Hollan, S. R.:* Oxidation and denaturation of hemoglobin encapsulated in liposomes. — In: Biochim. et Biophys. Acta. — Amsterdam **798** (1984) S. 60 — 67

[962] *Queich, V. ; Reed, K. R. ; Erdos, G. W. ; Nicoletti, P. L. ; Hoffmann, E. M.:* Ennanced uptake of liposomes by bovine macrophages after opsonization with antibodies to Brucella abortus. — In: Amer. J. Vet. Res. **45** (1984) S. 1409 — 1412

[963] *Duncan, J. L.:* Liposomes as membrane models in studies of bacterial toxins. — In: J. Toxicol.-Toxin Reviews **3** (1984) S. 1 — 51

[964] *Ernst, R. ; Arditti, J.:* Biological effects of surfactants VII. Growth and development of Brassocattleya (Orchidaceae) seedlings. — In: New Phytol. **96** (1984) S. 197 — 205

[965] *Misra, V.:* Toxicology and environmental problems of detergent industry. — In: J. Scientific & Ind. Res. **41** (1982) S. 48 — 53

[966] *Boethling, R. S.:* Environmental fate and toxicity in wastewater treatment of quaternary ammonium surfactants. — In: Water Res. — Oxford **18** (1984) S. 1061 — 1076

[967] *Hotchkiss, R. D.:* The nature of the bactericidal action of surface active agents / In: Surface active Agents / Ed. R. W. Miner & E. I. Valko. — In: Ann. N. Y. Acad. Sci. — New York (1946) S. 479 — 492

[968] *Healey, P. L. ; Ernst, R. ; Arditti, J.:* Biological effects of surfactants. II. Influence on the ultrastructure of orchid seedlings. — In: New Phytol. **70** (1971) S. 477 — 482

[969] *Limanov, V. E. ; Kručenok, T. B. ; Ivanov, S. B. ; Cvirova, I. M.:* Polučenie i baktericidnaja aktivnost' solej vysšich alifatičeskich aminov. — In: Chim.-farmacevt. Z. — Moskva XVII (1983) S. 641 — 768

[970] *Michaels, E. B. ; Hahn, E. C. ; Kenyon, J.:* Mice and rabbit models for oral and percutaneous absorption and disposition of amphoteric surfactant C31G (und loc. cit.). — In: American J. Veter. Res. **44** (1983) S. 1977 — 1983

[971] *Gillet, M. P. T.:* Effect of some surface active agents on human platelet aggregation. — In: Sci. Cult. — San Paulo **29** (1977) S. 595 — 599

[972] *Tobler, J. ; Watts, M. T. ; Fu, J. L.:* An in vivo and in vitro investigation of three surface active agents as modulators of cell proliferation. — In: Cancer Res. — Chicago **40** (1980) S. 1173 — 1180

[973] *Black, J. G. ; Howes, D.:* Skin penetration of chemically related detergents. — In: J. Soc. Cosmet. Chem. **28** (1977) S. 165 — 182

[974] *Abel, P. D.:* Toxicity of synthetic detergents to fish and aquatic invertebrates. — In: J. Fish Biol. **6** (1974) S. 279 — 298

[975] *Lal, H. ; Misra, V. ; Viswanathan, P. N. ; Krishna Murti, C. R.:* Effect of synthetic detergents on some of the behavioral patterns of fish fingerlings (Cirrhina mrigala) and its relation to ecotoxicology. — In: Bull. Environm. Contaminat. & Toxicol. — New York **32** (1984) S. 109 — 115

[976] *Singh, M. ; Orsenigo, J. R.:* Phytotoxicity of nonionic surfactants to sugarcane. — In: Bull. Environm. Contaminat. & Toxicol. — New York **32** (1984) S. 119 — 124

[977] *Sunamoto, J. ; Iwamoto, K. ; Uesugi, T. ; Kojima, K. ; Furuse, K.:* Liposomal membranes. XIX. Interaction between spermicidal agents and liposomes reconstituted with boar spermatozoal lipids. — In: Chem. & Pharmaceut. Bull. — Tokyo **32** (1984) S. 2891 — 2897

[978] WHO-Publikation Nr. 595 : Immunologičeskie ad'juvanty. — Moskau : Medicina, 1978 Ser. techn. dokl.
(WHO, Genf 1978)

[979] *Hunter, R. L. ; Bennett, B.:* The adjuvant activity of nonionic block polymer surfactants. : II. Antibody formation and inflammation related to the structure of triblock and octablock copolymers. — In: J. Immunol. — Baltimore **133** (1984) S. 3167 — 3175

[980] *Hilgers, L. A. Th. ; Snippe, H. ; Jansze, M. ; Willers, J. M. N.:* Combinations of two synthetic adjuvants ; Synergistic effects of a surfactant and a polyanion on the humoral immune response. — In: Cell. Immunol. — New York **92** (1985) S. 203 — 209

[981] *Snippe, H. ; Belder, M. ; Willers, J. M. N.:* Dimethyl dioctadecyl ammonium bromide as adjuvant for delayed hypersensitivity in mice. — In: Immunology. — Oxford **33** (1977) S. 931 — 936

[982] *Shek, P. N. van ; Heath, T. D.:* Immune response mediated by liposome-associated protein antigens. III. Immunogenicity of bovine serum albumin covalently coupled to vesicle surface. — In: Immunology. — Oxford **50** (1983) S. 101 — 106

[983] *Rooyen, N. ; van Nieuwmegen, R.* / In: Targeting of drugs. — Ed. *G. Gregoriadis, J. Senior, A. Trouet.* — New York ; Plenum Press, 1982. — S. 301 — 326

[984] *Bathori, Gy. ; Rethy, L. ; Kontrohr, T. ; Györgyi, S. ; Geresi, M.:* Immuno-modulation with inactivated bacterium-suspensions or derivatives VI. The immuno-adjuvanting activity of liposomes combined with lipid A. — In: Ann. Immunol. Hung. — Budapest **22** (1982) S. 443 — 450

[985] *Dey, S. K. ; Kusari, J. ; Ghose, A. C.:* Detergent induced enhancement of antibody mediated flagellar agglutination of vibrio cholerae. — In: IRCS J. Med. Sci. — Lancaster **11** (1983) S. 908

[986] *Balteiger, B. ; Newhall, W. J. ; Jones, R. B.:* The use of Tween 20 as a blocking agent in the immunological detection of proteins transferred to nitrocellulose membranes. J. Immunol. Methods **55** (1982) S. 297 — 307

[987] *Seiler, F. R. ; Gronski, P. ; Kurrle, R. ; Lüben, G. ; Harthus, H.-P. ; Ax, W. ; Bosslet, K. ; Schwick, H.-G.:* Monoclonal antibodies : Their chemistry, functions and possible uses. — In: Angew. Chem. — Weinheim. — Intern. Ed. **24** (1985) S. 139 — 160

[988] *Köhler, G.* / In: Immunological methods / Ed.: *I. Lefkovits ; B. Pernis.* — New York : Academic Press, 1979. — S. 391 — 397

[989] *Köhler, G.* / In: *Lefkovits, I. ; Pernis, B.:* Immunological Methods. — New York : Academic Press, 1979. — S. 391 u. 397

[990] *Enhorning, G.:* Surfactant in the treatment of respiratory distress syndrome : In: Development Pharmacology. — New York : Alan R. Liss. Inc., 1983. — S. 267 — 272

[991] *Rodgers, J. B. ; Friday, S. ; Bochenek, W. J.:* Absorption and excretion of the hydrophobic surfactant ^{14}C-Poloxalene 2930, in the rat. — In: Drug metabolism and disposition. **12** (1984) S. 631 — 634

[992] *Bochenek, W. J. ; Slowinska, R. ; Kapuscinska, B. ; Mrukowicz, M.:* Inhibition of lipid absorption by non-ionic hydrophobic surfactant Pluronic L-81, and its benzoyl esters. — In: J. Pharm. & Pharmacol. — London **36** (1984) S. 834 — 836

[993] *Firestone, R. A. ; Pisanò, J. M. ; Bonney, R. J.:* Lysomotropic agents. I. Synthesis and cytotoxic action of lysosomotropic detergents. — In: J. Med. Chem. **22** (1979) S. 1130 — 1133

[994] *Miller, D. K. ; Griffiths, E. ; Lenard, J. ; Firestone, R. A.:* Cell killing by lysosomotropic detergents. — In: J. Cell Biol. — New York **97** (1983) S. 1841 — 1851

[995] *Schenk, J. ; Schmack, B. ; Rösch, W. ; Riemann, J. F. ; Koch, H. ; Demling, L.:* Spülbehandlung von Choledochussteinen mit Octanoat (Capmul 8210). — In: Dtsch. med. Wochenschr. — Stuttgart **105** (1980) S. 917 — 921

[996] *Roche, E. B.* (Ed.): Design of biopharmaceutical properties through prodrugs and analogs / *Washington, D. C.:* Amer. Pharm. Assoc. 1977 / Martindale: The extra pharmacopoeia. — 27. Aufl., *Wades, A.* (Ed.) London: The Pharmaceutical Press, 1977. — S. 425 ff.

[997] *Anderson, B. D. ; Conradi, R. A. ; Knuth, K. E.:* Strategies in the design of solution-stable water-soluble prodrugs I: A physical-organic approach to pro-moiety selection for 21-esters of corticosteroids. — In: J. Pharm. Sci. — Washington **74** (1985) S. 365 — 374, ibid S. 375 — 381

[998] *Alving, C. R.:* Natural antibodies against phospholipids and liposomes in humans. — In: Biochem. Soc. Trans. **12** (1984) S. 342 — 344

[999] *Alving, C. R.:* Antibodies against lipids, lipid bilayers and liposomes : A theory of aging. — In: "Liposome Letters" / Ed. *A. D. Bangham.* — London : Academic Press, 1983, — S. 269 — 276

[1000] *Rahman, A. ; White, G. ; More, N. ; Schein, P. S.:* Pharmacological, toxicological and therapeutic evaluation in mice of doxorubicin entrapped in cardiolipin liposomes. — In: Cancer Res. — Chicago **45** (1985) S. 796 — 803

[1001] *Allen, T. M. ; Everest, J. M.:* Effect of liposome size and drug release properties on pharmacokinetics of encapsulated drug in rats. — In: J. Pharm. Exp. Therapeutics **226** (1983) S. 539 — 544

[1002] *Westerhof, W.:* Possibilities of liposomes as dynamic dosage form in dermatology. — In: Med. Hypotheses **16** (1985) S. 283 — 288

[1003] *Friedman, S. J. ; Skehan, P.:* Cell membranes : Targets for selective antitumor chemotherapy / In: Novel approaches to cancer chemotherapy. — Academic Press, Inc., 1984 .— S. 329 — 354

[1004] *Couvreur, P.:* Anticorps monoclonaux et pilotage des medicaments. — In: J. Pharm. Belg. **39** (1984) S. 249 — 254

[1005] *Yatvin, M. B. ; Muhlensiepen, H. ; Porschen, W. ; Weinstein, J. N. ; Feinendegen, L. E.:* Selective delivery of liposome-associated cis-dichlor-diammineplatinum(II) by heat and its influence on tumor drug uptake and growth. — In: Cancer Res. — Chicago **41** (1981) S. 1602 — 1607

[1006] *Sasaki, H. ; Takakura, Y. ; Hashida, M. ; Kimura, T. ; Sezaki, H.:* Anti-tumor activity of lipophilic prodrugs of mitomycin C entrapped in lipo-some or o/w emulsion. — In: J. Pharm. Dyn. **7** (1984) S. 120 — 130

[1007] *Ritter, C. ; Rutman, R. J.:* Liposomes as active participants in experi-mental therapeutics. — In: Cancer Drug Delivery **1** (1984) S. 137 — 144

[1008] *Kraus-Friedmann, N. ; Juliano, R. L.:* Liposome encapsulated tetracaine lowers blood glucose. — In: Biochim. et Biophys. Acta. — Amsterdam **799** (1984) S. 195 — 198

[1009] *Baldwin, H. T. ; Howard, R. S.:* Liposomes in immunology. — Amster-dam : Elsevier-North Holland, 1980

[1010] *Rahman, Y. E.:* Liposomes as carriers for chelators. — In: Liposome Let-ters (1983) S. 335 — 339; vgl. Ref. 999

[1011] *Finkelstein, M. ; Weissmann, G.:* The introduction of enzymes into cells by means of liposomes. — In: J. Lipid. Res. **19** (1979) S. 289 — 303

[1012] *Lopez-Berestein, G. ; Kasi, L. ; Rosenblum, M. G. ; Haynie, T. ; Jahns, M. ; Glenn, H. ; Mehta, R. ; Mavligit, G. M. ; Hersh, E. M.:* Clinical pharmacology of 99mTc-labelled liposomes in patient with cancer. — In: Cancer Res. **44** (1984) S. 375 — 378

[1013] *Chapman, W. L. ; Hanson, W. L. ; Alving, C. R. ; Hendricks, L. D.:* Antileishmanial activity of liposome-encapsulated meglumine antimonate in the dog. — In: Amer. J. Vet. Res. **45** (1984) S. 1028 — 1030

[1014] *Graybill, J. R. ; Craven, P. C. ; Taylor, R. L. ; Williams, D. M. ; Magee, W. E.:* Treatment of murine cryptococciosis with liposome associated amphotericin. — In: B. J. Infect. Dis. **145** (1982) S. 748 — 752

[1015] *Leserman, L. D. ; Machy, P. ; Barbet, J.:* Cell specific drug transfer from liposome bearing monoclonal antibodies. — In: Nature. — London **293** (1981) S. 226 — 228

[1016] *Hashimoto, Y. ; Sugawara, M. ; Endoh, H.:* Coating of liposomes with subunits of monoclonal IgM antibody and targeting of the liposomes. — In: J. immunol. Meth. — Amsterdam **62** (1983) S. 155 — 162

[1017] *Mayhew, E.:* Liposomes and Cancer / In: Liposome Letters / ed. *A. D. Bangham.* — London : Academic Press, 1983. — S. 357 — 367

[1018] *Poste, G.:* Liposome targeting in vivo : Problems and opportunities. — In: Biol. Cell. **47** (1983) S. 19 — 26

[1019] *Guidoni, L. ; O'Hara, C. J. ; Price, G. B. ; Shuster, J. ; Fuks, A.:* Target-ing of liposomes : Monoclonal antibodies coupled to phospholipid vesicles provide selective transfer of trapped reagents into cultured cells. — In: Tumor Biol. **5** (1984) S. 61 — 73

[1020] *Embleton, M. J. ; Pimm, M. V. ; Baldwin, R. W.:* Monoclonal antibodies for tumor detection and targeting of antitumor agents / In: Basic mechanisms and clinical treatment of tumor metastasis. — Academic Press, Inc. 1985. — Chapter 27. — S. 485 — 508

[1021] *Kiwada, H. ; Niimura, H. ; Kato, Y.:* Tissue distribution and pharmaco-kinetic evaluation of the targeting efficiency of synthetic alkyl glycoside vesicles. — In: Chem. & Pharmaceut. Bull. **33** (1985) S. 2475 — 2482

[1022] *Kosemeyer, H. ; Ahlers, M. ; Schmidt, B. ; Secla, F.:* Ein Nucleolipid mit dem antiviralen Acycloguanosin als Kopfgruppe — Synthese und Lipo-somenbildung. — Angew. Chem. Weinheim **97** (1985) S. 500 — 501

[1023] *Magin, R. L. ; Niesman, M. R.:* Temperature-dependent drug release from large unilamellar liposomes. — In: Cancer Drug Delivery 1 (1984) S. 109 — 117 (Mary Ann Liebert, Inc., Publishers)

[1024] *Wolff, B. ; Gregoriadis, G.:* The use of monoclonal anti — Thy₁IgG₁ for the targeting of liposomes to AKR-A cells in vitro and in vivo. — In: Biochim. et Biophys. Acta **802** (1984) S. 259 — 273

[1025] *Oppenheim, R. C. ; Stewart, N. F.:* The manufacture and tumour cell uptake of nanoparticles labelled with fluorescein isothiocyanate. — In: Drug Development & Industr. Pharmacy 5 (1979) S. 563 — 571

[1026] *Makino, K. ; Arakawa, M. ; Kondo, T.:* Antigen-antibody interaction on microcapsule surface. — In: J. Coll. Interface Sci. **83** (1981) S. 625 — 654

[1027] *Tsukube, H.:* Lipophilic macrocyclic tetramine as specific carrier of amino acid and related anions. — In: Tetrahedron Lett. **24** (1983) S. 1519 bis 1522

[1028] *Menger, F. M. ; Takeshita, M. ; Chow, J. F.:* "Hexapus", a new complexing agent for organic molecules. — In: J. Amer. Chem. Soc. **103** (1981) S. 5938 — 5939

[1029] *Suckling, C. J.:* Host-guests binding by a simple detergent: "Tentacle molecules". — In: J. Chem. Soc. Chem. Commun. (1982) S. 661 — 662

[1030] *Sugimoto, T. ; Baba, N.:* Asymmetric reactions in chiral hydrophobic binding sites. — In: Israel J. Chem. — Jerusalem **18** (1979) S. 214 — 219

[1031] *Andersen, J. P. ; LeMaire, M. ; Kragh-Hansen, U. ; Champeil, Ph. ; Moller, J. V.:* Perturbation of the structure and function of a membranous Ca²⁺-ATPase by non-solubilizing concentration of a non-ionic detergent. — In: Eur. J. Biochem. — Berlin (W) **134** (1983) S. 205 — 214

[1032] *Mukerjee, P. ; Cardinal, J. R.:* Benzene derivatives and naphthalene solubilized in micelles: Polarity of microenvironment, location and distribution in micelles, and correlation with surface activity in hydrocarbon-water systems. — In: J. Phys. Chem. **82** (1978) S. 1620 — 1627

[1033] *Taniguchi, Y. ; Iguchi, A.:* Effect of pressure on the rate of alkaline fading of triphenylmethane dyes in cationic micelles. — In: J. Amer. Chem. Soc. **105** (1983) S. 6782 — 6786

[1034] *Cuccovia, I. M. ; Aleixo, R. M. V. ; Mortara, R. A.* et al. / In: Tetrahedron Lett. (1979) S. 3065 — 3068

[1035] *Ashendel, C. L. ; Staller, J. M. ; Boutwell, R. K.:* Solubilization, purification, and reconstitution of a phorbol ester receptor from the particulate protein fraction of mouse brain. — In: Cancer Research **43** (1983) S. 4327 bis 4332

[1036] *Aoudia, M. ; Rodgers, M. A. J. ; Wade, W. H.:* An investigation of the effect of the structure of alkylbenzenesulfonates on the fluorescence properties of micellar aggregates. — In: J. Coll. Interface Sci. **101** (1984) S. 472 — 478

[1037] *Scott, G. V.:* Spectrophotometric determination of cationic surfactants with Orange II. — In: Analyt. Chem. — Washington **40** (1968) S. 768 bis 773

[1038] *Malliaris, A. ; Paleos, C. M.:* Micellar properties of quaternary ammonium surfactants bearing OH and COOH functional groups on their ionic heads. — In: J. Coll. Interface Sci. **101** (1984) S. 364 — 368

[1039] *Ashani, Y. ; Catravas, G. N.:* Highly reactive impurities in Triton X-100 and Brij. 35. — In: Anal. Biochem. **109** (1980) S. 55 — 62

[1040] *Sokoloff, R. L. ; Frigon, R. P.:* Rapid spectrophotometric assay of dodecyl sulfate using acridine orange. — In: Analyt. Biochem. — New York **118** (1981) S. 138 — 141

[1041] *Lerschmacher, P. ; Altenhofen, U. ; Zahn, H.:* Quantitative Bestimmung

272

von Alkansulfonaten und quaternären Ammoniumverbindungen auf Wolle. – In: Tenside Detergents 18 (1981) S. 306 – 308

[1042] *Toei, K. ; Motomizu, S. ; Umano, T.:* Extraction spectrophotometric determination of nonionic surfactants in water. – In: Talanta 29 (1982) S. 103 – 106

[1043] *Murai, S.:* Spectrometric determination of polyoxyethylene nonionic surfactants with thiocyanate-iron(III). – In: Bunseki Kagaku 33 (1984) T 18 – T 21

[1044] *Nesmejanov, A. N. ; Sokolik, R. A.:* Metody èlementoorganičeskoj chimii bor, aljuminij, gallij, indij, tallij. – Moskau : Nauka, 1964. – S. 52 – 54

[1045] *Allen, J. K. ; Dennison, D. K. ; Schmitz, K. S. ; Morrisett, J. D.:* Direct observation of the distribution of fluorescent probes in phosphatidylcholine/cholesterol vesicles using flow microfluorimetry. – In: Analyt. Biochem. – New York 140 (1984) S. 409 – 416

[1046] *Pelizzetti, E. ; Pramauro, E.:* Analytical applications of organized molecular assemblies. – In: Analyt. Chim. Acta. – Amsterdam 169 (1985) S. 1 – 29

[1047] *Levashov, A. V.,* et al.: Ultracentrifugation of reversed micelles in org. solvent: Det. of MM and Size of proteins. – In: Anal. Chem. – Washington 118 (1981) S. 42

Nach Redaktionsschluß aufgenommene Auswahl aktueller Literatur:

Kap. 2.2.3.
Philipp, B., et al.: Homogene Umsetzungen an Cellulose in organischen Lösungsmittelsystemen. – In: Z. Chem. 26 (1986) S. 50 – 58

Kap. 2.3.1.5.
Neumann, R., et al.: The effect of the counter anion on the comlexation of alkali metal salts to PEG. – In: Israel. J. Chem. 26 (1985) S. 239
Mathis, R., et al.: PEO: a ligand for mild hydrophobic interaction chromatography? – In: J. Chromat. 347 (1985) S. 291
Hodul, P., et al.: Polymere Tenside auf Hydroxycellulosebasis. – In: Tenside Detergents 22 (1985) S. 114 – 116
Ibid: *Oranli, L.* et al.: Hydrodynamic studies on micellar solutions of styrenebutadiene block copolymers. – In: Can. J. Chem. 63 (1985) S. 2691

Kap. 2.3.2.5.
Kahlweit, M., et al.: Phasenverhalten ternärer Systeme des Typs H_2O-Öl-n-Tensid (Mikroemulsionen). – In: Angew. Chem. – Weinheim 97 (1985) S. 655
Ibid.: *Robinson, B. H.:* Applications of microemulsions. – In: Nature 320 (1986) S. 309

Kap. 2.3.2.7.
Aubert, J. H., et al.: Aqueous foams. – In: Sci. Amer. – New York 254 (1986) S. 74 – 82

Kap. 2.3.2.8.
Thompson, R. B., et al.: Improved fluorescence assay of liposome lysis. – In: Analyt. Lett. 18 (B15) (1985) S. 1847 – 1863
Ibid.: *Perevucnik, G.,* et al.: Size analysis of biol. membrane vesicles by gel filtration, dynamic light scattering and electron microscopy. – In: Biochim. et Biophys. Acta 821 (1985) S. 169 – 173

Kap. 2.4. u. 6.2.
O'Connell, A. W.: Titration of nonionic Surfactants with Potassium Tetrakis-(4-chlorphenyl)borate. – Anal. Chem. – Washington 58 (1986) S. 669

Ibid.: *Igawa, M.*, et al.: Enrichment of nonionic surfactants with fluorocarbon polymer membrane. — In: Chem. Letters (1985) S. 1703 — 1704

Kap. 3.2.1.1.
Landy, J. S., et al.: Charact. of micellar mobile phases for reversed-phase chromat. — In: Analyt. Chim. Acta **178** (1985) S. 179
Ibid.: *Deschamps, J. R.:* Detergent mediated effects on the HPLC of proteins. — In: J. Liquid Chrom. **9** (1986) S. 1635 — 1654
Ibid.: *Berthod, A.*, et al.: Micellar liquid chromat. — Absorption isotherms of two ionic surfactants on 5 stationary phases. — In: Anal. Chem. — Washington **58** (1986) S. 582 — 585; S. 1356 — 1359; S. 1359 — 1362; S. 1362 — 1368
Ibid.: *Stratton, L. P.*, et al.: Micellar HPLC determination of folylpolyglutamate hydrolase activity. — In: J. Chromat. **357** (1986) S. 183

Kap. 3.2.1.2.
Brandts, P. M., et al.: Hydrophobic interaction chromat. of simple comp. on alkyl-agaroses with different alkyl chain length and chain densities. — In: J. Chromat. **356** (1986) S. 247 — 259
Ibid.: *Günther, K.*, et al.: Thin layer chromatographic separation of stereo-isomeric dipeptides. — In: Angew. Chem. Int. Ed. Engl. **25** (1986) S. 278

Kap. 3.2.2.
Walter, H., et al.: Review. Partitioning in aqueous two-phase systems: An Overview. — In: Anal. Biochem. — New York **155** (1986) S. 215; ibid. et al. Eds.: Partitioning in aqueous two-phase systems. Theory, methods, uses and applications to biotechnol. — Orlando: Academic Press, 1985
Ibid.: *Svensson, P.*, et al.: Fract. of thylakoid membrane comp. by extr. in aqueous polymer two-phase systems containing detergents. — In: J. Chromat. **323** (1985) S. 363; ibid. **333**, 211 (Direct chiral resolution . . .)
Ibid.: *Klaar, J.*, et al.: Isol. and fract. of CHO chromosomes in aqu. two-phase systems using charged polymers and base specific macroligands. — In: Mol. Cell. Biochem. **69** (1986) S. 109 — 126

Kap. 3.2.3.
Schügerl, K., et al.: Reaktivextraktion. — In: Chem. Ing. Techn. **58** (1986) S. 308
Kap. 3.2.3. u. 3.4.
Matsunaga, H., et al.: Extr. of Co(II), Ni(II), and Cu(II) from strongly alkaline media by 4-n-dodecyl-6-(2-thiazolylazo)-resorcinol. — In: Chem. Lett. (1986) S. 225
Ibid.: *Ohshita, K.*, et al.: Spectroph. det. of Ag with 4-(3,5-dibromo-2-pyridyl-azo)-N,N-diethylaniline in the pres. of SDS. — In: Anal. Chim. Acta **182** (1986) S. 157
Ibid.: *Uesugi, K.*, et al.: Cu(II)-CTAC-Chromal blue G ternary complex and its appl. to the spectroph. det. of Cu(II). — In: Microchem. J. **32** (1985) S. 332
Ibid.: *Janosz, M.:* Study of ternary thorium compl. with some triphenylmethane reag. and cat. surfactants. — In: Analyst **111** (1986) S. 681
Kap. 3.2.4.
Koide, Y., et al: Flotation of heavy metal ions by using colored surfactant. — In: Bull. Chem. Soc. Jpn. **59** (1986) S. 715
Ibid.: *Dietze, U.*, et al.: Enrichement of traces of Au and Ag ions by flotation of aqu. sol. and AAS det. — In: Fres. Z. Analyt. Chem. **322** (1985) S. 17
Ibid.: *Jurkiewicz, K.:* Studies on the sep. of Cd from sol. by foam sep. III. Sep. of complex Cd-anions. — In: Sep. Sci. Techn. **20** (1985) S. 179
Kap. 3.2.5.
Friberg, St. E., et al.: Hydrocarbon extr. into surfactant phase with nonionic surf. I. Infl. of . . . — In: Sep. Sci. Techn. **20** (1985) S. 285

Ibid.: *Leser, M. E.*, et al.: Application of reverse micelles for the Extraction of proteins. — In: Biochem. Biophys. Res. Comm. **135** (1986) S. 629
Ibid.: *Kadam, K. L.:* Reverse micelles as a bioseparation tool. — In: Enzyme Microb. Technol. **8** (1986) S. 266

Kap. 3.6.
Aihara, M., et al.: Flow inj. fluorimetr. det. of Eu(III) based on solubil. its ternary compl. with thenoyltrifluoroacetone and trioctyl phosphineoxide in micellar solution. — In: Analyst **111** (1986) S. 641
Ibid.: *Medina, J.*, et al.: Study of the fluorescence of the lead-morin system in the pres. of nonion. surf. — In: Analyst **111** (1986) S. 235
Ibid.: *Garcia, M. E. D.*, et al.: Facile chemical deoxygenation of micellar solutions for RTP. — In: Anal. Chem. **58** (1986) S. 1436 u. In: Microchem. J. **31** (1985) S. 288
Ibid.: *Yamada, M.*, et al.: Eosin Y-sensit. chemiluminescence of 7,7,8,8-tetracyanochinodimethane in surfactant vesicles for det. of Mn(II) at sub-nanogram levels by flow inj. method. — In: Chem. Lett. (1985) S. 1597

Kap. 3.7.
Garcia-Anton, J., et al.: Infl. of Triton X-100 in a micellar sol. and in an emulsion on the polarographic behaviour of Co and det. of Co in paint driers and varnishes by diff.-pulse polar. — In: Analyst **110** (1985) S. 1365
Galster, H.: Ionensensitive Elektroden — eine systematische Übersicht. — Teil 5. — In: Chem. Lab. Betr. **37** (1986) S. 52—58

Kap. 3.8.
McNeal, C. J., et al.: The use of stationary cationic surfactant as a selective matrix in ^{252}Cf-Plasma Desorption Mass Spectrometry. — J. Amer. Chem. Soc. **108** (1986) S. 2132 — 2139
Ibid.: *Ligon, W. V.:* Mass spectrom. Det. of dipeptides after formation of a surface-active derivative. — In: Anal. Chem. — Washington **58** (1986) S. 485

Kap. 3.9.
London, E.: A fluorescence based detergent binding assay for protein hydrophobicity. — Anal. Biochem. **154** (1986) S. 57

Kap. 3.10.
Sherman, L. R., et al.: The hist. devel. of sodium dodecylsulfate — polyacrylamide gel electrophor. — In: Chem. Soc. Rev. **14** (1985) S. 225

Kap. 3.11.
Bowden, D. W., et al.: Homogeneous, liposome-based assay for total complement activity in serum. —, In: Clin. Chem. **32** (1986) S. 275
Ibid.: *Umeda, M.*, et al.: Homogeneous det. of C-Reactive protein in serum using LILA. — In: Japan. J. Exp. Med. **56** (1986) S. 35—42

Kap. 3.12.
Møller, J. V., et al.: Uses of nonionic and bile salt detergents in the study of membrane proteins. — In: Progress in Protein-Lipid Interact. 2/Eds.: Watts/DePont). — Amsterdam: Elsevier, 1986. — S. 147—196
Ibid.: 3.10.: *Ho, K.*, et al.: Protein blotting through a detergent layer: A simple method for detecting integral membrane proteins separated by SDS-PAGE. — In: Biochem. Biophys. Res. Comm. **133** (1985) S. 214

Kap. 3.13.
Mollenbauer, H. H.: Surfactants as resin modifiers and their effect on sectioning. — In: J. Electr. Microsc. Techn. **3** (1986) S. 217

Ibid.: *Zasadzinski, J. A. N.*, et al.: Polymerizable surfactant design for transmission electron microscopy. — In: J. Colloid Interf. Sci. **110** (1986) S. 347

Kap. 3.14.
Keana, J. F. W., Pou, S.: Nitroxide-doped liposomes cont. entrapped oxidant:
. . . MRI contrast agents. — In: Physiol. Chem. Phys. Med. NMR **17** (1985) S. 235

Kap. 4.1.
Taguchi, K., et al.: Immobilized bilayer stationary Phases in gas chromatography. — In: J. Chem. Soc. Chem. Comm. (1986) S. 364
Ibid.: *Starks, C. M.:* Phase transfer catalysis. An account of its development and future. — In: Israel. J. Chem. **26** (1985) S. 211
Ibid.: *Braun, R.*, et al.: (4+2)-Cycloadditionen in Micellen. — In: Tetrah. Lett. (1986) S. 1285, S. 1289 u. loc. cit.
Ibid.: *Ueoka, R.*, et al.: Enzyme-like enantiosel. catalysis in the spec. coaggregate system of vesicular and micellar surfact. — In: Chem. Lett. (1986) S. 127

Kap. 4.2.
Martinek, K., et al.: Micellar enzymology. — In: Eur. J. Biochem. **155** (1986) S. 453

Kap. 4.3.
Chatenay, D., et al.: Proteins in membrane mimetic syst. — Insertion of myelin basic prot. into microemulsion. — In: Biophys. J. **48** (1985) S. 893

Kap. 4.4.4.
Arndt, D.; Fichtner, I.: Liposomen — Darstellung, Eigenschaften, Anwendung. — Berlin: Akademie-Verl. 1986
Ibid.: *Gasco, M. R.*, et al.: Nanoparticles from microemulsions. — In: Int. J. Pharm. **29** (1986) S. 267
Ibid.: *Margolis, L. B.; Bergel'son, L. D.:* Liposomy i ich vzaimodjstvie s kletkami. — Moskau: Nauka, 1986

Kap. 5.
Hybridsolubilisationsmittel: *Cserhati, T.*, et al.: Surfactant activity of methylated β-cyclodextrins. — In: Tenside Deterg. **22** (1985) S. 237
Ibid.: *Menger, F. M.:* Synthesis and properties of a surfactant — cyclodextrin — conjugate. — In: Tetrah. Lett. **27** (1986) S. 2579
Ibid.: *Femia, R. A.*, et al.: Mixed organized media : Effect of micellar-cyclodextrin sol. on the RTP of Phenanthrene. — In: J. Coll. Interf. Sci. **108** (1985) S. 271
Ibid.: *Shinkai, S.*, et al.: Synth. and propert. of membraneous surfactants bearing an anion-capped crown ring as a head group. — In: Chem. Lett. (1986) S. 49
Ibid.: *Dunn, R. O.:* Use of micellar-enhanced ultrafiltration to remove dissolv. organics from aqu. streams. — In: Sep. Sci. Techn. **20** (1985) S. 257
Ibid.: *Satake, I.*, et al.: Conductom. and potent. studies of the assoc. of α-cyclodextrin with ionic surfactants. — In: Bull. Chem. Soc. Jpn. **58** (1985) S. 2746

276

Sachwortverzeichnis

Glossar

Adjuvans: unterstützendes Mittel in pharmazeutischen Rezepturen oder bei der Einleitung von Immunisierungsvorgängen im Organismus.

Biopolymere: Makromoleküle biologischen Ursprungs ab einer Molekülmasse von etwa 3000. Wichtige Beispiele sind: Proteine, Glycoproteine (Proteine mit Kohlenhydratketten oder -gruppen), Lipoproteine (Konjugate aus Lipiden und Proteinen), basische Proteine (Protamine, Histone), Polysaccharide (Cellulose, Stärke), saure Polysaccharide (Heparin, Chondroitinsulfat, Alginsäure u. v. a.), basische Polysaccharide (Chitosan, Methylchitosan), Nucleinsäuren und andere Polymere.

Carbene: ungeladene, elektronenarme, hochreaktive Zwischenstufen, die an einem C-Atom ein Elektronensextett besitzen. Je zwei der sechs Elektronen bilden zwei kovalente Bindungen zu R, zwei weitere sind entweder spingepaart (Singulettcarben) oder ungepaart als Diradikal angeordnet (Triplettcarben; $RR'C\uparrow\downarrow$, $RR'C\uparrow\uparrow$). Die chemisch oder photochemisch aus stabilen Vorstufen erzeugten Carbene können sich u. a. am Ort ihrer Entstehung in C-H-Bindungen einschieben.

Chiral: Moleküle, die in zwei spiegelbildlichen Formen existieren, die durch keine reale Bewegung im Raum (Translation, Rotation) zur Deckung gebracht werden können, nennt man chiral [chiros (grch.) = Hand].

Chiroptisch: Begriff bezeichnet Eigenschaften, Phänomene und Verbindungen, die sich auf spezielle spektroskopische Methoden beziehen (z. B. Circulardichroismus). Diese Untersuchungen ermöglichen es, zwischen beiden Enantiomeren gleicher relativer Konfiguration zu unterscheiden.

Diastereomere: Stereoisomere gleicher Konstitution, aber unterschiedlicher Raumstruktur ohne Spiegelbildsymmetrie (chirale Struktur, gleicher Energieinhalt beider Isomere, da intramolekulare Abstände und Wechselwirkungen zwischen analogen Molekülteilen identisch sind).

Enantiomere: spiegelbildliche Stereoisomere gleicher Konstitution und Raumstruktur.

ESR-Spektroskopie: Spektroskopische Methode, die das ungepaarte Elektron mit seinen besonderen Eigenschaften als Sonde zur Aufklärung der Struktur von Molekülen und zur quantitativen Bestimmung stabiler und kurzlebiger paramagnetischer Substanzen verwendet.

Interkalation: Einschluß von Molekülen in definierte Hohlräume im Sinne einer Wirt-Gast-Beziehung.

Intersystem Crossing: Systemgrenzen überschreitende, normalerweise „verbotene" Übergänge, z. B. vom Singulett- zum Triplettzustand durch strahlenlose oder strahlende Desaktivierung (Phosphoreszenz).

Ionenpaar: Während Elektrolyte (M^+X^-) in Lösungsmitteln, deren Dielektrizitätskonstante >35 ist, in Ionen dissoziieren ($M^+ + X^-$), liegen sie in Lösungsmitteln mit DK-Werten von $\varepsilon < 20$ fast ausschließlich als nicht dissoziiertes Ionenpaar vor. Ionenpaare liefern keinen Beitrag zur elektrischen Leitfähigkeit und zeigen das Verhalten einzelner Teilchen (z. B. hinsichtlich osmotischen Drucks).

Ionophore: im engeren Sinne lipidlösliche cyclische oder nichtcyclische Naturstoffe, die Komplexe mit Alkali- und Erdalkalimetallionen bilden und so den Ionentransport durch biologische Membranen beeinflussen bzw. ermöglichen (Bioionophore).

Konformation: Bezeichnung für die relative Anordnung einzelner Molekülteile zueinander, bedingt durch die Drehbarkeit um eine Einfachbindung. Da ein Molekül normalerweise im energieärmsten Zustand vorliegt, ist die freie Drehbarkeit eingeschränkt. Das führt zu einer Vorzugskonformation (z. B. die all-trans-Anordnung der Methylengruppen in der KW-Kette eines Tensids relativ zueinander).

Konjugat: Bezeichnung für Verbindungen, die durch kovalente Bindung (Konjugation) eines Biomoleküls mit einem anderen Molekül (Biomolekül, Marker, Pharmazeutikum, synthetische Verbindung) erhalten werden. Oft bezeichnet man auch „Komplexe", die nichtkovalent miteinander verbunden sind, als Konjugate.

Lectine: Proteine, die selektiv bestimmte Zuckerreste oder -strukturen erkennen können und im Sinne einer Ligand-Rezeptor-Wechselwirkung lösliche und unlösliche Assoziate bilden.

Ligand: Molekül, das aufgrund bestimmter funktioneller Gruppen mit anorganischen Ionen, aber auch mit neutralen Verbindungen, Komplexe (Komplexbildner) oder Assoziate bilden kann.

Lyophob: lösungsmittelabweisend (lyophil: lösungsmittelanziehend).

Lyotrop: auf das Lösungsmittel wirkend.

Monoclonale Antikörper: biotechnologisch von Hybridzellen [Fusion von Maus-Lymphozyten (antikörperproduzierend) und Maus-Myelom-(Krebs)-zellen] produzierter homogener Antikörper hoher Spezifität. Anwendung für Immunoassays, in der Histochemie und Therapie sowie für die Radioimmunoszintigraphie.

Nanopartikel: mikroskopisch kleine Kügelchen oder Hohlkörper für die Verabreichung oder den Transport von Arzneimitteln und anderen Stoffen.

Nitren: hochreaktive Zwischenstufe der photolytischen Zersetzung von Aziden u. a. Stickstoffverbindungen. Das N-Atom besitzt ein Elektronensextett, von dem ein Elektronenpaar für die Bindung von R benötigt wird, das zweite „frei" bleibt und das dritte spingepaart als Triplett oder spinungepaart im Singulettzustand vorliegt. Insbesondere Nitrene im Singulettzustand vermögen z. B. mit Biomakromolekülen ähnlich den Carbenen zu reagieren. Nitrene sind wichtige Reagentien für die Photoaffinitätsmarkierung und die chemische Modifizierung von Biomakromolekülen (s. unter Carben).

NMR-Spektroskopie (Kernmagnetische Resonanzspektroskopie): Methode zur Strukturaufklärung organischer, aber auch pharmazeutisch und medizinisch relevanter Verbindungen. Die Eigenschaften „magnetisch aktiver" Kerne (z. B. ^{1}H, ^{13}C, ^{2}D, ^{14}N, ^{31}P) werden genutzt, um Aussagen über Anzahl und Art ihrer Bindung im Molekül zu erhalten.

Phagen: virusartige Gebilde, die Bakterien zu zerstören vermögen (Bakterienviren).

Phobiermittel: wasser- und öl- bzw. lösungsmittelabweisende Mittel.

Plasmide: ringförmige DNA-Moleküle in Bakterien (etwa 120000 Basenpaare).

Pool: engl.: Sammelbecken.

Saponine: natürliche Tenside pflanzlicher oder tierischer Herkunft, bestehend aus dem hydrophoben Aglykonteil und einer oder mehreren, auch verzweigten Zuckerkette(n) (hydrophiler Teil). Das Aglykon kann ein Steroid, Triterpen oder Triterpenalkaloid sein. Viele Saponine sind physiologisch hochwirksam (Hämolyse u. a.).

Scatchard-Analyse: mathematische Methode zur Bestimmung der Wechselwirkung und Bindungskonstanten für die biospezifische Reaktion von Biomakromolekülen (z. B. Antigen-Antikörper-Reaktion).

Szintigraphie: nuclearmedizinische Methode zur Darstellung von Organen nach Verabreichung von Radioisotopen und Registrierung der radioaktiven Strahlung. Im Unterschied zur Röntgendiagnose wird nicht eine ganze Körperregion durchstrahlt, sondern ein „strahlendes" Organ wird mit einer Gammakamera (Szintilationsdetektor) abgebildet.

FSC
www.fsc.org
MIX
Papier aus verantwortungsvollen Quellen
Paper from responsible sources
FSC® C105338